高等教育材料科学与工程专业教材

材料晶体衍射结构表征

CAILIAO JINGTI YANSHE JIEGOU BIAOZHENG

陈亮维　易健宏　虞　澜　史庆南　编著

化学工业出版社
· 北京 ·

内容简介

本书阐述了材料晶体粉末衍射、电子背散衍射和透射电子衍射基础理论及应用。重点阐述了常见材料织构的理论极图的绘制方法、任意单晶取向下理论背散电子衍射菊池花样、理论透射电子衍射斑点花样的绘制方法及常见织构的理论极图、电子背散衍射菊池花样和透射电子衍射花样，补充和完善了欧拉空间与织构类型的关系式，添加了金属材料织构表征应用的实例。本书为表征晶体结构提供了解析方法，同时为设计粉晶衍射、四元单晶衍射、电子背散衍射和透射电子衍射晶体结构表征智能化分析软件提供了数学模型。

本书可作为高等院校材料、冶金、化工和矿物加工等各专业教材，也可作为相关专业的广大科技工作者的参考书和工具书。

图书在版编目（CIP）数据

材料晶体衍射结构表征 / 陈亮维等编著 . —北京：化学工业出版社，2024.6

ISBN 978-7-122-44252-9

Ⅰ. ①材…　Ⅱ. ①陈…　Ⅲ. ①晶体结构 -X 射线衍射 - 研究　Ⅳ. ① O76

中国国家版本馆 CIP 数据核字（2023）第 187676 号

责任编辑：韩庆利　　文字编辑：张亿鑫　刘璐
责任校对：宋　玮　　装帧设计：王晓宇

出版发行：化学工业出版社（北京市东城区青年湖南街 13 号　邮政编码 100011）
印　　装：三河市双峰印刷装订有限公司
787mm × 1092mm　1/16　印张 $18^3/_4$　字数 450 千字　　2024 年 6 月北京第 1 版第 1 次印刷

购书咨询：010-64518888　　售后服务：010-64518899
网　　址：http：//www.cip.com.cn
凡购买本书，如有缺损质量问题，本社销售中心负责调换。

定　　价：98.00 元

前言
PREFACE

材料晶体衍射结构表征是研究材料成分、结构与性能关联问题的重要手段之一，是材料研究的共性问题。为了更好地方便读者理解材料晶体衍射结构表征相关内容，我们编著了本书。本书特点如下。

第 1 章介绍了有关晶体结构基础知识，晶体结构基础是晶体衍射结构表征的核心理论基础，为了方便读者对部分晶体学公式溯源，特意补充部分数学推导过程。在第 2 章中，介绍残余应力检测方法时添加了一些新技术和新装备；详细给出了人造超晶格检测的衍射实验参数和人造石墨结晶度的表征方法；以金诺芬（C20H34AuO9PS）的同质多晶型的 B 型晶体为例，介绍了一种手工解析晶体结构及指标化的方法。第 3 章介绍了粉末衍射晶体结构精修。第 4 章主要是介绍 X 射线衍射宏观织构表征，在该章中添加了乌尔夫网、极氏网和晶体极射标准投影等内容，特别是推导了绘制乌尔夫网的数学公式和极射标准投影的绘制过程；表述某一特定晶面的 X 射线衍射强度的空间分布的极图就是根据极射投影的原理绘制的，阐述了任意织构对应任意晶面理论极图的绘制方法，运用该方法绘制了面心立方、体心立方（钢铁材料）和六方晶体金属（钛、镁、锌和锆等）常见织构的理论标准极图（极图只有晶面衍射空间分布的位置信息，没有衍射强度信息）。第 5 章介绍金属材料织构表征的应用，该章中每一个实测极图都是陈亮维博士在昆明贵金属研究所工作期间亲自操作测试获得的实验数据，揭示了材料加工制备工艺（化学或物理气相沉积、电镀和各种压力加工工艺等）和热处理工艺对织构的形成机制的影响，半定量地描述了织构与主要滑移面、主滑移方向及滑移系之间的关联问题。第 6 章介绍 EBSD 微观织构的表征，在该章中独立推导了 EBSD 的菊池花样与晶体结构之间的数理关系；理论计算了面心立方、体心立方和简单六方晶体材料的背散射电子衍射菊池花样的特征，还列举了面心立方晶体材料的立方织构取向、剪切织构取向的理论菊池花样的绘制过程；对晶体取向与欧拉角的关系式进行了重新推导与再思考，提出了新的 Roe 和 Bunge 规则下的欧拉空间与织构类型的表达式，加强了对原有 Roe 和 Bunge 公式的理解，同时结合实际检测的需要，对原有的公式进行了完善与发展，特别是对非立方晶体的欧拉空间与织构类型的公式进行了更新，这极大地方便了用户利用晶面夹角公式对检测结果进行验算，同时简化与之对应的极图的绘制。第 7 章介绍透射电子衍射斑点花样分析，在该章中独立地补充了单晶体透射电子衍射斑点花样与晶体结构之间的数理关系，重新阐述了各种晶系、各种点阵类型下标准透射电子衍射斑点花样的绘制方法，并绘制了 6 种晶系 13 种点阵（三斜晶系除外）晶体在低指数基本晶带轴下的透射电子衍射斑点花样；总结了各种晶体在低指数基本晶带轴下的透射电子理论衍射斑点花样特征，在此基础上，提出了一套透射电子衍射表征单晶结构的电镜操作建议和晶体结构指标化方法。实际上，各种孪晶的理论透射衍射花样是可以计算出来的，笔者刚完成了面心立方和体心立方结构孪晶的理论透射衍射花样的绘制工作，但六方孪晶衍射花样绘制的内容，留给读者自己思考。第 8 章主要介绍各种衍射方法的共性和应用展望，系统地阐述了晶体衍射布拉格方程、晶面衍射条件、晶面间距与晶面指数、晶格点阵参数的公式、晶面夹角公式等相关知识，在粉末衍射、单晶衍射、背散射电子衍射、透射电子衍射及不同光源的晶体衍射条件下，表征晶体结构和晶粒取向的方法。这为相关的检测数据采集系统和实验数据分析系统软件的自主设计提供了数学模型，同时为读者更好理解检测表征结果提供了依据。第 9 章介绍了 X 射线衍射仪。

霍广鹏、惠玉玉、杨成超和任令祺等研究生完成了全部理论菊池花样和透射衍射花样的绘制工作，在此对他们表示感谢。

希望该书能被广大读者接受和喜爱，对生产、科研和教学有所帮助。最后恳求读者多批评指正。

陈亮维

目录
CONTENTS

第1章 晶体结构基础

1.1 空间点阵、晶胞和原子坐标

晶体是原子（包括离子、原子团）在三维空间中周期性排列形成的固体物质。晶体有固定的熔点、均匀性、各向异性、自范性、稳定性和对称性等共性。

理想晶体中的质点（原子、分子、离子或原子团等）在三维空间中呈规律性和周期性的排列，其中的每个质点抽象为规则排列于空间的几何点，称为阵点。由阵点在三维空间规则排列的阵列称为空间点阵，简称点阵，其中所有的阵点都有相同的环境。为便于描述空间点阵的图形，可用许多平行的直线将所有阵点连接构成一个三维几何格架，称为空间格子。晶体的平移对称性是晶体最为基本的对称性。整个点阵沿平移矢量 $\boldsymbol{t}=u\boldsymbol{a}+v\boldsymbol{b}+w\boldsymbol{c}$（$u$、$v$、$w$ 为任意整数）平移，得到的新空间点阵与平移前一样，称沿矢量 $\boldsymbol{t}$ 的平移对称操作。

点阵是一组无限的点，连接其中任意两点可以得到一个矢量，点阵按此矢量平移后都能复原，即一个等效位置的平移。晶格点阵如图 1.1 所示。点阵表达了晶体的周期性，忽略填充空间的实际结构（质点）。选任意一个阵点作为原点，三个不共面的矢量 $\boldsymbol{a}$、$\boldsymbol{b}$ 和 $\boldsymbol{c}$ 作为坐标轴的基矢，这三个矢量可以确定一个平行六面体（晶胞），如图 1.2 所示。由矢量 $\boldsymbol{a}$、$\boldsymbol{b}$ 和 $\boldsymbol{c}$ 确定的方向称为晶体学的晶轴 x、y、z。如果晶胞中只包含一个阵点，则这种晶胞被称为初基（primitive）晶胞。晶胞的大小和形状可以用晶胞参数来表示，晶胞的三个边的长度用 a、b、c 表示，三个边之间的夹角用 α、β、γ 表示。晶胞包含描述晶体结构所需的最基本结构信息。如果知道了晶胞中全部原子的坐标，就有了晶体结构的全部信息（点阵＋结构基元）。晶胞的选取可以有多种方式，但在实际确定晶胞时，要尽可能选取对称性高的初基晶胞，还要兼顾尽可能反映晶体内部结构的对称性，所以有时使用对称性较高的非初基晶胞——惯用晶胞。选取晶胞的主要原则是：①符合整个空间点阵的对称性；②晶轴之间相交成的直角最多；③体积最小；④晶轴夹角不为直角时，选最短的晶轴，且夹角接近直角。初基点阵矢量是可选择的最小点阵矢量。初基晶胞是初基点阵矢量定义的平行六面体，仅包含一个阵点。晶体中原子或原子基团排列的周期性规律，可以用一些有空间规律分布的几何点表示。各个几何点称作点阵的结点。其中，阵点是在空间中无穷小的点，原子是真实物体，阵点不必处于原子中心。

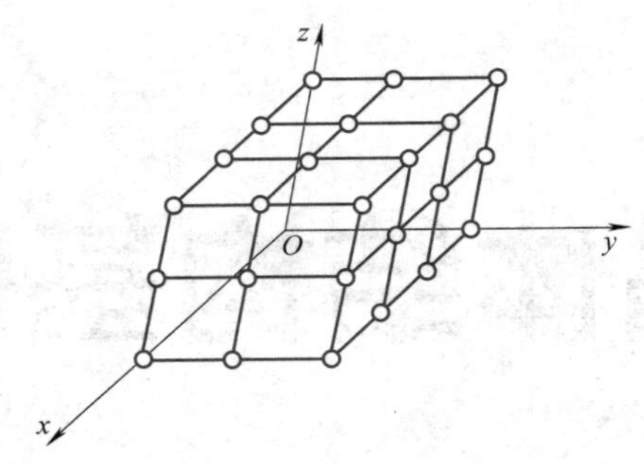

图 1.1 晶格点阵示意图

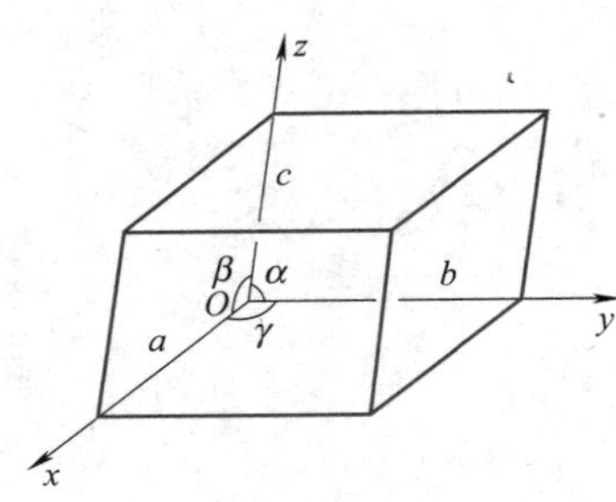

图 1.2 晶胞示意图

在三维空间点阵中使用矢量 $\boldsymbol{a}$、$\boldsymbol{b}$ 和 $\boldsymbol{c}$ 指定点阵，所有两个阵点之间的矢量（$\boldsymbol{r}$）满足关系 $\boldsymbol{r}=u\boldsymbol{a}+v\boldsymbol{b}+w\boldsymbol{c}$，其中 u、v 和 w 是整数。指定晶体中的任意点可以表示为 $\boldsymbol{r}=(u+x)\boldsymbol{a}+(v+y)\boldsymbol{b}+(w+z)\boldsymbol{c}$，或 $\boldsymbol{r}=(u\boldsymbol{a}+v\boldsymbol{b}+w\boldsymbol{c})+(x\boldsymbol{a}+y\boldsymbol{b}+z\boldsymbol{c})$，其中 u、v、w 为整数，x、y、z 是在晶胞之内指定一个位置的分数坐标 x、y 和 z，用晶胞边长的分数表示，在 0～1 之间变化。晶胞原点的坐标总是（0，0，0）。用相同分数坐标 x、y 和 z 指定的所有位置都对称等价。（由于晶体的三维周期性，在分数坐标上加减任意整数，仍然表示平移对称的等价位置。）石墨的原子坐标如图 1.3 所示。

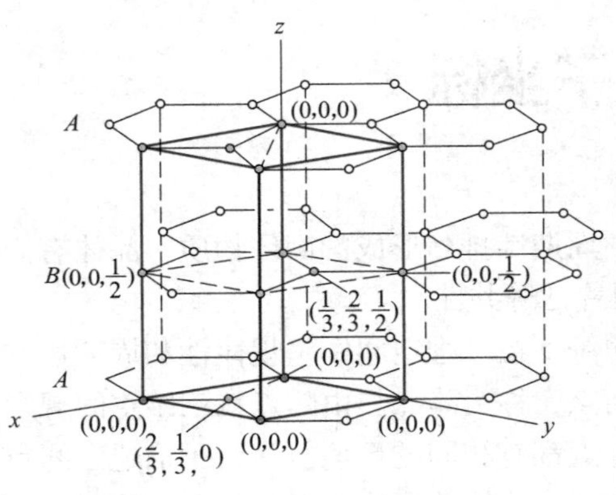

图 1.3 石墨的原子坐标

三维晶胞的原子计数可以根据在晶胞不同位置的原子由不同数目的晶胞分享来计算，例如：顶角原子占 1/8、棱上原子占 1/4、面上原子占 1/2、晶胞内部占 1。

1.2 晶面指数和晶向指数

1.2.1 三指数法

（1）晶面指数

建立以 3 个晶轴为坐标轴的右手坐标系，坐标轴不一定相互垂直，坐标原点不在待标晶面上；各坐标轴的单位分别是晶胞边长 a、b、c；找出待标晶面在坐标轴上的截距 x、y、z（以 a、b、c 为坐标单位）；取截距的倒数；将这些倒数化成 3 个互质的整数（hkl），则（hkl）

就是待标的晶面指数。见图 1.4，待标晶面在 a、b 和 c 三个坐标轴的截距分别为 $\frac{1}{2}$、$\frac{2}{3}$ 和 $\frac{1}{2}$，它们的倒数分别是 2、$\frac{3}{2}$、2，化成互质整数为 4、3、4，其晶面指数是（434）。

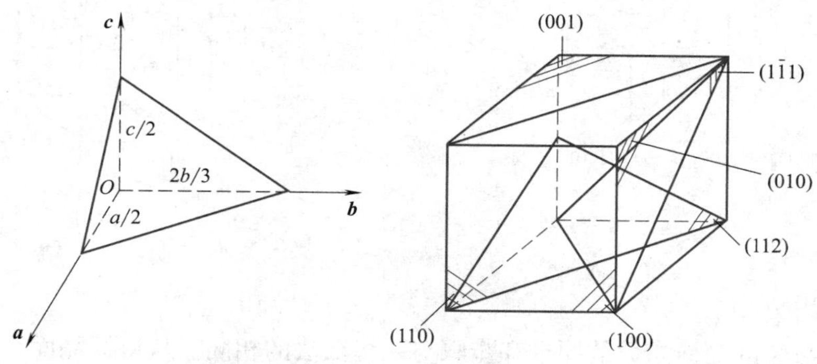

图 1.4　晶面指数的标注

晶面指数代表了该晶面的法线向量，指数大小和晶面间距有关。在高度对称的晶体中，特别是立方晶体中，存在一些位向不同但原子排列情况完全相同的晶面。这些晶体学上等价的晶面就构成一个晶面族，用 $\{hkl\}$ 表示。例如，立方晶系中 {100} 就包含了（100）、（010）和（001）等价晶面。

（2）晶向指数

如图 1.5 所示，建立以晶轴为坐标轴的右手坐标系，坐标轴不一定相互垂直，坐标原点若在待标晶向上，找出该晶向除原点外的任一点的坐标 x，y，z，并将其化成互质整数 u，v，w，要求 $u:v:w=x:y:z$，得到了晶向指数 $[uvw]$。晶向指数也是一个矢量，也与晶向长度有关。与晶面族类似，由晶体学上等价的晶向也可构成晶向族，用 $\langle uvw \rangle$ 表示。

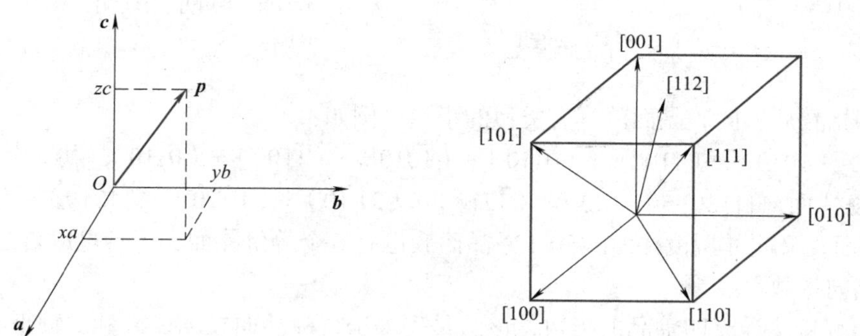

图 1.5　晶向指数的标注

1.2.2　四指数法

用三指数法表示六方晶体的晶面和晶向有一个很大的缺点，如图 1.6 所示，（100）和（1$\bar{1}$0）是等价晶面，[100]、[110] 和 [010] 都是等价晶向，但它们指数有显著的差异。四指数法通常用在六方晶系中，如图 1.7 所示，四指数法是基于 4 个坐标轴：a_1、a_2、a_3 和 c 轴，其中 a_1、a_2 和 c 轴就是原胞的 a、b 和 c 轴，而 $\boldsymbol{a_3}=-(\boldsymbol{a_1}+\boldsymbol{a_2})$。

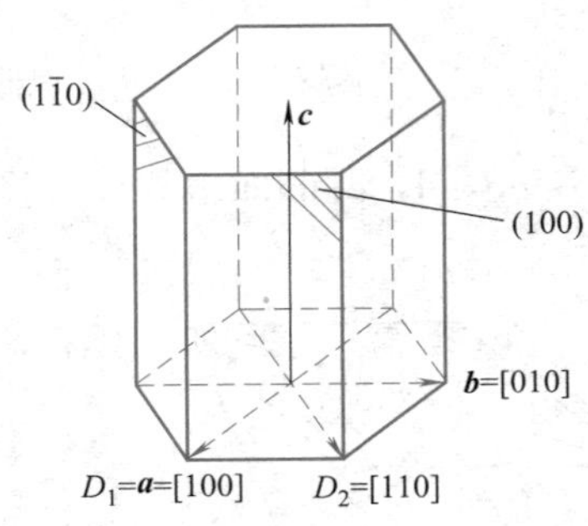

图 1.6 六方晶体三轴指数表示

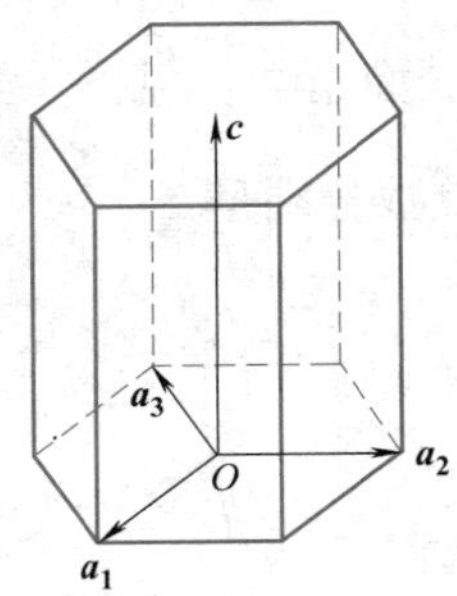

图 1.7 六方晶体的四轴坐标系统

（1）晶面指数

确定四指数法的晶面指数的原理和步骤与三指数法的相同。从待标晶面在四个轴上的截距即可求得相应的指数 h、k、i、l，晶面指数可写成（$hkil$）。根据关系式 $\boldsymbol{a}_3=-(\boldsymbol{a}_1+\boldsymbol{a}_2)$，不难证明，$i=-(h+k)$。六方晶体中常见晶面的四轴指数如图 1.8 所示。

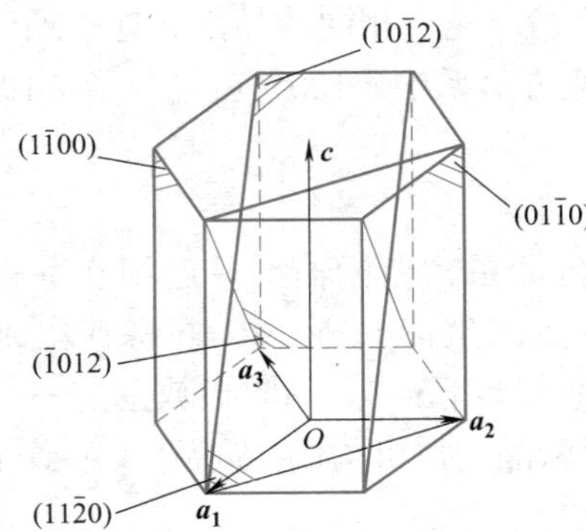

图 1.8 六方晶体四轴晶面指数

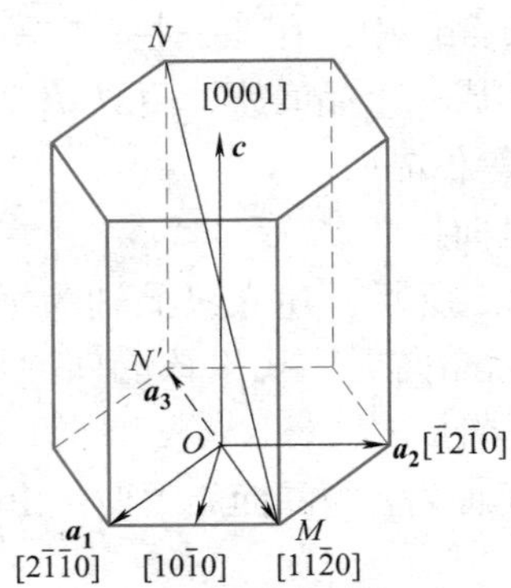

图 1.9 六方晶体四轴晶向指数

采用四指数后，同族晶面就具有类似的指数。例如：

$\{10\bar{1}0\}=(10\bar{1}0)+(1\bar{1}00)+(01\bar{1}0)+(\bar{1}010)+(\bar{1}100)+(0\bar{1}10)$，共 6 个等价晶面，也叫Ⅰ型棱柱面。$\{11\bar{2}0\}=(11\bar{2}0)+(\bar{1}2\bar{1}0)+(2\bar{1}\bar{1}0)+(\bar{1}\bar{1}20)+(1\bar{2}10)+(\bar{2}110)$，共 6 个等价晶面，又叫Ⅱ型棱柱面。$\{10\bar{1}2\}$ 晶面族也有 6 个等价晶面，读者可以自己列出。

（2）晶向指数

通常用解析法计算四轴晶向指数，该法是先求出待标晶向在 a_1、a_2 和 c 轴坐标轴下的指数 U、V 和 W（按三指数法确定）。然后按以下公式算出四轴指数 $[uvtw]$，常见的六方晶体四轴晶向指数如图 1.9 所示。图 1.9 中的晶向指数代表了对应晶面的法线方向，对照图 1.8 的晶面指数，注意晶面指数与晶向指数的实质联系。

由于三轴指数和四轴指数均描述同一晶向，故：

$$u\boldsymbol{a}_1+v\boldsymbol{a}_2+t\boldsymbol{a}_3+wc=U\boldsymbol{a}_1+V\boldsymbol{a}_2+Wc$$

$$\boldsymbol{a}_1+\boldsymbol{a}_2+\boldsymbol{a}_3=0$$

再由等价性要求：$t=-(u+v)$

解以上 3 个联立方程，可解出：

$$\begin{cases} u=\frac{2}{3}U-\frac{1}{3}V \\ v=\frac{2}{3}V-\frac{1}{3}U \\ t=-\frac{1}{3}(U+V) \\ w=W \end{cases}$$

$$\begin{cases} U=2u+v \\ V=2v+u \\ W=w \end{cases}$$

把 u 和 v 同时乘以 3，六方晶系晶向方向不变，有些情况用下面公式的变换：

$$\begin{cases} u=2U-V \\ v=2V-U \\ t=-(U+V) \\ w=W \end{cases}$$

1.3　晶体学中的对称操作元素

对称性是指物体的组成部分之间或不同物体之间特征的对应、等价或相等的关系。在艺术上表现为平衡或和谐地排列所显示的美，显示形态和（在中分平面、中心或一个轴两侧的）组元的排列构型的精确对应。分子和晶体都是对称图像，是由若干个相等的部分或单元按照一定的方式组成的。对称图像是一个能经过不改变其中任何两点间距离的操作后复原的图像。这样的操作称为对称操作。在操作中保持空间中至少一个点不动的对称操作称为点对称操作，如简单旋转和镜像转动（反映和倒反）是点式操作；使空间中所有点都运动的对称操作称为非点式操作，如平移、螺旋转动和滑移反映。对称操作是一个物体运动或变换，使得变换后的物体与变换前不可区分（复原、重合）。对称元素是在对称操作中保持不变的几何图形，如点、轴或面。点群是保留一点不变的对称操作群。空间群是为扩展到三维物体例如晶体的对称操作群，由点群对称操作和平移对称操作组合而成，由 32 种晶体学点群与 14 个布拉维格（又称布拉维点阵）组合而成；空间群是一个单胞（包含单胞带心）的平移对称操作，反射、旋转和旋转反演等点群对称性操作，以及螺旋轴和滑移面对称性操作的组合。只产生可重合物体的操作统称为第一类操作；而产生物体对映体（镜像）的操作统称为第二类操作。第一类操作：纯旋转、螺旋旋转。第二类操作：反射、反演、滑移、非纯旋转（旋转反演、旋转反映）。没有反轴对称性的晶体是手性晶体。

① 全同（identity）操作，符号表示为 I（E），对应于物体不动的对称操作，对应的变换矩阵为单位矩阵。

$$\boldsymbol{E}=\begin{pmatrix}1 & 0 & 0\\0 & 1 & 0\\0 & 0 & 1\end{pmatrix}\qquad \boldsymbol{E}=\begin{pmatrix}x\\y\\z\end{pmatrix}$$

② 旋转轴：绕某轴逆时针旋转 360° /n，n 为旋转轴的次数（或重数），符号为 n（C_n）。其变换矩阵为：

$$\begin{pmatrix}\cos\theta & -\sin\theta & 0\\\sin\theta & \cos\theta & 0\\0 & 0 & 1\end{pmatrix}$$

旋转矩阵：

$$x_2=x_1\cos\phi-y_1\sin\phi$$
$$y_2=y_1\cos\phi+x_1\sin\phi$$
$$\begin{bmatrix}x_2\\y_2\\z_2\end{bmatrix}=\begin{bmatrix}\cos\phi & -\sin\phi & 0\\\sin\phi & \cos\phi & 0\\0 & 0 & 1\end{bmatrix}\begin{bmatrix}x_1\\y_1\\z_1\end{bmatrix}$$
$$\boldsymbol{R}'_z(\phi)=\begin{bmatrix}\cos\phi & -\sin\phi & 0\\\sin\phi & \cos\phi & 0\\0 & 0 & 1\end{bmatrix}$$

$$x_1=r\cos\alpha$$
$$y_1=r\sin\alpha$$
$$x_2=r\cos(\alpha+\phi)=r(\cos\alpha\cos\phi-\sin\alpha\sin\phi)=x_1\cos\phi-y_1\sin\phi$$
$$y_2=r\sin(\alpha+\phi)=r(\sin\alpha\cos\phi+\cos\alpha\sin\phi)=y_1\cos\phi+x_1\sin\phi$$

③ 倒反中心也称为反演中心或对称中心（center of symmetry），它的操作是通过一个点的倒反（反演），使空间点的每一个位置由坐标为（x，y，z）变换到（$-x$，$-y$，$-z$），符号为 l（i），变换矩阵为

$$\boldsymbol{i}=\begin{pmatrix}-1 & 0 & 0\\0 & -1 & 0\\0 & 0 & -1\end{pmatrix}\qquad \boldsymbol{i}=\begin{pmatrix}-x\\-y\\-z\end{pmatrix}$$

④ 反映面，也称镜面，反映操作是从空间某一点向反映面引垂线，并延长该垂线到反映面的另一侧，在延长线上取一点，使其到反映面的距离等于原来点到反映面的距离。符号为 m（s）。为了表示反映面的方向，可以在其符号后面标以该面的法线。如法线为 [010] 的反映面，可记为 m [010]，也可记为 {m [010]}（x，y，z）=（x，$-y$，z），其矩阵表示为：

$$\begin{pmatrix}x'\\y'\\z'\end{pmatrix}=\begin{pmatrix}1 & 0 & 0\\0 & -1 & 0\\0 & 0 & 1\end{pmatrix}\begin{pmatrix}x\\y\\z\end{pmatrix}$$

关于对称平面（或镜面）σ 的反映，可以平行于（horizontal，σ_y）或垂直于（vertical，σ_h）主轴。在两个 C_2 轴之间角平分线的一个垂直平面叫作双面（dihedral plane）镜面，σ_d，

通过 yz 面反映。

$$\boldsymbol{\sigma}_v=\begin{pmatrix}-1&0&0\\0&1&0\\0&0&1\end{pmatrix}\qquad \boldsymbol{\sigma}_v=\begin{pmatrix}-x\\y\\z\end{pmatrix}$$

⑤ 旋转倒反轴（ $\bar{n}$ ）简称反轴（axis of inversion，rotoinversion axis），其对称操作是先进行旋转操作（n）后立刻再进行倒反操作。组合成这种复合操作的每一个操作本身不一定是对称操作。其矩阵表示为：

$$\bar{\boldsymbol{n}}=\begin{pmatrix}-1&0&0\\0&-1&0\\0&0&-1\end{pmatrix}\begin{pmatrix}\cos\theta&-\sin\theta&0\\\sin\theta&\cos\theta&0\\0&0&1\end{pmatrix}=\begin{pmatrix}-\cos\theta&\sin\theta&0\\-\sin\theta&-\cos\theta&0\\0&0&-1\end{pmatrix}$$

⑥ 旋转反映轴，简称映轴（rotoreflection axis），其对称操作是先进行绕映轴的旋转操作（n）后立刻再对垂直于该映轴的反映面进行反映操作 m。符号为 $\tilde{n}$（S_n），设对称轴沿 [001] 方向，其矩阵表示为：

$$\tilde{\boldsymbol{n}}=\begin{pmatrix}1&0&0\\0&1&0\\0&0&-1\end{pmatrix}\begin{pmatrix}\cos\theta&-\sin\theta&0\\\sin\theta&\cos\theta&0\\0&0&1\end{pmatrix}=\begin{pmatrix}\cos\theta&-\sin\theta&0\\\sin\theta&\cos\theta&0\\0&0&-1\end{pmatrix}$$

⑦ 旋转反映 S_n，包括绕对称轴的逆时针旋转 360° /n，接着作垂直反射。旋转反演和旋转反映（improper rotation）被（译）称为异常旋转、非真旋转、不当旋转等。

用映轴表示的对称操作都可以用反轴表示，所以在新的晶体学国际表中只用反轴。所有的点对称操作实际上可以简单地分为简单旋转操作和旋转倒反操作两种。全同操作就是一次真旋转轴，倒反中心为一次反轴，镜面为二次反轴，所有映轴都可以用等价反轴表示。旋转倒反轴和旋转反映轴之间存在简单的一一对应关系，旋转角度为 θ 的反轴和旋转角为（$\theta-\pi$）的映轴是等价的对称轴，这一关系也很容易从他们的表示矩阵看出。所以 1 次、2 次、3 次、4 次和 6 次反轴分别等价于 2 次、1 次、6 次、4 次和 3 次映轴。

非点式对称操作是由点式操作与平移操作复合后形成的新的对称操作，平移和旋转复合形成能导出螺旋旋转，平移和反映复合能导出滑移反映。先绕轴进行逆时针方向 360° /n 的旋转，接着作平行于该轴的平移，平移量为（p/n）t，这里 t 是平行于转轴方向的最短的晶格平移矢量，符号为 n_p，n 称为螺旋轴的次数（n 可以取值 2，3，4，6），而 p 只取小于 n 的整数。所以可以有以下 11 种螺旋轴：2_1，3_1，3_2，4_1，4_2，4_3，6_1，6_2，6_3，6_4，6_5。

1.4　晶系、点群和空间群

从晶系到空间群的关系如图 1.10 所示。按照晶胞的特征对称元素可以分成 7 个不同类型（见表 1.1），称为七大晶系。不同晶系中的标准单胞选择规则，如表 1.2 所示。空间点阵按点群对称性和带心的模式一共可以产生 14 种型式，称为 14 种布拉维点阵。布拉维点阵表示出所属空间群的平移子群。14 种布拉维点阵的示意图如图 1.11 所示。

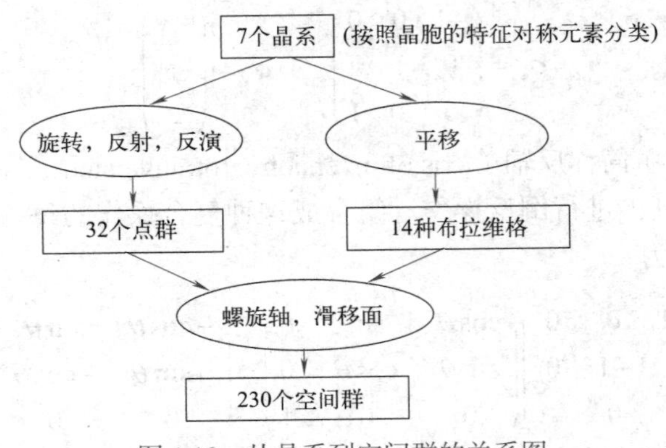

图 1.10 从晶系到空间群的关系图

表 1.1 晶系的对称特征

晶系	特征对称元素
三斜	无反演中心
单斜	唯一的 2 次轴或镜面
正交	三个相互垂直的 2 次旋转轴或反轴
三方	唯一的 3 次旋转轴或反轴
四方	唯一的 4 次旋转轴或反轴
六方	唯一的 6 次旋转轴或反轴
立方	沿晶胞体对角线的四个 3 次旋转轴或反轴

表 1.2 不同晶系中的标准单胞选择规则

晶系	标准单胞选择	变通单胞选择
三斜	晶轴间交角尽可能接近直角，但不等于 90°	容许轴间交角≤ 90°
单斜	Y 轴平行于唯一的二次轴或垂直于镜面，β 角尽可能接近直角	同标准选择，但 Z 轴代替 Y 轴，γ 角代替 β 角
正交	晶轴选择平行于三个相互垂直的 2 次轴（或垂直于镜面）	无
四方	Z 轴总是平行于唯一的 4 次旋转（反演）轴，X 和 Y 轴相互垂直，并都与 Z 轴成直角	无
六方 / 三方	Z 轴总是平行于唯一的 3 次或 6 次旋转（反演）轴，X 和 Y 轴都垂直于 Z 轴，并相互间交角为 120°	在三方晶系，三次轴选为初基单胞的对角线，则 $a=b=c$，$\alpha=\beta=\gamma \neq 90°$
立方	晶轴总选为平行于三个相互垂直的 2 次轴或 4 次轴，而四个三次轴平行于立方晶胞的体对角线	无

晶体中满足群性质定义的点对称操作的集合称作晶体学点群。点对称操作的共同特征是进行操作后物体中至少有一个点是不动的。晶体学中，点对称操作只能有轴次为 1、2、3、4、6 的旋转轴和反轴。如果把点对称操作元素通过一个公共的点按所有可能组合起来，则一共可以得出 32 种不同的组合方式，称为 32 种晶体学点群。它们是根据 8 个独立的对称操作元素及其组合而得到的。但其组合不是任意的，而是受到布拉维格的限制。每一种晶体学点群规定晶体的一种对称类型，故对应于 32 种点群有 32 类对称型的晶体。晶体学点群的对称元素方向及国际符号如表 1.3 所示。从晶体的点群对称性，可以判明晶体有无对映体、旋光性、

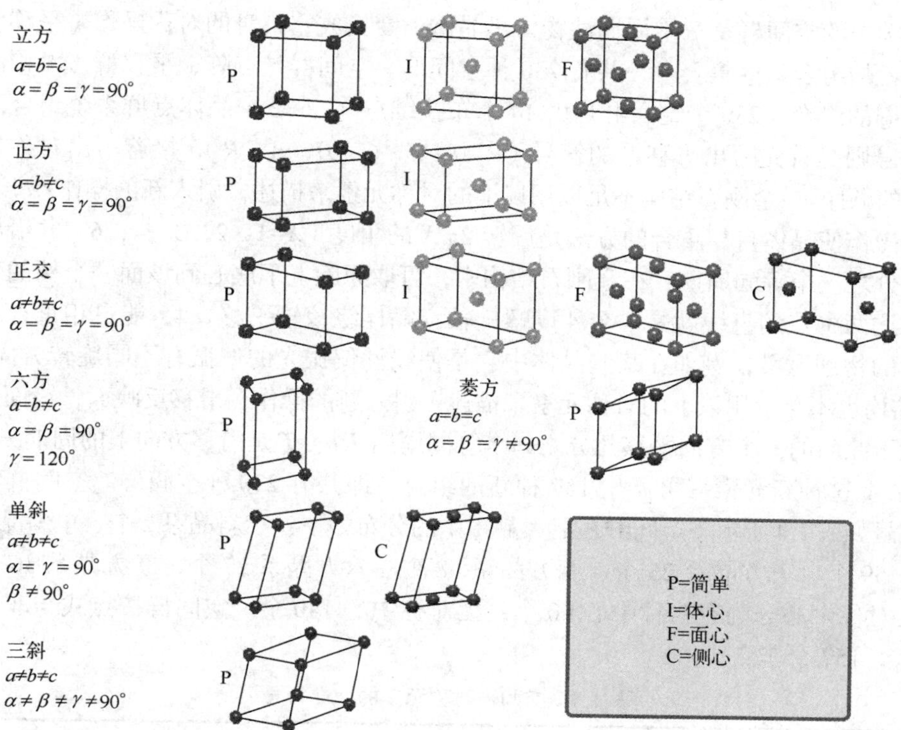

图1.11　14种布拉维点阵的单胞示意图

压电效应、热电效应、倍频效应等。旋光性出现在15种不含对称中心的点群。热电性出现在10种只含一个极性轴的点群。压电性出现在20种不含对称中心的点群（432除外）。倍频效应出现在18种不含对称中心的点群中。反过来，在晶体结构分析中，可以借助物理性质的测量结果判定晶体是否具有对称中心。

表1.3　晶体学点群的对称元素方向及国际符号

晶系	第一位		第二位		第三位		点　群
	可能对称元素	方向	可能对称元素	方向	可能对称元素	方向	
三斜	1，$\bar{1}$	任意	无		无		1，$\bar{1}$
单斜	2，*m*，2/*m*	*Y*	无		无		2，*m*，2/*m*
正交	2，*m*	*X*	2，*m*	*Y*	2，*m*	*Z*	222，*mm*2，*mmm*
四方	4，$\bar{4}$，4/*m*	*Z*	无，2，*m*	*X*	无，2，*m*	底对角线	4，$\bar{4}$，4/*m*，422，4*mm*，$\bar{4}$2*m*，4/*mmm*
三方	3，$\bar{3}$	*Z*	无，2，*m*	*X*	无		3，$\bar{3}$，32，3*m*，$\bar{3}$*m*
六方	6，$\bar{6}$，6/*m*	*Z*	无，2，*m*	*X*	无，2，*m*	底对角线	6，$\bar{6}$，6/*m*，622，6*mm*，$\bar{6}$2*m*，6/*mmm*
立方	2，*m*，4，$\bar{4}$	*X*	3，$\bar{3}$	体对角线	无，2，*m*	面对角线	23，*m*3，432，$\bar{4}$3*m*，*m*3*m*

晶体学中的空间群是三维周期性物体（晶体）变换成它自身的对称操作（平移、点操作以及这两者的组合）的集合。一共有 230 种空间群。空间群是点阵、平移群（滑移面和螺旋轴）和点群的组合。230 个空间群是由 14 个布拉维点阵与 32 个晶体点群系统组合而成。空间群的符号则是首先写出平移系的符号（*P*，*I*，*F*，*C*，*B*，*A*，*R*），接着写出对称素（按照晶体类型的顺序）。金刚石结构不足以用以上的对称元素来描述，引入新的操作：*n* 度螺旋轴，用螺旋轴操作使晶体自相重合的方法是旋转 $2\pi/X$ 的角度（X=1，2，3，4，6）并沿旋转轴向前平移几分之一个等同周期。在金刚石结构中，可取原胞上下底心到该面一个棱的垂线的中点，连接这两中点的直线就是一个 4 度螺旋轴；晶体绕该轴平移 $a/4$，能自相重合。螺旋轴具有明确的物理意义，例如在某些晶体中它是使线性偏振光的偏振有不同旋转方向的原因。NaCl 的结构也不足以用以上的对称元素来描述，引入新的操作：滑移反映面，镜面反映之后再沿平行于此面的一个方向平移几分之一个等同周期 $\boldsymbol{T}/n$。$\boldsymbol{T}$ 是滑移方向上的周期矢量，n 为 2 或 4。加上这种新元素后可产生 157 种新的组合，即共有 230 种空间群。空间群对称元素的标准符号如表 1.4 所示。空间群在七大晶系中的分布如下：三斜晶系 2 个、单斜晶系 13 个、正交晶系 59 个、三方晶系 25 个、四方晶系 68 个、六方晶系 27 个、立方晶系 36 个。空间群按有无对称中心分为有对称中心 90 个，无对称中心 140 个。空间群按点式与非点式分为 73 个点式，157 个非点式。

表 1.4　空间群对称元素的标准符号

元素	符号	垂直于投影面	平行于投影面
简单镜面	m	——————	或
轴滑移	a，b，c	- - - - - - - - 在投影面内滑移 · · · · · · · · · 垂直于投影面滑移	或
对角线滑移	n	-·-·-·-·-	
金刚石滑移	d		
反转中心	$\bar{1}$	○	
旋转轴	2，3，4，6		
反转轴	$\bar{3}$，$\bar{4}$，$\bar{6}$		
螺旋轴	2_1 3_1，3_2 4_1，4_2，4_3 6_1，6_2，6_3，6_4，6_5		

运用以下规则，可以从对称元素获得H-M空间群符号。第一字母（*L*）是点阵描述符号，指明点阵带心类型：P、I、F、C、A、B。其它三个符号（$S_1S_2S_3$）表示在特定方向（对每种晶系分别规定）上的对称元素。如果没有二义性可能，常用符号的省略形式（如P*m*，而不写成P1*m*1）。由于不同的晶轴选择和标记，同一个空间群可能有几种不同的符号。如P21/*c*，如滑移面选在*a*方向，符号为P21/*a*；如滑移面选为对角滑移，符号为P21/*n*。从空间群符号可以辨认晶系，具体方法如下：立方晶系的第2个对称符号是3或$\bar{3}$（如I*a*3、P*m*3*m*、F*d*3*m*）；四方晶系的第1个对称符号是4、$\bar{4}$、4_1、4_2或4_3（如$P4_12_12$、I4/*m*、P4/*mcc*）；六方晶系的第1个对称符号是6、$\bar{6}$、6_1、6_2、6_3、6_4或6_5（如P6*mm*、$P6_3/mcm$）；三方晶系的第1个对称符号是3、$\bar{3}$、3_1或3_2（如P31*m*、R3、R3*c*、P312）；正交晶系点阵符号后的全部三个符号是镜面、滑移面、2次旋转轴或2次螺旋轴（即P*nma*、$Cmc2_1$、P*nc*2），正交晶系的点群与空间群如表1.5所示；单斜晶系点阵符号后有唯一的镜面、滑移面、2次旋转轴或者螺旋轴，或者轴/平面符号（即C$\bar{1}$、P2、P21/*n*）；三斜晶系点阵符号后是1或−1。

晶胞中对称元素按照一定的方式排布。在晶胞中某个坐标点有一个原子时，由于对称性的要求，必然在另外一些坐标点也要有相同的原子。这些由对称性联系起来、彼此对称等效的点，称为等效点系。等效点系在空间群表中表示为外科夫（Wyckoff）位置。为描述结构，只需确定晶胞中每套等效点系中的一个原子的坐标，这套等效点系中的其它原子的位置就可以从空间群对称操作推出。不对称单位是当应用全部空间群的对称操作（平移+点对称操作）后可以填充整个空间的最小空间区域。在结晶学里，不对称单位可以包含一个原子或一组原子（或分子）。结构基元和点阵点代表的内容相应在初基晶胞中整个晶胞构成一个结构基元，但结构基元（单胞）可以包含几个不对称单位。不对称单位经过空间群全部对称操作（平移+点对称操作）产生整个空间结构。结构基元只需空间群的平移操作就可以产生整个空间结构。

等效空间群的实例如图1.12所示。

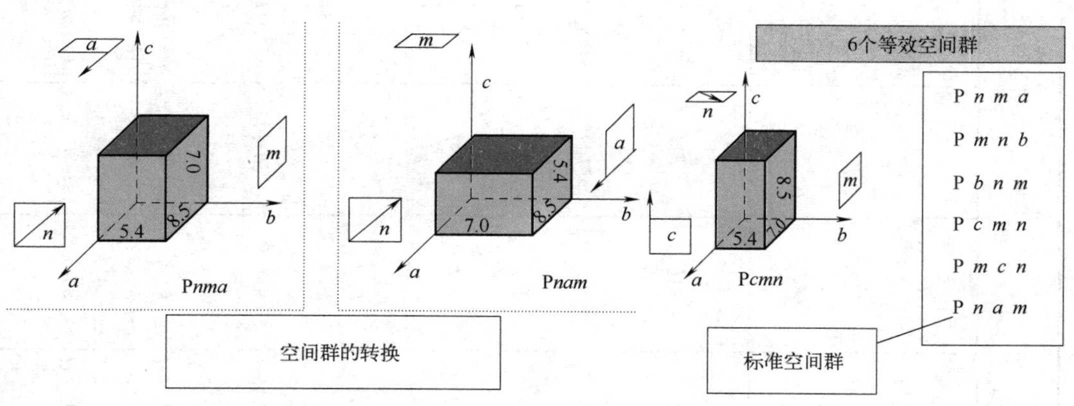

图1.12　等效空间群示意图

表 1.5　正交晶系的点群与空间群

反射条件								劳厄群		
								点群		
hkl	0*kl*	*h*0*l*	*hk*0	*h*00	0*k*0	00*l*	消光符号	222	*mm*2 *m*2*m* 2*mm*	*mmm*
h+*k*+*l*	*k*+*l*	*h*+*l*	*h*+*k*	*h*	*k*	*l*	*l*---	**I222**（23）	*lmm*2（44）	*lmmm*（71）
								I2₁2₁2₁（24）	*lm*2*m*（44）	
									*l*2*mm*（44）	
h+*k*+*l*	*k*+*l*	*h*+*l*	*h*，*k*	*h*	*k*	*l*	*l*--（*ab*）		*lm*2*a*（46）	*lmma*（74）
									*l*2*mb*（46）	*lmmb*（74）
h+*k*+*l*	*k*+*l*	*h*+*l*	*h*+*k*	*h*	*k*		*l*-（*ac*）-		*lma*2（46）	*lmam*（74）
									*l*2*cm*（46）	*lmcm*（74）
h+*k*+*l*	*k*+*l*	*h*+*l*	*h*，*k*	*h*	*k*	*l*	*l*--*cb*		*l*2*cb*（45）	*lmcb*（72）
h+*k*+*l*	*k*，*l*	*h*+*l*	*h*+*k*	*h*	*k*	*l*	*l*（*bc*）-		*lc*2*m*（46）	*lbmm*（74）
									*lc*2*a*（46）	*Lcmm*（74）
h+*k*+*l*	*k*，*l*	*h*+*l*	*h*，*k*	*h*	*k*	*l*	*lc*-*a*		*lc*2*a*（45）	*lcma*（72）
h+*k*+*l*	*k*，*l*	*h*，*l*	*h*+*k*	*h*	*k*	*l*	*lba*-		*lba*2（45）	*lbam*（72）
h+*k*+*l*	*k*，*l*	*h*，*l*	*h*，*k*	*h*	*k*	*l*	*lbca*			*lbca*（73）
h+*k*，*h*+*l*，*k*+*l*	*k*+*l*	*h*+*l*	*h*+*k*	*h*	*k*	*l*	*F*---	**F222**（22）	*Fmm*2（42）	*Fmmm*（69）
									*Fm*2*m*（42）	
									*F*2*mm*（42）	
h+*k*，*h*+*l*，*k*+*l*	*k*，*l*	*h*+*l*=4*n*；*h*，*l*	*h*+*k*=4*n*；*h*，*k*	*h*=4*n*	*k*=4*n*	*l*=4*n*	*F*-*dd*		*F*2*dd*（43）	
h+*k*，*h*+*l*，*k*+*l*	*k*+*l*=4*n*；*k*，*l*	*h*，*l*	*h*+*k*=4*n*；*h*，*k*	*h*=4*n*	*k*=4*n*	*l*=4*n*	*Fd*-*d*		*Fd*2*d*（43）	
h+*k*，*h*+*l*，*k*+*l*	*k*+*l*=4*n*；*k*，*l*	*h*+*l*=4*n*；*h*，*l*	*h*，*k*	*h*=4*n*	*k*=4*n*	*l*=4*n*	*Fdd*-		*Fdd*2（43）	
h+*k*，*h*+*l*，*k*+*l*	*k*+*l*=4*n*；*k*，*l*	*h*+*l*=4*n*；*h*，*l*	*h*+*k*=4*n*；*h*，*k*	*h*=4*n*	*k*=4*n*	*l*=4*n*	*Fddd*			*Fddd*（70）

1.5 倒易点阵及晶体学公式的推导

1.5.1 倒易点阵的确定方法和基本性质

从原点 O 至任一结点 $P(h, k, l)$ 的矢量 $\boldsymbol{OP}$ 正好沿正点阵中的（hkl）面的法线方向，而 $\boldsymbol{OP}$ 的长度就等于晶面间距的倒数，即 $|\boldsymbol{OP}|=1/d_{(hkl)}$。这样的点阵就是倒易点阵。根据正点阵的基矢 $\boldsymbol{a}$、$\boldsymbol{b}$ 和 $\boldsymbol{c}$ 求出倒易点阵的基矢 $\boldsymbol{a}^*$、$\boldsymbol{b}^*$ 和 $\boldsymbol{c}^*$。然后对于一切允许的整数 h、k、l，作出向量（$h\boldsymbol{a}^*+k\boldsymbol{b}^*+l\boldsymbol{c}^*$），这些向量的终点就是倒易点阵的结点，结点的集合就构成倒易点阵。假定正点阵晶胞（或原胞）的基矢为 $\boldsymbol{a}$、$\boldsymbol{b}$ 和 $\boldsymbol{c}$，倒易点阵的基矢为 $\boldsymbol{a}^*$、$\boldsymbol{b}^*$ 和 $\boldsymbol{c}^*$，如图 1.13 所示。按照倒易点阵的要求，$\boldsymbol{a}^*$ 应平行于（100）面的法线方向，即 $\boldsymbol{a}^*//(\boldsymbol{b}\times\boldsymbol{c})$；它的长度应等于（100）面间距的倒数，即 $|\boldsymbol{a}^*|=1/d_{(100)}$。

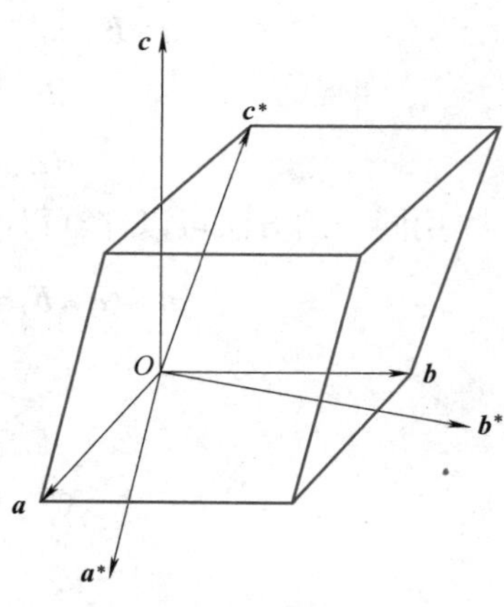

图 1.13　原胞基矢与倒易点阵基矢

由正点阵可知 $d_{(100)}=\boldsymbol{a}\cdot\dfrac{\boldsymbol{b}\times\boldsymbol{c}}{|\boldsymbol{b}\times\boldsymbol{c}|}$。综合上述可得到：

$$\boldsymbol{a}^*=\frac{\boldsymbol{b}\times\boldsymbol{c}}{|\boldsymbol{b}\times\boldsymbol{c}|}\cdot\frac{1}{d_{(100)}}=\frac{\boldsymbol{b}\times\boldsymbol{c}}{\boldsymbol{a}\cdot\boldsymbol{b}\times\boldsymbol{c}}=\frac{\boldsymbol{b}\times\boldsymbol{c}}{V}$$

$$\boldsymbol{b}^*=\frac{\boldsymbol{c}\times\boldsymbol{a}}{|\boldsymbol{c}\times\boldsymbol{a}|}\cdot\frac{1}{d_{(010)}}=\frac{\boldsymbol{c}\times\boldsymbol{a}}{\boldsymbol{b}\cdot\boldsymbol{c}\times\boldsymbol{a}}=\frac{\boldsymbol{c}\times\boldsymbol{a}}{V}$$

$$\boldsymbol{c}^*=\frac{\boldsymbol{a}\times\boldsymbol{b}}{|\boldsymbol{a}\times\boldsymbol{b}|}\cdot\frac{1}{d_{(001)}}=\frac{\boldsymbol{a}\times\boldsymbol{b}}{\boldsymbol{c}\cdot\boldsymbol{a}\times\boldsymbol{b}}=\frac{\boldsymbol{a}\times\boldsymbol{b}}{V}$$

式中，$V=\boldsymbol{a}\cdot\boldsymbol{b}\times\boldsymbol{c}=\boldsymbol{b}\cdot\boldsymbol{c}\times\boldsymbol{a}=\boldsymbol{c}\cdot\boldsymbol{a}\times\boldsymbol{b}$，这是晶胞或原胞的体积。由 $\boldsymbol{a}^*$、$\boldsymbol{b}^*$ 和 $\boldsymbol{c}^*$ 即可作出倒易晶胞或倒易原胞。

根据前面倒易点阵的描述可得到倒易点阵的基本性质如下：

① 正点阵和倒易点阵的同名基矢的点积为 1，不同名基矢的点积为零，即：

$$\boldsymbol{a}\cdot\boldsymbol{a}^*=\boldsymbol{b}\cdot\boldsymbol{b}^*=\boldsymbol{c}\cdot\boldsymbol{c}^*=1$$

$$\boldsymbol{a}\cdot\boldsymbol{b}^*=\boldsymbol{b}\cdot\boldsymbol{a}^*=\boldsymbol{b}\cdot\boldsymbol{c}^*=\boldsymbol{c}\cdot\boldsymbol{b}^*=\boldsymbol{c}\cdot\boldsymbol{a}^*=\boldsymbol{a}\cdot\boldsymbol{c}^*=0$$

② 正点阵晶胞的体积与倒易点阵晶胞的体积成倒数关系，即 $VV^*=1$。

证明：

$$\begin{aligned}V^*&=\boldsymbol{a}^*\cdot\boldsymbol{b}^*\times\boldsymbol{c}^*=\frac{1}{V^3}\{(\boldsymbol{b}\times\boldsymbol{c})\cdot[(\boldsymbol{c}\times\boldsymbol{a})\times(\boldsymbol{a}\times\boldsymbol{b})]\}\\&=\frac{1}{V^3}\left\{(\boldsymbol{b}\times\boldsymbol{c})\cdot\left\{\left[(\boldsymbol{c}\times\boldsymbol{a})\cdot\boldsymbol{b}\right]\boldsymbol{a}-\left[(\boldsymbol{c}\times\boldsymbol{a})\cdot\boldsymbol{a}\right]\boldsymbol{b}\right\}\right\}\\&=\frac{1}{V^3}\left[(\boldsymbol{b}\times\boldsymbol{c})\cdot V\boldsymbol{a}\right]=\frac{1}{V}\end{aligned}$$

其中利用三个矢量连续叉积公式：$\boldsymbol{m}\times(\boldsymbol{a}\times\boldsymbol{b})=(\boldsymbol{m}\cdot\boldsymbol{b})\boldsymbol{a}-(\boldsymbol{m}\cdot\boldsymbol{a})\boldsymbol{b}$ 证明：

$$\boldsymbol{a}=a_x\boldsymbol{i}+a_y\boldsymbol{j}+a_z\boldsymbol{k},\ \boldsymbol{b}=b_x\boldsymbol{i}+b_y\boldsymbol{j}+b_z\boldsymbol{k},\ \boldsymbol{m}=m_x\boldsymbol{i}+m_y\boldsymbol{j}+m_z\boldsymbol{k}$$

式中，i、j、k 分别为正交坐标的 x 轴、y 轴和 z 轴的单位矢量。

$$\boldsymbol{a}\times\boldsymbol{b}=\begin{vmatrix} i & j & k \\ a_x & a_y & a_z \\ b_x & b_y & b_z \end{vmatrix}=\boldsymbol{i}\begin{vmatrix} a_y & a_z \\ b_y & b_z \end{vmatrix}-\boldsymbol{j}\begin{vmatrix} a_x & a_z \\ b_x & b_z \end{vmatrix}+\boldsymbol{k}\begin{vmatrix} a_x & a_y \\ b_x & b_y \end{vmatrix}$$
$$=(a_yb_z-a_zb_y)\boldsymbol{i}-(a_xb_z-a_zb_x)\boldsymbol{j}+(a_xb_y-a_yb_x)\boldsymbol{k}$$

用同样的方法可以计算得出：

$$\begin{aligned}\boldsymbol{m}\times(\boldsymbol{a}\times\boldsymbol{b})&=(m_ya_xb_y+m_za_xb_z)\boldsymbol{i}-(m_ya_yb_x+m_za_zb_x)\boldsymbol{i}\\&\quad+(m_za_yb_z+m_xa_yb_x)\boldsymbol{j}-(m_xa_xb_y+m_za_zb_y)\boldsymbol{j}\\&\quad+(m_xa_zb_x+m_ya_zb_y)\boldsymbol{k}-(m_xa_xb_z+m_ya_yb_z)\boldsymbol{k}\\&=(m_yb_y+m_zb_z)a_x\boldsymbol{i}-(m_ya_y+m_za_z)b_x\boldsymbol{i}\\&\quad+(m_xb_z+m_zb_z)a_y\boldsymbol{j}-(m_xa_x+m_za_z)b_y\boldsymbol{j}\\&\quad+(m_xb_x+m_yb_y)a_z\boldsymbol{k}-(m_xa_x+m_ya_y)b_z\boldsymbol{k}\end{aligned}$$

$$\begin{aligned}(\boldsymbol{m}\cdot\boldsymbol{b})\boldsymbol{a}-(\boldsymbol{m}\cdot\boldsymbol{a})\boldsymbol{b}&=(m_xb_x+m_yb_y+m_zb_z)(a_x\boldsymbol{i}+a_y\boldsymbol{j}+a_z\boldsymbol{k})\\&\quad-(m_xa_x+m_ya_y+m_za_z)(b_x\boldsymbol{i}+b_y\boldsymbol{j}+b_z\boldsymbol{k})\\&=(m_yb_y+m_zb_z)a_x\boldsymbol{i}-(m_ya_y+m_za_z)b_x\boldsymbol{i}\\&\quad+(m_xb_x+m_zb_z)a_y\boldsymbol{j}-(m_xa_x+m_za_z)b_y\boldsymbol{j}\\&\quad+(m_xb_x+m_yb_y)a_z\boldsymbol{k}-(m_xa_x+m_ya_y)b_z\boldsymbol{k}\end{aligned}$$

$$\boldsymbol{m}\times(\boldsymbol{a}\times\boldsymbol{b})=(\boldsymbol{m}\cdot\boldsymbol{b})\boldsymbol{a}-(\boldsymbol{m}\cdot\boldsymbol{a})\boldsymbol{b}$$

③ 正点阵的基矢与倒易点阵的基矢互为倒易关系，即：

$$\boldsymbol{a}=\frac{\boldsymbol{b}^*\times\boldsymbol{c}^*}{V^*},\ \boldsymbol{b}=\frac{\boldsymbol{c}^*\times\boldsymbol{a}^*}{V^*},\ \boldsymbol{c}=\frac{\boldsymbol{a}^*\times\boldsymbol{b}^*}{V^*}$$

证明：

$$\frac{\boldsymbol{b}^*\times\boldsymbol{c}^*}{V^*}=V\left(\frac{\boldsymbol{c}\times\boldsymbol{a}}{V}\times\frac{\boldsymbol{a}\times\boldsymbol{b}}{V}\right)$$
$$=\frac{1}{V}\{[(\boldsymbol{c}\times\boldsymbol{a})\cdot\boldsymbol{b}]\boldsymbol{a}-[(\boldsymbol{c}\times\boldsymbol{a})\cdot\boldsymbol{a}]\boldsymbol{b}\}=\boldsymbol{a}$$

其它等式同理可证。可见，正点阵与倒易点阵是互为倒易的。

④ 任意倒易矢量 $\boldsymbol{g}=h\boldsymbol{a}^*+k\boldsymbol{b}^*+l\boldsymbol{c}^*$ 必然垂直于正点阵中的（hkl）面，并且 $|\boldsymbol{g}|=\dfrac{1}{d_{hkl}}$。

在图 1.14 中画出了正点阵基矢、晶面（hkl）（即△ ABC 平面），以及倒易矢量 $\boldsymbol{g}$（图中未画出倒易基矢）。现证明 $\boldsymbol{g}$ 垂直于△ ABC 的各边，因而垂直于晶面（hkl）。从图 1.14 可见：

$$\boldsymbol{g}\cdot\overrightarrow{\boldsymbol{AB}}=\boldsymbol{g}\cdot(\overrightarrow{\boldsymbol{OB}}-\overrightarrow{\boldsymbol{OA}})=(h\boldsymbol{a}^*+k\boldsymbol{b}^*+l\boldsymbol{c}^*)\cdot\left(\frac{\boldsymbol{b}}{k}-\frac{\boldsymbol{a}}{h}\right)=0$$

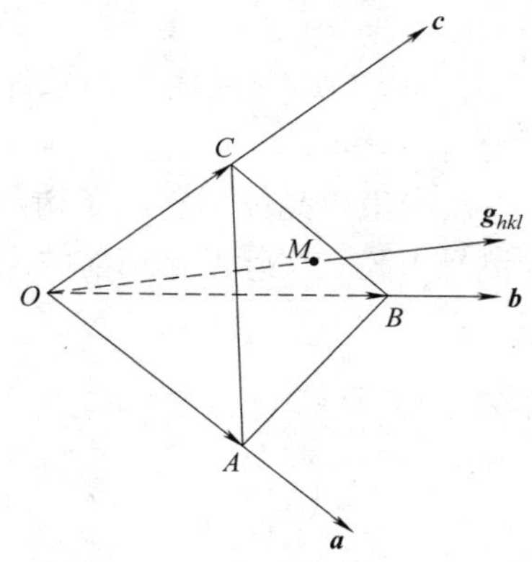

图 1.14　倒易矢 g_{hkl} 与晶面（*hkl*）关系

所以，**g** 垂直于 ***AB***，同理 **g** 垂直于 ***AC*** 和 ***BC***，即 **g** 垂直于晶面（*hkl*）。**g** 与晶面（*hkl*）的交点 *M* 到原点的距离 *OM* 就是（*hkl*）的晶面距 $d_{(hkl)}$。*OM* 等于 ***OA*** 在 **g** 上的投影，故有：

$$d_{(hkl)} = \overrightarrow{\boldsymbol{OA}} \cdot \frac{\boldsymbol{g}}{|\boldsymbol{g}|} = \frac{1}{|\boldsymbol{g}|} \times \frac{\boldsymbol{a}}{h} \cdot (h\boldsymbol{a}^* + k\boldsymbol{b}^* + l\boldsymbol{c}^*) = \frac{1}{|\boldsymbol{g}|}$$

所以 $|\boldsymbol{g}| = \dfrac{1}{d_{(hkl)}}$。

1.5.2　实际晶体的倒易点阵和实际发生衍射的晶面指数特征

在倒易点阵中出现（*h*，*k*，*l*）结点的条件是正点阵中相互平行的（*hkl*）面的全体必须包含（或通过）所有正点阵结点。那就是倒易点阵中出现（*h*，*k*，*l*）结点的条件是晶体中的任一原子必须位于（*hkl*）平行晶面族的某一个面上。在图 1.15 中，假定坐标为（*x*，*y*，*z*）的 A 原子位于第 *n* 层（*hkl*）面交于 *B* 点，那么显然有 $OB=nd_{(hkl)}$。

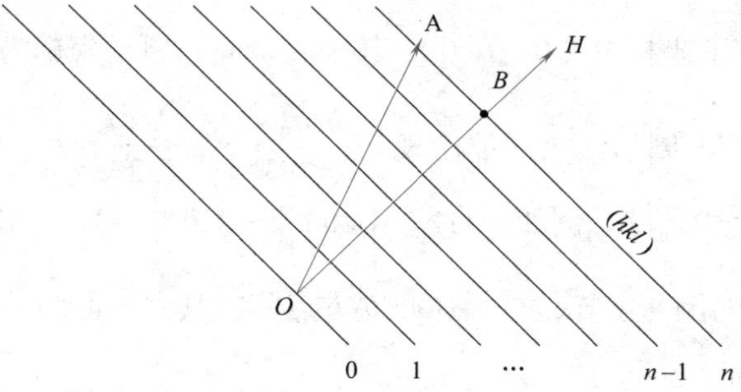

图 1.15　原子 A 位于（*hkl*）晶面上的条件

根据图 1.15 的几何关系有：

$$nd_{(hkl)} = OA \cdot \frac{\boldsymbol{g}}{|\boldsymbol{g}|} = (x\boldsymbol{a} + y\boldsymbol{b} + z\boldsymbol{c}) \cdot \frac{(h\boldsymbol{a}^* + k\boldsymbol{b}^* + l\boldsymbol{c}^*)}{\dfrac{1}{d_{(hkl)}}}$$

$$= (hx + ky + lz)d_{(hkl)}$$

所以 $hx+ky+lz=n$，其中 n=0，±1，±2，±3，…

这就是（x，y，z）原子位于第 n 层（hkl）晶面上的条件。对于给定的晶体有确定的原子位置（x，y，z），上式给出了允许的（h，k，l）值，从而决定了倒易点阵中允许的结点、能产生实际衍射的晶面（hkl），以及产生单晶体透射电子衍射的斑点。根据上面倒易结点的形成条件，讨论常见实际晶体的倒易点阵和实际发生衍射的晶面指数特征。

（1）简单立方晶体

原子坐标为（0, 0, 0），倒易基矢为：

$$\boldsymbol{a}^*=\left(\frac{1}{a}\right)\boldsymbol{i}$$

$$\boldsymbol{b}^*=\left(\frac{1}{a}\right)\boldsymbol{j}$$

$$\boldsymbol{c}^*=\left(\frac{1}{a}\right)\boldsymbol{k}$$

由于（x，y，z）=（0, 0, 0），不论什么 h，k，l 值，总有 $hx+ky+lz=0$。因此，简单立方晶体的倒易结点仍为简单立方。

（2）体心立方晶体

体心立方晶体的顶点原子坐标为（0，0，0），体心原子坐标为（$\frac{1}{2}$，$\frac{1}{2}$，$\frac{1}{2}$），只有满足下述条件的（h, k, l）倒易结点才能出现：$\frac{h+k+l}{2}=n$。这表明，晶面指数之和必须为偶数。例如（110）、（200）、（211）和（220）等晶面均能产生衍射。从产生衍射的晶面指数可以看出，BCC 的倒易点阵是一个立方晶胞的边长为 $\frac{2}{a}$ 的 FCC 点阵。

（3）面心立方晶体

面心立方晶体顶点的坐标是（0，0，0），其中一个面心原子坐标为（$\frac{1}{2}$，$\frac{1}{2}$，0），只有满足下述条件的（h，k，l）倒易结点才能出现：$\frac{h+k}{2}=n$、$\frac{h+l}{2}=n$、$\frac{k+l}{2}=n$。三个面指数中全奇或全偶能满足上述条件。例如（111）、（200）、（220）、（311）和（222）等晶面都能产生倒易结点。FCC 点阵的倒易点阵是一个体心立方点阵，其立方晶胞的边长为 $\frac{2}{a}$ 的 BCC 点阵。

（4）简单六方点阵

六方点阵的倒易基矢为：

$$\boldsymbol{a}^*=\frac{\boldsymbol{b}\times\boldsymbol{c}}{V}=\frac{2}{\sqrt{3}a^2c}(\boldsymbol{b}\times\boldsymbol{c})$$

$$\boldsymbol{b}^*=\frac{\boldsymbol{c}\times\boldsymbol{a}}{V}=\frac{2}{\sqrt{3}a^2c}(\boldsymbol{c}\times\boldsymbol{a})$$

$$\boldsymbol{c}^*=\frac{\boldsymbol{a}\times\boldsymbol{b}}{V}=\frac{2}{\sqrt{3}a^2c}(\boldsymbol{a}\times\boldsymbol{b})$$

倒易基矢的模为：

$$\left|\boldsymbol{a}^*\right|=\left|\boldsymbol{b}^*\right|=\frac{2}{\sqrt{3}a}，\left|\boldsymbol{c}^*\right|=\frac{2}{\sqrt{3}a^2c}\left|\boldsymbol{a}\times\boldsymbol{b}\right|=\frac{1}{c}$$

显然，$\boldsymbol{a}^*\perp\boldsymbol{b}$，$\boldsymbol{b}^*\perp\boldsymbol{a}$，故（$\boldsymbol{a}^*$，$\boldsymbol{b}^*$）=60°。同时，$\boldsymbol{c}^*$ 垂直于另外两个倒易基矢。对于简单六方点阵来说，由于原胞中只有一个原子（0，0，0），故对任何一组 h，k，l 值，均可作出相应的倒易结点（h, k, l）。它的倒易点阵仍然是简单六方点阵。

（5）密排六方结构

密排六方的原胞内有一附加的原子，其坐标为（$\frac{2}{3}$，$\frac{1}{3}$，$\frac{1}{2}$），故只有满足方程 $\frac{2}{3}h+\frac{1}{3}k+\frac{1}{2}l=n$ 的结点才存在，其它结点应消失，这样各结点就不再是等同点了，密排六方晶体只有倒易结构，没有倒易点阵。

1.5.3　倒易点阵的应用

倒易点阵的主要应用有以下三方面：推导晶体学关系式；解释 X 射线及电子衍射图像；研究能带理论的布里渊区。这里主要介绍晶体学公式的推导，单晶的标准透射电子衍射斑点的绘制在后面的章节中介绍。

（1）晶带方程

相交于同一直线的两个或多个晶面就构成一个晶带，如图 1.16 所示，交线就叫晶带轴，与晶带轴垂直的平面就叫晶带平面（在极射投影图上就是晶带大圆）。如果晶带轴方向指数为 [uvw]，那么这个晶带就叫 [uvw] 晶带。

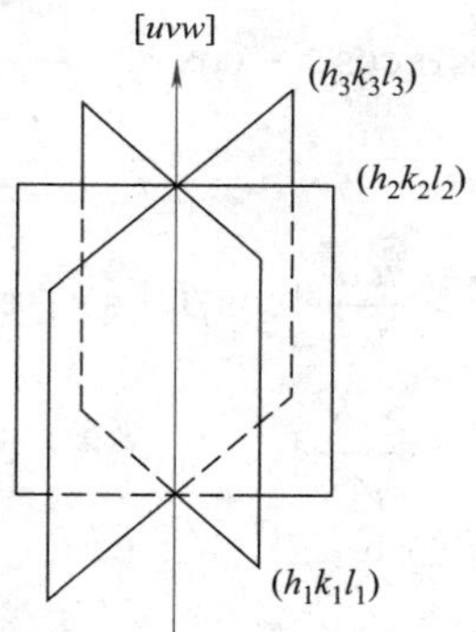

图 1.16　三组晶面属于同一个晶带示意图

根据倒易点阵的性质，晶面（hkl）的法线平行于倒易矢量 $\boldsymbol{g}=h\boldsymbol{a}^*+k\boldsymbol{b}^*+l\boldsymbol{c}^*$，并与晶带轴垂直。因此，$\boldsymbol{g}\cdot(u\boldsymbol{a}+v\boldsymbol{b}+w\boldsymbol{c})=0$。将 $\boldsymbol{g}$ 代入上式，并利用倒易点阵性质可得：

$$hu+kv+lw=0$$

这就是晶体学中十分重要的晶带方程。

（2）计算（$h_1k_1l_1$）和（$h_2k_2l_2$）两个晶面构成的晶带 [uvw]

因为晶带同时垂直于倒易矢量 $\boldsymbol{g}_1=h_1\boldsymbol{a}^*+k_1\boldsymbol{b}^*+l_1\boldsymbol{c}^*$ 和 $\boldsymbol{g}_2=h_2\boldsymbol{a}^*+k_2\boldsymbol{b}^*+l_2\boldsymbol{c}^*$，所以有 $\overrightarrow{\boldsymbol{uvw}}=\boldsymbol{g}_1\times\boldsymbol{g}_2$，即：

$$\overrightarrow{\boldsymbol{uvw}}=\begin{vmatrix}\boldsymbol{i} & \boldsymbol{j} & \boldsymbol{k}\\ h_1 & k_1 & l_1\\ h_2 & k_2 & l_2\end{vmatrix}=\begin{vmatrix}k_1 & l_1\\ k_2 & l_2\end{vmatrix}\boldsymbol{i}-\begin{vmatrix}h_1 & l_1\\ h_2 & l_2\end{vmatrix}\boldsymbol{j}+\begin{vmatrix}h_1 & k_1\\ h_2 & k_2\end{vmatrix}\boldsymbol{k}$$

$$=(k_1l_2-k_2l_1)\boldsymbol{i}-(h_1l_2-h_2l_1)\boldsymbol{j}+(h_1k_2-h_2k_1)\boldsymbol{k}$$

结果是：
$$\begin{cases}u=k_1l_2-k_2l_1\\ v=h_2l_1-h_1l_2\\ w=h_1k_2-h_2k_1\end{cases}$$

（3）计算属于两个晶带的平面

由于（hkl）面的法线同时垂直于两个晶带 $[u_1v_1w_1]$ 和 $[u_2v_2w_2]$，根据上面的计算方法可得：

$$h=v_1w_2-v_2w_1$$
$$k=u_2w_1-u_1w_2$$
$$l=u_1v_2-u_2v_1$$

（4）晶面距

设晶面（hkl）的晶面距为 $d_{(hkl)}$，根据倒易点阵的性质有：

$$\frac{1}{d_{(hkl)}^2}=(h\boldsymbol{a}^*+k\boldsymbol{b}^*+l\boldsymbol{c}^*)\cdot(h\boldsymbol{a}^*+k\boldsymbol{b}^*+l\boldsymbol{c}^*)$$

$$(\boldsymbol{a}^*)^2=\frac{|\boldsymbol{b}\times\boldsymbol{c}|^2}{V^2}=\frac{b^2c^2\sin^2\alpha}{V^2},\quad(\boldsymbol{b}^*)^2=\frac{a^2c^2\sin^2\beta}{V^2},\quad(\boldsymbol{c}^*)^2=\frac{a^2b^2\sin^2\gamma}{V^2}$$

$$\boldsymbol{a}^*\cdot\boldsymbol{b}^*=\frac{1}{V^2}[(\boldsymbol{b}\times\boldsymbol{c})\cdot(\boldsymbol{c}\times\boldsymbol{a})]=\frac{1}{V^2}[(\boldsymbol{b}\cdot\boldsymbol{c})(\boldsymbol{c}\cdot\boldsymbol{a})-(\boldsymbol{b}\cdot\boldsymbol{a})c^2]$$
$$=\frac{abc^2}{V^2}[\cos\alpha\cos\beta-\cos\gamma]$$

同理：

$$\boldsymbol{b}^*\cdot\boldsymbol{c}^*=\frac{bca^2}{V^2}[\cos\beta\cos\gamma-\cos\alpha]$$

$$\boldsymbol{c}^*\cdot\boldsymbol{a}^*=\frac{cab^2}{V^2}[\cos\gamma\cos\alpha-\cos\beta]$$

这里，V 是晶胞的体积，可推导如下：

$$V^2=|(\boldsymbol{a}\times\boldsymbol{b})\cdot\boldsymbol{c}|^2=|\boldsymbol{a}\times\boldsymbol{b}|^2\boldsymbol{c}^2\cos^2(\boldsymbol{a}\times\boldsymbol{b},\boldsymbol{c})$$
$$=|\boldsymbol{a}\times\boldsymbol{b}|^2\boldsymbol{c}^2[1-\sin^2(\boldsymbol{a}\times\boldsymbol{b},\boldsymbol{c})]=a^2b^2c^2\sin^2\gamma-|(\boldsymbol{a}\times\boldsymbol{b})\times\boldsymbol{c}|^2$$
$$=a^2b^2c^2\sin^2\gamma-[\boldsymbol{c}\times(\boldsymbol{a}\times\boldsymbol{b})]\cdot[\boldsymbol{c}\times(\boldsymbol{a}\times\boldsymbol{b})]$$
$$=a^2b^2c^2\sin^2\gamma-[(\boldsymbol{c}\cdot\boldsymbol{b})a-(\boldsymbol{c}\cdot\boldsymbol{a})b]\cdot[(\boldsymbol{c}\cdot\boldsymbol{b})a-(\boldsymbol{c}\cdot\boldsymbol{a})b]$$
$$=a^2b^2c^2\sin^2\gamma-[(bc\cos\alpha)a-(ca\cos\beta)b]\cdot[(bc\cos\alpha)a-(ca\cos\beta)b]$$
$$=a^2b^2c^2\sin^2\gamma-a^2b^2c^2(\cos^2\alpha+\cos^2\beta-2\cos\alpha\cos\beta\cos\gamma)$$
$$=a^2b^2c^2(1-\cos^2\alpha-\cos^2\beta-\cos^2\gamma+2\cos\alpha\cos\beta\cos\gamma)$$
$$V=abc\sqrt{1-\cos^2\alpha-\cos^2\beta-\cos^2\gamma+2\cos\alpha\cos\beta\cos\gamma}$$

这里利用了公式$\boldsymbol{c}\times(\boldsymbol{a}\times\boldsymbol{b})=(\boldsymbol{c}\cdot\boldsymbol{b})a-(\boldsymbol{c}\cdot\boldsymbol{a})b$。

利用上述公式结合立方、正交和六方晶体的实际情况，可计算得到它们的晶面距。

① 立方晶体：$\dfrac{1}{d^2}=\dfrac{h^2}{a^2}+\dfrac{k^2}{a^2}+\dfrac{l^2}{a^2}$ 即 $d=\dfrac{a}{\sqrt{h^2+k^2+l^2}}$。

② 正交晶体：$\alpha=\beta=\gamma=90°$，$V=abc$。

$$\frac{1}{d^2}=\frac{h^2}{a^2}+\frac{k^2}{b^2}+\frac{l^2}{c^2}$$

③ 六方晶体：$a=b,\ \alpha=\beta=90°,\ \gamma=120°,\ V=\dfrac{\sqrt{3}}{2}a^2c$。

$$(\boldsymbol{a}^*)^2=\left|\frac{\boldsymbol{b}\times\boldsymbol{c}}{V}\right|^2=\frac{a^2c^2}{\frac{3}{4}a^4c^2}=\frac{4}{3a^2}=(\boldsymbol{b}^*)^2,(\boldsymbol{c}^*)^2=\frac{1}{c^2}$$

$$\boldsymbol{a}^*\cdot\boldsymbol{b}^*=\frac{2}{3a^2},\ \boldsymbol{b}^*\cdot\boldsymbol{c}^*=\boldsymbol{a}^*\cdot\boldsymbol{c}^*=0$$

$$\frac{1}{d^2}=\frac{4}{3a^2}(h^2+k^2)+\frac{l^2}{c^2}+\frac{4}{3a^2}hk=\frac{4}{3a^2}(h^2+k^2+hk)+\frac{l^2}{c^2}$$

即：

$$\frac{1}{d^2}=\frac{4}{3a^2}(h^2+k^2+hk)+\frac{l^2}{c^2}$$

用同样的方法可以得到其它晶系的晶面距公式。

④ 四方晶体：$\dfrac{1}{d^2}=\dfrac{h^2+k^2}{a^2}+\dfrac{l^2}{c^2}$。

⑤ 菱方晶系：$\dfrac{1}{d^2}=\dfrac{\left(h^2+k^2+l^2\right)\sin^2\alpha+2\left(hk+kl+hl\right)\left(\cos^2\alpha-\cos\alpha\right)}{a^2\left(1-3\cos^2\alpha+2\cos^3 a\right)}$。

⑥ 单斜晶系：$\dfrac{1}{d^2}=\dfrac{1}{\sin^2\beta}\left(\dfrac{h^2}{a^2}+\dfrac{k^2\sin^2\beta}{b^2}+\dfrac{l^2}{c^2}-\dfrac{2hl\cos\beta}{ac}\right)$。

⑦ 三斜晶系：$\dfrac{1}{d^2}=\dfrac{1}{V^2}\left(s_{11}h^2+s_{22}k^2+s_{33}l^2+2s_{12}hk+2s_{23}kl+2s_{13}hl\right)$。

式中，$V=abc\sqrt{1-\cos^2\alpha-\cos^2\beta-\cos^2\gamma+2\cos\alpha\cos\beta\cos\gamma}$（单胞体积）；$s_{11}=b^2c^2\sin^2\alpha$；$s_{22}=a^2c^2\sin^2\beta$；$s_{33}=a^2b^2\sin^2\gamma$；$s_{12}=abc^2$（$\cos\alpha\cos\beta-\cos\gamma$）；$s_{23}=a^2bc$（$\cos\beta\cos\gamma-\cos\alpha$）；$s_{13}=ab^2c$（$\mathrm{cso}\gamma\cos\alpha-\cos\beta$）。

（5）计算晶面夹角

晶面夹角应等于其法线的夹角，令法线为$\boldsymbol{g}_1=h_1\boldsymbol{a}^*+k_1\boldsymbol{b}^*+l_1\boldsymbol{c}^*$和$\boldsymbol{g}_2=h_2\boldsymbol{a}^*+k_2\boldsymbol{b}^*+l_2\boldsymbol{c}^*$。

因为：

$$\cos\phi=\frac{\boldsymbol{g}_1\cdot\boldsymbol{g}_2}{|g_1||g_2|}=d_1d_2[h_1h_2(\boldsymbol{a}^*)^2+k_1k_2(\boldsymbol{b}^*)^2+l_1l_2(\boldsymbol{c}^*)^2+(h_1k_2+h_2k_1)\boldsymbol{a}^*\cdot\boldsymbol{b}^*$$
$$+(h_1l_2+h_2l_1)\boldsymbol{a}^*\cdot\boldsymbol{c}^*+(k_1l_2+k_2l_1)\boldsymbol{b}^*\cdot\boldsymbol{c}^*]$$

式中，d_1、d_2 分别为（$h_1k_1l_1$）和（$h_2k_2l_2$）面的晶面距。

① 对立方晶体，上式可以简化成：

$$\cos\phi = \frac{h_1h_2 + k_1k_2 + l_1l_2}{\sqrt{(h_1^2 + k_1^2 + l_1^2)(h_2^2 + k_2^2 + l_2^2)}}$$

② 对正交晶体，把正交晶系的晶面距代入可得：

$$\cos\phi = \frac{\dfrac{h_1h_2}{a^2} + \dfrac{k_1k_2}{b^2} + \dfrac{l_1l_2}{c^2}}{\sqrt{\left(\dfrac{h_1^2}{a^2} + \dfrac{k_1^2}{b^2} + \dfrac{l_1^2}{c^2}\right)\left(\dfrac{h_2^2}{a^2} + \dfrac{k_2^2}{b^2} + \dfrac{l_2^2}{c^2}\right)}}$$

③ 对六方晶系，把相关值代入可得：

$$\begin{aligned}\cos\phi &= d_1d_2\left[h_1h_2\frac{4}{3a^2} + k_1k_2\frac{4}{3a^2} + l_1l_2\frac{1}{c^2} + (h_1k_2 + h_2k_1)\frac{2}{3a^2}\right] \\ &= \frac{h_1h_2\dfrac{4}{3a^2} + k_1k_2\dfrac{4}{3a^2} + l_1l_2\dfrac{1}{c^2} + (h_1k_2 + h_2k_1)\dfrac{2}{3a^2}}{\sqrt{\left(\dfrac{4}{3}\times\dfrac{h_1^2 + h_1k_1 + k_1^2}{a^2} + \dfrac{l_1^2}{c^2}\right)\left(\dfrac{4}{3}\times\dfrac{h_2^2 + h_2k_2 + k_2^2}{a^2} + \dfrac{l_2^2}{c^2}\right)}} \\ &= \frac{h_1h_2 + \dfrac{1}{2}(h_1k_2 + h_2k_1) + k_1k_2 + \dfrac{3a^2}{4c^2}l_1l_2}{\sqrt{\left(h_1^2 + h_1k_1 + k_1^2 + \dfrac{3a^2}{4c^2}l_1^2\right)\left(h_2^2 + h_2k_2 + k_2^2 + \dfrac{3a^2}{4c^2}l_2^2\right)}}\end{aligned}$$

用同样的方法可以计算出其它晶系的任意两个晶面夹角如下。

④ 正方：$\cos\phi = \dfrac{\dfrac{h_1h_2 + k_1k_2}{a^2} + \dfrac{l_1l_2}{c^2}}{\sqrt{\left(\dfrac{{h_1}^2 + {k_1}^2}{a^2} + \dfrac{{l_1}^2}{c^2}\right)\left(\dfrac{{h_2}^2 + {k_2}^2}{a^2} + \dfrac{{l_2}^2}{c^2}\right)}}$。

⑤ 菱方：$\cos\phi = \dfrac{a^4d_1d_2}{V^2}[\sin^2\alpha\left(h_1h_2 + k_1k_2 + l_1l_2\right)$

$+\left(\cos^2\alpha - \cos\alpha\right)\left(h_1k_2 + h_2k_1 + h_1l_2 + h_2l_1 + k_1l_2 + k_2l_1\right)]$。

⑥ 单斜：$\cos\phi = \dfrac{d_1d_2}{\sin^2\beta}\left[\dfrac{h_1h_2}{a^2} + \dfrac{k_1k_2\sin^2\beta}{b^2} + \dfrac{l_1l_2}{c^2} - \dfrac{\left(h_1l_2 + h_2l_1\right)\cos\beta}{ac}\right]$。

⑦ 三斜：$\cos\phi = \dfrac{d_1d_2}{V^2}[s_{11}h_1h_2 + s_{22}k_1k_2 + s_{33}l_1l_2 + s_{12}\left(k_1h_2 + k_2h_1\right) + s_{13}\left(h_1l_2 + h_2l_1\right)$

$+ s_{23}\left(k_1l_2 + k_2l_1\right)]$。

式中，$V = abc\sqrt{1 - \cos^2\alpha - \cos^2\beta - \cos^2\gamma + 2\cos\alpha\cos\beta\cos\gamma}$（单胞体积）；$s_{11}=b^2c^2\sin^2\alpha$；$s_{22}=a^2c^2\sin^2\beta$；$s_{33}=a^2b^2\sin^2\gamma$；$s_{12}=abc^2$（$\cos\alpha\cos\beta-\cos\gamma$）；$s_{23}=a^2bc$（$\cos\beta\cos\gamma-\cos\alpha$）；$s_{13}=ab^2c$（$\cos\gamma\cos\alpha-\cos\beta$）。

晶面距和晶面夹角与晶面指数、晶格点阵参数的对应关系式，是粉末衍射方法、四元衍射单晶方法及透射电子单晶衍射确定未知物相晶体结构的数学基础，是任何指标化软件必不可少的数学公式，是晶格点阵参数精确测量的基础，也是解析宏观织构与微观织构的数学基础。在晶体结构确定的前提下，任意两个晶面之间的夹角也是确定的，这为计算晶粒取向提供了依据，是织构分析、四元衍射单晶结构分析和透射电子衍射单晶分析的基础。

（6）计算晶向 $[uvw]$ 的长度

令 $L=ua+vb+wc$，则其长度 L 可由下式求得：

$$L^2 = L \cdot L = (u\boldsymbol{a} + v\boldsymbol{b} + w\boldsymbol{c}) \cdot (u\boldsymbol{a} + v\boldsymbol{b} + w\boldsymbol{c})$$
$$= u^2a^2 + v^2b^2 + w^2c^2 + 2uv\boldsymbol{a} \cdot \boldsymbol{b} + 2uw\boldsymbol{a} \cdot \boldsymbol{c} + 2vw\boldsymbol{b} \cdot \boldsymbol{c}$$

对六方晶系，由上式可得（这里的 uvw 是六方晶系三轴制指数）：

$$L^2 = a^2(u^2 + v^2 - uv) + w^2c^2$$

对正交晶系而言：$L^2 = u^2a^2 + v^2b^2 + w^2c^2$。

对立方晶系而言：$L^2 = u^2a^2 + v^2a^2 + w^2a^2$。

（7）计算晶向 $[u_1v_1w_1]$ 和 $[u_2v_2w_2]$ 的夹角 θ

令 $\boldsymbol{L}_1 = u_1\boldsymbol{a} + v_1\boldsymbol{b} + w_1\boldsymbol{c}$，$L_2 = u_2\boldsymbol{a} + v_2\boldsymbol{b} + w\boldsymbol{c}$，则得到：$\cos\theta = \dfrac{\boldsymbol{L}_1 \cdot \boldsymbol{L}_2}{L_1L_2}$。

式中，分母中的 L_1、L_2 是这两个晶向的长度。

对六方晶系

$$\cos\theta = \frac{u_1u_2a^2 + v_1v_2a^2 - \frac{1}{2}(u_1v_2 + u_2v_1)a^2 + w_1w_2c^2}{\sqrt{(u_1^2a^2 + v_1^2a^2 - u_1v_1a^2 + w_1^2c^2)(u_2^2a^2 + v_2^2a^2 - u_2v_2a^2 + w_2^2c^2)}}$$

进一步简化为：

$$\cos\theta = \frac{u_1u_2 + v_1v_2 - \frac{1}{2}(u_1v_2 + u_2v_1) + w_1w_2\left(\frac{c}{a}\right)^2}{\sqrt{(u_1^2 + v_1^2 - u_1v_1 + w_1^2\frac{c^2}{a^2})(u_2^2 + v_2^2 - u_2v_2 + w_2^2\frac{c^2}{a^2})}}$$

对正交晶系：

$$\cos\theta = \frac{u_1u_2a^2 + v_1v_2b^2 + w_1w_2c^2}{\sqrt{(u_1^2a^2 + v_1^2b^2 + w_1^2c^2)(u_2^2a^2 + v_2^2b^2 + w_2^2c^2)}}$$

对立方晶系：

$$\cos\theta = \frac{u_1u_2 + v_1v_2 + w_1w_2}{\sqrt{(u_1^2 + v_1^2 + w_1^2)(u_2^2 + v_2^2 + w_2^2)}}$$

参考文献

潘金生，仝健民，田民波 . 材料科学基础 [M]. 北京：清华大学出版社，1998，5-42.

第 2 章

X 射线衍射分析原理及应用

X 射线衍射晶体结构分析有很多用途，主要用途是表征物相的晶体结构、鉴别物相。对衍射峰峰形进行分析可以获知晶粒大小、晶格畸变和残余应力。对衍射峰的强度进行分析可以获得晶粒的取向信息。还可以对衍射峰进行全图拟合晶体结构精修分析，获得晶体结构中原子坐标和原子坐标占有率等精细结构信息。本章主要从工程应用角度介绍衍射分析的基础知识、晶粒大小、晶格畸变和残余应力分析、未知物相的晶体结构的确定（指标化）。全图拟合晶体结构精修分析和晶体取向即织构分析等内容较多，在第 3 章、第 4 章单独介绍。

2.1 布拉格衍射定律

晶体由结构单元规则地重复排列而成，但是因为 X 射线“看到”的是电荷，因此对 X 射线来说晶体是电荷密度的周期性分布。晶体可分成大块完整单晶和嵌镶结构（由排列取向略有区别的小块完美单晶组成的不完美晶体）。描述它们的衍射现象的理论有两种：动力学理论和运动学理论。衍射动力学理论适用于大块完整晶体；衍射运动学理论适用于嵌镶结构晶体。运动学理论假设每一个 X 射线光子、电子或中子在被探测到之前只散射一次。单次散射机理被称为一级玻恩近似。它适用于大多数材料的研究，是描述不完美晶体（嵌镶晶体）的 X 射线衍射或中子衍射的最常用的理论。动力学理论是考虑了 X 射线光子、电子或中子被多次散射的理论。X 射线光子、电子或中子在完整晶体中传播时首先被点阵第一次衍射，这些衍射线又被点阵再次衍射，衍射线与透射线相互作用，发生干涉效应或再衍射效应。

X 射线在晶体中的衍射现象实质上是大量的原子散射波互相干涉的结果。每种晶体所产生的衍射花样都反映出晶体内部的原子分布规律。衍射线在空间的分布规律称之为衍射几何，由晶胞的大小、形状和位向决定；衍射线束的强度取决于原子的品种和它们在晶胞中的位置。由于散射线与入射线的波长和频率一致，位相固定，在相同方向上各散射波符合相干条件，故称为相干散射。相干散射是 X 射线在晶体中产生衍射现象的基础。

只有当入射角与散射角相等时，同层原子面上的所有原子的散射波干涉才会加强。因此，常将这种散射称作晶面反射。X 射线有很强的穿透能力，晶体的散射线来自若干层原子面，各原子面散射线之间还要相互干涉。当相邻原子面散射线的光程差等于波长的整数倍时，发生散射波干涉加强现象，如图 2.1 所示。

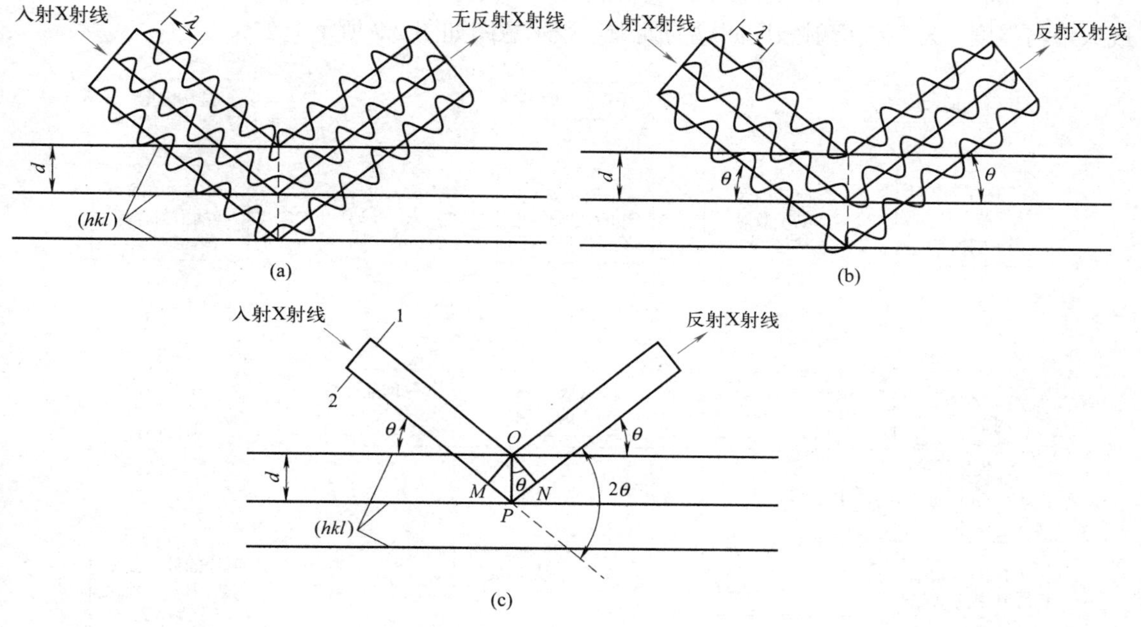

图 2.1　晶体衍射原理示意图

（a）入射角不满足衍射条件；（b）入射角满足衍射条件；（c）省略波形后入射角满足衍射条件简图

干涉加强条件（布拉格方程）：

$$2d\sin\theta=n\lambda$$

式中，d 为晶面间距；λ 为参与衍射的 X 射线、中子或电子的波长；θ 为衍射角；n 为自然数，但 n 的可取值不是无限的，因为 $\sin\theta \leqslant 1$，即 $n \leqslant 2d/\lambda$，所以一个确定的晶面只能在有限的几个方向“反射”X 射线，当 n=1 时，晶体中只有晶面间距 $d > \lambda/2$ 的晶面才能产生衍射，所以产生衍射线是有限制。在 $2d_{HKL}\sin\theta=n\lambda$ 中，（HKL）不一定是真实的原子面，通常称为干涉面，而将 HKL 称为干涉指数。布拉格方程反映晶体结构中的晶胞大小及形状，而对晶胞中的原子的品种和位置并未反映。根据布拉格方程，已知衍射波长，可以计算晶面间距；已知晶面间距，可以计算衍射波长。晶体衍射的本质是波长跟晶面距同一数量级的 X 射线、电子流经过晶面光栅产生的光的干涉现象，晶体衍射是大家习惯的叫法。

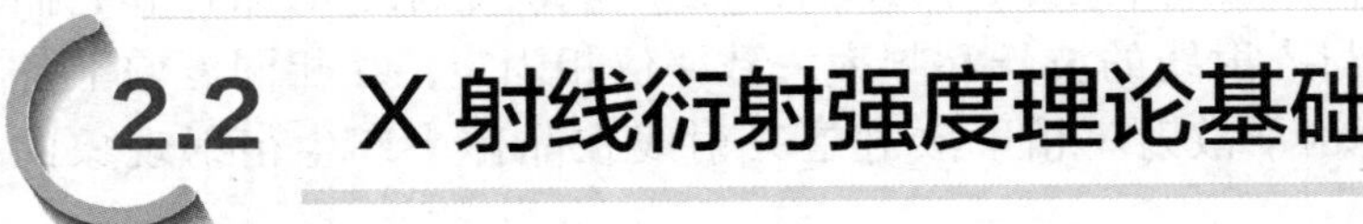

2.2 X 射线衍射强度理论基础

X 射线衍射理论能将晶体结构与衍射花样有机地联系起来，它包括衍射线束的方向、强度和形状。衍射线束的方向由晶胞的形状大小决定，衍射线束的强度由晶胞中的原子位置和种类决定，衍射线的形状大小与晶体的形状、大小和形态有关。下面将从一个电子、一个原子、一个晶胞、一个晶体和粉末多晶循序渐进地介绍它们对 X 射线的散射，讨论散射波的合成振幅与强度，X 射线衍射强度问题的处理过程示意图如图 2.2 所示。

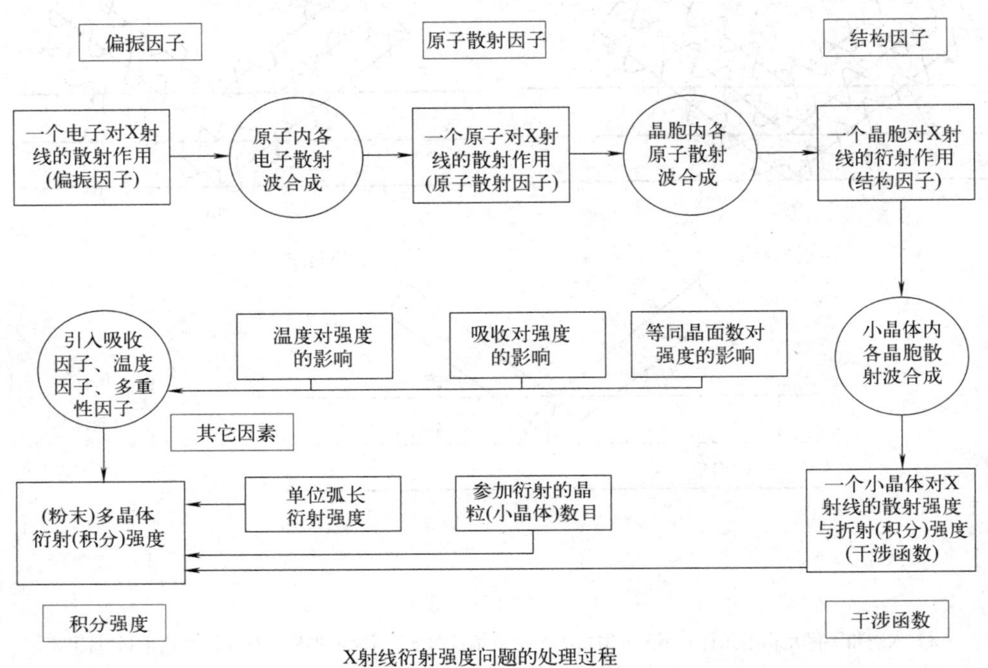

图 2.2　影响 X 射线衍射强度的因素

2.2.1　一个电子对 X 射线的散射作用

假定一束 X 射线沿 OX 方向传播，在 O 点处碰到一个自由电子。这个电子在 X 射线电场的作用下产生强迫振动，振动频率与原 X 射线的振动频率相同。按经典电动力学的观点，即电子获得一定的加速度，它将向空间各方向辐射与原 X 射线同频率的电磁波。如图 2.3 所示，令观测点 P 到电子 O 的距离 $OP=R$，原 X 射线的传播方向 OX 与散射线方向 OP 之间的散射角为 2θ。为了简化起见，取 O 为坐标原点，并使 Z 轴与 OP、OX 共面。由于原 X 射线的电场 E_0 垂直于 X 射线的传播方向，电子在 E_0 的作用下所获得的加速度 $a=\frac{eE_0}{m}$，P 点的电磁波场强为：

$$E_e=\frac{ea}{c^2R}\sin\varphi=\frac{e^2E_0}{mc^2R}\sin\varphi$$

式中　e ——电子的电荷；

m ——电子的质量；

c ——光速；

φ ——散射线方向与 E_0 之间的夹角。

由于辐射强度与电场强度的平方成比例，因此，P 点的辐射强度 I_P 与原 X 射线强度 I_0 的关系为：

$$I_P = I_0 \frac{e^4}{R^2 m^2 c^4} \sin^2 \varphi$$

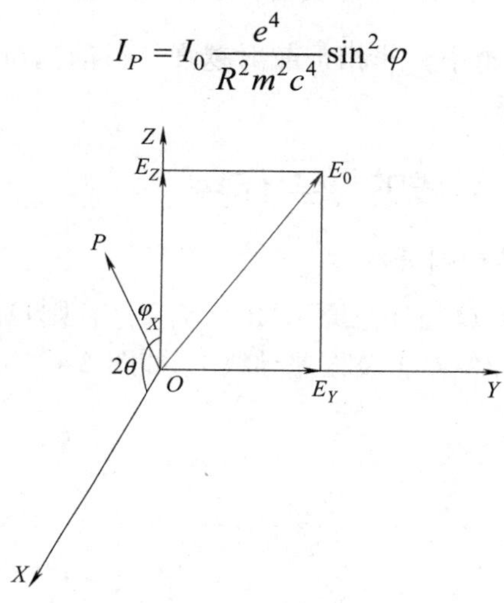

图 2.3　电场矢量分解示意图

对于非偏振光 X 射线，将其电场矢量 E_0 分解为沿 Y 方向的分量 E_Y 和沿 Z 方向的分量 E_Z。由于 E_0 在各方向上的概率相等，故，$E_Y=E_Z$，$E^2_O=E^2_Y+E^2_Z=2E^2_Y=2E^2_Z$，即 $I_Y=I_Z=\frac{1}{2}I_0$。

在 P 点的散射强度为 I_P，由图 2.3 可知，$\varphi_Y = \frac{\pi}{2}$，$\varphi_Z = \frac{\pi}{2} - 2\theta$。

$$I_P = I_{PY} + I_{PZ} = \frac{I_0}{2} \times \frac{e^4}{R^2 m^2 c^4} \sin^2 \varphi_Y + \frac{I_0}{2} \times \frac{e^4}{R^2 m^2 c^4} \sin^2 \varphi_Z = I_0 \frac{e^4}{R^2 m^2 c^4} \times \frac{1+\cos^2 2\theta}{2}$$

可见一束非偏振的 X 射线经电子散射后，散射线被偏振化了，在各个方向的强度不同，故称 $\frac{1}{2}(1+\cos^2 2\theta)$ 项为偏振因子。

一个电子对 X 射线的散射强度是 X 射线散射强度的自然单位，主要是考虑电子本身的散射本领。通常将它表达为：

$$I_e = I_0 \frac{e^4}{R^2 m^2 c^4} \times \frac{1+\cos^2 2\theta}{2}$$

2.2.2　一个原子对 X 射线的散射作用

原子核在 X 射线的作用下的受迫振动不能达到可以察觉的程度，一个原子对 X 射线的散射是指原子系统中所有电子对 X 射线散射波总的叠加。如果 X 射线的波长比原子直径大很多，可在近似理想情况下，一个原子中 Z 个电子集中到一点同时振动，令它们的质量为 Zm，总电荷为 Ze。所有电子散射波的相位是相同的，其散射强度为：

$$I_a=Z^2I_e$$

实际情况下X射线波长与原子直径为同一数量级，因此不能认定为所有电子都集中在一点，它们的散射波之间存在着相位差。散射线强度由于受到干涉作用的影响而减弱，所以必须引入一个新的参量来表达一个原子散射和一个电子散射之间的对应关系，即一个原子的相干散射强度为$I_a=f^2I_e$，f称为原子散射因子，f等于一个原子的相干散射波振幅（A_a）与一个电子的相干散射波振幅（A_e）之比，研究表明f是$\frac{\sin\theta}{\lambda}$的函数，当它们的比值减小时$f$增大，当$\theta$=0时，$f$=$Z$。原子序数$Z$越小，非相干散射越强。目前尚难以获得含有碳、氢和氧等元素有机化合物的满意衍射花样。

2.2.3 一个晶胞对X射线的散射作用

（1）晶胞散射波合成与结构因子

取晶胞内坐标原点处原子O与任意原子$A(x_j,y_j,z_j)$，则$OA=x_j\boldsymbol{a}+y_j\boldsymbol{b}+z_j\boldsymbol{c}$。$A$原子散射波相对于$O$原子散射波的相位差（波程差导致），如图2.4所示。

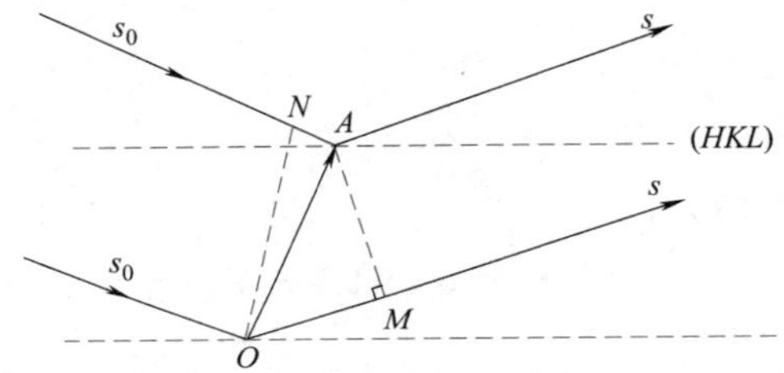

图2.4 A原子散射波相对于O原子散射波的相位差示意图

A原子散射波相对于O原子散射波的相位差：

$$\phi=\frac{2\pi}{\lambda}OA\cdot(\boldsymbol{s}-\boldsymbol{s}_0)$$

考虑干涉加强方向，将衍射矢量方程代入上式，有：

$$\phi=2\pi OA\cdot\boldsymbol{r}_{HKL}^*=2\pi(x_j\boldsymbol{a}+y_j\boldsymbol{b}+z_j\boldsymbol{c})\cdot(H\boldsymbol{a}^*+K\boldsymbol{b}^*+L\boldsymbol{c}^*)$$

$\phi=2\pi(Hx_j+Ky_j+Lz_j)$，其中衍射矢量方程$\frac{\boldsymbol{s}}{\lambda}-\frac{\boldsymbol{s}_0}{\lambda}=\boldsymbol{r}_{HKL}^*$

若晶胞内各原子散射因子分别为（f_1，f_2，…，f_n），各原子的散射波与入射波的相位差分别为（ϕ_1，ϕ_2，…，ϕ_n），则晶胞内所有原子相干散射的复合波振幅为：

$$A_b=A_e\left(f_1e^{i\phi_1}+f_2e^{i\phi_2}+f_3e^{i\phi_3}+\cdots+f_ne^{i\phi_n}\right)=A_e\sum_{j=1}^{n}f_je^{i\phi_j}$$

结构因子定义为

$$F_{HKL}=\frac{A_b}{A_e}=\sum_{j=1}^{n}f_je^{2\pi i\left(Hx_j+Ky_j+Lz_j\right)}$$

或

$$F_{HKL}=\sum_{j=1}^{n} f_j\left[\cos 2\pi\left(Hx_j+Ky_j+Lz_j\right)+i\sin 2\pi\left(Hx_j+Ky_j+Lz_j\right)\right]$$

晶胞的衍射强度为

$$I_b=\left|A_b\cdot A_b^*\right|=I_e\left|F_{HKL}\cdot F_{HKL}^*\right|$$

结构因子表征了晶胞内原子种类、原子个数、原子位置对衍射强度的影响，结构因子与晶胞的形状大小无关。

（2）晶体衍射的系统消光（systematic absence or extinction）

在晶体衍射中一些符合布拉格定律的衍射有规律地、系统地消失的现象称为系统消光（有的书中称为禁戒消光或禁戒反射）。系统消光是晶体结构中存在某种类型的带心点阵或某种滑移面或某类螺旋轴的反映。具有这三类平移对称操作的晶体结构，其晶胞中的原子处于由这些对称联系起来的位置上。将这些由对称关联的原子坐标代入结构因子公式中，就可以找到哪一类晶面指数的衍射的结构因子为零，哪一类不为零。只有简单点阵的（*hkl*）衍射不出现系统消光。系统消光是由于 $F_{HKL}=0$ 而使衍射线消失的现象。系统消光包括点阵消光和结构消光。

① 点阵消光：在复杂点阵中，由于单胞的面心或体心上附加阵点而引起的 $F_{HKL}=0$，称为点阵消光。

底心点阵：单胞中有两个阵点，其坐标分别为（0，0，0）和（1/2，1/2，0），令阵点散射因子为 f，则

$$F_{HKL}=f\cdot e^{2\pi i0}+f\cdot e^{2\pi i\left(\frac{1}{2}H+\frac{1}{2}K+0L\right)}=f\left[1+e^{i\pi(H+K)}\right]$$

当 H 与 K 之和为偶数时，则 $F_{HKL}=2f$，当 H 与 K 之和为奇数时，则 $F_{HKL}=0$，表现为消光。底心点阵消光与 L 无关。

体心点阵：单胞含有两个原子，坐标为（0, 0, 0）和（1/2, 1/2, 1/2），若是同种原子，则

$$F_{HKL}=f\cdot e^{2\pi i0}+f\cdot e^{2\pi i\left(\frac{1}{2}H+\frac{1}{2}K+\frac{1}{2}L\right)}=f\left[1+e^{i\pi(H+K+L)}\right]$$

所以，对于体心晶体，衍射面指数之和 $H+K+L$ 为奇数时反射消失。

面心点阵：单胞中含有四个原子，坐标为（0，0，0）、（1/2，1/2，0）、（1/2，0，1/2）和（0, 1/2, 1/2）。对于面心晶体，晶面族（*HKL*）的衍射强度为

$$\begin{aligned}F_{HKL}&=f\cdot e^{2\pi i0}+f\cdot e^{2\pi i\left(\frac{1}{2}H+\frac{1}{2}K+0L\right)}+f\cdot e^{2\pi i\left(\frac{1}{2}H+0K+\frac{1}{2}L\right)}+f\cdot e^{2\pi i\left(0H+\frac{1}{2}K+\frac{1}{2}L\right)}\\&=f\left[1+e^{i\pi(H+K)}+e^{i\pi(H+L)}+e^{i\pi(L+K)}\right]\end{aligned}$$

四种基本类型点阵的消光规律如表 2.1 所示。

表 2.1　四种基本类型点阵的反射和消光规律

布拉菲点阵		出现的反射	消失的反射
简单点阵		全部	无
体心点阵		$H+K+L$ 为偶数	$H+K+L$ 为奇数
面心点阵		H，K 和 L 为全奇、全偶	H，K 和 L 为奇、偶混杂
底心点阵	A 心	K，L 为全奇、全偶	K，L 为奇、偶混杂
	B 心	H，L 为全奇、全偶	H，L 为奇、偶混杂
	C 心	H，K 为全奇、全偶	H，K 为奇、偶混杂

② 结构消光：由微观对称元素螺旋轴、滑移面导致的 F_{HKL}=0，称为结构消光。

金刚石结构：每个晶胞中含有 8 个原子，相当于两个面心点阵每个原子都相对平移 $\frac{1}{4}$ 组合而成。若令简单面心点阵的结构因子为 F_F，则金刚石结构的结构因子可表达为：

$$F_{HKL}=F_F\left\{1+\exp\left[\frac{\pi i}{2}(h+k+l)\right]\right\}$$

所以衍射被禁止，即发生系统消光的条件为：衍射面指数 h，k，l 奇偶混合，或 h，k，l 都是偶数，但（$h+k+l$）/2 是奇数。

密堆六方结构：每个晶胞中有两个同类原子，其坐标为（0，0，0）和（1/3，2/3，1/2），设原子散射因子为 f。结构因子计算如下：

$$F_{HKL}=f\left[1+e^{2\pi i\left(\frac{1}{3}H+\frac{2}{3}K+\frac{1}{2}L\right)}\right]$$

因为只能观察到衍射强度，即实验只能给出结构因子的平方值，所以重要的是计算 F_{HKL} 的值，一般称为结构振幅。密堆六方结构的结构振幅为：

$$F_{HKL}^2=f^2\left[1+e^{2\pi i\left(\frac{1}{3}H+\frac{2}{3}K+\frac{1}{2}L\right)}\right]\cdot\left[1+e^{2\pi i\left(\frac{1}{3}H+\frac{2}{3}K+\frac{1}{2}L\right)}\right]$$

根据欧拉公式，将上式写为三角函数形式，即：

$$F_{HKL}^2=f^2\left[2+2\cos 2\pi\left(\frac{1}{3}H+\frac{2}{3}K+\frac{1}{2}L\right)\right]=4f^2\cos^2\pi\left(\frac{H+2K}{3}+\frac{L}{2}\right)$$

当 $H+2K=3n$，$L=2m+1$ 时：$F_{HKL}^2=4f^2\cos^2\pi(n+m+1/2)=0$，$|F_{HKL}|=0$。

例如，当晶面指数分别为 001、003、111 和 113 时出现结构消光。

当 $H+2K=3n$，$L=2m$ 时：$F_{HKL}^2=4f^2\cos^2\pi(n+m)=4f^2$，$|F_{HKL}|=2f$。

当 $H+2K=3n\pm1,\ L=2m+1$ 时：$F_{HKL}^2=4f^2\cos^2\pi(n\pm1/3+m+1/2)=4f^2\cos^2(5\pi/6)$ 或 $4f^2\cos^2(\pi/6)=3f^2$，$|F_{HKL}|=\sqrt{3}f$。

当 $H+2K=3n\pm1,\ L=2m$ 时：$F_{HKL}^2=4f^2\cos^2\pi(n\pm1/3+m)=4f^2\cos^2(\pm\pi/3)=f^2$，$|F_{HKL}|=f$。

闪锌矿结构：每个晶胞中含有 8 个原子，其中 4 个 a 原子和 4 个 b 原子，如图 2.5 所示，分属于两个面心立方晶胞，两个面心点阵的每个原子都相对平移 $\frac{1}{4}$。令二者的结构因子分别为 F_a 和 F_b，则闪锌矿的结构因子 F_{hkl} 的表达式为：

$$F_{hkl}=F_a+F_b\exp\left[\frac{\pi i}{2}(h+k+l)\right]$$

当 hkl 为奇偶混合时，衍射禁止 F_a=F_b=0，F_{hkl}=0。当 hkl 全为奇数时，$F_{hkl}=F_a+iF_b$。

当 hkl 全为偶数，并且（$h+k+l$）=4n 时，$F_{hkl}=F_a+F_b$。

当 hkl 全为偶数，并且（$h+k+l$）≠ 4n 时，$F_{hkl}=F_a-F_b$，在此情况下，衍射强度的强弱取决于原子散射因子 f_a 和 f_b。

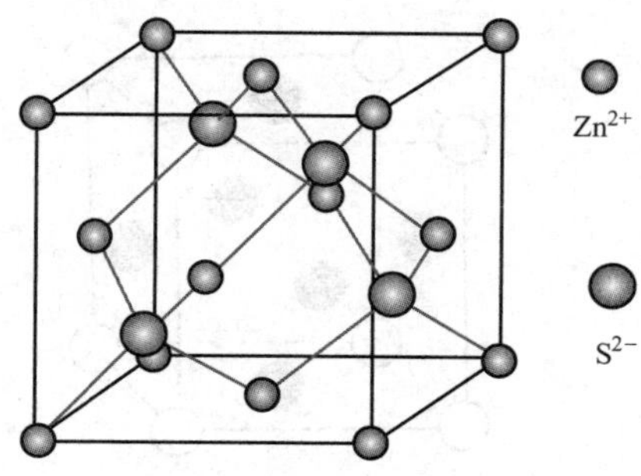

图 2.5　闪锌矿结构示意图

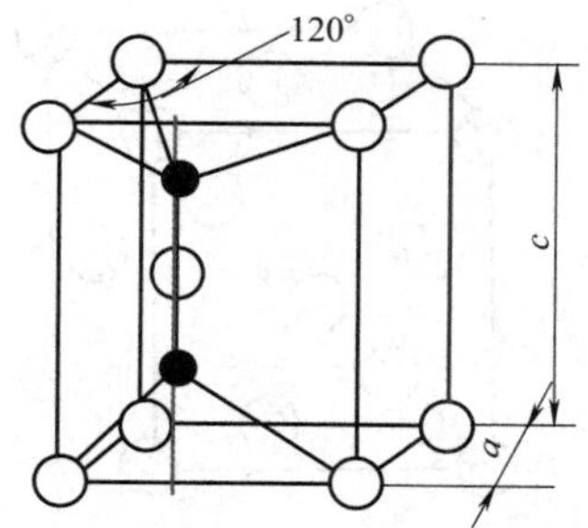

图 2.6　纤锌矿结构（白球为 S）

纤锌矿结构：它属于六方晶系，点群为 6*mm*，空间群为 $P6_3mc$，结构示意图如图 2.6 所示，每个单胞（晶胞的 1/3）中含有 4 个原子即 2 个 a 原子和 2 个 b 原子，其原子分数坐标为：

a:（0，0，0），$\left(\frac{1}{3}, \frac{2}{3}, \frac{1}{2}\right)$

b：$\left(0, 0, \frac{5}{8}\right), \left(\frac{1}{3}, \frac{2}{3}, \frac{1}{8}\right)$

$$F_{hkl} = f_a\left\{1+\exp\left[2\pi i\left(\frac{h+2k}{3}+\frac{l}{2}\right)\right]\right\} + f_b\left\{\exp\left(\frac{5}{4}\pi il\right)+\exp\left[2\pi i\left(\frac{h+2k}{3}+\frac{l}{8}\right)\right]\right\}$$

其消光规律等同于简单密排六方结构：当（h+2k）=3n，而 l 为奇数时 F_{hkl}=0，衍射被禁止。例如，（001）、（003）、（111）和（113）等衍射被禁止。

$AuCu_3$ 无序固溶体：每个单胞的原子数有 4 个（0.75Cu+0.25Au），坐标分别为（0,0,0）、（1/2，1/2，0）、（1/2，0，1/2）和（0，1/2，1/2），如图 2.7 所示。

原子散射因子：$f_{平均}$=（$0.75f_{Cu}+0.25f_{Au}$）

结构因子：$F_{HKL} = f\left[1+e^{i\pi(H+K)}+e^{i\pi(H+L)}+e^{i\pi(L+K)}\right]$

h，k，l 为同性数（全为奇数或全为偶数）：$F=4f_{平均}$=（$f_{Au}+3f_{Cu}$）

h，k，l 为异性数（奇数和偶数混杂）：F=0

当完全无序时，$AuCu_3$ 固溶体的衍射花样与常规面心立方结构的相同。

$AuCu_3$ 有序固溶体：每个单胞的原子数有 4 个，Au 的坐标为（0，0，0），Cu 的坐标分别为（1/2，1/2，0）、（1/2，0，1/2）和（0，1/2，1/2），如图 2.8 所示。原子散射因子分别为 f_{Cu} 和 f_{Au}。

结构因子：$F_{HKL} = f_{Au} + f_{Cu}\left[e^{i\pi(H+K)}+e^{i\pi(H+L)}+e^{i\pi(L+K)}\right]$

h，k，l 为同性数（全为奇数或全为偶数）：$F=f_{Au}+3f_{Cu}$

h，k，l 为异性数（奇数和偶数混杂）：$F=f_{Au}-f_{Cu}$

当 $AuCu_3$ 为有序固溶体时，所有（hkl）都可以产生衍射，与简单立方的衍射花样相同，多出的额外衍射线称为超点阵。

利用上面的公式分别计算体心结构、金刚石结构、闪锌矿结构、纤锌矿结构、$AuCu_3$ 无序固溶体和有序固溶体的系统消光规律。

常用的晶体结构有简单初基格子（P）、体心格子（I）、面心格子（F）、底心格子（C、A、B）和三角格子（R），其中 C、A、B 分别指下列 a_1a_2，a_2a_3 和 a_3a_1 三对晶轴所形成的底面。晶体结构的对称性与衍射强度有关联，存在衍射消光现象，即某些固定晶面的衍

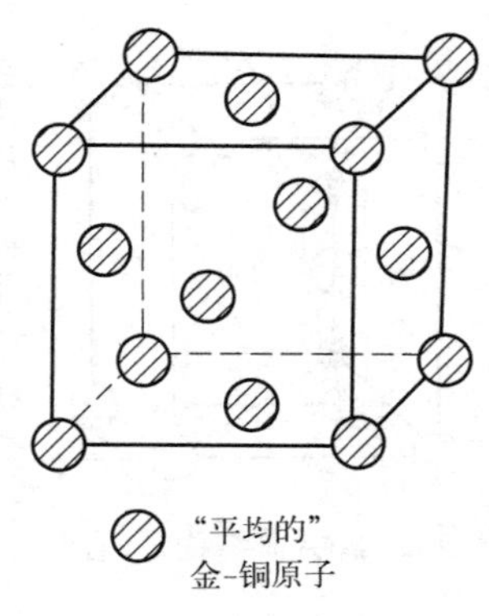

图 2.7 $AuCu_3$ 无序固溶体

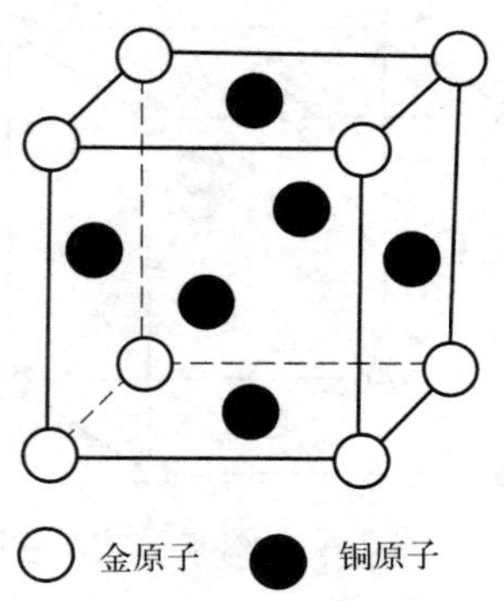

图 2.8 $AuCu_3$ 有序固溶体

射强度为零。实验获取的晶面指数分布规律反映晶体结构对称性（空间群）的信息。在实际工程应用中求空间群比较复杂，但根据实际衍射峰晶面指数的分布规律推测空间群的信息相对容易。在立方晶系中简单立方、面心立方、体心立方和金刚石结构的密勒指数的排列规律如表 2.2 所示。以石英、石墨、锌、氧化锌和镁为例揭示简单密排六方点阵晶体结构的密勒指数排列规律，如表 2.3 所示。六方晶系的晶体只有一种简单六方结构，它们的晶面密勒指数排列很有规律，它们排列先后的差异是由于晶格点阵 *a*/*c* 比值不同，造成与晶面间距大小对应的密勒指数排列不同。

表 2.2 在立方晶系中密勒指数与密勒指数的平方和

密勒指数的平方和	简单（P）	面心（F）	体心（I）	金刚石
1	100			
2	110		110	
3	111	111		111
4	200	200	200	
5	210			
6	211		211	
8	220	220	220	220
9	300，221			
10	310		310	
11	311	311		311
12	222	222	222	
13	320			
14	321		321	
16	400	400	400	400
17	410，322			
18	411，330		411，330	
19	331	331		331
20	420	420	420	
21	421			
22	332		332	
24	422	422	422	422

续表

密勒指数的平方和	简单（P）	面心（F）	体心（I）	金刚石
25	500，430			
26	510，431		510，431	
27	511，333	511，333		511，333
29	520，432			
30	521		521	
32	440	440	440	440
33	522，441			
34	530，433		530，433	
35	531	531		531
36	600，442	600，442	600，442	
37	610			
38	611，532		611，532	
40	620	620	620	620

表 2.3　石英、石墨、锌、氧化锌和镁的密勒指数

物质	密勒指数																		
石英	100	101	110	102	111	200	201	112	003	202									
石墨	002	100	101	102	004	103	110	112	006	201									
锌	002	100	102	103	110	004	112	200	201	104	202	203	105	114	210	211	204	006	212
氧化锌	100	002	101	102	110	103	200	112	201	004	202	104	203	210	211	114	212	105	204
镁	100	002	101	102	110	103	200	112	201	004	202	104	203	210	211	114	105	212	204

2.2.4　一个小单晶对 X 射线的散射作用

如图 2.9 所示，晶胞处于原点 O，晶胞任一点 $A(m, n, p)$ 的位置矢量为：$\boldsymbol{r}=m\boldsymbol{a}+n\boldsymbol{b}+p\boldsymbol{c}$，则两晶胞散射波间位相差为：

$$\phi=\frac{2\pi}{\lambda}\delta=\frac{2\pi}{\lambda}\boldsymbol{r}\cdot(\boldsymbol{s}-\boldsymbol{s}_0)=\boldsymbol{k}\cdot\boldsymbol{r}$$

其中，$\boldsymbol{k}=\dfrac{2\pi}{\lambda}(\boldsymbol{s}-\boldsymbol{s}_0)$ 称作波矢。

小单晶内任一晶胞散射波为：

$$A_{\text{cell}}=A_eF_{HKL}\sum_N e^{i\boldsymbol{k}\cdot(m\boldsymbol{a}+n\boldsymbol{b}+p\boldsymbol{c})}$$

其中 A_eF_{HKL} 表示一个晶胞的相干散射振幅。

小晶体为平行六面体，它的三个棱边为：N_1a、N_2b、N_3c。其中，N_1、N_2、N_3 分别为晶轴 $\boldsymbol{a}$、$\boldsymbol{b}$、$\boldsymbol{c}$ 方向上的晶胞数，总晶胞数为 $N=N_1N_2N_3$，取各晶胞中相同顶角表示晶胞位置。

小晶体合成散射波振幅为：

$$A_{\text{cell}}=A_eF_{HKL}\sum_N e^{i\boldsymbol{k}\cdot(m\boldsymbol{a}+n\boldsymbol{b}+p\boldsymbol{c})}=A_eF_{HKL}\sum_{m=0}^{N_1-1}e^{i\boldsymbol{k}\cdot m\boldsymbol{a}}\sum_{n=0}^{N_2-1}e^{i\boldsymbol{k}\cdot n\boldsymbol{b}}\sum_{p=0}^{N_3-1}e^{i\boldsymbol{k}\cdot p\boldsymbol{c}}=A_eF_{HKL}G$$

其中 $G=\sum_{m=0}^{N_1-1}e^{i\boldsymbol{k}\cdot m\boldsymbol{a}}\sum_{n=0}^{N_2-1}e^{i\boldsymbol{k}\cdot n\boldsymbol{b}}\sum_{p=0}^{N_3-1}e^{i\boldsymbol{k}\cdot p\boldsymbol{c}}=G_1G_2G_3$

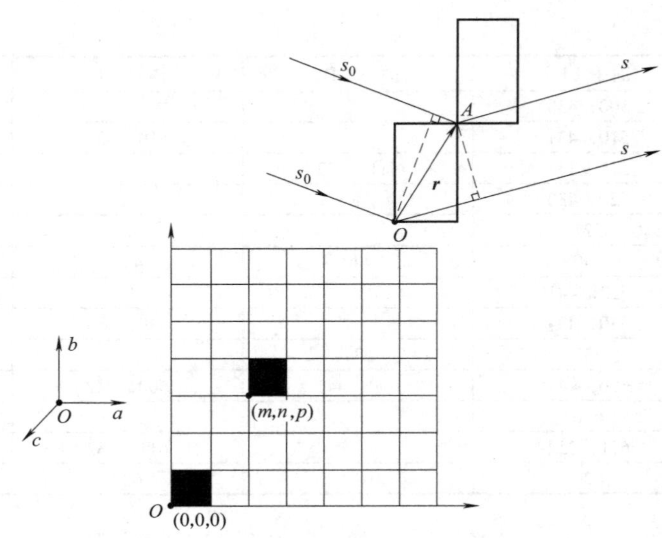

图 2.9　小单晶 X 射线衍射示意图

$$G_1 = \sum_{m=0}^{N_1-1} e^{i\boldsymbol{k}\cdot m\boldsymbol{a}},\quad G_2 = \sum_{n=0}^{N_2-1} e^{i\boldsymbol{k}\cdot n\boldsymbol{b}},\quad G_3 = \sum_{p=0}^{N_3-1} e^{i\boldsymbol{k}\cdot p\boldsymbol{c}}$$

称$|G|^2$为干涉函数，反映了小晶体散射强度的大小及分布。利用等比数列求和、欧拉公式变换等数学知识可以得到如下干涉函数：

$$|G|^2 = \frac{\sin^2\left(\frac{1}{2}N_1ak\right)}{\sin^2\left(\frac{1}{2}ak\right)} \times \frac{\sin^2\left(\frac{1}{2}N_2bk\right)}{\sin^2\left(\frac{1}{2}bk\right)} \times \frac{\sin^2\left(\frac{1}{2}N_3ck\right)}{\sin^2\left(\frac{1}{2}ck\right)}$$

令：

$$\phi_1 = \frac{1}{2}ak,\quad \phi_2 = \frac{1}{2}bk,\quad \phi_3 = \frac{1}{2}ck$$

则：

$$|G|^2 = \frac{\sin^2(N_1\phi_1)}{\sin^2(\phi_1)} \times \frac{\sin^2(N_2\phi_2)}{\sin^2(\phi_2)} \times \frac{\sin^2(N_3\phi_3)}{\sin^2(\phi_3)}$$

小晶体散射强度为$I_m = I_e|F|^2|G|^2 = I_b|G|^2$，对于同一种晶体，$I_b$相同。

讨论$|G|^2$的分布，以$|G_1|^2$（一维）为例，图示为N_1=5 时的$|G_1|^2$函数曲线，如图 2.10 所示。曲线由占绝大部分强度的主峰和强度极弱的若干副峰组成，主峰最大值为N_1^2=25。对于I_m的贡献来讲，主要是主峰的贡献。令$|G_1|^2 = 0$，求得主峰有值范围为：$\phi_1 = H\pi \pm \pi / N_1$。

同样，$|G_2|^2 : \phi_2 = K\pi \pm \pi / N_2$，$|G_3|^2 : \phi_3 = L\pi \pm \pi / N_3$。

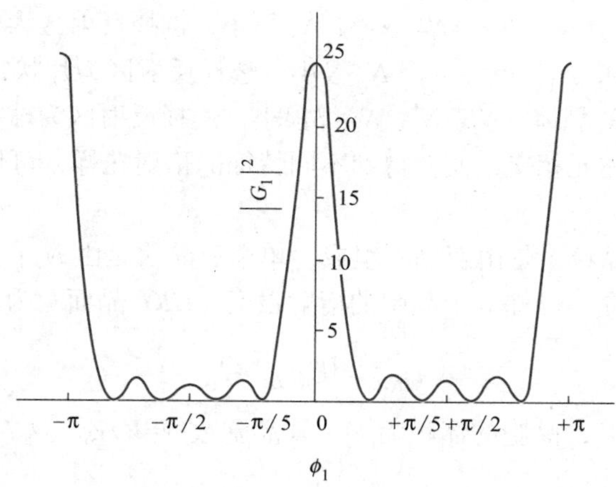

图 2.10　N_1=5 时的 $|G_1|^2$ 函数曲线

在三维情况下，主峰最大值 $|G|^2_{\max} = N_1{}^2 N_2{}^2 N_3{}^2 = N^2$ 出现在 $\phi_1 = H\pi$、$\phi_2 = K\pi$、$\phi_3 = L\pi$ 满足布拉格反射的位置。主峰有值范围：$\phi_1 = H\pi \pm \pi / N_1$、$\phi_2 = K\pi \pm \pi / N_2$、$\phi_3 = L\pi \pm \pi / N_3$。主峰的有值范围称为选择反射区，反射区与选择反射区的任何部分相交，都能产生衍射，如图 2.11 所示。

选择反射区的大小和形状与晶体的尺寸成反比，称为晶形尺寸效应，如图 2.12 所示。

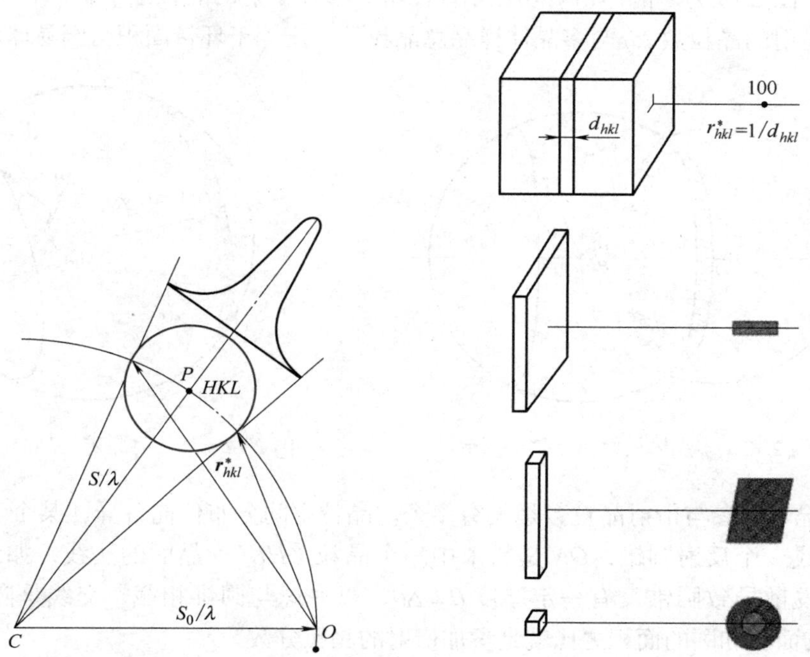

图 2.11　反射球与选择反射区的相交示意图　　　图 2.12　晶形尺寸效应示意图

① 三维尺寸都很大的完整晶体，$N_1 \to \infty$、$N_2 \to \infty$、$N_3 \to \infty$、则 $1/N_1 \to 0$、$1/N_2 \to 0$、$1/N_3 \to 0$，所以，ϕ_1=$H\pi$、ϕ_2=$K\pi$、ϕ_3=$L\pi$，属严格满足布拉格衍射的情形，选择反射区是一个抽象的几何点，即倒易阵点。

② 二维晶体（片状），$N_1 \to \infty$、$N_2 \to \infty$、N_3 很小，选择反射区为杆状，称为倒易杆。

③ 一维晶体（针状），$N_1 \to \infty$、N_2、N_3 很小，选择反射区为片状，称为倒易片。

④ 三维尺寸都很小的晶体，N_1、N_2、N_3 都很小，选择反射区为球状，称为倒易体元。反射区与不同形状的倒易体元相交，便会得到不同特征的衍射花样，可依此特征研究晶体的完整性。

通常认为小晶体（晶粒）是由亚晶块组成，单个亚晶块是由 N 个晶胞组成，即小晶粒是由 N 个晶胞组成的小单晶。已知一个晶胞的衍射强度（HKL 晶面）为：

$$I_{HKL} = |F_{HKL}|^2 \cdot I_e$$

若亚晶块的体积为 V_c，晶胞的体积为 V_o，则晶胞数 $N=V_c/V_o$。这 N 个晶胞的 HKL 晶面衍射的叠加强度为：$I = I_e \cdot \left(\frac{V_c}{V_o}\right)^2 |F_{HKL}|^2$。

2.2.5 扩展到整个粉晶对 X 射线的散射作用

粉末多晶体中各种晶粒取向任意分布，对于某（HKL）晶面取向而言，在各种晶粒中也是随机分布的。用倒易点阵的概念，这些晶面的倒易矢量分布在倒空间各个方向，由于晶粒数目足够多，可以认为这些晶面的倒易阵点均匀布满在半径为 r^*_{HKL} 的球面上，把这样的球面称为倒易球。图 2.13 为多晶体衍射埃瓦尔德图解，参加衍射的晶粒位于 $|r^*_{HKL}| \cdot \mathrm{d}\theta$ 的环带内。因而，参与衍射的晶粒数 Δq 与多晶体样品总晶粒数之比等于环带面积与倒易球面积之比。

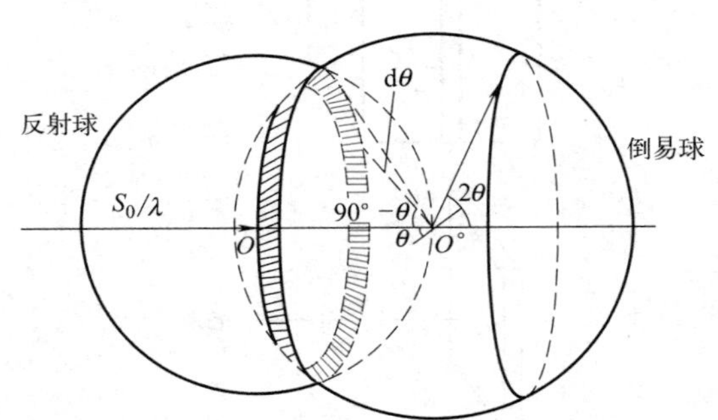

图 2.13 多晶体衍射埃瓦尔德图解

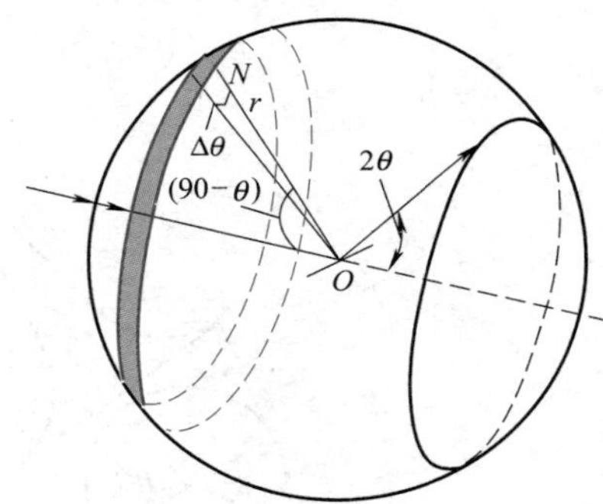

图 2.14 某反射圆锥的晶面法向分布

理想情况下，参与衍射晶粒数是无穷多个。晶粒空间分布位向各异，某个（HKL）晶面的衍射线构成一个反射圆锥，ON 是粉末中一个晶粒（HKL）晶面的法线，如图 2.14 所示。由于 θ 角的发散导致圆锥具有一定厚度 $\theta \pm \Delta\theta$，以一球与圆锥相截，交线是圆的一个环带 $r^*\Delta\theta$。环带的面积和圆的面积之比就是参加衍射的晶粒分数。

参加衍射的晶粒数目求解步骤如下：

若一晶粒中有一（HKL）晶面满足布拉格方程关系，并能产生衍射，衍射角为 2θ。

多晶体中每一个晶粒中都有一个（HKL）晶面，均满足布拉格关系，它们的倒易点阵分布在 r^*_{HKL} 半径的倒易球面上。倒易球与反射球（埃瓦尔德球）相交为一圆环，由反射球心向圆环连线（即为衍射方向）形成顶角为 4θ 的衍射圆锥，考虑到 θ 有波动，交线实为圆弧带，如图 2.15 所示。

参加衍射晶粒数：Δq= 晶粒总数 q× 圆弧带面积 ΔS/ 倒易球面积 S，即 $\Delta q=q\times\Delta S/S$。从图 2.15 可推算出：

$$\frac{\Delta q}{q}=\frac{\Delta S}{S}=\frac{r^*\Delta\theta\cdot 2\pi r^*\sin(90^\circ-\theta)}{4\pi r^{*2}}=\frac{\Delta\theta\cos\theta}{2}$$

$$\Delta q=q\frac{\Delta\theta\cos\theta}{2}$$

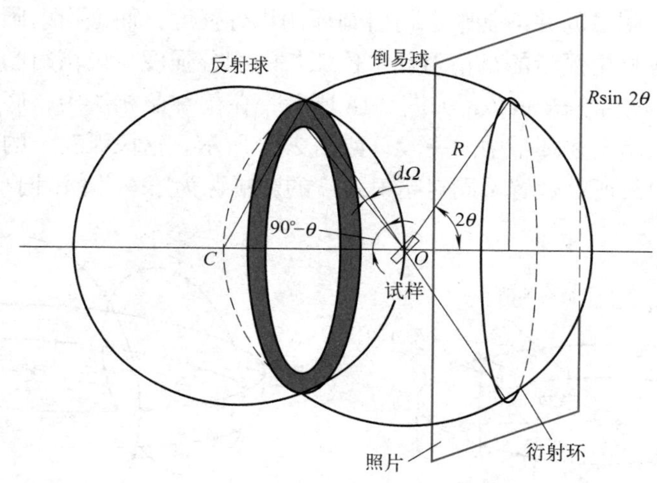

图 2.15　形成顶角为 4θ 的衍射圆锥

Δθ 是由衍射角的波动引起的倒易矢量 $\boldsymbol{r}^*_{HKL}$ 的偏离。在晶粒完全混乱分布的条件下，粉末多晶体的衍射强度与参加衍射晶粒数目成正比，而这一数目又与衍射角有关，也将 cosθ 称为第二几何因子。

考虑多重性因子 P，将等同晶面个数对衍射强度的影响因子叫多重性因子，用 P 来表示等同晶面的数目，所以立方系 {100} 面的多重性因子为 6，{111} 面的多重性因子为 8。参加衍射的晶粒总数：

$$Q=P\Delta q=Pq\frac{\Delta\theta\cos\theta}{2}$$

多晶体所有 {HKL} 晶面的衍射与倒易球的交线形成一个衍射圆环。该衍射圆环的积分强度为：

$$I_{环}=\frac{\cos\theta}{2}PqI_{积}$$

$$I_{积}=I_e\frac{1}{\sin 2\theta}\times\frac{\lambda^3}{V_0{}^2}F_{HKL}{}^2\Delta V$$

$$I_e=I_0\frac{e^4}{m^2c^4}\times\frac{1+\cos^2 2\theta}{2}$$

式中，I_e 为单一电子散射强度；$I_{积}$ 为一个单晶体的衍射强度；V_0 为单胞体积；ΔV 为被 X 射线照射的体积。

反射球扫过整个选择反射区，衍射环总的积分强度为：

$$I_{环}=I_0\frac{e^4}{m^2c^4}\times\frac{1+\cos^2 2\theta}{2}\times\frac{\cos\theta}{2}\times\frac{1}{\sin 2\theta}\times\frac{\lambda^3}{V_0^{\ 2}}F_{HKL}^{\ \ 2}Pq\Delta V$$
$$=I_0\frac{e^4}{m^2c^4}\times\frac{\lambda^3}{V_0^{\ 2}}\times\frac{1+\cos^2 2\theta}{8\sin\theta}F_{HKL}^{\ \ 2}Pq\Delta V$$

在实际工作中所测量的并不是整个衍射圆环的积分强度，而是衍射圆环单位长度上的积分强度。多晶衍射分析中测量的是衍射环单位弧长的积分强度。设衍射圆环至样品的距离为 R，则衍射圆环的周长为 $2\pi R\sin2\theta$，如图 2.16 所示，在德拜照相法中，底片与衍射圆锥相交构成感光弧对，这只是上述环带中的一段，如图 2.17 所示。这段弧对上的强度显然与 $1/\sin2\theta$ 成正比。有时将衍射线所处位置不同对衍射强度的影响称为第三几何因子。

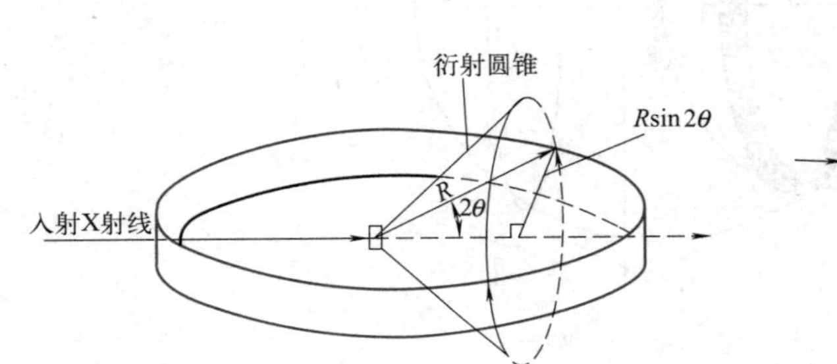

图 2.16　衍射圆环示意图

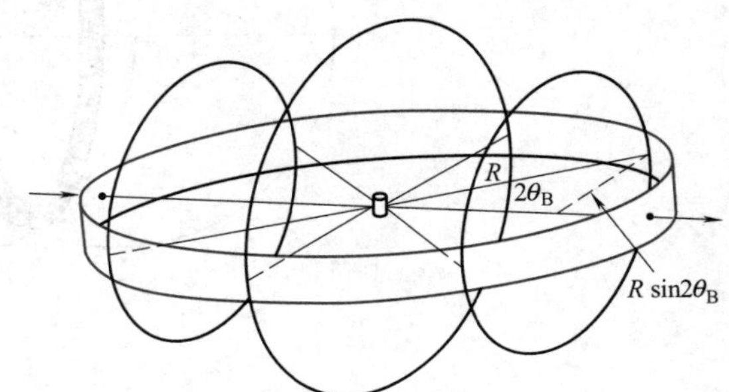

图 2.17　德拜法中衍射圆锥和底片的交线

故：

$$I=\frac{I_{环}}{2\pi R\sin 2\theta}=I_0\frac{e^4}{m^2c^4}\times\frac{\lambda^3}{V_0^{\ 2}}\times\frac{1+\cos^2 2\theta}{8\sin\theta}F_{HKL}^{\ \ 2}Pq\Delta V\frac{1}{2\pi R\sin 2\theta}$$
$$=\frac{1}{32\pi R}I_0\frac{e^4}{m^2c^4}\times\frac{\lambda^3}{V_0^{\ 2}}F_{HKL}^{\ \ 2}Pq\Delta V\frac{1+\cos^2 2\theta}{\sin^2\theta\cos\theta}$$

令 $\varphi(\theta)=\dfrac{1+\cos^2 2\theta}{\sin^2\theta\cos\theta}$，称 $\varphi(\theta)$ 为角因子，它由两部分组成，一部分是在单电子散射时所引入的偏振因子 $\dfrac{1+\cos^2 2\theta}{2}$，另一部分是由衍射几何特征而引入的洛伦兹因子 $\dfrac{1}{\sin^2\theta\cos\theta}$。所以角因子又称为洛伦兹 - 偏振因子。

影响衍射线强度的另一个因素是吸收因子，它是试样对 X 射线的吸收。对 X 射线的吸收造成衍射强度衰减的吸收因子用 $A(\theta)$ 表示。采用不同的实验方法，X 射线在试样中穿越时必然有一些被试样所吸收。试样的形状各异，X 射线在试样中穿越的路径不同，被吸收的程度也就各异。在圆柱试样的吸收因子中反射和背反射的吸收不同，吸收因子 $A(\theta)$ 随衍射角 θ 的变化而变化。衍射仪法使用平板样品时，对于无限厚的板状试样，在入射角与反射角相等时吸收因子 $A(\theta)$ 与 $1/2\mu$ 成正比，与 θ 无关，其中 μ 是线吸收系数。事实上，吸收对于所有反射线的强度均按相同的比例减少，所以在计算相对强度时可以忽略吸收的影响。

温度因子是校正温度（热振动）造成衍射强度衰减的因子 e^{-2M}，温度因子的物理意义为考虑原子热振动时的衍射强度（I_T）与不考虑原子热振动时的衍射强度（I）之比，即 $e^{-2M}=I_T/I$，或 $e^{-M}=f/f_0$，e^{-M} 称为德拜 - 沃勒因子，f_0 为绝对零度时的原子散射因子。原子本身是在振动，当温度升高，原子振动加剧，必然给衍射带来影响，如温度升高引起晶胞膨胀，晶面距改变与材料的弹性模量有关，衍射线强度减小和产生各个方向散射的非相干散射有关。

多重因子是同族晶面（HKL）的等同晶面数 P，显然，在其它条件相同的情况下，多重性因数越大，则参与衍射的晶粒数越多，或者说，每一晶粒参与衍射的概率越大。如立方晶系中（100）晶面族的 P 为 6，（111）晶面族的 P 为 8，（110）晶面族的 P 为 12。多晶衍射强度中应考虑多重因子的贡献。

下面列出了各晶面族的多重因子，如表 2.4 所示。

表 2.4　各晶面族的多重因子

<table>
<tr><th rowspan="3">晶系</th><th colspan="10">指数</th></tr>
<tr><th>HOO</th><th>OKO</th><th>OOL</th><th>HHH</th><th>HHO</th><th>HKO</th><th>OKL</th><th>HOL</th><th>HHL</th><th>HKL</th></tr>
<tr><th colspan="10">P</th></tr>
<tr><td>立方</td><td colspan="3">6</td><td>8</td><td>12</td><td colspan="3">24</td><td>24</td><td>48</td></tr>
<tr><td>菱方、六方</td><td colspan="2">6</td><td>2</td><td></td><td>6</td><td colspan="4">12</td><td>24</td></tr>
<tr><td>正方</td><td colspan="2">4</td><td>2</td><td></td><td>4</td><td>8</td><td colspan="3">8</td><td>16</td></tr>
<tr><td>斜方</td><td colspan="3">2</td><td colspan="2"></td><td colspan="3">4</td><td></td><td>8</td></tr>
<tr><td>单斜</td><td colspan="3">2</td><td colspan="2"></td><td colspan="2">4</td><td>2</td><td></td><td>2</td></tr>
<tr><td>三斜</td><td colspan="3">2</td><td colspan="2"></td><td colspan="3">2</td><td></td><td>2</td></tr>
</table>

综合 X 射线衍射强度影响的诸因素，可以得出多晶体粉末试样在被照射体积 V 上所产生的衍射线积分强度公式为：

$$I=I_0\frac{\lambda^3}{32\pi R}\times\frac{e^4}{m^2c^4}\times\frac{V}{V_0^{\,2}}PF_{HKL}^{\;\;2}\varphi(\theta)A(\theta)e^{-2M}$$

式中，I_0 为入射 X 射线强度；λ 为入射 X 射线波长；R 为照相底板与试样的距离；V 为晶体被照射的体积；V_0 为单位晶胞体积；P 为多重性因子；F^2_{HKL} 为晶胞结构因子，包括了原子散射因素；$A(\theta)$ 为吸收因子；$\varphi(\theta)$ 为角因子；e^{-2M} 为温度因子。

实际工作中（如物相鉴别），只需要相对强度值，即同一物相的各衍射线的相对强度。在实际工作中主要是比较衍射强度的相对变化，则在同一衍射花样中，e、m、c 为物理常数，I_0、λ、R、V_0、V 对各衍射线均相等。

多晶粉末衍射德拜 - 谢乐法的衍射相对强度为：

$$I_{相对}=PF_{HKL}^{\;\;2}\varphi(\theta)A(\theta)e^{-2M}$$

多晶粉末衍射仪法的衍射相对强度（可以忽略吸收因子的影响）为：

$$I_{相对}=PF_{HKL}^{\;\;2}\varphi(\theta)e^{-2M}$$

衍射相对强度公式不适用于存在织构取向或晶粒尺寸粗大的多晶材料中，因为存在织构时会引起衍射相对强度显著增强，晶粒尺寸粗大时会引起相对强度衰减。一般标准晶粒的尺寸约在 10^{-4}cm。

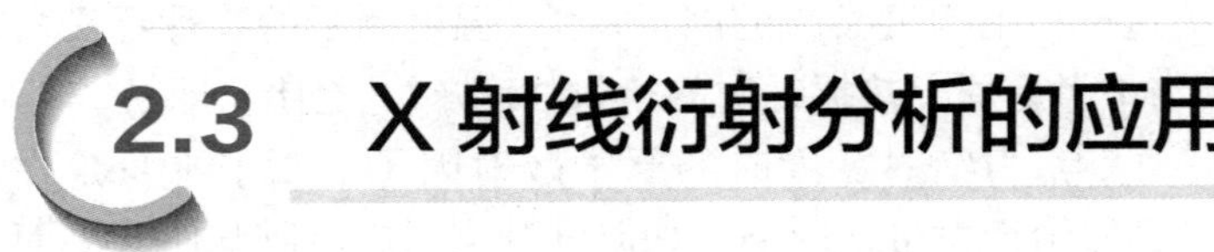

2.3 X射线衍射分析的应用

2.3.1 晶粒大小和晶格畸变的分析

材料的性能与晶粒大小直接相关，特别是金属材料的高强度和高韧性与晶粒细化有一定的函数关系。颗粒与晶粒是两个不同的概念，晶粒通常是指微晶，颗粒与微晶的示意图如图 2.18 所示。

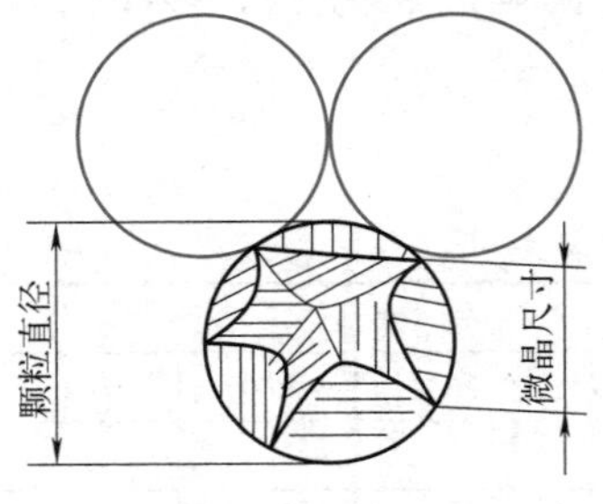

图 2.18 颗粒与微晶

根据衍射峰的宽化程度利用谢乐公式计算晶粒大小往往是一种比较简便的方法。假设试样没有晶体结构的不完整引起的宽化，则衍射线的宽化仅是由微晶大小造成的，而且微晶的尺寸是均匀的，平均尺寸小于 100nm，则可利用如下谢乐方程：

$$D_{hkl}=\frac{k\lambda}{\beta\cos\theta}$$

式中，D_{hkl} 为微晶的尺寸（衍射晶面法线方向上微晶的厚度，测量厚度范围是 10 ～ 200nm），Å（1 Å =0.1nm）；λ 为实验所用的 X 射线波长，Å；β 为晶粒细化引起的衍射峰的宽化，rad；θ 为衍射峰的布拉格角，（°）；k 为常数，与 β 的定义有关，若谢乐方程中的 β 用半高宽表示则取 k=0.9，β 用积分宽表示则取 k=1。不同衍射晶面测量的结果是不同的。

此外，Stokes 和 Wilson 用谢乐方程，以积分宽计算微晶尺寸时，取 k=1，即：

$$\beta_1=\frac{k\lambda}{D_{hkl}\cos\theta}$$

由不均匀应变引起的晶体的晶面间距无规律（有的变大，有的变小）通常称晶格畸变，显然能引起衍射峰的宽化。均匀应变与不均匀应变引起衍射峰形的变化示意图如图 2.19 所示。

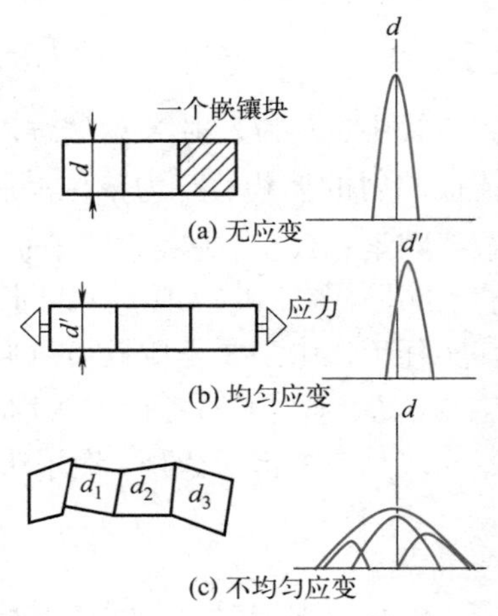

图 2.19 均匀应变与不均匀应变

不均匀应变值 η 与衍射峰化宽化的关系式为 $\beta_2=2\eta\tan\theta$，因此，晶粒细化和不均匀应变引起的总宽化关系式为：$\beta=\beta_1+\beta_2=\dfrac{k\lambda}{D_{hkl}\cos\theta}+2\eta\tan\theta$。

上式经数学变换为：$\dfrac{\beta\cos\theta}{\lambda}=2\eta\dfrac{\sin\theta}{\lambda}+\dfrac{1}{D_{hkl}}$。

测量两个衍射峰，由于晶粒大小与晶面指数有关，所以要选择同一方向的衍射面，如（111）与（222），或（200）与（400）。然后以 $\beta\cos\theta/\lambda$ 为 Y 轴，以 $\sin\theta/\lambda$ 为 X 轴作图，所得直线的斜率即是不均匀应变值 η 的 2 倍，直线在 Y 轴上的截距即为晶粒大小 D_{hkl} 的倒数，由此可求得不均匀应变值 η 和晶粒大小 D_{hkl}。

在应用谢乐公式时要注意几个问题。首先是晶粒大小值的准确性和可靠性问题，其中最重要的是测定衍射峰的宽化值 β。衍射峰的宽化由多方面的原因造成，例如仪器宽化，即使是标准高纯硅粉，在不同的管压、管流和不同的发散狭缝和接收狭缝等衍射条件下，同一晶面的衍射峰宽度都有变化，这就是仪器引起的宽化，显然该宽化与晶粒大小与不均匀应变（晶格畸变）无关，必须排除仪器宽化造成的影响。实验获得的衍射峰包含仪器宽化部分。因此要先用没有不均匀应变，且晶粒尺寸足够大，一般晶粒度 25μm 以上，结晶条件与待测试样相同的标准试样来获取正确的仪器宽化的衍射峰。标准试样和待测试样的衍射峰形测定的实验条件应完全相同，在采集衍射数据时先正常扫描，确定要用来计算的衍射峰位的 2θ，然后在这些 $2\theta \pm 1°$ 的范围内进行步进方式扫描，推荐采用如后面所述的实验条件。接收狭缝（RS）是 0.1 ～ 0.15mm，焦点宽度是 0.1mm，以步幅 0.001° ～ 0.002°、每步 1 秒的速度进行步进扫描测定。试样中微晶尺寸大小与不均匀应变造成的晶格畸变都能引起衍射峰宽化，晶粒大小和晶格畸变与晶面指数有关，即与晶体的取向有关。在应用这些结果时，不能简单地取不同晶面指数下的平均值。对上述步进扫描获得的衍射峰进行平滑、扣背底、$K\alpha_1$ 和 $K\alpha_2$ 分离等常规处理。用计算机软件可分别计算真正由 $K\alpha_1$ 所产生的仪器宽化 b_0 和试样峰形积分宽 B_0，另外仪器的峰形宽化与衍射角 2θ 有关。若测定仪器宽化所用的标准试样与待测试样的材料不同时，则两者的衍射角不同，因此要测定标样两个以上的衍射峰，用内插法计算出相同 2θ 处的 b_0。微晶尺寸大小与不均匀应变造成的晶格畸变引起的试样衍射峰真正的物理宽化 $\beta^2=B_0^2-b_0^2$。由以上分析，用 X 射线衍射方法获得的晶粒大小和晶格畸变结果，只有在其它条件相同的情况下相对比较才有意义。

2.3.2　残余应力分析

材料在生长、制备、相变、晶格畸变和复合过程中均会产生应力。第一类应力是宏观残余应力，主要导致衍射峰移动；第二类应力是微观残余应力，会导致衍射峰宽化；第三类应力是晶粒内部位错应力，使衍射强度降低。利用 X 射线衍射方法测量应力的特点是无损伤，但范围有限，误差大。

第一类应力测定，根据衍射峰的移动，测量晶面间距的变化。假定应力在 Z 方向，有：

$$\varepsilon_X=\varepsilon_Y=(d_1-d_0)/d_0,\ \varepsilon_X=\varepsilon_Y=-\nu\varepsilon_Z,\ \sigma_z=E\varepsilon_Z=-E/\nu\times(d_1-d_0)/d_0$$

式中，E 为杨氏模量；ν 为泊松比。

注：在单晶体中杨氏模量 E 随晶体取向的变化而变化，在多晶体中测应力时是根据具体的晶面指数确定晶面距的变化，严格来说，杨氏模量 E 应该是与晶面指数对应的值，但杨氏模量 E 的基础数据并不丰富，因此，用该方法测量的残余应力只能供相对比较时参考。

金属材料在外力作用下产生了应力。在材料的弹性极限内，应力的大小与晶体的晶面间距的变化成正比。这种应变称为均匀应变，与前面的不均匀应变是不同的。外力消失后仍残留的均匀应变所产生的应力称残余应力，这实际上就是第一类宏观残余应力。如果材料受张应力，则在受力方向晶面间距变大，垂直于应力方向晶面间距变小，受压应力的情况则相反。图 2.20 是应力与晶面间距的关系。

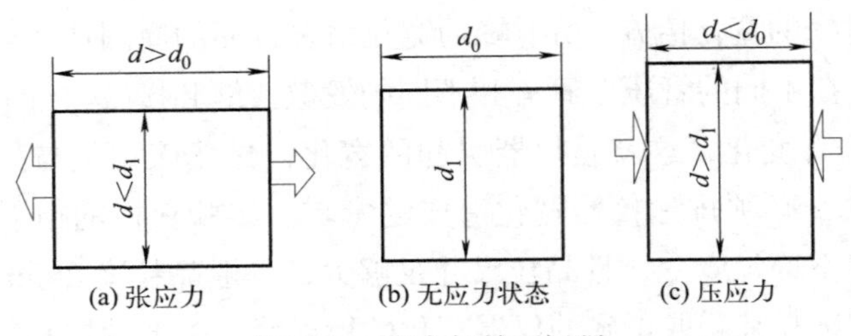

图 2.20 应力与晶面间距

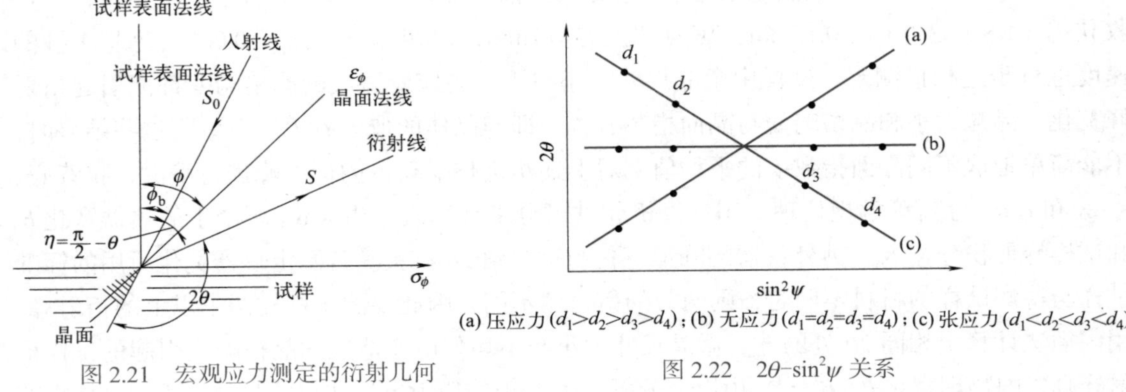

图 2.21 宏观应力测定的衍射几何

图 2.22 2θ–$\sin^2\psi$ 关系

图 2.21 是试样表面法线 N 与衍射晶面法线 N' 的夹角 ψ 改变时，该晶面的衍射角 2θ 角随夹角 ψ 变化，由此求得应力 σ。

$$\sigma=-\frac{E}{2(1+\nu)}\times\tan\theta_0\times\frac{\pi}{180}\times\frac{\partial(2\theta)}{\partial(\sin^2\psi)}=K\frac{\partial(2\theta)}{\partial(\sin^2\psi)}$$

式中，σ 为残余应力，kg/mm^2；E 为杨氏模量，kg/mm^2；ν 为泊松比；θ_0 为标准衍射角；K 为与材料、入射 X 射线波长有关的常数。

把测得的数据（ψ–2θ）按图 2.22 在平面直角坐标（X 轴表示 $\sin^2\psi$，Y 轴表示 2θ）上画点，用最小二乘法求得斜率，再乘以 K 即得残余应力值 σ。由最小二乘法的算法可知：

$$\text{斜率}=\frac{\sum X_i\sum Y_i-n\sum X_iY_i}{(\sum X_i)^2-n\sum X_i^{\ 2}}$$

式中，$X_i=\sin^2\psi_i$，$Y_i=2\theta_i$，i 表示测量值的序数，n 表示总的测量次数。例如 ψ 分别取 0°、15°、30°和 45°时，即 ψ_1、ψ_2、ψ_3 和 ψ_4 分别为 0°、15°、30°和 45°，n 等于 4。因为在张应力的作用下，垂直于应力方向晶面间距变小，随着 ψ 角增大，作用在对应的衍射晶面上张应力减小，晶面间距变小的程度减弱，所以斜率为负表示张应力。同样的方法可推知，斜率为正表示压应力，斜率为零表示无应力。

用衍射方法测量残余应力时要选取适合的晶面对应的衍射峰。一般推荐选取较高强度的衍射峰，如果衍射峰强度偏低，就不利于准确计算晶面间距。残余应力测定装置的光路有等倾法和侧倾法二种，它们的光路如图 2.23 所示。等倾法的光路是 ψ 角的设定面与计数管的扫描面（2θ 扫描）位于同一平面。侧倾法的光路是 ψ 角的设定面与计数管的扫描面垂直。采用等倾法不需要特殊应力附件，直接用常规衍射仪进行测定。通过分别调节 θ 轴和 2θ 轴也能进行残余应力的测量，但当 2θ 不大于 90°时，样品倾斜的 ψ 角度不能大于 θ。例如，当 2θ 等于 60°时，样品最大只能倾斜 30°。例如测量纯铜（200）晶面的残余应力，纯铜（200）晶面的 2θ 等于 50.48°，ψ 角分别取 0°、8°、16°和 24°（不能大于 25.24°），测试时先调整 θ 轴的初始值分别取 0°、8°、16°和 24°，而 2θ 轴的初始值始终调整为零，然后采用 θ 轴和 2θ 轴联动的方式进行步进扫描，2θ 扫描的范围是（50.48 ± 1.5）°，其它实验条件与晶粒大小测量的实验条件相同，即接收狭缝（RS）是 0.1 ～ 0.15mm，焦点宽度是 0.1mm，以步幅 0.001°～ 0.002°、每步 1 秒的速度进行步进扫描测定。有织构附件的用户可以直接用织构附件来做残余应力测试，这种方法属于侧倾法，它的优点是 Ψ 角不受限制。手动调节织构附件上的 α 轴，使样品分别处于正常位置，侧倾 25°、35°和 45°位置。其它测试条件与上述等倾法相同。对上述扫描获得的衍射峰进行数据处理，除平滑、扣背底、$K\alpha_1$ 和 $K\alpha_2$ 分离等常规处理，一般用半高宽中点法读取衍射角。在残余应力的计算公式中还要用到杨氏模量和泊松比，该值通过查文献获得，或通过力学试验获得。

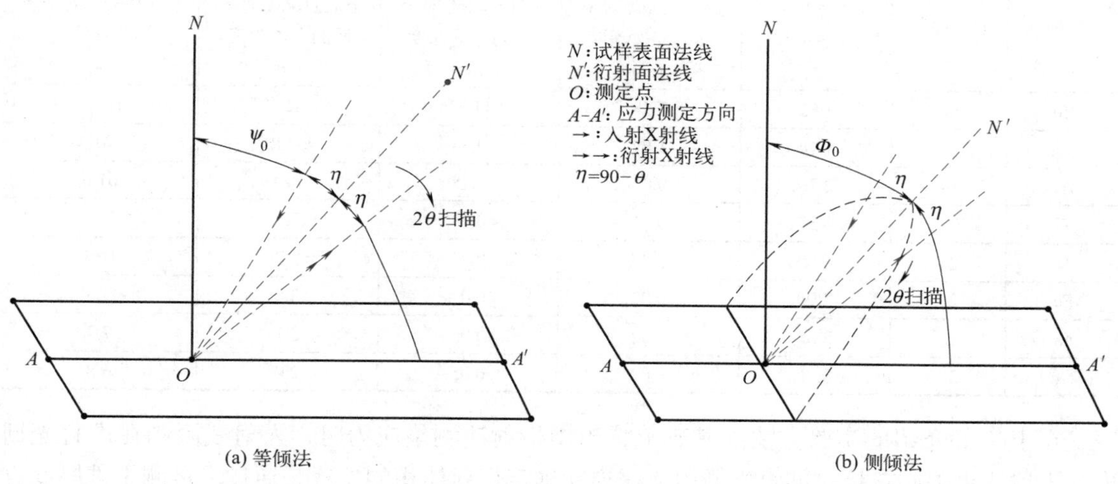

图 2.23　应力测定装置的光路

测定残余应力时注意要点如下。①应尽量选择在高衍射角下仍有较强衍射峰的辐射，应力测定一般选用铬靶。②要对试样表面进行适当处理，当表面有加工应变层或氧化膜存在时，要用电解抛光法除去。③考虑试样的晶粒度和织构的影响，当试样晶粒粗大时，可采用摇摆法或衍射面法线固定法测定。试样晶粒较细时可用等倾法或侧倾法测定，同时要作吸收修正。当试样具有织构时，2θ-$\sin^2\psi$ 关系往往不呈直线，所以要多取几个不同的 ψ 角测定。④用乙烯膜带限制入射 X 射线的照射面积可测定小区域（$1mm^2$ 左右）内的应力。

第二类应力测定是要区分应力引起的衍射峰宽化和晶粒宽化。

应力宽化：$\beta_s=4R(\Delta d/d)\tan\theta$ 或 $\beta_2=2\eta\tan\theta$

晶粒宽化：$\beta_T=0.89\lambda/(D_{hkl}\cos\theta)$

根据它们与 θ 的关系不同可以区分。若两种效应同时存在，可采用近似函数解析法、方差分解法或线性的傅里叶分析法加以分开。这与前面介绍的晶粒大小测量方法相同。

工程应用中往往要求测残余应力的分布，改变 X 射线入射位置可测得应力在表面上的分布情况，利用普通 X 射线透入金属的深度一般不超过 10μm，由电解抛光逐层除去样品表面层，可测得应力在垂直于试样表面方向的应力分布。但运用短波长 X 射线应力分析新技术，完全可以做到应力的无损检测，详细介绍见下一节。

2.3.3 短波长 X 射线应力测试的新技术和新装备

新装备的工作原理简述如下：

X 射线穿透物质时，入射强度 I_0 与出射强度 I 的关系式为：$I=I_0e^{-\mu\tau}$，$\mu \propto \lambda^3 z^3$，式中，$\mu$ 是物质的线吸收系数，cm^{-1}，τ 是穿透深度，cm；λ 是 X 射线波长；z 是物质的原子序数。下面列出了常用物质当 $I=0.5I_0$ 时的穿透深度 τ（见表 2.5），由表 2.5 可知，当选用钨靶或铀靶的 Kα_1 辐射做光源时，钢铁的穿透深度分别达 3mm 和 9.5mm。这是短波长无损应力检测的理论依据。

表 2.5 Cr 靶、Cu 靶、W 靶、U 靶的 Kα_1 射线对常见金属的穿透深度比较

被测金属	原子序数	密度 /（g/cm^3）	Cr$K\alpha_1$ λ=2.2898Å 对金属的穿透深度 /mm	Cu$K\alpha_1$ λ=1.5418Å 对金属的穿透深度 /mm	W$K\alpha_1$ λ=0.2106Å 对金属的穿透深度 /mm	U$K\alpha_1$ λ=0.1267Å 对金属的穿透深度 /mm
Be	4	1.85	3.58	11.21	115.7	147.2
Mg	12	1.74	1.07	0.34	63.8	101.3
Al	13	2.70	0.05	0.18	50.1	61.6
Ti	22	4.51	0.01	0.03	7.9	22.9
V	23	6.00	0.05	0.02	5.7	16.1
Fe	26	7.90	0.02	0.01	3.0	9.5
Ni	28	8.85	0.02	0.05	2.1	7.2
Cu	29	8.96	0.02	0.05	2.0	6.8

在上一节介绍的实验方法的基础上，当用衍射法测量应力时，入射线限制在准直光栅内，出射线也限制在接收准直光栅内，这样能确定衍射体积的位置，通过沿被测工件厚度方向移动样品，就可以改变衍射体积的位置，测出与不同的衍射体积对应的应力。利用短波穿透能力强的优点，不用层层剥离，就可以获得应力沿工件厚度方向的分布信息。改变衍射体积示意图如图 2.24 所示。

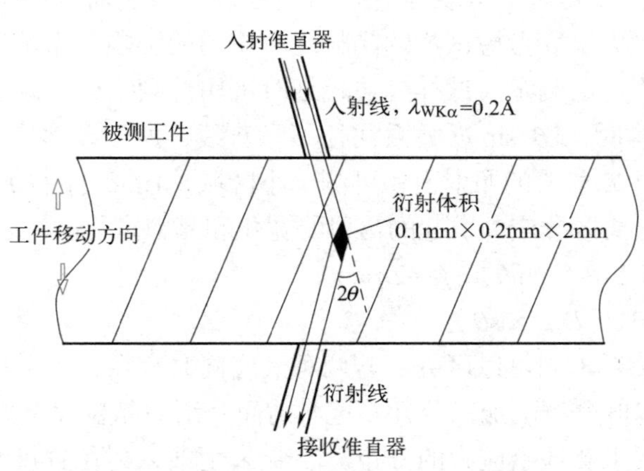

图 2.24 改变衍射体积示意图

由布拉格衍射方程可知，当晶面间距一定时，波长越短，衍射角 θ 越小。这就对衍射测角仪的精度提出了更高的要求。晶面间距相对误差（$\Delta\varepsilon$）与衍射角（θ）及角度测量误差（$\Delta\theta$）的关系为 $\Delta\varepsilon=\Delta d/d=-\tan\theta\Delta\theta$。

衍射角越小，晶面间距测量误差越大。当控制 $\Delta\theta$ 为 0.002°时，$\Delta\varepsilon$ 随布拉格角 θ 的变化如表 2.6 所示。四川艺精科技集团有限公司生产的悉力牌短波应力分析仪通过采用高精度的测角仪来降低晶面间距相对误差，选用的衍射角的测量精度＞ 0.002°，晶面间距相对误差控制在 4×10^{-5}。

表 2.6　当 $\Delta\theta$ 为 0.002° 时 $\Delta\varepsilon$ 随布拉格角 θ 的变化值

θ	5°	10°	80°	85°
$\Delta\varepsilon/10^{-5}$	3.988	1.944	0.6	0.2

短波长 X 射线单色化处理后强度低，因此，在光路上不加单色器，是通过软件处理，实现单色光的作用效果。

短波长 X 射线应力分析仪的主要技术指标：X 射线管最大功率有 1.8kW；选用钨靶或铀靶可测工件厚度如表 2.5 所示，当用钨靶测铝时铝板厚为 50mm、钢板厚为 3.0mm，用铀靶时铝板厚度为 61.6mm、钢板厚为 9.5mm；铁粉标样应力测定误差为 20MPa；衍射体积可调，一般为 0.1mm × 0.2mm × 2 mm；样品台最大承重为 20kg；可连续工作。

短波长 X 射线应力分析仪的应用实例如下。

（1）静高压相变研究

在仪器光路中加入压机装置如图 2.25 所示，可实现 XRD 的原位测量，如金属铋在 0 ～ 6.2GPa 压强的作用下晶体发生由菱方相变成单斜相的相变，如图 2.26 所示。

图 2.25　添加压力装置的应力仪

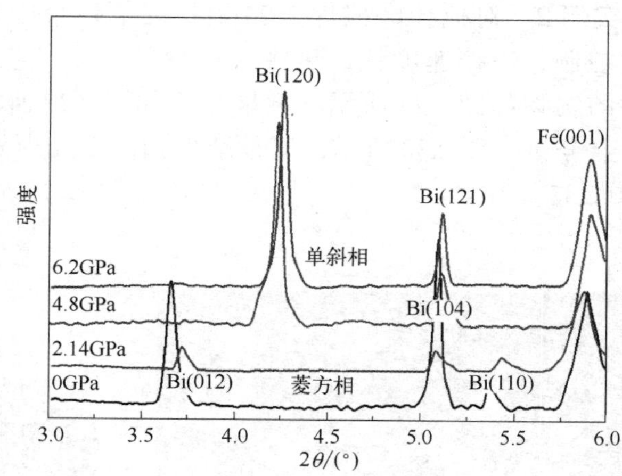

图 2.26　金属铋发生菱方相到单斜相的转变（0 ～ 6.2GPa）

（2）残余应力测量

实例 1　分别用中子衍射法和悉力短波衍射法测量了 20mm 厚 7075 铝合金轧板的残余应力沿板厚中心线的分布，对照测量结果如图 2.27 所示。从图 2.27 的对照结果可知，残余应力在数量级、分布规律上两种方法测量的结果高度一致，但也有细微的差别，在左侧用悉力测量的沿横向（TD）的残余应力要稍大于沿轧向（RD）的残余应力，而中子衍射法的结果恰相反。通常 7075 铝合金轧板有很强的轧制织构，即晶体取向的分布与残余应力的分布有关联，轧制材料沿横向与轧向的力学性能有差异，实验发现，沿 TD 方向的抗拉强度显著大于沿 RD 方向的抗拉。例如，在 FM-250 拉力试验机上进行力学测试，分别测量了厚为 0.1mm 的 AgCu28 加工态（压下变形量为 95%）和退火态（650℃ ×1.5h）沿轧制方向（RD）和横向（TD）拉伸的抗拉强度。加工态的 AgCu28 沿 RD 和 TD 拉伸的抗拉强度分别是 680MPa 和 750MPa。退火态的 AgCu28 沿 RD 和 TD 拉伸的抗拉强度分别是 327MPa 和 374MPa。纯 Ag 轧制态沿 TD 和 RD 的抗拉强度分别是 427MPa 和 348MPa。若残余应力与抗拉强度有正向关联，短波衍射法测量的结果比中子衍射法测量的结果更可信。

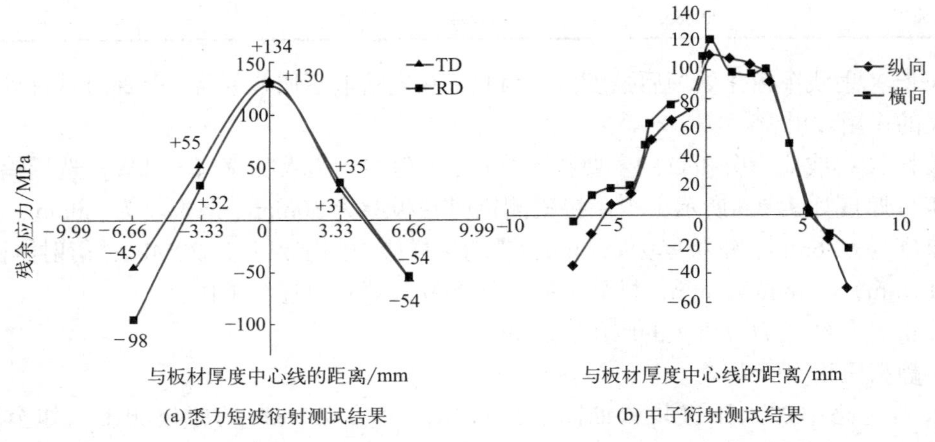

图 2.27　悉力短波衍射法和中子衍射法测残余应力沿板厚中心线分布的实验对照

实例 2　对搅拌摩擦焊 2024 铝板内部残余应力进行了研究。热输入量主要受焊接速度控制，焊接速度快，热输入量少。焊接工艺参数如表 2.7 所示。2024-T351 铝板焊接件的实物如图 2.28 所示。测量光路如图 2.29 所示。平行于焊接方向的纵向残余应力测量点分布如图 2.30 所示，测量结果如图 2.31 所示，应力分布规律与文献 [1] 报道一致（见图 2.32）。

图 2.28　2024-T351 铝板焊接件实物

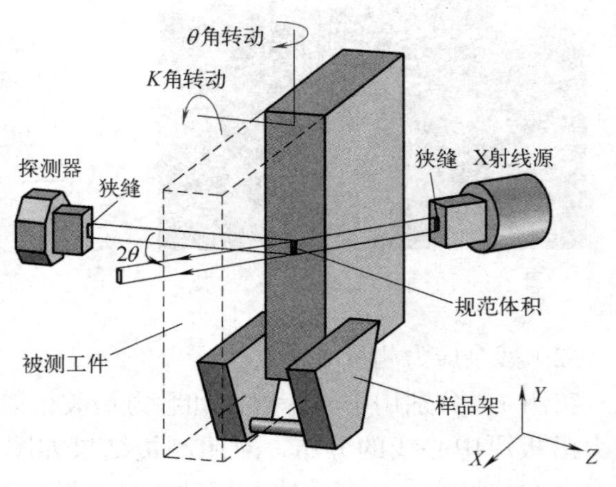

图 2.29　透射法衍射光路

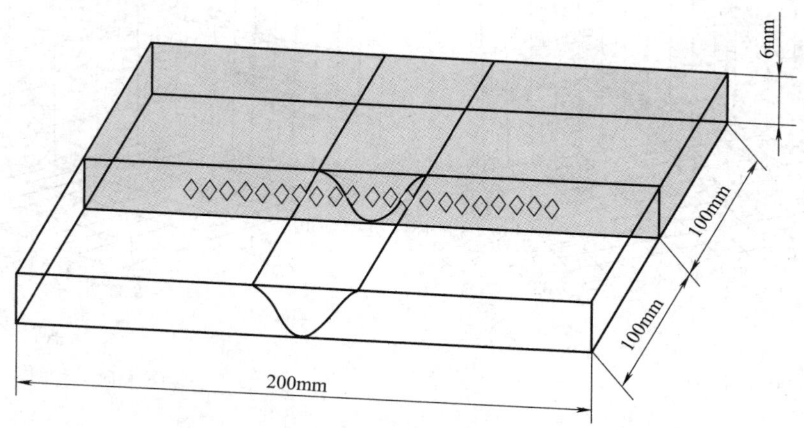

图 2.30 纵向残余应力测量点分布示意图

表 2.7 焊接工艺参数

工艺编号	搅拌头转速 /（r/min）	焊接速度 /（mm/min）	线能量密度 /（r/min）
1	800	80	10
2	400	80	5
3	800	150	5.3

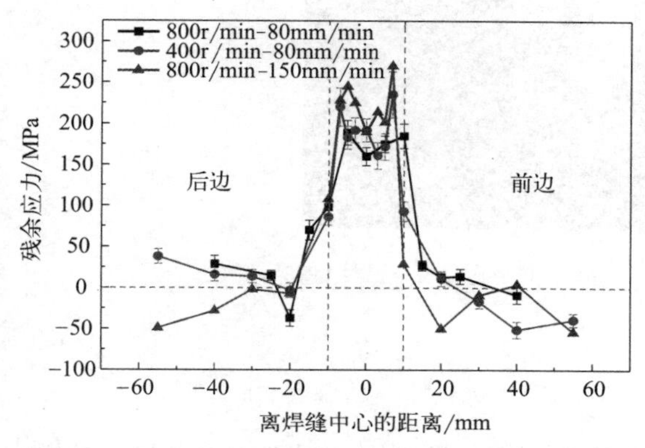

图 2.31 三种焊接参数对纵向残余应力的影响

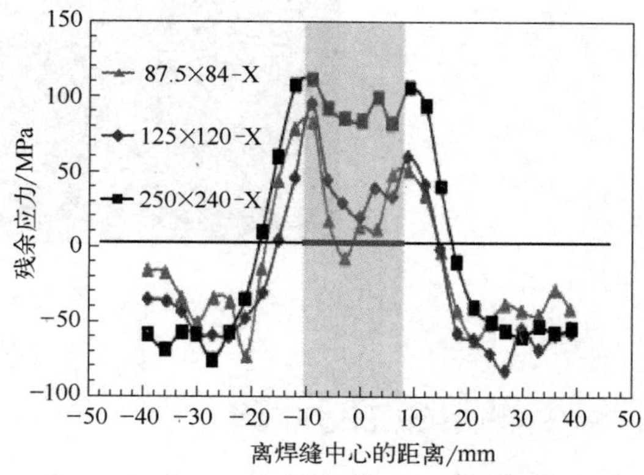

图 2.32 文献 [1] 报道的应力分布图

（-X 表示用 X 射线衍射方法测定）

（3）织构测量

实例 1 在 20mm 厚预拉伸 7075 铝板中测量了 Al（111）晶面衍射强度沿厚度的分布如图 2.33 所示。

实例 2 用面阵探测器测试 7075Al 强织构合金（20mm 厚）衍射图样如图 2.34 所示。

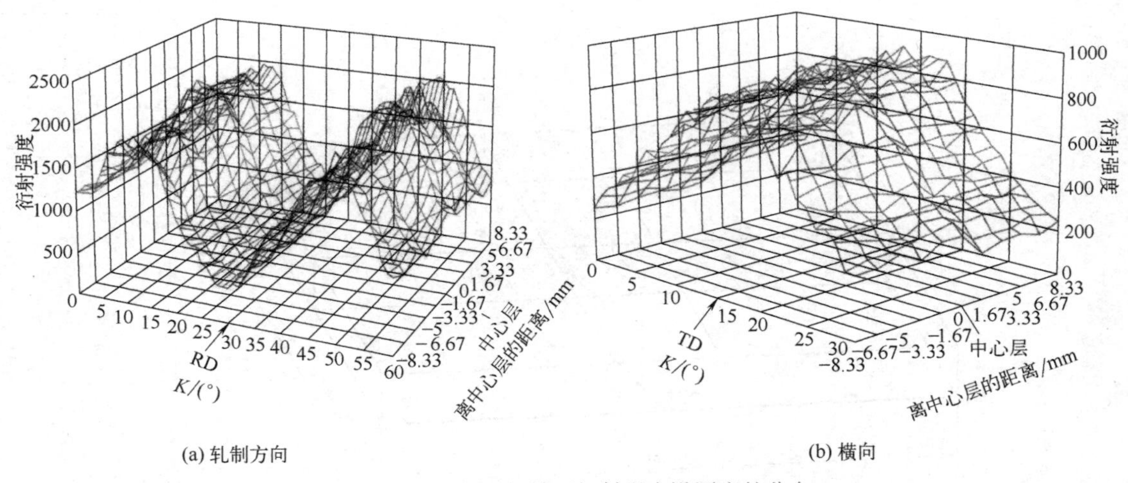

(a) 轧制方向 (b) 横向

图 2.33 Al（111）晶面衍射强度沿厚度的分布

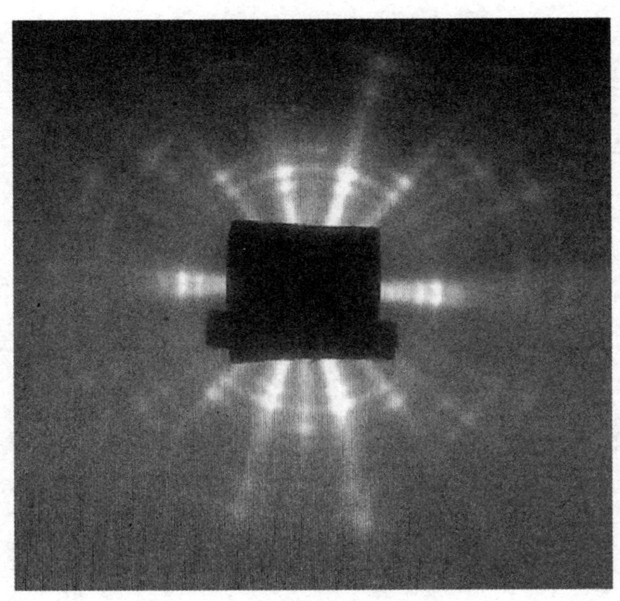

图 2.34 7075Al 强织构合金（20mm 厚）衍射花样（面阵探测器）

2.3.4 结晶度的计算

晶态物质的衍射线是很尖锐的衍射峰，非晶物质的德拜环则因散射而成为晕状。试样中晶态结构非晶态结构共存时试样所含的晶态结构的比例称为结晶度。当试样全部为晶态时，若存在类似于石墨的结晶情况，即晶面间距有一定程度的变化，此时也认为存在着结晶度问题。

X 射线的总散射强度，除非相干散射（康普顿散射）外的相干散射强度，不管晶态和非晶态的数量比如何，总是一个常数。因此，从 100% 的非晶态标样或 100% 的晶态标样着手，用以下一个计算公式可求得结晶度 x。

$$x = (1 - \sum I_{\mathrm{a}} / \sum I_{\mathrm{a100}}) \times 100$$

$$x = (1 - \sum I_{\mathrm{c}} / \sum I_{\mathrm{c100}}) \times 100$$

式中，I_a 表示试样的非晶态部分的散射强度；I_{a100} 表示 100% 非晶态试样的散射强度；I_c 表示试样的晶态部分的散射强度；I_{c100} 表示 100% 晶态试样的散射强度。求非晶态部分的散射强度时，若用 Kβ 滤波法测定，要注意背底强度中包含了连续 X 射线谱的散射，非相干散射和荧光 X 射线，而用单色器时背底中仍包含了非相干散射的作用。有 100% 的非晶态标样，直接用上述方法测定。若没有标样，可选择试样中含非晶态结构最多的一个和最少的一个当作标样使用，此时只能获得结晶度的相对值。当晶态的衍射线和非晶态的散射线难以分离时，可以非晶态的散射强度为代表，测定非晶态在大的散射角（2θ）下的散射强度。测晶态试样和非晶态试样时都要考虑散射强度是否与方向有关。若怀疑试样有择优取向，最好用旋转回摆试样台。

还有一类物质在晶化过程中发生晶面间距变化，计算结晶度时可以由晶面间距的测定推出结晶度。这是由于结晶度的提高，原子的排列有序化，所示晶面间距变小，利用试样的某个晶面间距与标样的相同的晶面间距进行比较，从而计算出结晶度。例如，炭黑和无烟煤在加热处理时将发生石墨化，人造石墨的（002）晶面间距 d_{002} 越小，结晶度越高。

1958 年梅林（J.Mering）和迈尔（J.Maire）提出了石墨化度的数学模型。依据概率理论，导出石墨层间距 d_{002} 与 G 的关系式：

$$G = (0.344 - d_{002}) / (0.344 - 0.3354)$$

式中，0.344nm 是完全未石墨化炭材料的层间距，此数值是富兰克林据经验规定的；0.3354nm 是理想单晶石墨的层间距；d_{002} 是 XRD 图谱上由石墨主要（002）晶面特征峰计算出的层间距，X 射线衍射测试 2theta 峰位时选用峰顶法或重心法测，以及不同的峰形拟合函数，计算的 d_{002} 值略有变化，测出石墨化度略有不同；G 值表示具有理想石墨晶格结构的概率。

通常都用上式的 G 值来表示石墨化度，即不同过渡状态碳的结构接近理想石墨晶体的程度。对于均质单相石墨材料，用 XRD 测得的层间距是整个碳结构的统计平均值，因此 G 具有一定的物理意义，并作为石墨化度的衡量标准而广泛采用。

2.3.5　小角 X 射线散射（SAXS）

对于 1 ～ 100nm 的微细粒子或大小与此相当的密度不均匀微小区域，在 X 射线入射方向将产生散射（中心散射）。粒子越细，这种中心散射越漫散，而与粒子的内部结构无关。无论是晶态或非晶态试样均存在中心散射。一般是在 0° ～ 5° 小散射角范围内测量中心散射。在这个小散射角范围内，除中心散射外，对于晶面间距很大的试样（如蛋白质晶体）还可观察到布拉格反射。对于晶态和非晶态并存的试样（如纤维试样）将出现长周期散射。上述现象统称为小角散射。小角散射要用小角散射测角仪或点聚焦相机测定。利用小角散射可以获得试样大范围内的径向分布函数。图 2.35 是玻璃和硅胶的实测小角散射曲线。

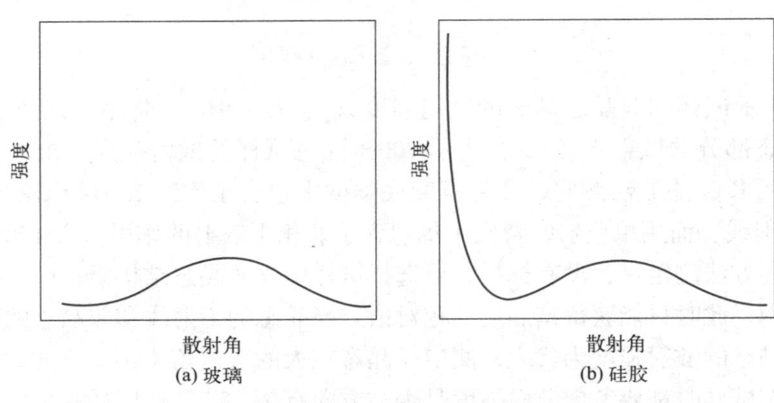

(a) 玻璃　(b) 硅胶

图 2.35　两种不同形式的非晶 SiO_2 的 X 射线散射曲线

对于高聚合物亚微观结构，即研究尺寸在十几埃以上至几千埃以下的结构时，需采用小角 X 射线散射方法研究。原因是电磁波的所有散射现象都遵循反比定律，即相对一定 X 射线波长来说被辐射物体的结构特征尺寸越小则散射角越大。因此，当 X 射线穿过与本身波长相比具有较大结构特征尺寸的高聚合物和生物大分子体系时，散射效应皆局限于小角度处。X 射线小角散射是在靠近原光束附近很小角度内电子对 X 射线的漫散射现象，也就是在倒易点阵原点附近处电子对 X 射线相干散射现象。小角散射花样、强度分布与散射体的原子组成以及是否结晶无关，仅与散射体的形状、大小分布及周围介质电子云密度差有关。可见，小角散射的实质是由体系内电子云密度起伏所引起。高分子材料的结构参数有粒子的尺寸、形状及分布，粒子的分散状态，高分子的链结构和分子运动，多相聚合物的界面结构和相分离，非晶态聚合物的近程有序结构，超薄样品的受限结构、表面粗糙度及叠层数，溶胶 - 凝胶过程，体系动态结晶过程，系统的临界散射现象，聚合物熔体剪切流动过程流变学特征等。对这些参数运用 SAXS 方法进行研究，较之其它研究方法，如差示扫描量热法（DSC）、扫描电镜或光学显微镜法等能给出更为明确的信息和结果。

2.3.6　人造超晶格的测定

许多人造超晶格的“晶面间距”超出了正常的范围，进行 X 射线衍射分析时衍射峰的 2θ 角出现在 0° ～ 10° 的范围，这就是通常说的小角衍射分析。与正常的衍射分析相比，如果衍射数据的采集条件设置不当，就有可能得不到所希望的衍射结果和相关的信息。在小角衍射时 X 射线容易发生全反射，X 射线接收管接收的 X 射线反射信号往往过大，首先容易损害接收传感器，其次 X 射线的强度失真。因此，推荐使用的实验条件如下：①为了获得清晰的衍射峰，尽量选用波长较长的靶，常用的靶有钼靶、铜靶、钴靶、铁靶、铬靶和银靶等。常用靶产生很强的 $K\alpha_1$ 辐射，它们对应的 X 射线波长如表 2.8 所示。因此，选用铬靶比较合适。②工作电压和工作电流尽可能低，但工作电压不能低于靶材的激发电压。③尽量选用小的发射狭缝（DS），如 DS 为 0.01° 或 0.05°，接收狭缝 RS 可以为 0.15mm。④还可以在衍射光路中添加 2 片铝吸收片，故意降低 X 射线的强度。

表 2.8　常用靶的波长和激发电压表

项目	Cr	Fe	Co	Ni	Cu	Mo	Ag
$K\alpha_1$/nm	0.228964	0.193597	0.178892	0.165784	0.15405	0.070926	0.055936
激发电压 /kV	5.98	7.1	7.71	8.29	8.86	20.0	25.5

量子阱结构是在结构完美的衬底上周期性地交替外延生长两种不同材料，又称超晶格结构。其 X 射线衍射摇摆曲线表现为衬底峰、薄膜和若干个卫星峰，其衍射峰与点阵参数不具有一一对应关系，是超晶格各参数的整体效应。因此，对其分析必须用理论模拟。对于周期性多层膜或超晶格，即使膜层的单晶性和厚度均匀性不是太好，只要可以测量到卫星峰，就可以确定超晶格的平均周期 T：

$$T=\frac{|m-n|\lambda\sin(\theta_{\mathrm{B}}+\psi)}{\Delta\theta\sin(2\theta_{\mathrm{B}})}$$

式中，m、n 是衍射级数；λ 是波长；θ_{B} 是布拉格角；ψ 是衍射面与表面夹角；$\Delta\theta$ 是两卫星峰角度差。在零级峰两侧存在卫星峰，应用 X 射线衍射动力学理论对实验曲线进行模拟，可以得到各原子层厚度、成分等信息。图 2.36 揭示了 [AlAs（28.3Å）/GaAs（28.3Å）]200 超晶格（002）倒易阵点附近的 X 射线衍射摇摆曲线和理论模拟曲线。

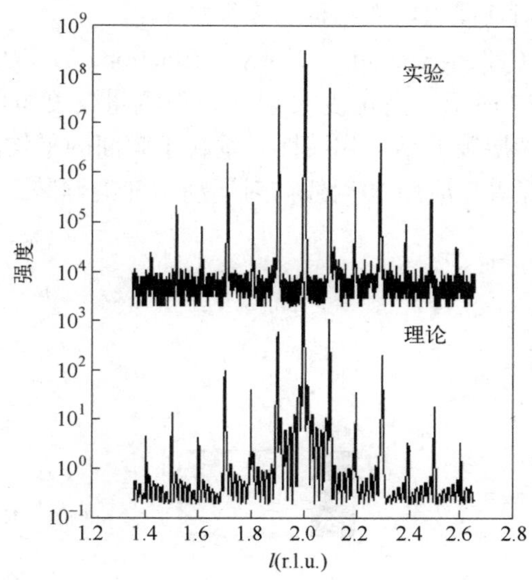

图 2.36　[AlAs（28.3Å）/GaAs（28.3Å）]200 超晶格（002）倒易阵点附近的 X 射线衍射摇摆曲线和理论模拟曲线

2.3.7　薄膜试样的测定

低维材料的出现是二十世纪材料科学发展的一个重要标志。它所表现出的强劲学科生命力不仅是因为它不断揭示深刻的物理内涵，推动凝聚态物理的发展。而且更重要的是它所发现新的物理现象、物理效应源源不断地被用来开发具有新原理、新结构，并具有特殊性能的纳米结构器件。

薄膜材料是重要的纳米材料。纳米材料的特征：尺寸效应、表面效应和量子效应。薄膜材料在国民经济、国家安全和人民生活各领域有着重要的应用。低维材料是指某一个或两个或三个维度上的尺寸与材料的某个特征长度相当的材料，具体讲来，包括二维薄膜、一维纳米线（量子线）和零维量子点。材料维度的变化，会引起材料物性的明显变化。薄膜材料的制备方法主要有物理气相沉积、蒸发法、脉冲激光沉积、离子溅射、分子束外延、离子束沉积、化学气相沉积、溶胶凝胶法、电镀、阳极氧化等。薄膜材料的三种生长模式：① Frank-van der Merwe 模式（F-vdM 模式），又叫 layer by layer 模式，$\Delta\sigma=\sigma_2-\sigma_1+\gamma_{12}<0$，薄膜的表面自由能 σ_2 与薄膜和衬底间的界面自由能 γ_{12} 之和小于衬底的表面自由能 σ_1；② Volmer-Weber 模式（V-W 模式），$\Delta\sigma=\sigma_2-\sigma_1+\gamma_{12}>0$，薄膜的表面自由能 σ_2 与薄膜和衬底间的界面自由能 γ_{12} 之和大于衬底的表面自由能 σ_1；③ Stranski-Krastinov 模式（S-K 模式）。薄膜材料的类型有单层膜、多层膜（异质结构）和超晶格（见上一节）。薄膜材料的晶体结构特点有单晶膜、多晶膜、取向多晶膜（柱状晶模型）和非晶膜。薄膜材料的表面、界面与晶体微结构的表征方法有很多，其中，X 射线技术（衍射、散射、吸收、成像）包括常规 $\omega/2\theta$ 扫描、X 射线镜面反射率和横向漫散射、摇摆曲线、倒易空间 Mapping、掠入射衍射（GIXRD、GID、GIXD、SXRD）、掠入射小角散射（GISAXS）和 X 射线异常衍射精细结构分析等。

下面重点介绍 X 射线对薄膜材料微结构的表征技术。

（1）高角 X 射线衍射（High-Resolution X-ray Diffraction，HXRD）

高角衍射光路如图 2.37 所示。高角度 X 射线衍射测量角度范围大，对薄膜的结晶性和膜结构完美性敏感，反映多层膜的结构相关性、垂直于膜面的平均晶格常数、晶粒大小以及多层膜子层的应变调制情况等。应用 X 射线衍射运动学理论解谱，不同晶型样品的衍射图如图 2.38 所示。

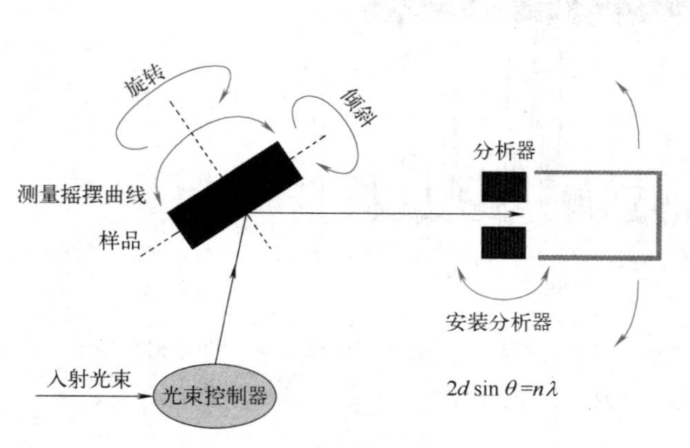

图 2.37　高角衍射光路示意图

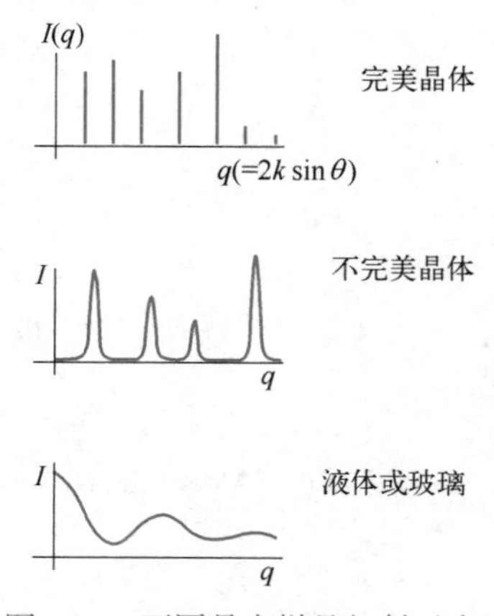

图 2.38　不同晶态样品衍射示意图

（2）高分辨 X 射线衍射

高分辨 X 射线衍射光路示意图如图 2.39 所示。共面衍射原理如图 2.40 所示，共面衍射有 3 种扫描方式。① $\omega/2\theta$ 扫描。即保持 2θ 以二倍于 ω 的速度转动。② ω 扫描。即保持探测器在一定的 2θ 角度（一般对应某一布拉格角），样品来回摆动。所得谱线即是常谓的摇摆曲线（rocking curve）。③二维扫描。通过结合以上两种扫描方式，可以得到衍射强度在角度空间或倒易空间的二维分布图。近完美晶体的 X 射线双轴晶摇摆曲线理论模拟用完美晶体 X 射线衍射动力学理论，多层膜结构的 X 射线双轴晶摇摆曲线计算模拟用畸变晶体 X 射线衍射动力学理论。

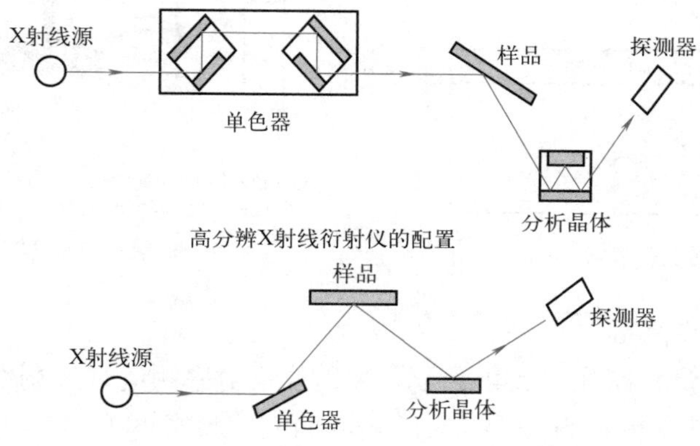

图 2.39　高分辨 X 射线衍射光路示意图

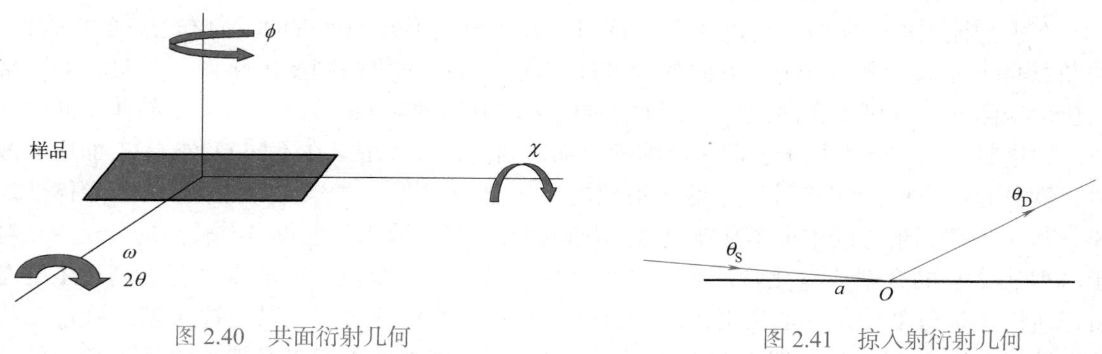

图 2.40　共面衍射几何

图 2.41　掠入射衍射几何

掠入射衍射几何如图 2.41 所示，它是非共面衍射的一种极端情形。X 射线的入射角 α_i 和出射角 α_f 与全反射角接近，一般仅为几分之一度。所以，衍射面和衍射矢量 $\boldsymbol{Q}$ 接近平行于样品表面，也就是说，参与散射的晶面接近垂直于薄膜表面。掠入射衍射是分析薄膜表面结构的极为有效的方法。通过微调 α_i 和 α_f，还可以控制 X 射线在样品中的穿透深度，对薄膜进行深度分层分析，是研究薄膜表面结构的有效手段。X 射线在介质材料中的折射率比 1 略小，当 X 射线对于介质表面的掠入射角小于某个临界角后，X 射线不再进入介质而是全部反射出来（吸收会损失掉部分 X 射线），表现为外全反射现象。临界角等于：

$$\alpha_c \cong \sqrt{2\delta} = \sqrt{\frac{r_e \rho Z N_A}{\pi A}} \cdot \lambda$$

式中，r_e 为经典电子半径；ρ 为材料的质量密度；Z 和 A 分别为材料的原子序数和原子质量，N_A 为阿伏伽德罗常数；λ 为 X 射线波长。掠入射散射几何如图 2.42 所示。

膜厚（T）可用下面变化后的布拉格方程求出：

$$n\lambda=2T\left(\sin^2\theta-\sin^2\theta_C\right)^{1/2}$$

式中，θ_C 等于临界角 α_c。硅的 θ_C 等于 0.222°，金的 θ_C 等于 0.505°。

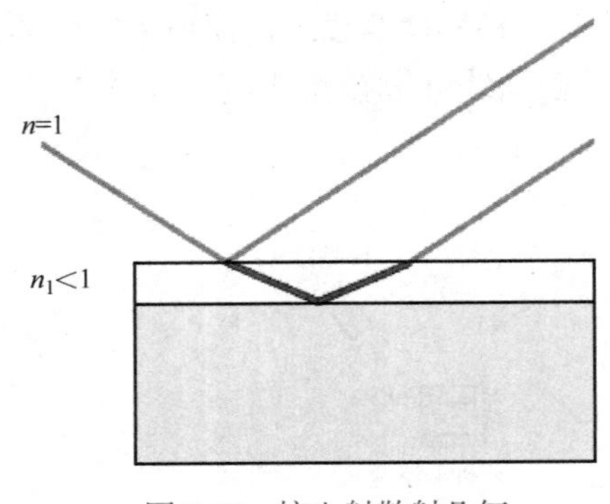

图 2.42　掠入射散射几何

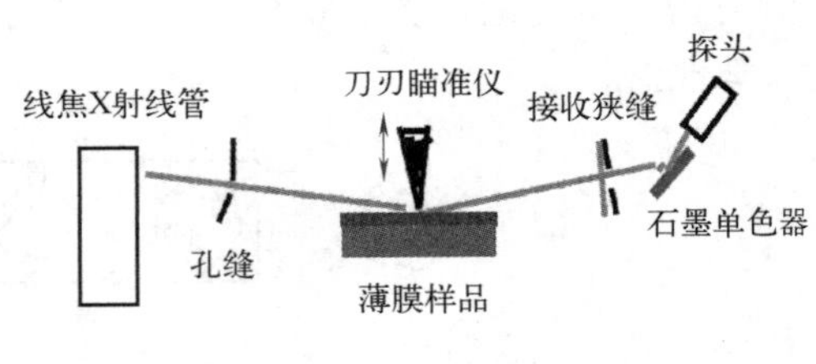

图 2.43　X 射线反射率测量的光路示意图

（3）X 射线反射率测量

X 射线反射率测量光路如图 2.43 所示。X 射线反射率测量时 X 射线入射角等于出射角。通过反射率测量可以获得材料膜厚（0.1 ～ 400nm）、膜密度（约 $0.01g/cm^3$）、表面粗糙度（0.01 ～ 5nm）、各层膜的相关系数等。

（4）掠入射衍射（Grazing Incidence Diffraction，GID）

在进行掠入射实验时，要求 X 射线同时在与入射面平行和垂直的方向有较好的准直性。如图 2.44 所示。一般要求在 i 方向的发散度很小，而在 w 方向则要求略低。实验时如果采用位敏探测器，则可以在固定的 i 角度同时记录散射强度随 f 的变化，等同于晶体截断杆扫描。扫描时，晶体绕平行于表面法向的轴转动，因而，可以记录在不同 Q_z 处 Q_xQ_y 面内的散射强度分布。不同的实验对 X 射线衍射仪的要求也不相同。对于结晶性很好的半导体外延膜，其 X 射线衍射峰的本征半高宽可低至几秒到几十秒，要求衍射仪具有较高的分辨率。对于溅射法生长的金属或氧化物薄膜，其单晶性较差，X 射线衍射峰的半高宽可高达 1 度左右，所以选择较低分辨率的衍射仪较为合适。分辨率的提升通常是以牺牲 X 射线强度为代价。选择 X 射线衍射仪配置的基本原则是实现满足分析要求的最低分辨率以达到最高的分析效率。对于薄膜内部具有平行于薄膜表面的结构的样品，如量子线、量子点和电荷密度波等，或对于超薄薄膜（几十纳米以下），则通常的高角衍射仪难以承担其任务。这时应以 X 射线掠入射衍射仪为最佳选择，通过控制掠入射实验的入射角和出射角的大小，也可以控制 X 射线在样品中的穿透深度，从而实现对超薄薄膜的分析或薄膜的深度分层分析。即使是采用高分辨 X 射线衍射仪也不可能实现绝对单色和完全无发散的 X 射线。这就使得在实验中测量得到的在某一位置的强度分布实际上是某一小区域内的平均结果，这一区域的大小决定了分辨率的高低。在实际操作时，根据需要可以选择不同的分辨率。在研究外延生长的半导体薄膜时，如果外延膜与衬底之间的晶格失配很小，则对分辨率的最低要求是能分离薄膜衍射峰与衬底衍射峰。在较高分辨率时，还应能分离薄膜的厚度干涉条纹。所研究的对象是完美性较好的均匀薄膜或多层膜时，则仅要求有较高的 Q_z 分辨率，而不太考虑 Q_x 的分辨率。这时可以去掉分析晶体，采用大发散的 α_f 角。这种情况下，Q_z 方向的分辨率可表达为：

$$\Delta Q_z=2K\cos a_i \Delta a_i$$

在掠入射衍射时，由于非零的入射角和出射角，衍射矢量 $\boldsymbol{Q}$ 除了 $\boldsymbol{Q}_x$ 和 $\boldsymbol{Q}_y$ 分量外，还有一小的 $\boldsymbol{Q}_z$ 分量。通常在掠入射实验中，a_i 与 a_f 的发散度远小于 θ_i 和 θ_f 的发散度，平

行薄膜表面的分辨率主要由 $\Delta\theta$ 与 $\Delta\theta_f$ 决定，而沿 Q_z 方向的分辨率主要由 Δa_i 与 Δa_f 决定。

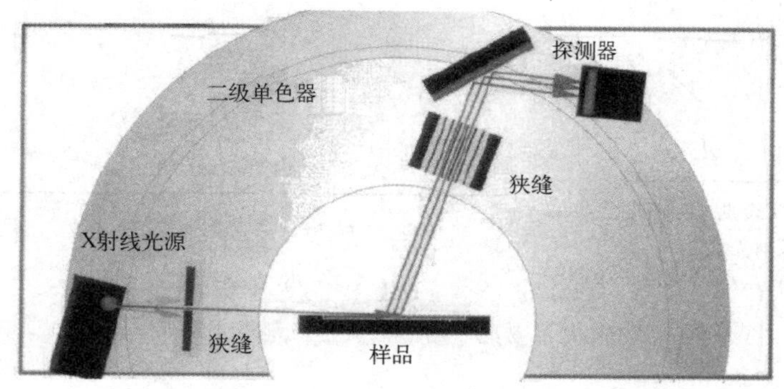

图 2.44　掠入射衍射光路示意图

（5）X 射线漫散射

X 射线入射样品表面，可以将介质看作是均匀连续的，用折射率表示该介质的材料参数。在两种介质的界面折射率突变，电磁波在界面反射和折射。反射波矢量与界面的夹角等于入射波矢量与界面的夹角，叫镜面反射。如果界面粗糙，在非镜面方向就会有漫散射。反射和漫散射光路示意图如图 2.45 和图 2.46 所示，其中单晶或双晶单色器保证入射 X 射线的能量分辨率、角度分辨率。狭缝 1 和狭缝 2 主要用来降低实验的背底噪声。X 射线漫散射可有两种实验安排：①固定探测器的位置，即 2θ 保持不变，进行扫描；② $\alpha-\beta=$ 常数 $\neq 0$，进行 θ-2θ 扫描（纵向扫描），有时又称为偏移～ 2θ 扫描。在 X 射线反射 / 散射实验中，由于入射角度很小，入射 X 射线在平行表面方向上的投影尺寸很大。在实验中要注意使用尺寸较大的样品，以确保入射 X 射线在样品表面的投影不要超过样品表面，则要做面积修正来计算反射 / 散射 X 射线的强度。多层膜的反射系数 R 和透射系数 T 由 Fresnel 公式给出，假设衬底为半无限大介质，利用迭代关系计算，$R=|R_o|^2$ 就是多层膜的反射率。从反射率曲线能够得到薄膜结构各层的厚度和电子密度、表面和界面的均方根粗糙度。X 射线漫散射曲线理论拟合应用畸变波波恩近似（distorted-wave born approximation，DWBA）来计算。从漫散射曲线能够得出各层之间的非相关粗糙度、横向及纵向统计相关性。

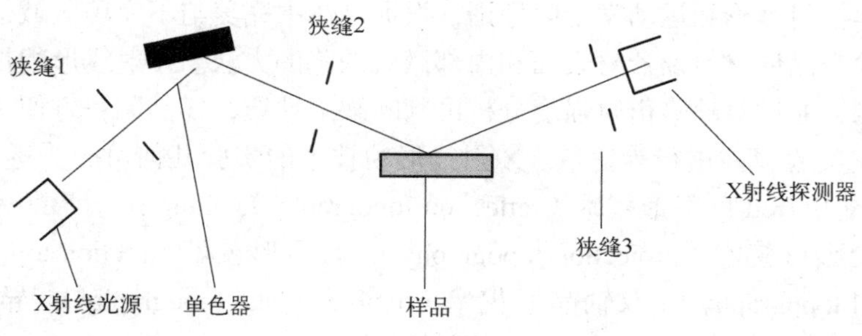

图 2.45　X 射线反射和漫散射实验装置示意图

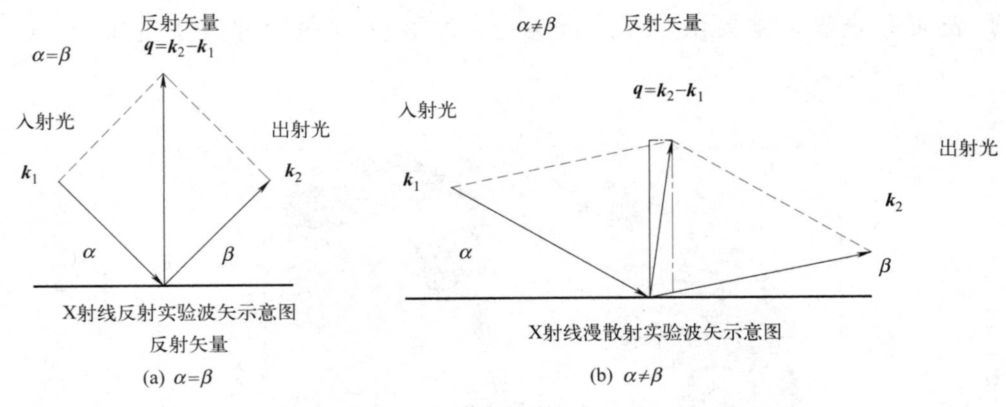

(a) $\alpha=\beta$　　(b) $\alpha\neq\beta$

图 2.46　漫散射矢量示意图

（6）倒易空间 X 射线散射强度分布（RSM）

倒易空间 X 射线散射强度二维图是指 X 射线散射在倒易空间等强度分布图，是沿埃瓦尔德球面 X 射线散射强度分布的积分，其示意图如图 2.47 所示。测定样品倒易点附近 X 射线散射强度二维分布可研究样品的取向差、晶格失配及应力弛豫等。与测量 X 射线漫散射技术类似，可以有两种方法：①固定探测器的位置，即 2θ 保持不变，θ 进行扫描，也就是在 q_z 的一个数值，进行 q_x 扫描。然后改变 q_z 值，再扫描 q_x，如此重复，直至覆盖所需测量的区域；②样品位置保持一定值，探测器 2θ 进行扫描，即在 q_x 的一个数值，而进行 q_z 扫描。然后改变 q_x 值，再扫描 q_z，如此重复，直至覆盖所需测量的区域。在实际测量中，偏离倒易阵点的矢量分量与实空间中样品的角度关系由下式给出：

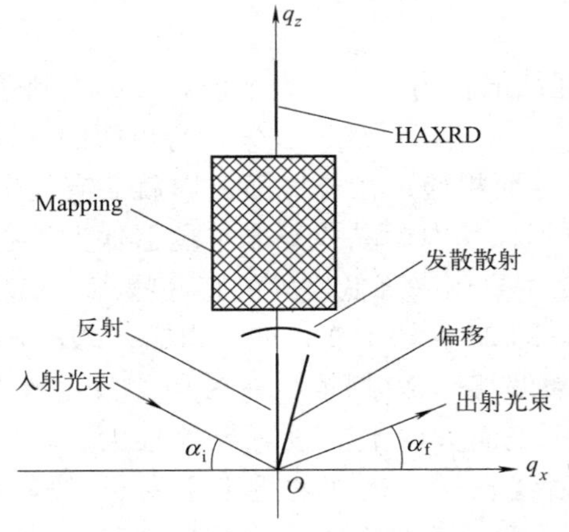

图 2.47　倒易空间 Mapping 光路示意图

$$(q_x,\ q_z)=2\pi\lambda^{-1}(\cos\theta_1-\sin\theta_2,\ \sin\theta_1+\cos\theta_2)$$

（7）X 射线反射形貌术

X 射线形貌技术是探测和研究近完美晶体和薄膜缺陷非常有用的方法，它是应用 X 射线在晶体中动力学衍射理论和运动学衍射理论，根据晶体中完美与不完美区域衍射衬度变化及消像规律，来检查晶体材料及器材表面和内部微观缺陷的方法。X 射线形貌技术具有图像直观，非破坏检测，通过对缺陷衍射强度分析可判断缺陷性质，样品制备方便，观察部位重复性好，可与其它实验穿插进行等优点。X 射线形貌技术的实验几何可分为透射法和反射法，实验方法有 Berg-Barrett 反射形貌术（reflection topography）、Lang 透射形貌术（transmission topography）、投影形貌术（projection topography）、截面形貌术（section topography）、限区形貌术（limited topography）、双轴晶形貌术（double crystal topography）、异常透射形貌术（anomarlous transmission topography）、同步辐射形貌术（synchrotron radiation topography）。对于薄膜和多层膜材料主要应用反射法。

Berg-Barrett 法是应用发散的标识 X 射线，在样品特定的晶面上产生反射而获得样品表面形貌图的方法。入射 X 射线束与衍射 X 射线束位于衍射面的同侧，属布拉格几何。所得形貌图的垂直方向没有畸变，而水平方向是一个缩小像，其像宽为 $W=P\sin\beta$，P 为水平方向晶体表面被照射的线度，$P=W_0\sin^{-1}\alpha$，α 为入射束与样品表面的夹角，W_0 为入射束宽，β 为衍射束与晶体表面的夹角，如图 2.48 所示。

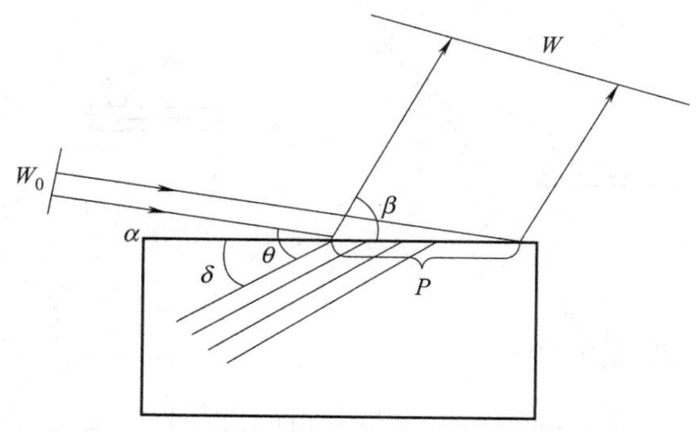

图 2.48　X 射线反射形貌术光路示意图

在样品表面下 t 处的衍射强度为 $I=I_0e^{-\mu(\csc\alpha+\csc\beta)t}$，入射 X 射线强度为 I_0，μ 为样品的 X 射线线吸收系数，对于 $\mu t=1$ 情况，最大穿透深度为 $t_1=\mu^{-1}(\csc\alpha+\csc\beta)^{-1}$。由于反射形貌术的衍射几何，$\alpha$ 值很小，β 值趋于 90°，因此：

$$t_{max}\approx 1/\mu\csc\alpha=t_1\sin\alpha$$

反射形貌术适用于研究晶体表面层缺陷，其位错密度可达 $10^6\mathrm{cm}^{-2}$。其形貌图衍衬可应用 X 射线衍射运动学理论来解释。衍射反射形貌图例如图 2.49 所示，在衬底上有位错存在，但外延膜相当完美。样品的生长条件很好地抑制位错从衬底向外延膜延伸。

对于单层膜和多层膜样品，各层膜之间及膜与衬底之间点阵参数的差别很小，要求高空间分辨、高应力敏感的探测技术，双轴晶形貌术能满足要求。20 世纪 50 年代，Bond 和 Bonse 研究天然水晶表面和锗单晶单个位错露头应力场时，独立发展了双轴晶形貌技术。双轴晶形貌技术是应用高度完美的参考晶体（又称单色器），使入射的 X 射线单色化而获得样品形貌图。由参考晶体与样品的相对排列，分为（$+n$，$-n$）和（$+n$，$+n$），如图 2.50 所示。双轴晶形貌术可根据样品的情况和要求，拍摄反射形貌图或透射形貌图。

(a) 衬底峰

(b) 膜峰

图 2.49　ZnSe/ZnS0.665Te0.335/ZnSe 量子结构（224）衍射反射形貌图

从 X 射线衍射动力学理论可知，当 X 射线入射束具有高度单色性和平行性时，可近似平面波衍射。根据衍射条件不同，可得到缺陷的动力学衍衬像或运动学衍衬像。双轴晶形貌术具有非常高的空间分辨率和应变灵敏度，可以实现衬底和膜层分层拍照形貌像，逐层研究其缺陷的状况和发展，可检测薄膜和多层膜中微小的点阵参数或取向差的变化。

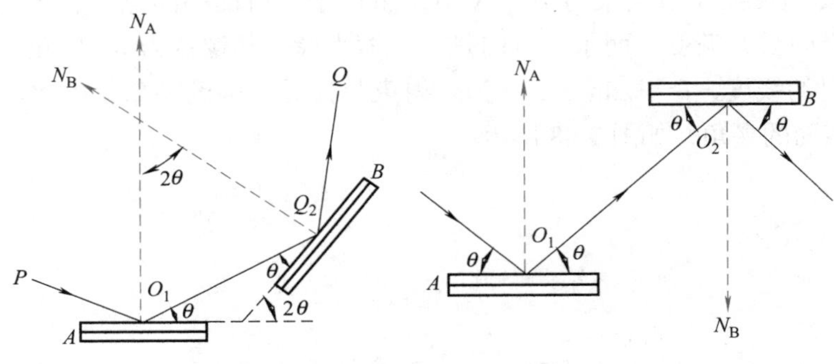

图 2.50　参考晶体与样品的相对排列

2.3.8　物相的定量分析

如果从纯学术上追求 X 射线衍射定量分析的准确性，要考虑的因素有很多，计算也会相当复杂。通常要配制一系列的不同浓度的标准样品，首先建立定量分析的标准曲线，然后利用标准曲线来进行已知成分的定量分析。用这种事先建立标准曲线的方法进行定量分析，结果的准确性固然高，但费时费力，有时无法获得标准样品，不能建立标准曲线，它在工程中的实际应用受到很大的限制。X 射线衍射物相的半定量分析往往更受欢迎。特别是有的物相粉末衍射标准数据提供了该物相与等质量的刚玉型三氧化二铝充分均匀混合后两者最强的衍射峰的强度比值（I_0/I_c），这为利用比值法进行物相定量分析提供了数据基础，这些物相的半定量分析结果的准确性相对较高。

在工程应用中的物相衍射定量分析方法是在满足质量控制的前提下要求越简单、快捷越好，并不要求学术角度的准确性。有些具有同分异构、同素异形和同质多晶型的物相，在合成这类物相时往往要求控制各晶型的质量分数。在利用 X 射线衍射定量分析时，只需 2θ 在 5° ～ 10° 的范围内找到两种晶型相邻的两个衍射峰，只对该范围的两个衍射峰进行慢扫描，在分析数据时假定两个物相的质量分数与衍射强度成简单的正比关系来进行定量分析，再根据质量控制的实际情况确定 X 射线衍射定量分析的产品合格的标准。用该简易分析方法，10 分钟内可以获得分析结果，对产品合格与否做出结论。

2.3.9　新物相衍射峰的指标化

指标化是寻找在实验误差范围内满足以下方程的解，从衍射峰对应的晶面间距求解晶格参数（a，b，c 和 α，β，γ），同时确定衍射峰的晶面指标（hkl），两个或两个以上的物相不能同时指标化。

$$(d_{hkl})^{-2}=h^2a^{*2}+k^2b^{*2}+l^2c^{*2}+2hka^*\cdot b^*+2lhc^*\cdot a^*+2klb^*\cdot c^*$$

令 $Q_i=(d_{hkl})^{-2}$，$A=a^{*2}$，$B=b^{*2}$，$C=c^{*2}$，$D=2a^*\cdot b^*$，$E=2b^*\cdot c^*$，$F=2c^*\cdot a^*$，有：

$$Q_i = Ah_i^2 + Bk_i^2 + Cl_i^2 + Dh_ik_i + Ek_il_i + Fl_ih_i \quad (i=1,\cdots,n)$$

指标化方程数学上是多解的，所以人们常用品质因数（figure of merit，FOM）来表征指标化结果的可靠性。

立方晶系、正方晶系、斜方晶系和六方晶系等晶系的对称程度高，衍射峰的分布规律容易识别，即把新物相的衍射峰分布规律与立方晶系、正方晶系、斜方晶系和六方晶系等晶系的衍射峰分布规律对照，就可初步判断出新物相属于哪个晶系，根据各个晶系的晶面指数的排列规律，就可对新物相低角度的至少 3 个衍射峰对应的晶面指数进行标定，根据晶面间距、晶面指数与点阵参数的关系式就可初步计算出新物相的晶胞点阵参数。利用计算得出的点阵参数，输入各种晶面指数，就可求出对应的晶面间距和 2θ，把晶面间距和 2θ 的计算值与新物相衍射峰的观察值比较，如果两者完全吻合，指标化工作就结束了。如果绝大多数衍射峰的计算值与观察值吻合，只有个别衍射峰例外，经分析后，可以把不能指标化的衍射峰当作其它物相的峰处理。如果绝大部分衍射峰的观察值与计算值不吻合，就需重新假设与计算，直到吻合为止。

对于立方晶系、正方晶系、斜方晶系和六方晶系等晶系的新物相还可以用解析法进行指标化。因为这 4 个晶系的晶面间距与晶面指数、晶格点阵参数有如下关系。

① 立方晶系 $\dfrac{1}{d^2}=\dfrac{h^2+k^2+l^2}{a^2}$

② 正方晶系 $\dfrac{1}{d^2}=\dfrac{h^2+k^2}{a^2}+\dfrac{l^2}{c^2}$

③ 斜方晶系 $\dfrac{1}{d^2}=\dfrac{h^2}{a^2}+\dfrac{k^2}{b^2}+\dfrac{l^2}{c^2}$

④ 六方晶系 $\dfrac{1}{d^2}=\dfrac{4}{3}\left(\dfrac{h^2+hk+k^2}{a^2}\right)+\dfrac{l^2}{c^2}$

把新物相所有衍射峰对应的晶面间距的平方求倒数，很快就能发现这些倒数之间存在整数比的关系，根据这些整数比，特别是最小整数比，能较准确地确定它的晶格点阵参数和所有衍射峰的晶面指数。另外根据衍射方程的变换公式 $\sin^2\theta=0.25\lambda^2d^{-2}$，把新物相所有实测衍射峰对应的 $\sin^2\theta$ 计算出来，同样可以发现所有 $\sin^2\theta$ 之间存在整数比的关系，根据这些整数比，特别是最小整数比，能较准确地确定它的晶格点阵参数和所有衍射峰的晶面指数。

解晶体结构依靠的物理量是衍射峰的结构因子 F，由积分强度 I 测得，不是每步的强度 Y。把重叠峰分解，获得独立的结构因子 F。可用直接法或派特逊法（倒空间法）求解初始结构。

新物相指标化的重要提示：选择好的衍射峰；忽略高角度衍射峰；要注意弱的衍射峰；利用获得的晶格点阵参数确定剩余的实验衍射峰是否属于同一晶体；对所有确定的晶面指数的衍射峰重新进行指标化。

有两个品质因数 FOM，用 M_{20} 和 F_N 来表征指标化结果的可靠性。M_{20} 和 F_N 同时大于 10，指标化结果才可信。

$$M_{20}=\frac{Q_{20}}{2\varepsilon N_{20}}$$

式中，Q_{20} 是第 20 个实测峰的 Q（$1/d^2$）值；N_{20} 是不同的计算 Q 值的数目（多达 20 个）；ε 是 Q 值的平均误差。

$$F_N = \frac{1}{\Delta 2\theta} \times \frac{N_{obs}}{N_{cal}}$$

式中，N_{obs} 是实验获得的实际衍射峰的数目；N_{cal} 是计算到第 N 个观察衍射峰位的所有理论计算衍射峰的数目。

新物相指标化后，用外标法或内标法进行晶格点阵参数的精确测量，获得准确度高的晶格点阵参数，同时对所有衍射峰的 2θ、晶面间距进行修正。在新物相粉末中添加质量分数 50% 的刚玉型标准 Al_2O_3，实验测定新物相最强峰与刚玉型标准 Al_2O_3 最强衍射峰的积分强度比。如果有条件就进行 Rietveld 晶体结构精修，把晶体结构，包括原子坐标、键长键角完全计算出来。可以把实验和计算结果提交给国际晶体粉末衍射数据中心（ICDD），供全球同行共享。

下面介绍作者在 20 世纪 90 年代用手工方法成功地对金诺芬（$C_{20}H_{34}AuO_9PS$）的同质多晶型的 B 型晶体结构进行的求解。B 型金诺芬的衍射峰如图 2.51 所示。把第 1 个至第 5 个衍射峰应对 $1/d^2$ 计算出来，再对各个值进行简单的相除或相减运算。如表 2.9 所示，$1/d_2^2-1/d_1^2=1/d_5^2-1/d_3^2$、$d_1^2/d_3^2=3$、$d_1^2/d_4^2=4$，根据表的计算结果，很容易猜测到该晶体可能属于六方晶系，并推测出前 5 个峰的晶面指数依次是（100）、（101）、（110）、（200）和（111）。根据 $1/c^2=0.007756$、$1/d_{110}^2=4/a^2=0.024957$，算出 a=14.6 Å、c=11.355 Å。利用上述简易方法算出的晶格参数代入六方晶系的晶面指数与晶面间距的公式，计算出一系列的晶面指数与对应的晶面间距，与实测的面间距比较，就可以把剩余的峰指标化。取硅标样做外标，对试样的所有衍射峰进行校准。利用最小二乘法取相对强度大于 5 的所有衍射峰进行晶格点阵参数计算。得出 a=1.4624（4）nm，c=1.1367（3）nm，γ=120°。衍射数据和指标化结果如表 2.10 所示。根据面指数的排列规律推出它的空间群可能是 P63/m（176）。

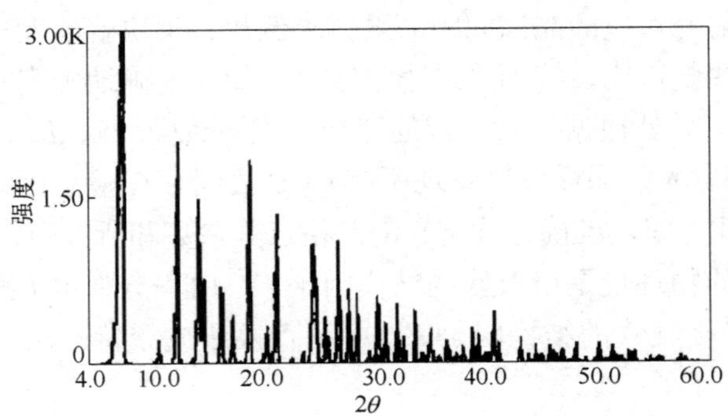

图 2.51　B 型金诺芬的衍射峰谱

表 2.9　实测的前 5 个面间距的平方倒数之间的关系表

衍射峰位置	d	$1/d^2$
1	12.65	0.006249
2	8.45	0.014005
3	7.3	0.018765
4	6.33	0.024957
5	6.14	0.026525

表 2.10　B 型金诺芬的衍射数据

$2\theta_{exp}$/(°)	I/I_0	d_{exp}/ Å	*hkl*	$\Delta2\theta$/(°)	$2\theta_{exp}$/(°)	I/I_0	d_{exp}/ Å	*hkl*	$\Delta2\theta$/(°)
6.98	100	12.65	100	0.01	34.02	1	2.63	223	−0.03
10.46	3	8.45	101	0.01	34.62	3	2.59	204	0.05
12.12	23	7.3	110	0.03	34.8	4	2.58	313	0
13.98	18	6.33	200	0.01	35.41	1	2.53	500	0
14.42	9	6.14	111	0.03	36.13	3	2.484	412	0.02
16.01	10	5.53	201	0	36.32	2	2.471	501	0.01
17.08	5	5.19	102	−0.01	36.98	1	2.428	403	0.01
18.54	22	4.78	210	0.02	37.55	2	2.393	420	0
20.11	4	4.41	211	0	38.42	4	2.341	421	0.02
21.01	15	4.22	202 300	0.02	39.04	3	2.305	323	0
22.45	1	3.96	301	0	40.4	5	2.23	511	−0.01
23.46	1	3.79	003①	0	40.88	2	2.205	422	0
24.34	12	3.65	212	0.05	42.83	3	2.109	600	0.02
24.54	8	3.62	103	0.04	43.45	1	2.081	430	0.02
25.36	5	3.51	310	0.02	44.21	2	2.047	431	0.02
25.58	2	3.48	221	0.01	44.76	2	2.023	423	0.01
26.51	12	3.36	113	−0.04	45.39	2	1.996	521	0
27.43	8	3.25	203	0.02	45.81	2	1.979	602	−0.01
28.19	7	3.16	400	0.03	46.52	2	1.95	513	−0.01
29.00	1	3.08	222	−0.02	47.70	2	1.905	611	−0.02
29.26	2	3.05	401	0	48.57	1	1.872	106	0.02
29.93	5	2.98	312	0.05	49.86	2	1.827	440	0.02
30.06	7	2.97	213	0	51.08	2	1.786	531	0
30.75	4	2.91	320	0	51.43	1	1.775	514	0.02
31.75	6	2.82	321	−0.01	52.56	2	1.739	442	0.01
32.36	3	2.76	402	0.02	53.10	2	1.723	532	0.02
33.35	6	2.68	411	0.01	54.64	1	1.678	622	−0.01

① 不满足空间群 P63/*m*(176)。

注：$\Delta2\theta=2\theta_{exp}-2\theta_{cal}$。

此外，有许多指标化软件可用于新物相指标化分析，本书主要介绍中国科学院物理所董成研究员编写的 PowderX 软件。下面只介绍一个指标化分析的实例。

已知一个物相的衍射峰 2θ 和衍射相对强度，如表 2.11 所示。X 射线波长为 1.5406 Å，利用 PowderX 软件求每一个衍射峰对应的晶面指数 *hkl*，求晶体的晶胞参数。

表 2.11　某物相的衍射角和衍射强度

2θ	I/I_0	2θ	I/I_0
36.296	45	89.92	6
38.992	36	94.9	10
43.231	100	109.128	18
54.336	35	115.798	14
70.66	33	124.048	12
77.027	3	127.487	22
83.765	9	138.211	3

运行 PowderX，在首页上找到“Indexing”，点击“Indexing”，出现“Treor”，点击“Treor”。在 Treor 的界面里单击“File”，选择“Open old data file”。任选一个旧的 ndx 文件，如选 Demo08 corundum.ndx。把上表中的衍射角 2θ 和衍射强度代替 corundum.ndx 中的衍射角 2θ 和衍射强度。把修改后的文件另存为 newphase.ndx。在 start 中运行 VBTreor。newphase.ndx 文件里的内容如下所示：

```
Demo08：New phase
36.296        45
38.992        36
43.231        100
………………………
138.211        3

KH=4，
KK=4，
KL=4，
……
CHOICE=3，
TRIC=0，
END*
```

在 start 中运行 VBTreor，显示的结果 result.out 如下所示：

```
VB VERSION BY CHENG DONG BASED ON TREOR90
Demo08：New phase
  36.296000    45
  38.992000    36
  43.231000    100
  ………………………
  138.211000     3
*********************
 ** HEXAGONAL TEST ***************** MAX.VOLUME=  1000.
THIS MAY BE THE SOLUTION !!!
THE REFINEMENT OF THE CELL WILL NOW BE REPEATED
THREE CYCLES MORE.--- GOOD LUCK !
TOTAL NUMBER OF LINES =  19
 A =  2.664586 0.000066  A  ALFA= 90.000000 0.000000   DEG.
 B =  2.664586 0.000066  A  BETA= 90.000000 0.000000   DEG.
 C =  4.947283 0.000144  A  GAMMA= 120.000000 0.000000  DEG.
UNIT CELL VOLUME = 30.42
  H  K  L SST-OBS   SST-CALC   DELTA   2TH-OBS  2TH-CALC D-OBS   FREE PARAM.
 0  0  2  0.096978  0.096972  0.000006   36.289   36.288  2.4736     45
```

1 0 0 0.111424 0.111429 -0.000005 38.999 39.000 2.3076 36

1 0 1 0.135677 0.135672 0.000005 43.227 43.226 2.0913 100

……………………………………………………………………………………

0 0 6 0.872802 0.872746 0.000056 138.211 138.201 0.8245 3

NUMBER OF OBS.LINES = 19

NUMBER OF CALC.LINES =19

M（19）=331 AV.EPS= 0.0000551

F19 = 111.（0.007183，24）

0 LINES ARE UNINDEXED.

M-TEST= 331 UNINDEXED IN THE TEST=0

PowderX 软件的功能强大，指标化方法也较多，本文只介绍了其中的一种方法。

2.4 衍射样品的制备

X 射线衍射物相分析的粉末试样必须满足这样两个条件：晶粒要细小；试样无择优取向（取向排列混乱）。所以通常将试样用玛瑙研钵研细后使用。定性分析时粒度小于 44μm（约 350 目），定量分析时则将试样研细至 10μm 左右。较方便地确定 10μm 粒度的方法是用拇指和中指捏住少量粉末，并碾动，两手间没有颗粒感觉的粒度大致为 10μm。织构分析的样品一般要求是片状，表面光滑，样品尺寸要满足样品架的要求。

参考文献

[1] Ma Yu E，Staron P，Fischer T，et al.Size effects on residual stress and fatigue crack growth in friction stir welded 2195-T8 aluminium-Part I：Experiments[J].International Journal of Fatigue，2011，33（11）：1417-1425.

[2] 李树棠 . 晶体 X 射线衍射学基础 [M]. 北京：冶金工业出版社，1990.

[3] 姜传海，杨传铮 .X 射线衍射技术及其应用 [M]. 上海：华东理工大学出版社，2010.

[4] 吴刚 . 材料结构表征及应用 [M]. 北京：化学工业出版社，2002.

[5] 周公度 . 晶体结构测定 [M]. 北京：科学出版社，1981.

[6] 王文魁，彭志忠 . 晶体测量学简明教程 [M]. 北京：地质出版社，1992.

[7] 肖序刚 . 晶体结构几何理论 [M]. 北京：高等教育出版社，1993.

[8] 俞文海 . 晶体结构的对称群：平移群　点群　空间群和色群 [M]. 合肥：中国科学技术大学出版社，1991.

[9] 毛卫民 . 材料的晶体结构原理 [M]. 北京：冶金工业出版社，2007.

[10] 梁敬魁 . 粉末衍射法测定晶体结构（上下册）[M]. 北京：科学出版社，2003.

[11] 陈敬中 . 现代晶体化学 [M]. 北京：科学出版社，2010.

[12] 朱育平 . 小角 X 射线散射 [M]. 北京：化学工业出版社，2008.

[13] 许顺生 . 金属 X 射线学 [M]. 上海：上海科学技术出版社，1962.

[14] 莫志深，张宏放 . 晶态聚合物结构和 X 射线衍射 [M]. 北京：科学出版社，2003.

[15] 麦振洪 . 薄膜结构 X 射线表征 [M]. 北京：科学出版社，2007.

[16] 马礼敦 . 高等结构分析 [M].2 版 . 上海：复旦大学出版社，2006.

[17] 陈亮维，张名泉，杨楠，等 . 用 X 射线衍射法研究无烟煤的石墨化转变 [J]. 煤炭工程，2007（4）：72.

[18] 陈亮维，王存志，吴庆伟 . 蒿甲醚的晶体结构分析 [J]. 中国医药工业杂志，2000，31（10）：450.

[19] 陈亮维，吴隽，王永能 .Co/Pt 多层膜 X 射线小角衍射分析 [J]. 贵金属，1998，19（4）：29.

[20] 陈亮维，刘泽光，何纯孝，等 .Cu-Si 二元系中 k 相和 η 相的晶体结构分析 [J]. 稀有金属，2000，24（6）：457.

[21] 陈亮维，张晓梅，熊嘉骢，等 . 金诺芬的晶体结构研究 [J]. 贵金属，2003，24（2）：49.

[22] 周玉，武高辉 . 材料分析测试技术 [M]. 哈尔滨：哈尔滨工业大学出版社，1997.

[23] 史庆南，陈亮维，王效琪 . 大塑性变形及材料微结构表征 [M]. 北京：科学出版社，2016.

[24] 稻垣道夫 .X 射线衍射技术 . 程鸿申译 . 碳素，1982，（1）：33.

第3章 粉末衍射晶体结构精修

由于新物相往往以粉末的形式存在，有时难以培养出单晶，因此，用粉末衍射的方式获得相关晶体结构参数的信息十分有效。Rietveld 在 20 世纪 60 年代末，在用中子粉末衍射精修晶体结构中，首先反传统地利用衍射峰的积分强度，即结构振幅进行结构精修的方法，提出了用全谱拟合进行结构精修的方法，开始了对粉末衍射数据处理进行根本变革的新时期。

利用粉末衍射数据进行晶体结构表征的步骤依次是收集原始数据、指标化、提取结构因子、分配原子、傅里叶变换、晶体结构精修。

单晶衍射和多晶衍射结构表征对比如图 3.1 所示。

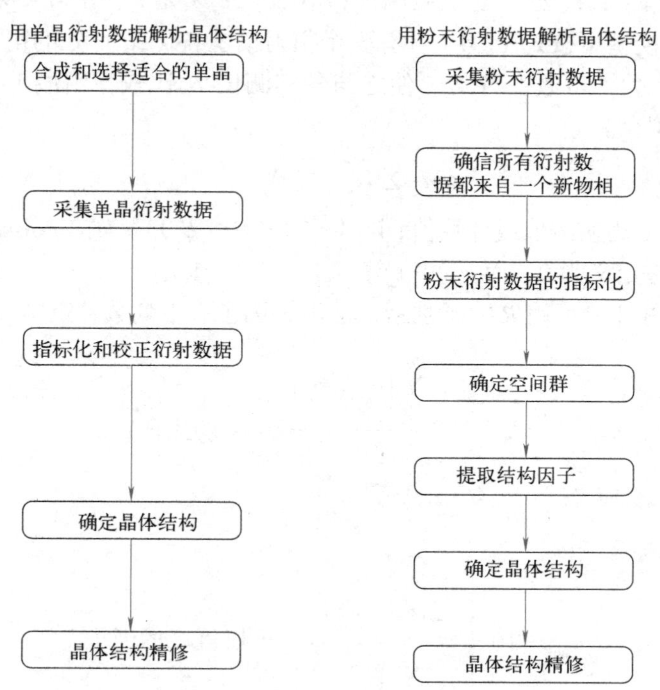
用单晶衍射数据解析晶体结构
合成和选择适合的单晶
采集单晶衍射数据
指标化和校正衍射数据
确定晶体结构
晶体结构精修
用粉末衍射数据解析晶体结构
采集粉末衍射数据
确信所有衍射数据都来自一个新物相
粉末衍射数据的指标化
确定空间群
提取结构因子
确定晶体结构
晶体结构精修

图 3.1 单晶衍射与多晶衍射结构表征的对照

3.1 全谱拟合的理论概述

① 每个衍射峰均有一定的形状和宽度，可利用数学函数来模拟。设面积归一化的峰形函数 G_k，下标 k 表示某一（HKL）衍射线，以下均同。衍射峰上某（2θ）$_i$ 点处的衍射强度 Y_{ik} 表示为：

$$Y_{ik}=G_{ki}I_k \tag{3.1}$$

下标 i 表示在（2θ）$_i$ 处，I_k 为衍射线 k 的积分强度：

$$I_k=SM_kL_k[F_k]^2 \tag{3.2}$$

式中，M_k、L_k 及 $[F_k]^2$ 分别为衍射线 k 的多重因子、洛伦兹因子及包括温度因子的结构振幅；S 为比例尺因子。

$$F_k=\sum_j f_j \exp 2\pi i(Hx_j+Ky_j+Lz_j)\exp B_j(\sin\theta_k/\lambda)^2 \tag{3.3}$$

式中，f_j，x_j，y_j，z_j，B_j 依次为第 j 个原子的原子散射因子，晶胞中第 j 个原子的分数坐标及温度因子；θ_k 和（HKL）为第 k 个衍射线的衍射角及晶面衍射指数。

② 整个衍射谱是各衍射峰的叠加。衍射谱上某点（2θ）$_i$ 处的衍射强度计算值 Y_{ic} 表示为：

$$Y_{ic}=Y_{ib}+\sum_k SM_kP_kF_k^2LP(2\theta_k)A(2\theta_k)\phi_k(2\theta_i-2\theta_k) \tag{3.4}$$

式中，Y_{ib} 为背景强度；S 是比例因子；M_k 是多重因子；P_k 是 K 衍射线的择优取向函数；LP（$2\theta_k$）是洛伦兹因子；A（$2\theta_k$）是吸收因子；ϕ_k（$2\theta_i$-$2\theta_k$）是 i 点处第 K 条衍射线峰形函数。

③ 根据一定的模型可按式（3.4）计算整个衍射谱上各（2θ）$_i$ 处的衍射强度 Y_{ic}。改变式（3.4）中的各结构参数，可改变各 Y_{ic}。使之与各实测值 Y_{io} 比较，用最小二乘法使下式中 M 最小，此即为全谱拟合。

$$M=\sum W_i(Y_{io}-Y_{ic})^2 \tag{3.5}$$

式中，下标 o、c 为实测值或计算值；$W_i=[\sigma^2(Y_i)+\sigma^2(B_i)]^{-1}$ 为按 Poisson 统计得到的权重因子；$\sigma^2(B_i)$ 通常被定义为 0，而 $\sigma^2(Y_i)$ 等于 Y_i，故 $W_i=1/Y_i$。

④ 全谱拟合的好坏，可用 R 因子判断，常用 R 因子有下列数种定义：

$$R_\mathrm{p}=100\frac{\sum_i^n|y_{io}-y_{ic}|}{\sum_i^n y_{io}} \quad \text{（峰形因子）} \tag{3.6}$$

$$R_\mathrm{wp}=100\left[\frac{\sum_i^n|y_{io}-y_{ic}|^2}{\sum_i^n y_{io}^2}\right]^{\frac{1}{2}} \quad \text{（权重峰形因子）} \tag{3.7}$$

$$R_{\mathrm{B}} = 100\frac{\sum\limits_{k}\left|I_H(obs) - I_H(cal)\right|}{\sum\limits_{k}\left|I_H(obs)\right|} \text{（布拉格因子）} \quad (3.8)$$

$$R_{\mathrm{exp}}=[(N-P)/\sum W_i Y_{io}{}^2]^{0.5} \text{（期权重峰形因子）} \quad (3.9)$$

$$\mathrm{GofF}=\sum W_i(Y_{io}-Y_{ic})^2/(N-P)=(R_{\mathrm{wp}}/R_{\mathrm{exp}})^2 \quad (3.10)$$

式中，W_i 为统计权重因子；N 为衍射谱数据点的数目；P 为拟合中的可变参数的数目；GofF 为 Goodness of fitting 缩写。

晶体结构因子 R_{F}（crystallographic R_{F} factor）：

$$R_{\mathrm{F}} = 100\frac{\sum\limits_{k}\left|F_{\mathrm{obs,H}} - F_{\mathrm{cal,H}}\right|}{\sum\limits_{k}\left|F_{\mathrm{obs,H}}\right|}$$

在精修中至少要获得 R_{p}、R_{wp} 和 R_{exp} 等因子。R_{F} 和 R_{B} 揭示结构模型方面的拟合，R_{p} 和 R_{exp} 揭示了整体峰形拟合。

3.1.1 峰形函数

选择一个能和实验峰形吻合的峰形函数是 Rietveld 全谱拟合能否成功的一个关键。Rietveld 在首次处理中子粉末衍射时用的是高斯函数（G_F），这是一个对称的钟形函数，能很好地吻合中子粉末衍射峰。对 X 射线衍射，高斯函数与实际峰形相差较大，许多科学家努力寻找能和实际峰形相符的其它函数，洛伦兹函数（LF，也有人称柯西函数）及其修正形式曾被广泛使用。现在一般认为最适当的函数是 Voigt 函数（VF），Pearson Ⅶ（P7）函数和 Pseudo-Voigt（PV）函数。后两者易于数学处理，PV 函数实际上是高斯函数和洛伦兹函数的线性组合，可调整两者的比例 η，使之较好地拟合实际峰形。几种常用的峰形函数见表 3.1。

表 3.1 归一化峰形函数及代表符号

归一化峰形函数	代表符号
$G_{i,k} = \frac{2\sqrt{\ln 2}}{\sqrt{\pi}H_k}\exp\left[\frac{-4\ln 2}{H_k{}^2}(2\theta_i-2\theta_k)^2\right]$	Gaussian（GF）
$G_{i,k} = \frac{2}{\pi H_k}\exp\left[1+\frac{4}{H_k{}^2}(2\theta_i-2\theta_k)^2\right]^{-1}$	Lorentzian（LF）
$G_{i,k} = \frac{\sqrt{4\times(2^{2/3}-1)}}{2H_k}\left[1+\frac{4\times(2^{2/3}-1)}{H_k{}^2}(2\theta_i-2\theta_k)^2\right]^{-1.5}$	intermediate Lorentzian（IL）
$G_{i,k} = \frac{2\sqrt{4\times(\sqrt{2}-1)}}{\pi H_k}\left[1+\frac{4\times(\sqrt{2}-1)}{H_k{}^2}(2\theta_i-2\theta_k)^2\right]^{-2}$	modified Lorentzian（ML）
$G_{i,k} = \frac{2\Gamma(m)\sqrt{(2^{l/m}-1)}}{\sqrt{\pi}\Gamma(m-0.3)H_k}\left[1+\frac{4\times(2^{l/m}-1)}{H_k{}^2}(2\theta_i-2\theta_k)^2\right]^{-m}$	Pearson Ⅶ（PV）

续表

归一化峰形函数	代表符号
$G_{i,k}=\frac{1}{\sqrt{\pi}\beta_g}Re\left(\Omega\left[0,\frac{\beta_c^2}{\beta_g^2\pi}\right]\right)Re\left(\Omega\left[\frac{\sqrt{\pi}}{\beta_g}\lvert 2\theta_i-2\theta_k\rvert,\frac{\beta_c^2}{\beta_g^2\pi}\right]\right)$	Voigt（VF）
$G_{i,k}=\eta L_{i,k}+(l-\eta)_{g,i,k}$	Pseudo-Voigt（PV）

注：$G_{i,k}$是衍射谱中第k个衍射峰上第i点处的强度；2θ是布拉格角；H_k是衍射峰的最大强度一半处的峰宽度（半高宽）；βc和βg分别是Voigt函数中洛伦兹组分和高斯组分的积分宽度；η是PV函数中洛伦兹组分所占的份数；Ω是复合误差函数；Re是函数中的实数部分。

在X射线衍射中，峰形常常是不对称的，因此需对各种对称函数加以不对称校正。Rietveld提出的校正函数为：

$$1-P(2\theta_i-2\theta_k)^2 s/\tan\theta_k \tag{3.11}$$

式中，P为不对称参数。有人用对开拟合的方法，即把峰从峰顶分成左右两半，分别用不同的函数进行拟合。在精修中也有的采用峰形的非对称性校正（asymmetry correction for profiles）：

$$A_s(z)=1+\frac{P_1F_a(z)+P_2F_b(z)}{\tan h\theta_H}+\frac{P_3F_a(z)+P_4F_b(z)}{\tan h2\theta_H},\quad z=\frac{2\theta_i-2\theta_H-shf}{\mathrm{FWHM}}$$

式中，P_1、P_2、P_3和P_4是可精修的参数，应用实例如图3.2所示。

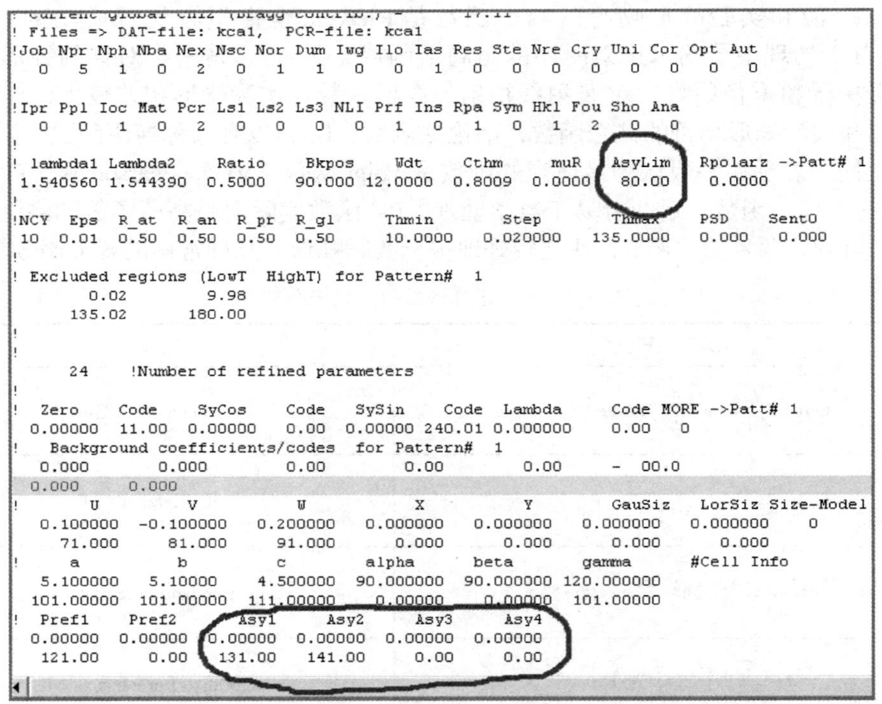

```
! Current global Chi2 (Bragg contrib.) =      17.11
! Files => DAT-file: kca1,  PCR-file: kca1
!Job Npr Nph Nba Nex Nsc Nor Dum Iwg Ilo Ias Res Ste Nre Cry Uni Cor Opt Aut
  0   5   1   0   2   0   1   1   0   0   1   0   0   0   0   0   0   0   0
!
!Ipr Ppl Ioc Mat Pcr Ls1 Ls2 Ls3 NLI Prf Ins Rpa Sym Hkl Fou Sho Ana
  0   0   1   0   2   0   0   0   0   1   0   1   0   1   2   0   0
!
! lambda1 Lambda2    Ratio    Bkpos    Wdt    Cthm     muR   AsyLim   Rpolarz ->Patt# 1
 1.540560 1.544390  0.5000   90.000 12.0000  0.8009  0.0000   80.00    0.0000
!
!NCY  Eps  R_at  R_an  R_pr  R_gl     Thmin      Step      Thmax    PSD    Sent0
10  0.01  0.50  0.50  0.50  0.50     10.0000   0.020000  135.0000  0.000  0.000
!
! Excluded regions (LowT  HighT) for Pattern#  1
       0.02        9.98
     135.02      180.00
!
!
     24    !Number of refined parameters
!
!  Zero    Code    SyCos    Code   SySin    Code  Lambda      Code MORE ->Patt# 1
 0.00000  11.00  0.00000   0.00  0.00000 240.01 0.000000     0.00   0
!   Background coefficients/codes  for Pattern#  1
  0.000        0.000        0.00        0.00        0.00      -  00.0
 0.000     0.000
!       U          V          W           X           Y          GauSiz    LorSiz Size-Model
  0.100000  -0.100000   0.200000    0.000000    0.000000    0.000000   0.000000    0
    71.000     81.000     91.000       0.000       0.000       0.000      0.000
!     a          b          c          alpha       beta        gamma       #Cell Info
  5.100000   5.10000    4.500000   90.000000   90.000000  120.000000
 101.00000  101.00000  111.00000    0.00000     0.00000   101.00000
!  Pref1     Pref2       Asy1      Asy2      Asy3      Asy4
 0.00000   0.00000   0.00000   0.00000   0.00000   0.00000
  121.00      0.00    131.00    141.00      0.00      0.00
```

图3.2　非对称峰形函数的精修参数设定实例

在结构精修中，H_k是峰的半高宽（FWHM），是需要精修的一个参数，当参数N_{pr}=0，选

取 Gaussian（G）峰形函数 [Profile functions（Ⅰ）]，即

$$\frac{C_0^{0.5}}{H_k\pi^{0.5}}\exp\left[-C_0(2\theta_i-2\theta_k)^2/H_k^2\right]$$

当参数 N_{pr}=1，选取 Lorentzian（L）峰形函数 [Profile functions（Ⅰ）]，即

$$\frac{C_1^{0.5}}{\pi H_k}\times\frac{1}{\left[1+C_1\frac{(2\theta_i-2\theta_k)^2}{H_k^2}\right]}$$

当参数 N_{pr}=2，选取 Mod.I Lorentzian 峰形函数 [Profile functions（Ⅱ）]，即

$$\frac{2C_2^{0.5}}{\pi H_k}\times\frac{1}{\left[1+C_2\frac{(2\theta_i-2\theta_k)^2}{H_k^2}\right]^2}$$

当参数 N_{pr}=3，选取 Mod.I I Lorentzian 峰形函数 [Profile functions（Ⅱ）]，即

$$\frac{C_3^{0.5}}{2\pi H_k}\times\frac{1}{\left[1+C_3\frac{(2\theta_i-2\theta_k)^2}{H_k^2}\right]^{3/2}}$$

当参数 N_{pr}=5，如图 3.3 所示，选取 Pseudo-Voigt 峰形函数 [Profile functions（Ⅲ）]，即 $\eta L+(1-\eta)G$，其中 $\eta=\eta_0+X\cdot 2\theta$，$\eta_0$= 初始峰形函数

Pearson Ⅶ峰形函数的表达式 [Profile functions（Ⅲ）] 如下：

$$\frac{C_4}{H_k}\left[1+4(2^{1/m}-1)\frac{(2\theta_i-2\theta_k)^2}{H_k^2}\right]^{-m}$$

式中 H_k，m_0，X，Y 是待精修的参数。

$$m=m_0+100\frac{X}{2\theta}+1000\frac{Y}{(2\theta)^2}$$

Mod-TCHZ 峰形函数的表达式 [Profile functions（Ⅳ）]，如下：

$$L(x)\otimes G(x)=\int_{-\infty}^{+\infty}L(x-u)G(u)du,\ \eta=1.36603\frac{H_L}{H}-0.47719\left(\frac{H_L}{H}\right)^2+0.1116\left(\frac{H_L}{H}\right)^3$$

式中，$H=\left(H_G^5+AH_G^4H_L+BH_G^3H_L^2+CH_G^2H_L^3+DH_GH_L^4+H_L^5\right)^{0.2}$。

$L(x)$ 和 $G(x)$ 有不同的 FWHM（H_L 和 H_G）。峰形函数的设定如图 3.3 所示。

3.1.2 峰宽函数 H_k

在所有的峰形函数中都包含两个变量，一为衍射峰的位置 θ_k，二为衍射峰的半高宽 H_k，即衍射峰极大一半处的峰全宽度，用角度表达，单位可用度，也可为弧度，英文为 full width at half maximum，缩写为 FWHM。

一张衍射谱中各衍射峰的 H_k 并不是相同的，而是随 θ 而变，一般 θ 大，H_k 也大，这种 H_k 与 θ 的关系也可用函数来表达。对于不同的峰形函数，不同的实验者，常用不同的峰宽

函数。

```
COMM    KFCaCO3 Aug.15,2003
! Current global Chi2 (Bragg contrib.) =       17.11
! Files => DAT-file: kca1,  PCR-file: kca1
!Job Npr Nph Nba Nex Nsc Nor Dum Iwg Ilo Ias Res Ste Nre Cry Uni Cor Opt Aut
   0   5   1   0   2   0   1   1   0   0   1   0   0   0   0   0   0   0   0
!
!Ipr Ppl Ioc Mat Pcr Ls1 Ls2 Ls3 NLI Prf Ins Rpa Sym Hkl Fou Sho Ana
   0   0   1   0   2   0   0   0   0   1   0   1   0   1   2   0   0
!
! lambda1 Lambda2     Ratio     Bkpos     Wdt      Cthm      muR     AsyLim    Rpolarz ->Patt# 1
 1.540560 1.544390  0.5000    90.000 12.0000  0.8009  0.0000    80.00      0.0000
K+1   C+4   CA+2
O-2   F-1
!
P -6 m 2                      <--Space group symbol
!Atom Typ         X          Y          Z        Biso         Occ      In Fin N_t Spc /Codes
K     K+1      0.00000  0.00000  0.00000  0.0          0.08333   0   0   0    1
                  0.00      0.00      0.00   161.00       0.00
C1    C        0.66667  0.33333  0.50000  0.0          0.08333   0   0   0    2
                  0.00      0.00      0.00   171.00       0.00
Ca    Ca+2     0.33333  0.66667  0.50000  0.0          0.08333   0   0   0    3
                  0.00      0.00      0.00   201.00       0.00
O1    O-1      0.80000  0.20000  0.50000  0.0          0.25000   0   0   0    4
                151.00   -151.00      0.00   181.00       0.00
F     F-1      0.33333  0.66667  0.00000  0.0          0.08333   0   0   0    5
                  0.00      0.00      0.00   191.00       0.00
!-------> Profile Parameters for Pattern #  1
!  Scale        Shape1      Bov       Str1       Str2       Str3    Strain-Model
 1.00000E-01   0.10000  0.00000   0.00000   0.00000   0.00000        0
   21.00000     61.000    0.000     0.000     0.000     0.000
!       U           V          W          X          Y         GauSiz     LorSiz Size-Model
   0.100000  -0.100000  0.200000  0.000000  0.000000  0.000000  0.000000    0
     71.000     81.000    91.000     0.000     0.000     0.000     0.000
!       a          b          c        alpha       beta       gamma      #Cell Info
```

图 3.3 精修中峰形函数参数的设定实例

Rietveld 最早使用的是 Cagliotti 等提出的下式：

$$H_k^2=U\tan^2\theta_k+V\tan\theta_k+W \tag{3.12}$$

式中，U、V、W 称为峰宽参数。

Greaves 在上式中引入了一个峰宽各向异性的校正因子：

$$H_k=(U\tan^2\theta_k+V\tan\theta_k+W)^{0.5}+X\cos\phi/\cos\theta \tag{3.13}$$

式中，ϕ 是散射矢量与宽化方向间的夹角。对衍射谱上分离得较好、比较窄的峰，上式可简化为：

$$H_k^2=V\tan\theta_k+W \tag{3.14}$$

此后，有人认为式（3.12）仅适用于高斯函数，对洛伦兹函数可用另一种形式的峰宽函数：

$$H_{kL}=X\tan\theta+Y/\cos\theta \tag{3.15}$$

故在 PV 函数中，对高斯和洛伦兹两部分可分别用不同的峰宽函数。

对于不对称的衍射峰，在做对开拟合时，用于左右两半峰宽函数中的峰宽参数也将不同。影响峰宽的因素很多，有仪器的、实验的及样品本身的。对峰宽函数中的各项与各种因素的关系已做过许多研究，如何应用峰宽来求出各种材料的微结构参数?

当 N_{pr}=0……6，$H_k=H_G$ 时可选用下面的计算公式：

$$H_G=U\tan^2\theta+V\tan\theta+W+\frac{I_g}{\cos^2\theta}$$

当 N_{pr}=7，要求 H_L 从 H_G 中分离出来，可选用下面的公式：

$$H_L = X\tan\theta + \frac{[Y + F(S_z)]}{\cos\theta}$$

3.1.3　背底函数 Y_{ib}

背底是衍射谱中必然包含的，它是由样品产生的荧光、探测器的噪声、样品的热漫散射、非相干散射、样品中的无序和非晶部分、空气和狭缝等造成的散射混合而成。如何正确测定背底强度，从实测强度中减去背底强度得到正确的衍射强度，也是保证全谱拟合得以成功的一个重要因素。背底强度 Y_{ib} 的测定最简单的方法就是在衍射谱上选一些与衍射峰相隔较远的点，通过线性内插来模拟背景。显然，这种方法只能用在衍射峰分离较好，能在衍射峰间找到能代表底的点的较简单的衍射图。但多数衍射谱情况并不那么简单，背底随 2θ 的变化还是要用函数来模拟，这种函数的形式也是很多的，如 Hill 和 Madsen 使用的：

$$Y_{ib}=\sum\beta_m(2\theta)^m \tag{3.16}$$

Wiles 和 Young 使用的：

$$Y_{io}=B_o+B_1TT_i+B_2TT_i^2+B_3TT_i^3+B_4TT_i^4+B^5TT_i^5 \tag{3.17}$$

式中，TT_i=2θ−90°，各 B 为背底系数，在拟合过程中确定。

Larson 和 Von Dreele 使用的是：

$$Y_{ib}=B_1+\sum B_j\cos2\theta(j-1) \tag{3.18}$$

j 从 2 至 12，这是一个有 11 个拟合参数的傅里叶级数。

3.1.4　择优取向校正

由于在制取样品时难免会造成择优取向，因此实测强度在减去背底强度后尚需作择优取向校正。校正形式也有多种，Rietveld、Will 和 Dollase 采用的形式分别为：

$$I_{corr}=I_{obs}\exp(-G\alpha^2) \tag{3.19}$$

$$I_{corr}=I_{obs}\exp[G(\pi/2-\alpha)]^2 \tag{3.20}$$

$$I_{corr}=I_{obs}\exp(G^2\cos^2\alpha+\sin^2\alpha/G)^{-1.5} \tag{3.21}$$

式中，G 为择优取向参数；α 为择优取向衍射晶面与样品表面的法向之间的夹角。

当 N_{or}=0，选用 Rietveld-Toraya Model，计算公式如下：

$$P_H = G_2 + (1-G_2)\exp(G_1\alpha_H^2) \tag{3.22}$$

式中，G_1 和 G_2 是可精修的参数。α_H 是衍射晶面的法向与样品表面的法向之间的夹角。

当 N_{or}=1，如图 3.4 所示，选用 modified March's Model，计算公式如下：

$$P_H = G_2 + (1-G_2)\left[(G_1\cos\alpha_H)^2 + \frac{\sin^2\alpha_H}{G_1}\right]^{-\frac{3}{2}} \tag{3.23}$$

当 G_1 ＜ 1 时，是板织构取向；当 G_1=1 时，是随机分布，无择优取向；当 G_1 ＞ 1 时，是丝织构取向。

从上可见，在精修过程中，可变动精修的参数是很多的，概括起来可分为两类。①结构参数：包括晶胞参数、各原子的分数坐标、各原子位置的占有率、原子的各向同性或各向异性温度因子、比例因子等。②峰形参数：包括峰形参数、半高宽参数、零位校正、不对称参数、择优取向参数（见图 3.4）、背景参数等。

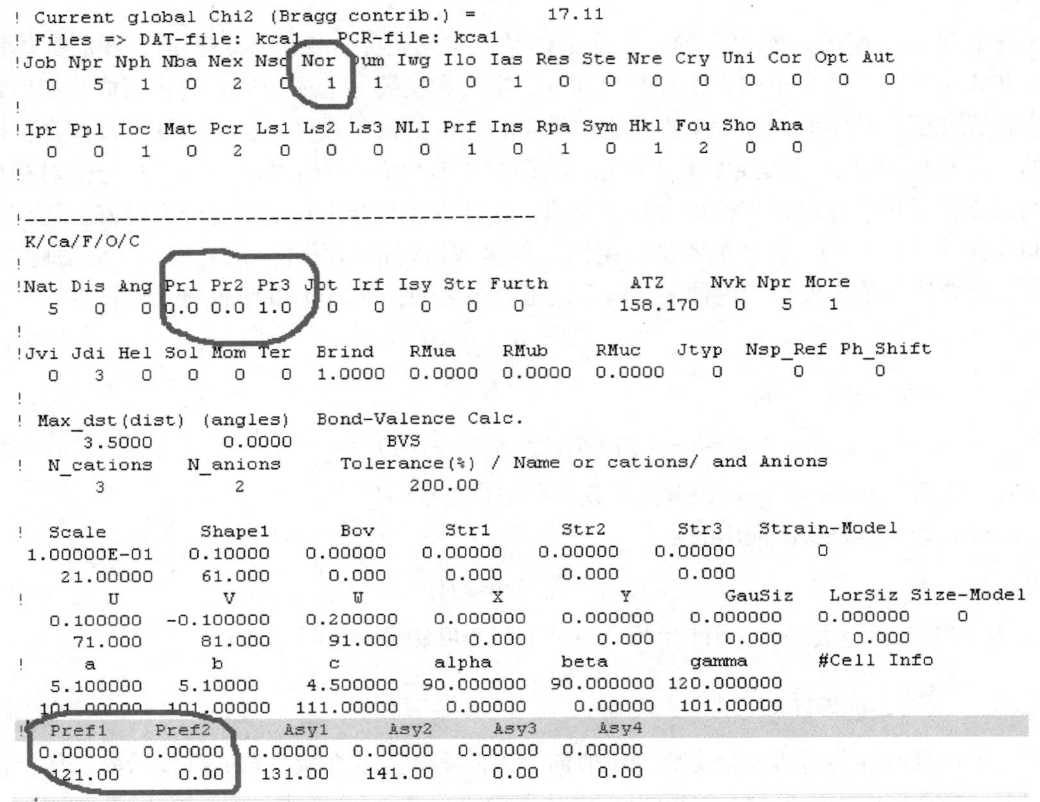

```
! Current global Chi2 (Bragg contrib.) =        17.11
! Files => DAT-file: kca1    PCR-file: kca1
!Job Npr Nph Nba Nex Nsc Nor Dum Iwg Ilo Ias Res Ste Nre Cry Uni Cor Opt Aut
  0   5   1   0   2   0   1   1   0   0   1   0   0   0   0   0   0   0   0
!
!Ipr Ppl Ioc Mat Pcr Ls1 Ls2 Ls3 NLI Prf Ins Rpa Sym Hkl Fou Sho Ana
  0   0   1   0   2   0   0   0   0   1   0   1   0   1   2   0   0
!

!-------------------------------------------
 K/Ca/F/O/C
!
!Nat Dis Ang Pr1 Pr2 Pr3 Jbt Irf Isy Str Furth       ATZ     Nvk Npr More
  5   0   0 0.0 0.0 1.0   0   0   0   0   0        158.170    0   5   1
!
!Jvi Jdi Hel Sol Mom Ter  Brind    RMua    RMub    RMuc    Jtyp  Nsp_Ref Ph_Shift
  0   3   0   0   0   0  1.0000  0.0000  0.0000  0.0000    0       0       0
!
! Max_dst(dist)  (angles)   Bond-Valence Calc.
    3.5000       0.0000          BVS
!  N_cations    N_anions      Tolerance(%) / Name or cations/ and Anions
      3            2              200.00

!  Scale         Shape1       Bov        Str1       Str2       Str3    Strain-Model
 1.00000E-01   0.10000    0.00000    0.00000    0.00000    0.00000        0
   21.00000     61.000      0.000      0.000      0.000      0.000
!       U            V          W          X          Y        GauSiz    LorSiz Size-Model
   0.100000   -0.100000   0.200000   0.000000   0.000000   0.000000   0.000000    0
     71.000      81.000     91.000      0.000      0.000      0.000      0.000
!     a            b          c        alpha       beta       gamma      #Cell Info
   5.100000     5.10000   4.500000  90.000000  90.000000 120.000000
  101.00000   101.00000  111.00000    0.00000    0.00000  101.00000
!  Pref1     Pref2      Asy1      Asy2      Asy3      Asy4
 0.00000   0.00000   0.00000   0.00000   0.00000   0.00000
  121.00      0.00    131.00    141.00      0.00      0.00
```

图 3.4　择优取向参数设定实例

当然并不是在每一次拟合中一定要同时改变那么多参数，视欲解决问题的不同而变，如其中有些参数已知时，可不改变，这将在以后讨论具体应用时分别做出讨论。

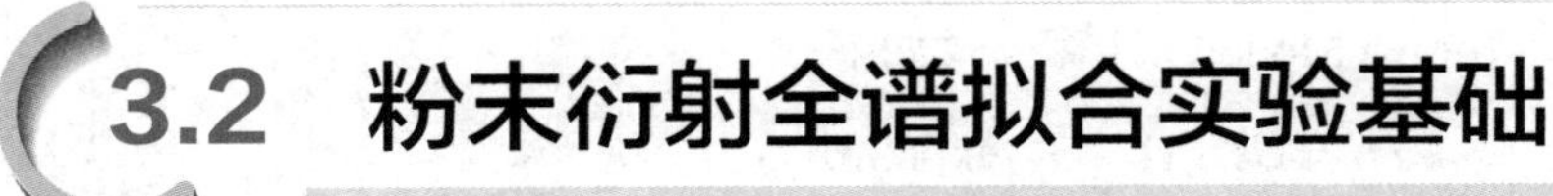

3.2 粉末衍射全谱拟合实验基础

为做全谱拟合，对实验谱提出了较高的要求。要求高分辨率，即减少衍射线的加宽与重叠。要高准确，即衍射峰的位置及强度值均要准。为了做逐点拟合需要数字谱，最好采用步进扫描的方式，步进宽度要小。造成常规 X 射线粉末衍射仪分辨率与准确度不高的原因大致可分为四类：①波长单色性不够好，入射线在垂直和水平方向发散，狭缝的宽窄等实验条件；②在 Bragg-Brenteno 衍射几何的测角器上使用平板样品，样品偏心，X 线管灯丝形状等仪器因素；③仪器制作得不够精确，调整得不够精确；④试样中的晶粒大小，微应变及试样吸收等样品因素。

针对以上原因，可以采取下列措施来提高分辨率。

① 使用前置的入射线单色器，使用硅、锗等分辨率较高的单色晶体，使入射线单色性变好，而不用石墨准单晶，后者只能将 Kα、Kβ 分开，而前者还能把 $K\alpha_1$、$K\alpha_2$ 分开；

② 增长测角器半径，可从常规 180mm 左右增至 250mm 或更长；

③ 不用 Bragg-Brenteno 聚焦几何，可使用 Debye-Scherrer 几何或其它衍射几何；

④ 使用前后索拉狭缝，加长准直系统以减少 X 射线的发散，从而提高分辨率；

⑤ 使用分析晶体代替接收狭缝；

⑥ 精确调整，做零位校正及使用标样做标度校正；

⑦ 改进样品前处理技术，使晶粒大小适当，减少微应变及样品吸收的影响等。选择适当的制样方法，测衍射线位置及测衍射线强度要求不同，应分别制样。

所谓高分辨高准确粉末衍射装置就是采取了前述各条措施中的全部或一部分或其它措施的粉末衍射装置。衍射仪的分辨率常用衍射峰的 FWHM 来衡量。对于常规衍射仪，其 FWHM 约在 0.3°。FWHM 是随 2θ 的变大而变大的，因此应附带说明测量 FWHM 的衍射峰所在的 2θ 位置。在常规实验室粉末衍射仪上采取一些措施后，其 FWHM 可以提高到 0.1°或更小。同步辐射是一种高强度、高准直的 X 射线光源，可以使用较严格的单色措施。如使用双单晶单色器，可用大半径测角器等。分辨率可提高到 0.01° ~ 0.05°（2θ），提高了一个量级。通过校正，2θ 的测角精度可达到 0.01° ~ 0.03°，有的甚至低于 0.01°。分布于世界各地的同步辐射光源，都配备有高分辨高准确的粉末衍射设备，许多还不止一个实验站，使高分辨高准确的粉末衍射迅速发展，大大提高了粉末衍射的质量并拓宽了它的应用范围。高分辨粉末衍射除了前述的用 Bragg-Brenteno 几何的逐点扫描角分散型外，还有用 Debye-Scherrer 几何的，使用位敏探测器和固体探测器。后两者可用于快速测定，适用于做时间分辨动力学研究。

在 Bragg-Brentano 几何中由于样品的偏心，引起 2θ 角的系统偏移量为 $\Delta 2\theta = \dfrac{-2s}{R}\cos\theta$，由于 X 射线的穿透性，引起的偏移量为 $\Delta 2\theta = \dfrac{1}{2\pi R}\sin 2\theta$。单色器极化校正（monochromator polarization correct）公式为 $LP = \dfrac{1+\cos^2 2\alpha\cos^2 2\theta}{\sin^2\theta\cos\theta}$，$\alpha$ 是单色器的入射角，其中对石墨单色器 $CuK\alpha_1$ 辐射而言，$\cos^2\alpha$=0.8009。

3.3 粉末法从头测定晶体结构

测定晶体结构从来就是依靠单晶体衍射。在过去的近百年中，用它已测定出数万种的晶体结构，在此基础上建立了全新的晶体学和矿物学及其它许多学科，其为科学的发展立下了汗马功劳。现在它又成为研究生物分子结构的最有力的工具，老方法有了新内容，其重要性与当年相比有过之而无不及，仍是当今研究分子和晶体结构的最主要的工具。用单晶体衍射来测定晶体结构，首要的条件是要有一个单晶体，即大小在 0.3mm 左右并结晶完美的单晶体，而且不能是孪晶或其它有严重缺陷的晶体。但在许多情况下要得到这样的一小粒单晶体并不容易，不要说生物大分子不易结晶，就是一些简单化合物如盐类、配合物，固相反应产物等都很难获得那一小粒单晶体。近年来一些具有特定性能的新材料，如纳米材料、复相催化剂、复合材料等，其特性只能在粉末状态或混合状态才能显现。不能全用大单晶结构数据来说明，因而人们回过头来希望能用粉末衍射来测定晶体结构及研究晶体中的微结构。Rietveld 全谱拟合正是在这种情况下提出的，经过了二三十年的努力与发展，终于使粉末法从头测定晶体结构成为可能。不仅如此，某些方面其功能甚至超过了单晶法。

3.3.1 X 射线衍射测定单晶结构的一般步骤与传统粉末法的困难

用 X 射线衍射来测定晶体结构的一般步骤是：

① 选择大小适度、结晶完美的晶粒作待测样。

② 准确收集 20 ～ 30 个衍射点的位置。在此基础上求得准确的晶胞参数，确定晶系，并标定各衍射点的衍射指数和精修晶胞参数，成为后续工作的基础。

③ 收集全部衍射数据（3000 ～ 5000 个衍射点，只有数据点多，才能保证以后各步所得结果的准确），总结系统消光规律，定出空间群。

④ 依据修正后的强度数据、空间群、晶胞参数等数据，运用派特逊函数法或直接法或其它方法定出重原子和部分原子的位置或求出初始位相。再利用电子密度图、差值电子密度图等定出不对称单元内全部原子的坐标，得到初始结构。

⑤ 在结构振幅的基础上，用最小二乘法对所有结构参数进行精修，得出精确的原子坐标、温度因子及可靠性 R 因子等，并求出键长、键角等结构参数。

按上述要求来观察传统 X 射线粉末衍射谱，发现它完全不符合测定晶体结构的要求。这是因为粉末法把三维的倒易点阵转变为一维的，这必然造成衍射峰的重叠及分辨率下降。这就使衍射线的位置和强度都不易测准，就难以用它来定出准确的晶胞参数及标定各衍射线的晶面指标。它还使衍射线数量少，一般一张谱只有几十条衍射线，因而不能按常规用衍射线的积分强度，经过派特逊函数或直接法来求取初始结构及在积分强度基础上用最小二乘法进行结构精修。因而，若要用粉末法来测晶体结构，则必须：一要提高图谱的分辨率及衍射线位置的测量准确性；二要增加实测强度的数据点，使用直接法或派特逊法成为可能及保证结构精修的统计正确性。高分辨高准确的粉末衍射装置及全谱拟合法解决了前述问题，使用粉末法进行从头晶体结构测定成为可能。

3.3.2 粉末衍射测定晶体结构的步骤

① 用高分辨高准确粉末衍射仪进行数据采集，扫描步长以 0.02°（2θ）为好。对衍射数据进行预处理，包括平滑、去背景、寻峰等步骤，分去由 $K\alpha_2$ 造成的衍射峰，对峰位作零位校正与标度校正。关于峰位的准确度，Klug 认为 $q=\sin 2\theta$ 应≤ ±0.010，最好≤ ±0.005，相应的 $\Delta 2\theta \leqslant \pm 0.03°$，目前已提出了更高的要求。

② 标定衍射指数与晶胞参数测定。这是重要的一步，只有得到正确的晶胞参数，正确给出了所有衍射线的衍射指数，才有可能进入下一步的工作。如何标定粉末衍射谱上各衍射线的衍射指数及求出晶胞参数，早期工作 Klug 和 Alexender 已有较好总结，有解析法（常

叫 Hesse-Lipson 法），基本原理是通过比较实测的 $\sin^2\theta$ 值来确定晶系及标定指数；有图解法（如 Hull-Davey 法及 Bunn-Bjurstrom 法），还有倒易点阵法，Straumanis 早在 1942 年即已指出倒易点阵概念在粉末衍射谱指数标定中的重要性。1949 年 ITO 提出的粉末谱上每条衍射线对应于倒易空间中的一个倒易矢量，三个非共面矢量决定一个倒易晶胞，加上另三个矢量可以求出它们间夹角的基本思想，已成为目前常用的各种利用倒易点阵来标定衍射指数的基础。以后随着计算机的发展，此方法得到了进一步的完善与发展。如 De Wolff 利用晶带关系来构筑倒易点阵的方法；Visser 将其发展为一个全自动的程序；Louer 等还提出了连续二分法等。将高分辨高精确粉末衍射数据用于这些程序，成功率在 90% 以上。在此基础上进一步对晶胞参数进行精修的方法程序有 NBS* AIDS83、PIRUM 等。

③ 分峰及求初始结构。求初始结构的常用方法是直接法和派特逊法，这需要有相当数量的分立衍射的结构振幅 $|F_k|$。而高分辨粉末衍射只能得到一百左右的衍射峰，这是不够的。如何才能得到足够数量的独立衍射峰呢？经过多年的研究，提出了许多方法，可以大致分为两类。

一类是全谱拟合法，这是在已得到精确的晶胞参数，并对已有衍射线的衍射指标作了标定的基础上进行的。Pawley 把各衍射峰的积分强度，即 $|F_k|$ 作为一个精修参数来处理，此时各衍射峰的位置是由晶胞参数决定的，衍射峰的宽度指定为 FWHM 一定的倍数。Toray 建议的方法与此类似，他先对衍射图谱上各独立的衍射峰作线形拟合，将所得各峰的 B（背底）、W（FWHM）、A（不对称参数）、R（衰减率）对 2θ 作图，用最小二乘法从这些图上得出这些参数随 2θ 变化的关系。然后将这些关系与线形函数结合作全谱拟合。此时，各可能衍射峰的位置也是由晶胞参数得到的，而对应的峰强度 I_k 则作为一个拟合变量，最后得到各 I_k 而把重叠峰分开。LeBall 等用傅里叶系数来描述衍射线型，也成功地分解了重叠峰。用这些方法可以得到数百个独立的衍射峰的积分强度。

另一类是直接利用 Patterson 函数进行重叠峰分解，如 David 提出的平方法及最大熵派特逊法，前者是将派特逊函数及其平方作傅里叶变换，再经过一定的换算，从而把重叠强度分为各个衍射的强度。后者是将最大熵方法用于派特逊函数，得出各衍射的结构振幅平方 $|F_{hi}|^2$。Estermann 等还提出过一种快速迭代派特逊平方法（FIPS）。有了几百个独立的 $|F_k|$，就可以用常规方法来求初始结构，如利用派特逊函数先求出重原子的位置或用直接法求出初始位相，或最大熵法直接求得电子密度图，可利用电子密度图和差值电子密度图求出其它原子的位置，得到初始结构。

④ Rietveld 法精修结构。有了初始结构，就需对各个结构参数进行精修，由于只有几百个独立的 $|F_k|$，数量不多，不能靠它精修出精确的结构参数，所以需要再次用 Rietveld 全谱拟合。由于测量点的间隙颇小，如 2θ 为 0.02°，故一张谱的测量点总数很大，可达数千。如此大量的实测值，可从统计上保证精修结构的准确性。此时拟合中的可变参数与分峰时不同，I_k 已确定，不再是一个可变参数，而原子位置坐标、原子温度等各种晶体结构参数却都成为可变拟合参数。最后可从所得的结构参数算出键长、键角、R 因子等数据。

3.3.3　粉末衍射从头测定晶体结构举例

Gascoigne 等对 $Zr(OH)_2SO_4 \cdot 3H_2O$ 结构的测定能很好说明晶体结构的测定步骤。用 Bragg-Brentano 几何的 D500 西门子粉末衍射仪收集衍射数据，装备有不对称聚焦的入射线单色器，纯 Kα_1 辐射，零点误差小于 0.01°（2θ），图谱范围是 15° ~ 135°（2θ）。用退火过的 BaF_2 晶体仪器测分辨率，在 2θ 约 40° 处的 FWHM 为 0.065°（2θ）。用连续均分法的 DICVOL91 程序来寻找晶胞参数和对衍射线作指数标定，进一步用程序 NBS* AIDS83 处理，从最终的晶胞参数、衍射指数及系统消光得出空间群为 $P_{21/c}$，最终品质因子为 M_{20}=120、F_{30}=170（0.0037，48），之后用 Le Ball 等的迭代法将 10° ~ 84°（2θ）范围内的 52 个衍射峰分解为 519 个布拉格衍射。在此基础上应用派特逊函数得出重原子 Zr 和 S 的位置，再从差值电子密度图得出其它所有原子的坐标，以此为初始结构模型，使用 Rietveld 方法对结构进行精修，最终得到 R_F=3.0%、R_B=6.6%、R_p=8.5%、R_{wp}=10.9%，可见结果很准确，得到的是一种链形结构。利用粉末衍射进行结构测定的另一特点是可以将用不同辐射，如 X 射线与中子，或不同波长的 X 射线，或用不同探测器得到的几套数据或几组不同数据范围的数据同时进行处理，互相补充，得到一个共同的结果。

对 $YBa_2Cu_3O_{7-x}$ 高温超导体结构的研究运用了 X 射线和中子粉末衍射数据结合的方法，这种方法有很好的优越性。最初用单晶法测定的结果的准确性是不高的，因为 $YBa_2Cu_3O_{7-x}$ 常以孪晶出现，这对单晶衍射不适宜。而 X 射线对氧又不灵敏，不能提供氧的立体化学的细节，中子衍射虽对氧有较高的灵敏度，但 Cu 和 Y 两种原子对中子的散射力是相近的，中子衍射不能分辨这两者的无序状态。Williams 等、Jorgensen 和 Hinks 等同时使用了 X 射线和中子粉末衍射数据进行结构精修，使两者优势互补，既得出了准确的氧的立体化学与 Cu—O 键长，又得到 Y、Cu 的无序状态，很好地用此联系了超导特性。

粉末衍射的线形除了受结构参数影响以外，还会受微结构与缺陷的影响，因此在测定晶体结构的同时还能把晶体中的微结构与缺陷测定出来。层状化合物 $KAlF_4$ 的相态已被多人研究，发现它的常温相与 $TlAlF_4$ 有相似的结构。$TlAlF_4$ 是一个四方晶体，AlF_6 八面体的四个顶点位于环绕 4 次轴的四个面的中心。在 $KAlF_4$ 中八面体 AlF_6 的 4 个顶点不再在四个面的中心，而是绕 4 次轴转过一个 ψ 角。它的结构已被粉末衍射测定，但 R 因子不好，仔细观察粉末衍射谱，发现其中有些衍射线存在严重宽化，这些线在原来的工作中是被舍去的，故强度拟合并不好，Gibard 等同时使用 X 射线与中子衍射的数据重新做了研究，认为宽化线和非宽化线代表了两个物相。用了可对多个衍射谱同时进行处理的程序，用存在反相畴的观点来解释宽化线，也即 AlF6 八面体绕 4 次轴的转动存在着两种反向的转动，得到了很好的结果。单晶体衍射使用的是衍射线的积分强度，是无法研究这种在线形上反映出来的结构细节的。

对于多晶混合物，可以利用 Rietveld 法同时精修其中所含的各物相，这也是单晶衍射所不能的。粉末衍射测定晶体结构的这些特点正引起人们越来越大的兴趣，被越来越多地使用。

推荐的结构精修顺序：

① 比例因子（scale factors）;

② 零点漂移（zero shift）;

③ 背底（background）;

④ 半高宽（FWHM）;

⑤ 峰形（shape1，X，Y，…）;

⑥ 晶格点阵参数（lattice parameters，当晶格点阵参数不精确时先精修晶格点阵参数，后精修 FWHM）;

⑦ 原子坐标（atomic coordinates）；

⑧ 温度因子（temperature factors，原子占有率）；

⑨ 择优取向（preferred orientation，分别做高斯和洛伦兹峰形拟合）。

影响结构精修结果的常见因素：

① 较低的仪器分辨率，建议 RS=0.1 ～ 0.2mm；

② 较低的峰强计数，建议最低强度计数＞ 10000；

③ 样品量太小，建议样品填满样品架；

④ 低角范围有重叠峰；

⑤ 2θ 范围过窄；

⑥ *EPS* 值过大；

⑦ 不适当的峰形函数；

⑧ *WDT* 值过低。

3.3.4 Fullprof 运行演示

若采集了一个新相的衍射数据，由于当前不同公司生产的衍射仪的数据格式各不相同，互不兼容，所以在利用 Fullprof 软件前，首先进行数据格式的转换。例如，MAC 公司的 MXP18A-HF 型衍射仪的衍射数据转换如图 3.5 所示。理学 DMAX 2000 的衍射数据的转换如图 3.6 所示。

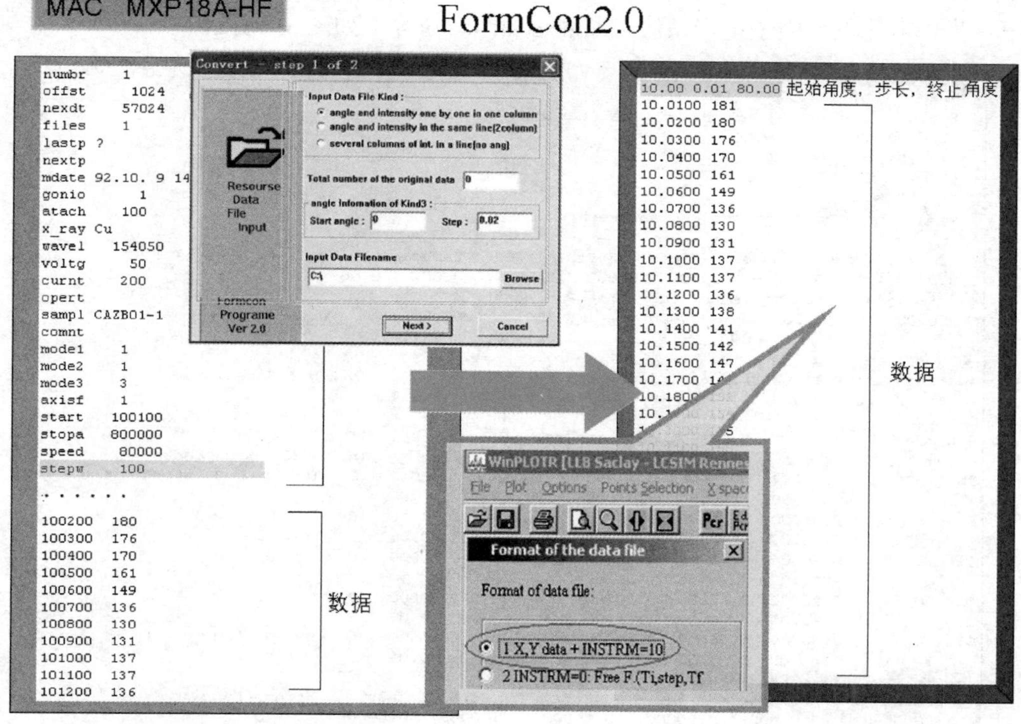

图 3.5 MXP18A-HF 型衍射仪的衍射数据转换

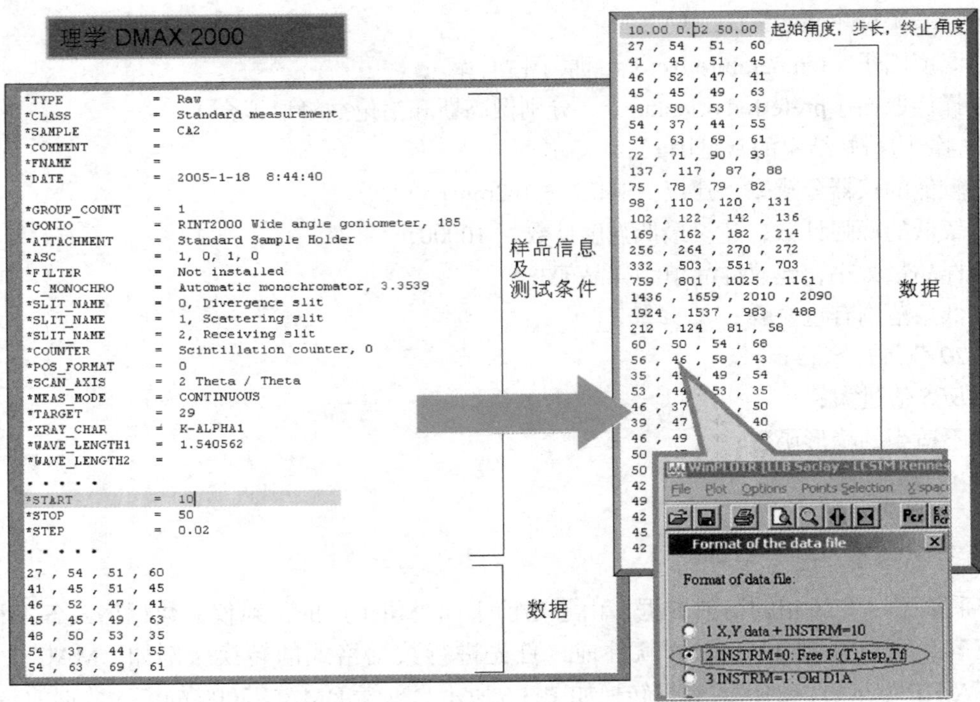

图 3.6　理学 DMAX 2000 的衍射数据的转换

下面介绍利用 $PbSO_4$ 粉末衍射数据进行晶体结构精修的过程。

第一步，对比例尺因子进行精修 -Refine scale factor S，如图 3.7 所示。

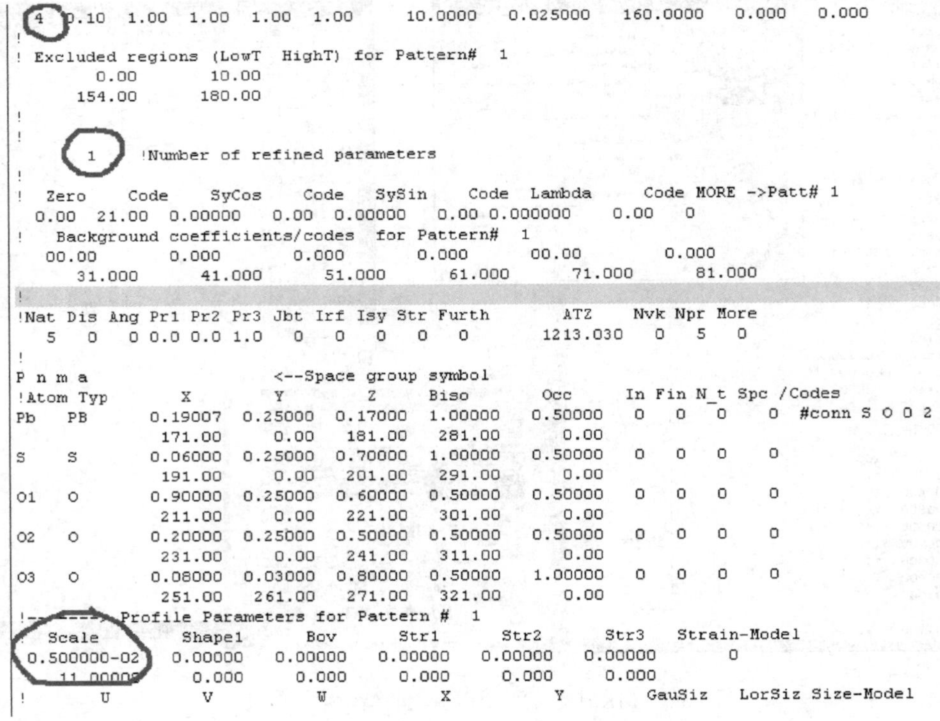

图 3.7　精修 -Refine scale factor S

比例尺因子精修后的结果如图 3.8 所示。

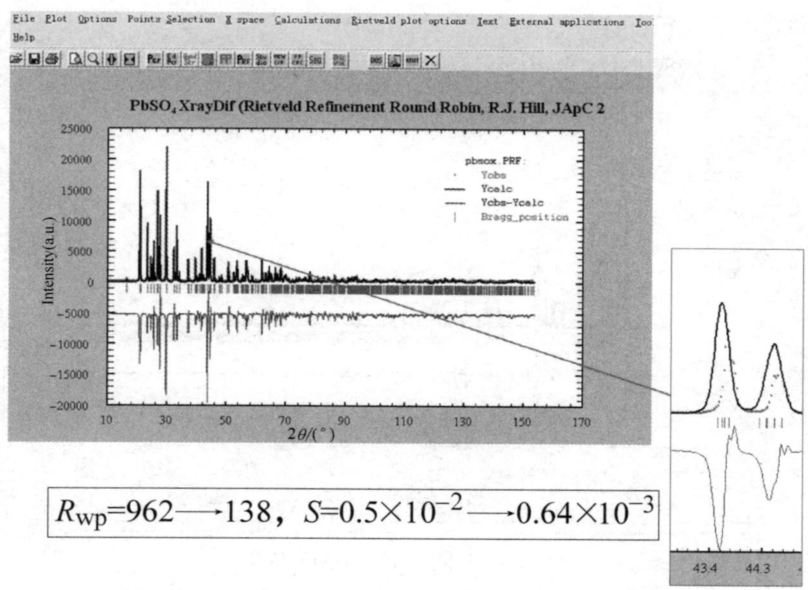

图 3.8　比例尺因子精修后的结果

第二步，同时精修比例尺因子和样品衍射零点位置（refine zero point along with S），如图 3.9 所示。

注：样品衍射零点位置是指实际参与衍射的样品所处的位置，有时会偏离中心零点位置，会对衍射峰造成影响。

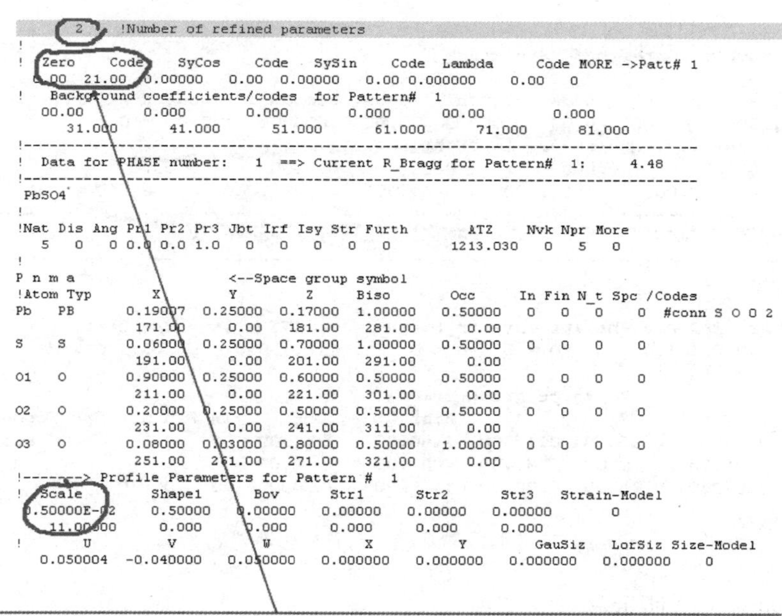

```
    2    !Number of refined parameters
!
! Zero    Code    SyCos    Code   SySin    Code  Lambda     Code MORE ->Patt# 1
  0.00  21.00   0.00000    0.00  0.00000    0.00 0.000000    0.00   0
!  Background coefficients/codes  for Pattern#  1
  00.00        0.000        0.000        0.000        00.00        0.000
     31.000       41.000       51.000       61.000       71.000       81.000
!-------------------------------------------------------------------------------
!  Data for PHASE number:   1  ==> Current R_Bragg for Pattern#  1:     4.48
!-------------------------------------------------------------------------------
PbSO4
!
!Nat Dis Ang Pr1 Pr2 Pr3 Jbt Irf Isy Str Furth       ATZ    Nvk Npr More
   5   0   0 0.0 0.0 1.0   0   0   0   0   0       1213.030   0   5   0
!
P n m a                 <--Space group symbol
!Atom Typ       X        Y        Z       Biso       Occ     In Fin N_t Spc /Codes
Pb   PB      0.19007  0.25000  0.17000  1.00000   0.50000   0   0   0    0  #conn S 0 0 2
               171.00     0.00   181.00   281.00      0.00
S    S       0.06000  0.25000  0.70000  1.00000   0.50000   0   0   0    0
               191.00     0.00   201.00   291.00      0.00
O1   O       0.90000  0.25000  0.60000  0.50000   0.50000   0   0   0    0
               211.00     0.00   221.00   301.00      0.00
O2   O       0.20000  0.25000  0.50000  0.50000   0.50000   0   0   0    0
               231.00     0.00   241.00   311.00      0.00
O3   O       0.08000  0.03000  0.80000  0.50000   1.00000   0   0   0    0
               251.00   261.00   271.00   321.00      0.00
!-------> Profile Parameters for Pattern #  1
!  Scale        Shape1      Bov       Str1      Str2      Str3   Strain-Model
 0.50000E-02   0.50000   0.00000   0.00000   0.00000   0.00000       0
   11.00000     0.000     0.000     0.000     0.000     0.000
!       U         V          W          X          Y        GauSiz   LorSiz Size-Model
   0.050004  -0.040000   0.050000   0.000000   0.000000   0.000000   0.000000    0
```

refine zero point along with S

图 3.9　精修比例尺因子和样品衍射零点位置

同时精修比例尺因子和样品衍射零点位置后的结果如图 3.10 所示。

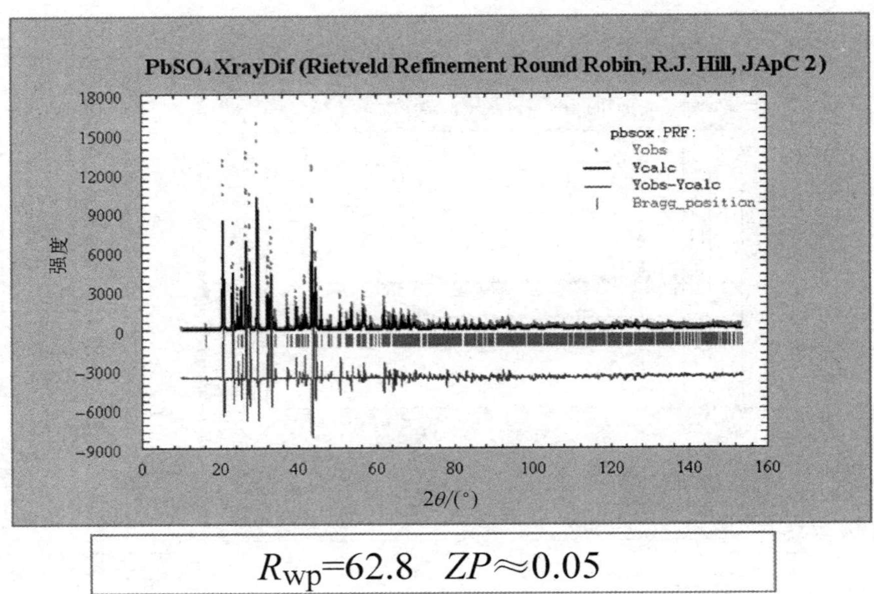

图 3.10 同时精修比例尺因子和样品衍射零点位置后的结果

第三步，在前面的基础上对背底参数进行精修（refine background along with S and *ZP*），如图 3.11 所示。

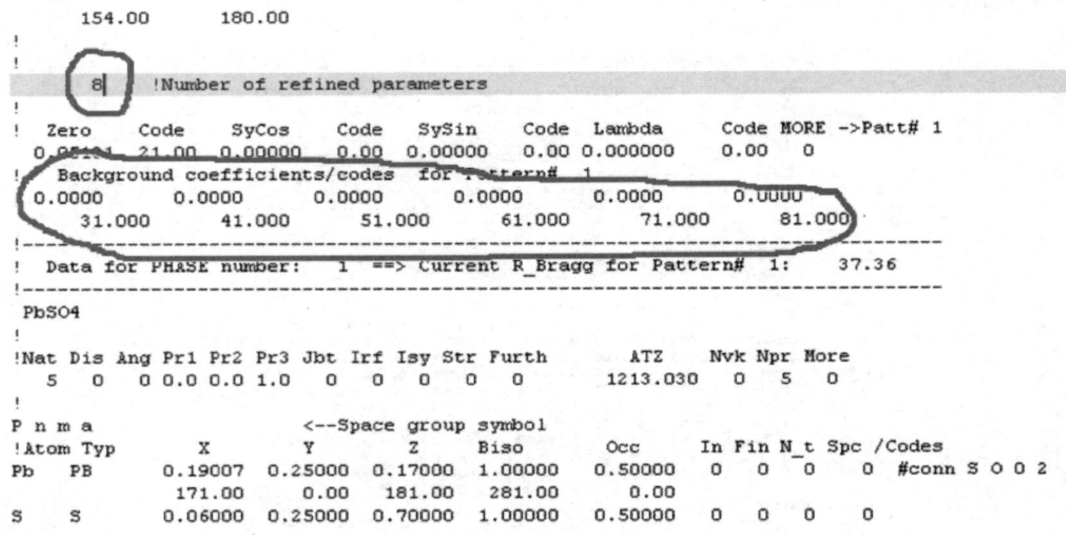

```
     154.00      180.00
!
!
      8      !Number of refined parameters
!
!  Zero     Code     SyCos     Code    SySin     Code   Lambda      Code MORE ->Patt# 1
 0.05101  21.00  0.00000   0.00  0.00000   0.00 0.000000    0.00   0
!  Background coefficients/codes  for Pattern#  1
0.0000       0.0000       0.0000       0.0000       0.0000       0.0000
    31.000       41.000       51.000       61.000       71.000       81.000
!-------------------------------------------------------------------------------
!  Data for PHASE number:   1  ==> Current R_Bragg for Pattern#  1:     37.36
!-------------------------------------------------------------------------------
 PbSO4
!
!Nat Dis Ang Pr1 Pr2 Pr3 Jbt Irf Isy Str Furth        ATZ     Nvk Npr More
   5   0   0 0.0 0.0 1.0   0   0   0   0   0       1213.030    0   5   0
!
P n m a                  <--Space group symbol
!Atom Typ        X        Y        Z       Biso       Occ      In Fin N_t Spc /Codes
Pb   PB      0.19007  0.25000  0.17000  1.00000   0.50000    0   0   0    0  #conn S O O 2
               171.00     0.00   181.00   281.00      0.00
S    S       0.06000  0.25000  0.70000  1.00000   0.50000    0   0   0    0
```

图 3.11 在前面的基础上对背底参数进行精修

精修结果如图 3.12 所示。

第四步，在前面精修的基础上对晶格点阵参数进行精修（refine lattice parameters along with others），精修设置如图 3.13 所示。

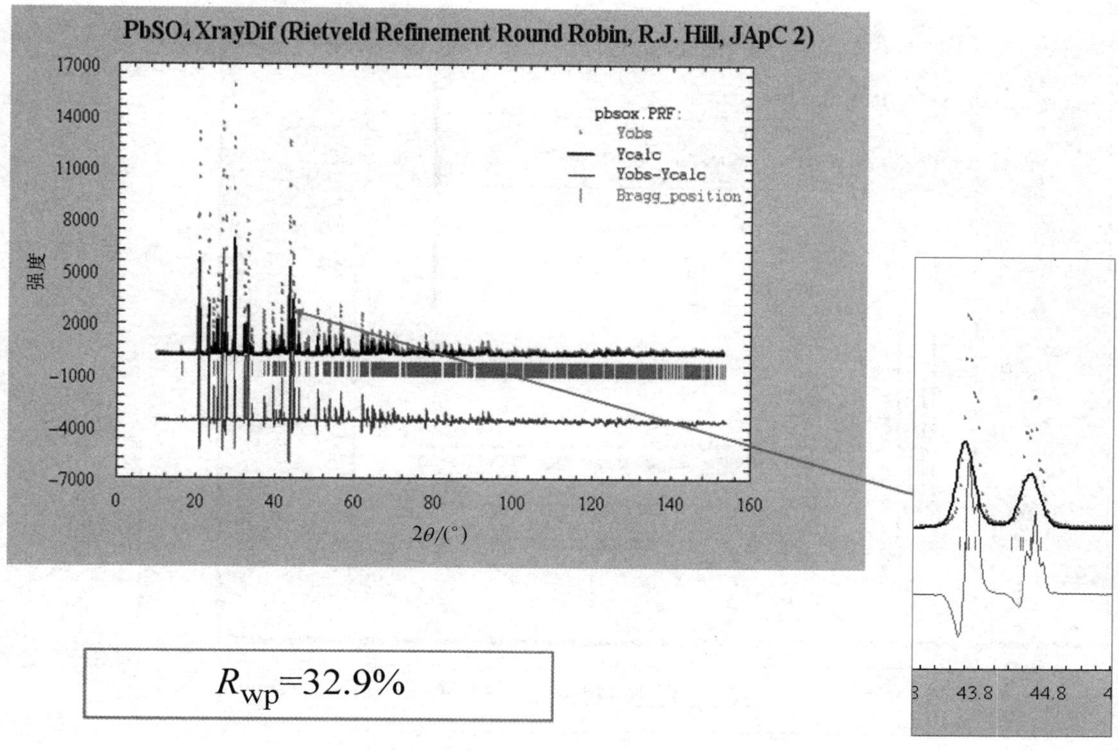

图 3.12　在前面的基础上对背底参数进行精修的结果

```
      11        !Number of refined parameters
!
!  Zero     Code     SyCos     Code    SySin     Code  Lambda      Code MORE ->Patt# 1
  0.05449  21.00  0.00000    0.00  0.00000    0.00 0.000000     0.00    0
!   Background coefficients/codes  for Pattern#  1
!
!Nat Dis Ang Pr1 Pr2 Pr3 Jbt Irf Isy Str Furth       ATZ     Nvk Npr More
   5   0   0 0.0 0.0 1.0   0   0   0   0   0       1213.030   0   5   0
!
P n m a                     <--Space group symbol
!Atom Typ        X        Y        Z        Biso       Occ      In Fin N_t Spc /Codes
Pb    PB      0.19007  0.25000  0.17000  1.00000   0.50000    0   0   0    0  #conn S O 0 2
                171.00     0.00   181.00   281.00      0.00
S     S       0.06000  0.25000  0.70000  1.00000   0.50000    0   0   0    0
                191.00     0.00   201.00   291.00      0.00
O1    O       0.90000  0.25000  0.60000  0.50000   0.50000    0   0   0    0
                211.00     0.00   221.00   301.00      0.00
O2    O       0.20000  0.25000  0.50000  0.50000   0.50000    0   0   0    0
                231.00     0.00   241.00   311.00      0.00
O3    O       0.08000  0.03000  0.80000  0.50000   1.00000    0   0   0    0
                251.00   261.00   271.00   321.00      0.00
!-------> Profile Parameters for Pattern #  1
!  Scale        Shape1      Bov       Str1       Str2       Str3   Strain-Model
 0.28895E-03   0.50000   0.00000   0.00000   0.00000   0.00000       0
   11.00000     0.000     0.000     0.000     0.000     0.000
!       U           V          W           X           Y         GauSiz    LorSiz Size-Model
   0.050004  -0.040000   0.050000   0.000000   0.000000   0.000000   0.000000     0
   121.000    131.000    141.000    151.000      0.000      0.000      0.000
!      a          b          c         alpha       beta       gamma      #Cell Info
  8.500000   5.400000   7.000000  90.000000  90.000000  90.000000   # box -0.25 1.25 -0.1
  91.00000  101.00000  111.00000    0.00000    0.00000    0.00000
!  Pref1     Pref2      Asy1      Asy2      Asy3      Asy4
```

图 3.13　在前面精修的基础上对晶格点阵参数进行精修的参数设置

进行上述精修后的结果如图 3.14 所示。

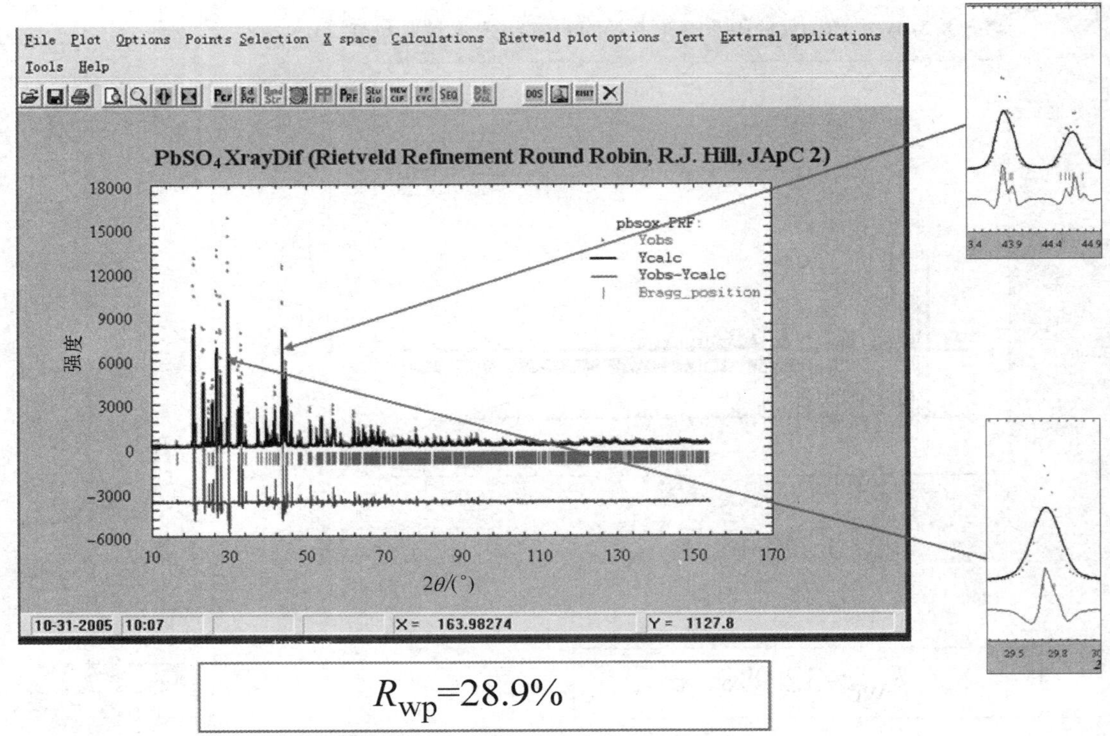

图 3.14 晶格点阵参数精修后的结果

第五步，在前面精修的基础上开始对峰形进行精修（refine peak profile along with other parameters），精修参数设置如图 3.15 所示。

```
P n m a                   <--Space group symbol
!Atom Typ      X        Y        Z        Biso       Occ      In Fin N_t Spc /Codes
Pb   PB     0.19007  0.25000  0.17000  1.00000    0.50000    0   0   0    0 #conn S 0 0 2
             171.00     0.00   181.00   281.00       0.00
S    S      0.06000  0.25000  0.70000  1.00000    0.50000    0   0   0    0
             191.00     0.00   201.00   291.00       0.00
O1   O      0.90000  0.25000  0.60000  0.50000    0.50000    0   0   0    0
             211.00     0.00   221.00   301.00       0.00
O2   O      0.20000  0.25000  0.50000  0.50000    0.50000    0   0   0    0
             231.00     0.00   241.00   311.00       0.00
O3   O      0.08000  0.03000  0.80000  0.50000    1.00000    0   0   0    0
             251.00   261.00   271.00   321.00       0.00
!-------> Profile Parameters for Pattern #  1
!  Scale        Shape1      Bov       Str1      Str2      Str3   Strain-Model
 0.42822E-03   0.50000   0.00000   0.00000   0.00000   0.00000       0
   11.00000    161.000     0.000     0.000     0.000     0.000
!      U          V          W          X          Y        GauSiz    LorSiz Size-Model
  0.050004  -0.040000   0.050000   0.000000   0.000000   0.000000   0.000000    0
   121.000    131.000    141.000    151.000      0.000      0.000      0.000
!      a          b          c        alpha      beta       gamma      #Cell Info
  8.479415   5.396831   6.958598  90.000000  90.000000  90.000000   # box -0.25 1.25 -0.15 1.15 -0.1
  91.00000  101.00000  111.00000    0.00000    0.00000    0.00000
!  Pref1     Pref2      Asy1      Asy2      Asy3      Asy4
 0.00000   0.00000   0.00000   0.00000   0.00004   0.00000
    0.00      0.00       .00    331.00    341.00      0.00
```

图 3.15 对峰形进行精修的参数设置

精修结果如图 3.16 所示。

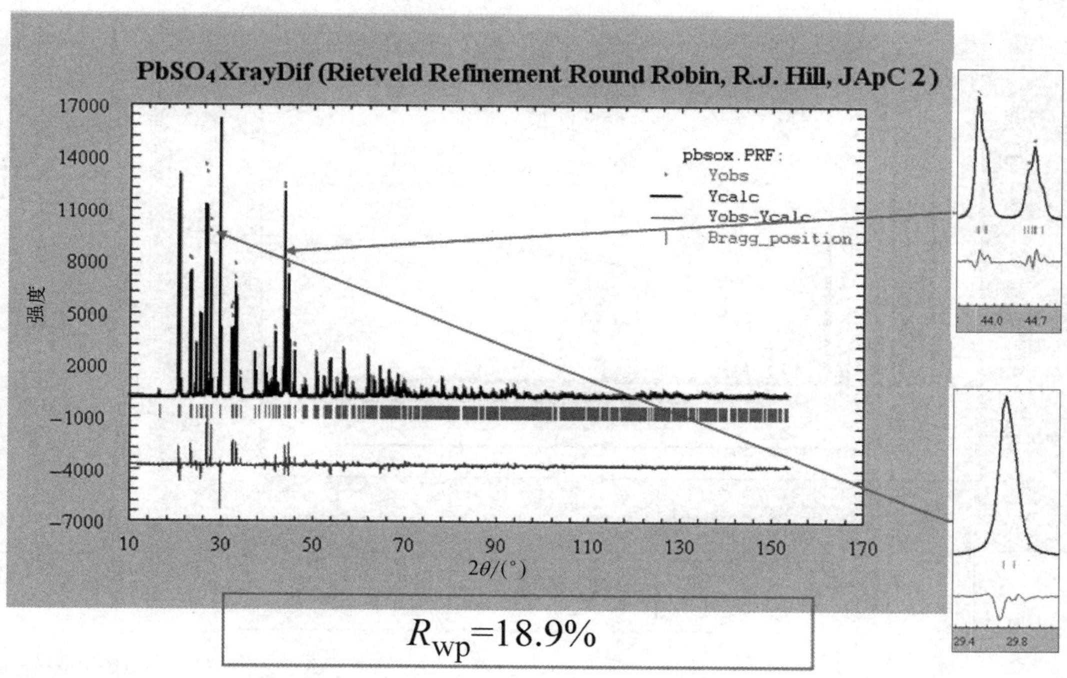

图 3.16　对峰形进行精修后的结果

第六步，开始精修非对称性（refine asymmetry），精修参数设置如图 3.17 所示。

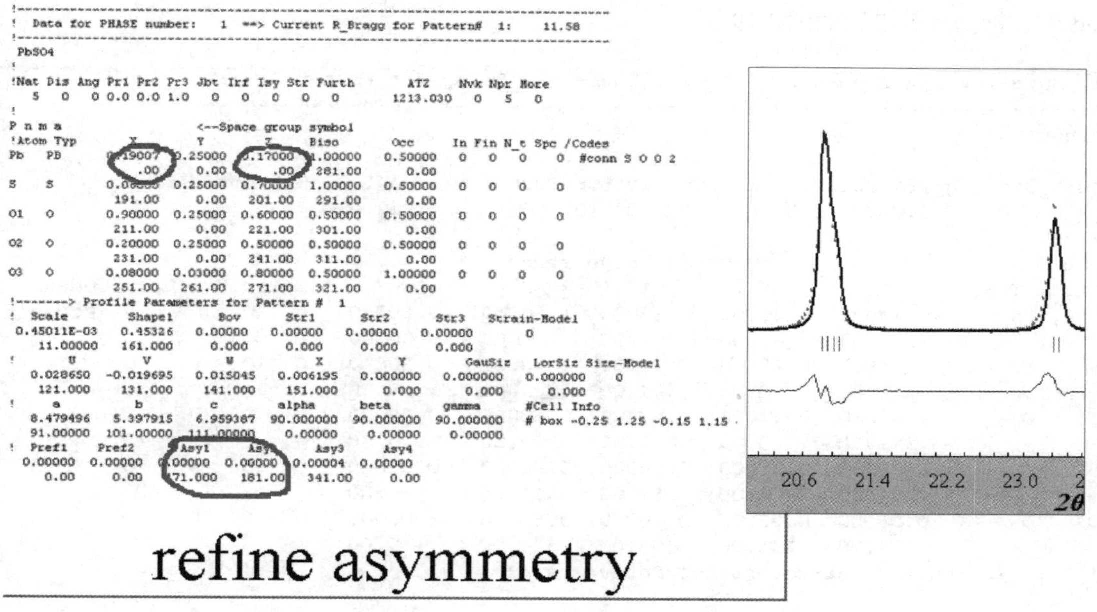

```
!-------------------------------------------------------------------------------
!  Data for PHASE number:   1  ==> Current R_Bragg for Pattern#  1:    11.58
!-------------------------------------------------------------------------------
 PbSO4
!
!Nat Dis Ang Pr1 Pr2 Pr3 Jbt Irf Isy Str Furth       ATZ    Nvk Npr More
   5   0   0 0.0 0.0 1.0   0   0   0   0   0       1213.030   0   5   0
!
P n m a                 <--Space group symbol
!Atom Typ       X        Y        Z       Biso       Occ     In Fin N_t Spc /Codes
Pb   PB      0.19007  0.25000  0.17000  1.00000   0.50000   0   0   0    0  #conn S 0 0 2
                 .00     0.00      .00   281.00      0.00
S    S       0.0[illegible]  0.25000  0.70000  1.00000   0.50000   0   0   0    0
              191.00     0.00   201.00   291.00      0.00
O1   O       0.90000  0.25000  0.60000  0.50000   0.50000   0   0   0    0
              211.00     0.00   221.00   301.00      0.00
O2   O       0.20000  0.25000  0.50000  0.50000   0.50000   0   0   0    0
              231.00     0.00   241.00   311.00      0.00
O3   O       0.08000  0.03000  0.80000  0.50000   1.00000   0   0   0    0
              251.00   261.00   271.00   321.00      0.00
!-------> Profile Parameters for Pattern #  1
!  Scale        Shape1      Bov       Str1      Str2      Str3   Strain-Model
 0.45011E-03   0.45326   0.00000   0.00000   0.00000   0.00000       0
    11.00000   161.000     0.000     0.000     0.000     0.000
!       U          V          W          X          Y        GauSiz   LorSiz Size-Model
   0.028650  -0.019695   0.015045   0.006195   0.000000   0.000000   0.000000    0
    121.000    131.000    141.000    151.000      0.000      0.000      0.000
!     a          b          c        alpha      beta       gamma      #Cell Info
   8.479496   5.397915   6.959387  90.000000  90.000000  90.000000   # box -0.25 1.25 -0.15 1.15
   91.00000  101.00000  111.00000    0.00000    0.00000    0.00000
!  Pref1     Pref2      Asy1      Asy2      Asy3      Asy4
  0.00000   0.00000   0.00000   0.00000   0.00004   0.00000
     0.00      0.00   171.000    181.00    341.00      0.00
```


图 3.17　非对称性精修参数设置

精修结果如图 3.18 所示。

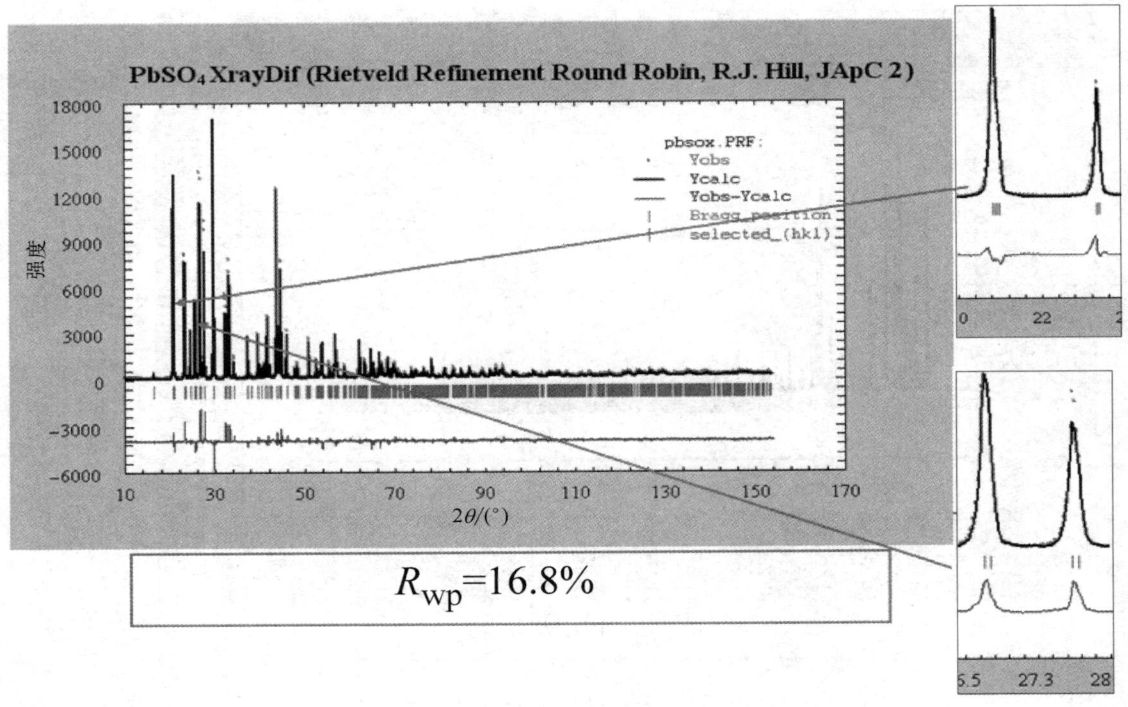

图 3.18　非对称性精修的结果

第七步，开始精修 Pb 和 S 两个原子的坐标（refine atomic coordinates：first two atoms Pb and S），精修参数设置如图 3.19 所示。

```
!  Data for PHASE number:   1  ==> Current R_Bragg for Pattern#  1:   10.09
!-------------------------------------------------------------------------
 PbSO4
!
!Nat Dis Ang Pr1 Pr2 Pr3 Jbt Irf Isy Str Furth       ATZ    Nvk Npr More
   5   0   0 0.0 0.0 1.0   0   0   0   0   0      1213.030   0   5   0
!
P n m a                     <--Space group symbol
!Atom Typ       X        Y        Z        Biso       Occ     In Fin N_t Spc /Codes
Pb    PB     0.19007  0.25000  0.17000  1.00000   0.50000    0   0   0    0  #conn S
               191.00     0.00   201.00      .00      0.00
S     S      0.06000  0.25000  0.70000  1.00000   0.50000    0   0   0    0
               211.00     0.00   221.00      .00      0.00
O1    O      0.90000  0.25000  0.60000  0.50000   0.50000    0   0   0    0
               231.00     0.00   241.00   301.00      0.00
O2    O      0.20000  0.25000  0.50000  0.50000   0.50000    0   0   0    0
               251.00     0.00   261.00   311.00      0.00
O3    O      0.08000  0.03000  0.80000  0.50000   1.00000    0   0   0    0
               271.00   281.00   291.00   321.00      0.00
!-------> Profile Parameters for Pattern #  1
```

图 3.19　精修 Pb 和 S 两个原子的坐标

精修结果如图 3.20 所示。

第八步，开始精修温度参数，精修参数设置如图 3.21 所示。

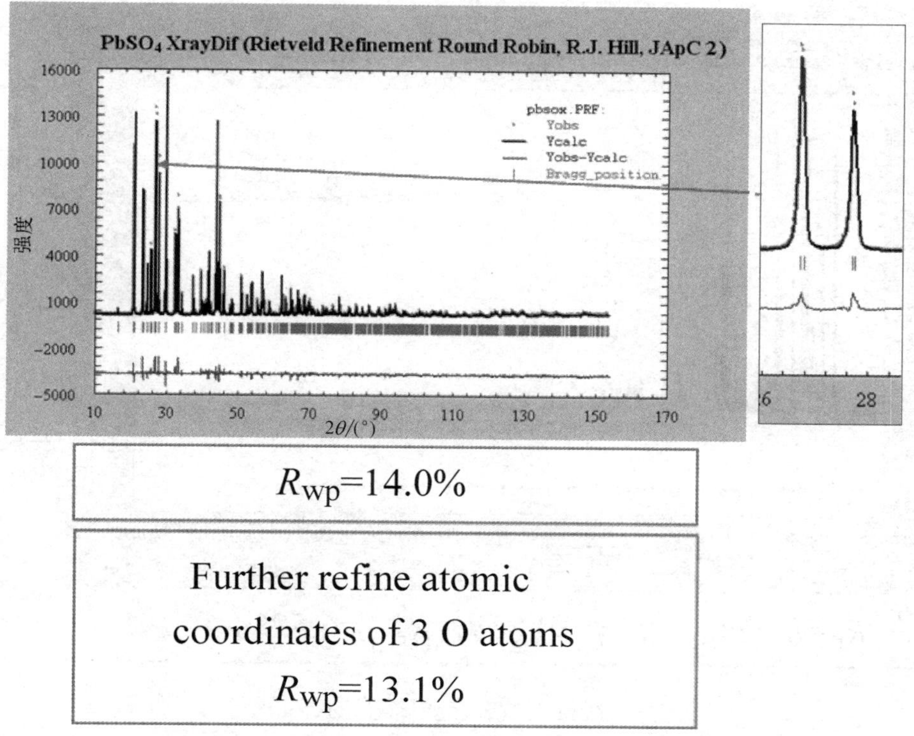

图 3.20　精修 Pb 和 S 两个原子的坐标后的结果

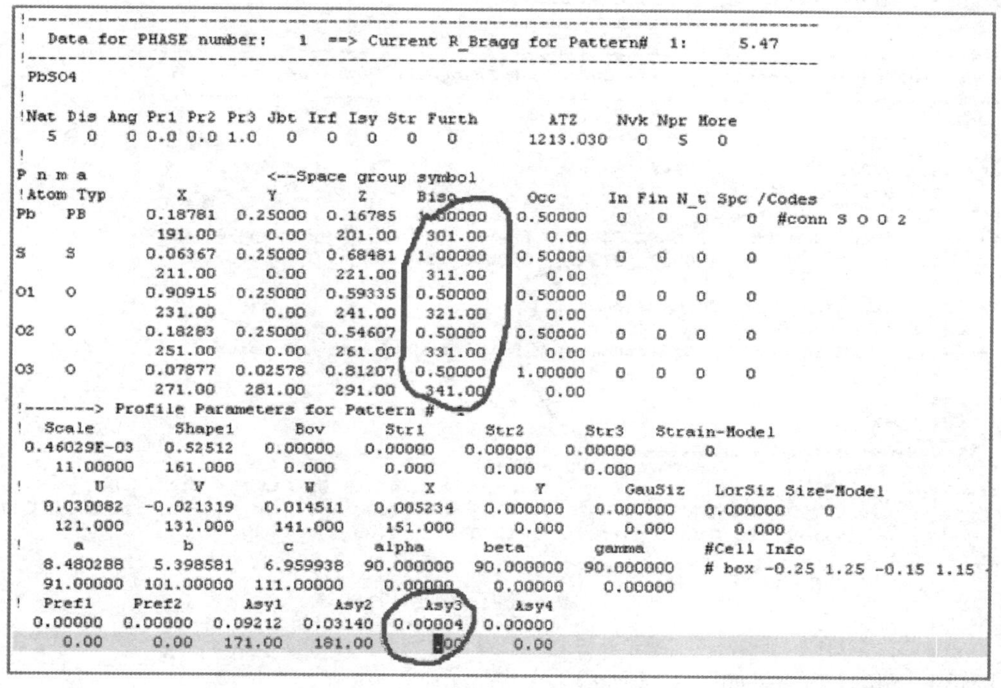

```
!-------------------------------------------------------------------------------
!  Data for PHASE number:   1  ==> Current R_Bragg for Pattern#  1:     5.47
!-------------------------------------------------------------------------------
PbSO4
!
!Nat Dis Ang Pr1 Pr2 Pr3 Jbt Irf Isy Str Furth       ATZ    Nvk Npr More
   5   0   0 0.0 0.0 1.0   0   0   0   0   0      1213.030   0   5   0
!
P n m a                 <--Space group symbol
!Atom Typ       X        Y        Z       Biso       Occ      In Fin N_t Spc /Codes
Pb   PB      0.18781  0.25000  0.16785  1.00000   0.50000    0   0   0    0  #conn S O 0 2
              191.00     0.00   201.00   301.00      0.00
S    S       0.06367  0.25000  0.68481  1.00000   0.50000    0   0   0    0
              211.00     0.00   221.00   311.00      0.00
O1   O       0.90915  0.25000  0.59335  0.50000   0.50000    0   0   0    0
              231.00     0.00   241.00   321.00      0.00
O2   O       0.18283  0.25000  0.54607  0.50000   0.50000    0   0   0    0
              251.00     0.00   261.00   331.00      0.00
O3   O       0.07877  0.02578  0.81207  0.50000   1.00000    0   0   0    0
              271.00   281.00   291.00   341.00      0.00
!-------> Profile Parameters for Pattern #  1
!  Scale        Shape1      Bov       Str1      Str2      Str3   Strain-Model
 0.46029E-03   0.52512   0.00000   0.00000   0.00000   0.00000       0
   11.00000    161.000     0.000     0.000     0.000     0.000
!       U          V          W          X          Y        GauSiz   LorSiz Size-Model
   0.030082  -0.021319   0.014511   0.005234   0.000000   0.000000   0.000000    0
    121.000    131.000    141.000    151.000      0.000      0.000      0.000
!     a          b          c        alpha      beta       gamma      #Cell Info
   8.480288   5.398581   6.959938  90.000000  90.000000  90.000000   # box -0.25 1.25 -0.15 1.15
  91.00000  101.00000  111.00000    0.00000    0.00000    0.00000
!  Pref1     Pref2      Asy1      Asy2      Asy3      Asy4
  0.00000   0.00000   0.09212   0.03140   0.00004   0.00000
     0.00      0.00    171.00    181.00      0.00      0.00
```

图 3.21　精修温度参数设置

精修结果如图 3.22 所示。

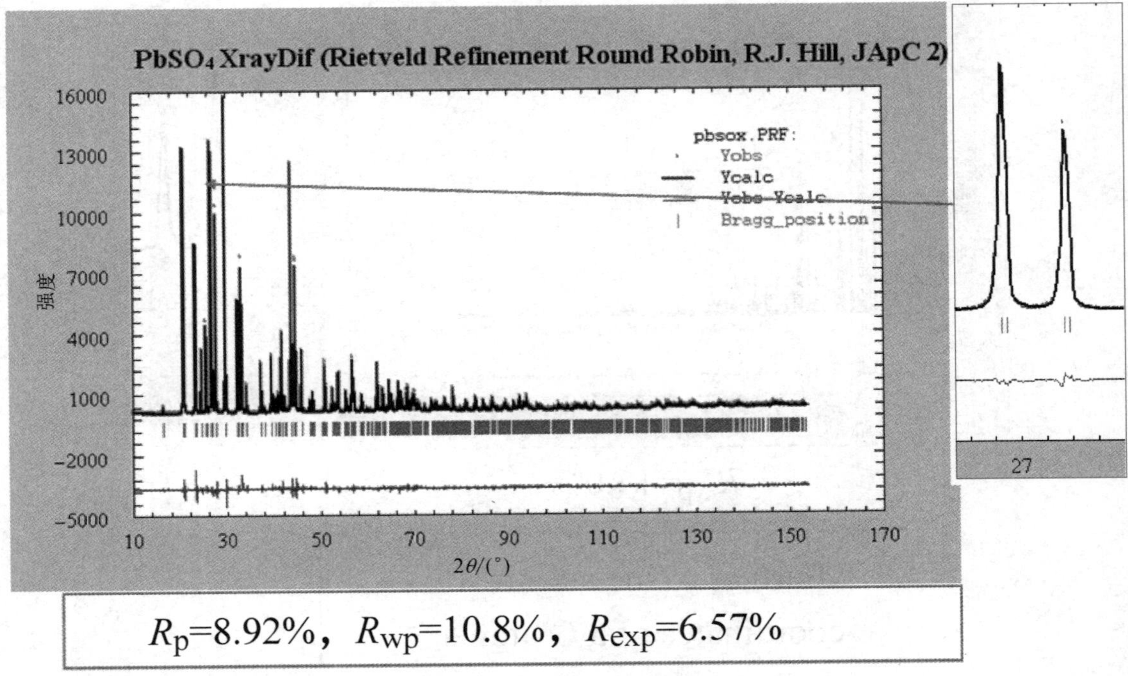

R_p=8.92%，R_{wp}=10.8%，R_{exp}=6.57%

图 3.22　精修温度参数后的结果

第九步，设置键长、键角计算参数（calculate the bond lengths and bond valences and the results are stored in *.dis），设置方式如图 3.23 所示。

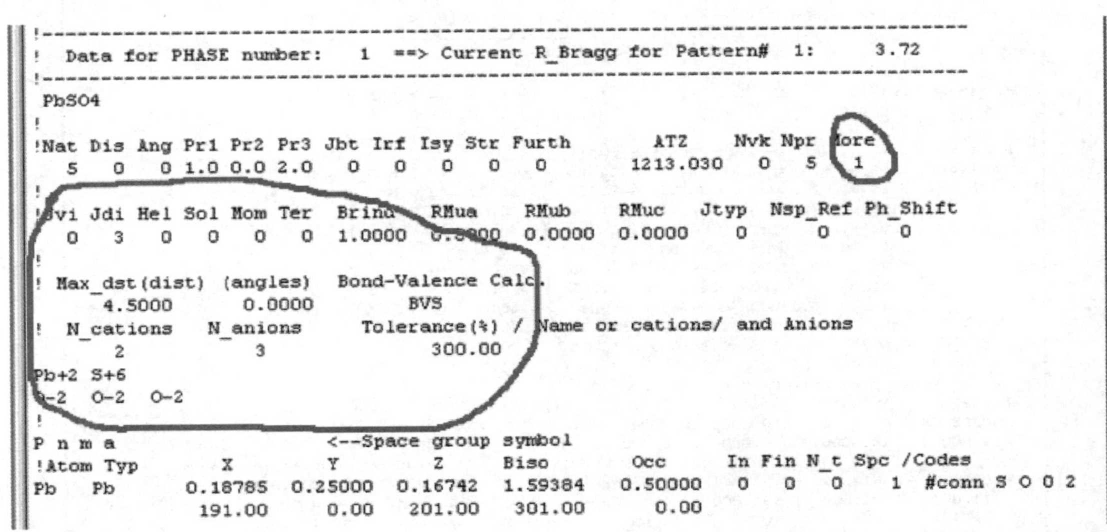

```
!-------------------------------------------------------------------
!  Data for PHASE number:   1  ==> Current R_Bragg for Pattern#  1:     3.72
!-------------------------------------------------------------------
PbSO4
!
!Nat Dis Ang Pr1 Pr2 Pr3 Jbt Irf Isy Str Furth       ATZ    Nvk Npr More
   5   0   0 1.0 0.0 2.0   0   0   0   0   0       1213.030   0   5   1
!
!Jvi Jdi Hel Sol Mom Ter  Brind   RMua    RMub    RMuc    Jtyp  Nsp_Ref Ph_Shift
   0   3   0   0   0   0  1.0000  0.0000  0.0000  0.0000    0      0       0
!
! Max_dst(dist) (angles)  Bond-Valence Calc.
     4.5000      0.0000         BVS
!  N_cations    N_anions      Tolerance(%) / Name or cations/ and Anions
      2            3                300.00
Pb+2 S+6
O-2  O-2  O-2
!
P n m a                    <--Space group symbol
!Atom Typ       X        Y        Z       Biso       Occ     In Fin N_t Spc /Codes
Pb   Pb      0.18785  0.25000  0.16742  1.59384   0.50000   0   0   0    1  #conn S O O 2
               191.00     0.00   201.00   301.00      0.00
```

图 3.23　设置键长、键角计算参数

键长、键角计算结果如图 3.24 所示。

根据上面的数据计算 $PbSO_4$ 的晶体结构示意图如图 3.25 所示，傅里叶合成图如图 3.26 所示。

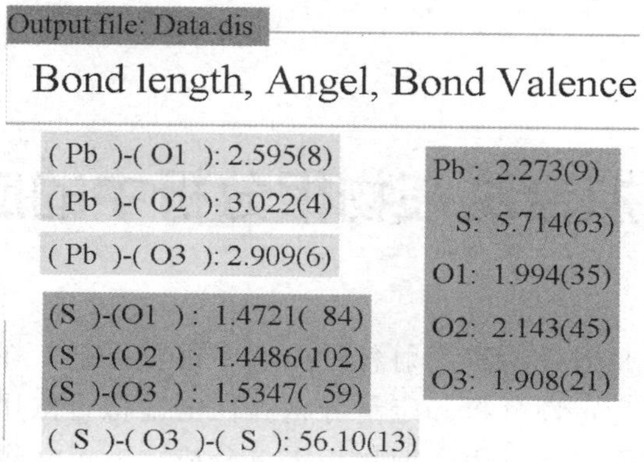

Output file: Data.dis
Bond length, Angel, Bond Valence
(Pb)-(O1): 2.595(8)
(Pb)-(O2): 3.022(4)
(Pb)-(O3): 2.909(6)
(S)-(O1): 1.4721(84)
(S)-(O2): 1.4486(102)
(S)-(O3): 1.5347(59)
(S)-(O3)-(S): 56.10(13)
Pb : 2.273(9)
S: 5.714(63)
O1: 1.994(35)
O2: 2.143(45)
O3: 1.908(21)

图 3.24　键长、键角计算结果

O3
a
b
c
O
b
O
a

图 3.25　$PbSO_4$ 的晶体结构示意图

PbSO4 xraydif (rietveld refinement round robin, r.j. hill, japc 2)
y/b
434.175
409.286
384.398
359.509
334.620
309.731
284.842
259.953
235.064
210.175
185.286
160.397
135.508
110.619
85.730
60.842
35.953
11.064
-13.825
-38.714

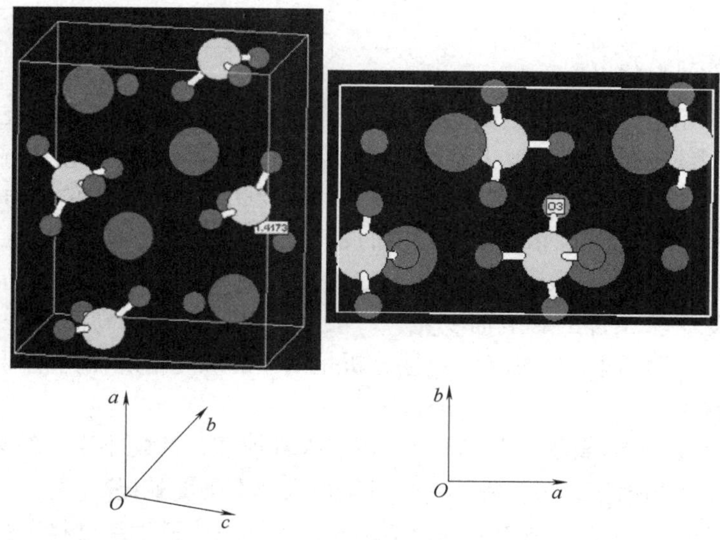

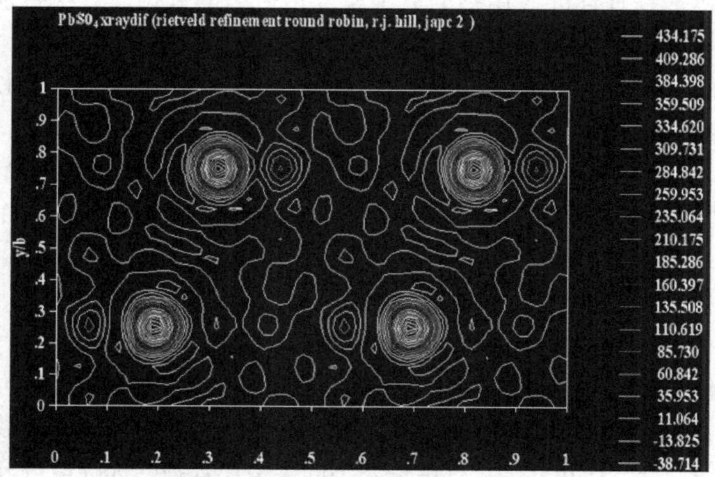

图 3.26　$PbSO_4$ 的晶体结构傅里叶合成图

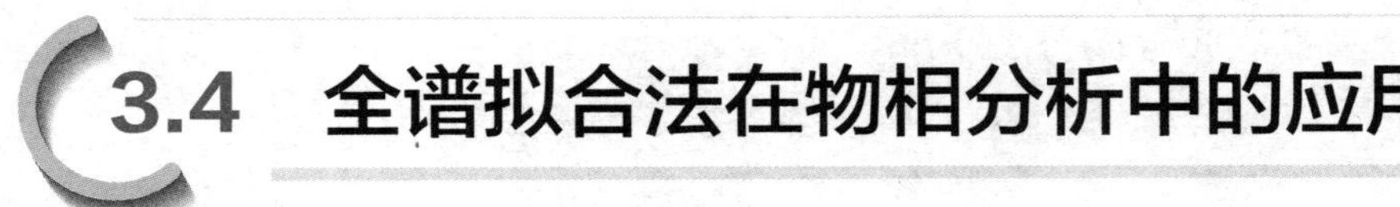

3.4 全谱拟合法在物相分析中的应用

X射线物相分析是X射线粉末衍射各种应用中最常见的，在材料研究中有着十分重要的作用。物相分析分为定性分析和定量分析。在全谱拟合法用于结构精修以后，人们发现全谱拟合中的比例因子 S 可用来做物相定量分析，近年又将全谱拟合法用到物相定性分析，定性分析传统上是依靠衍射的匹配（matching）来进行的，因此被称为全谱匹配法。

3.4.1 物相定性分析

混合物的粉末衍射谱是由各组成物相的粉末衍射谱权重叠加出来的。在叠加过程中，各组成物相的各衍射线的位置不会发生变动，而衍射线的强度是随该物相在混合物中所占的百分比（体积或重量），权重因子就是这种强度变化的反映。因而，在传统方法中，一张衍射谱是用一套与各衍射峰位置及相对强度对应的 d 和 I/I_1 值来描绘的。做定性相鉴定就是将标准参比物的一组 d、I/I_1 值与未知物一组 d、I/I_1 值做匹配对比，根据匹配情况作出判断。由于 I/I_1 值本身易受实验条件的影响而变化，一般用的又是衍射峰高而不是积分强度，因而 I/I_1 的值不太准，在匹配时只作参考，定性分析是以 d 的匹配情况作为主要依据的。此法没有考虑衍射线的峰形。

对于一个有严重重叠峰的样品，部分的衍射线被掩盖，匹配不准，结果的可靠性下降。全谱匹配使用了整个衍射谱，包括峰形。信息量加大，准确度就提高了。

① 全谱拟合法方法（该方法首先是由美国宾州大学地质科学系材料实验室的 Smith 等提出的）概要。

a. 要有一个包括各种标准参比物的数字粉末衍射谱的数据库，代替现在常用的 d-I 库（PDF 库）以作匹配的参考标准。

b. 设计几种品质因子（figure of merit，FOM），用来定量判别标准参比物谱与未知物谱的匹配情况。FOM 值的大小说明未知物为该标准物的可能性的大小。

c. 将数据库中的每一标准谱与未知物谱叠合，逐点对比，算出各种 FOM。

d. 把各参比物按算出的 FOM 的大小次序打印输出。相的 FOM 的大小作为检出相的可靠性依据。

e. 在未知物谱中减去最大 FOM 的标准谱，把残余谱再重复 c、d、e 的步骤直至全部鉴定。

② 衍射图谱数据库。数据库内的每一标准谱的范围规定为 2θ 从 5° 至 75°，2θ 间隔为 0.02°。每个标准谱的数据量很大，叠合匹配时需逐点进行，颇花时间，故数据库内所含标准参比谱数不宜过多，现每库包含 500 标准谱。不同类型化合物的标准谱可分在不同的数据库中，检索时可以逐库进行。存储的标准参比谱可以是从实验直接测出的，也可以是按晶体结

构数据算出的，还可以从现有的 d、I 数据模拟出来。所有的标准谱均是扣除背景的，且归一化到有相同的极大强度。

③ 品质因子的定义。Smith 等设计了三种用作拟合判据的 FOM，如下式表示：

$$\mathrm{FOM(AV)}=\frac{\sum_i 1}{\sum_i[I(\mathrm{ref},i)/I(\mathrm{unk},i)]} \tag{3.24}$$

$$\mathrm{FOM(AVS)}=\frac{\sum_i 1}{\sum_i[\alpha I(\mathrm{ref},i)/I(\mathrm{unk},i)]} \tag{3.25}$$

$$\alpha=\sum_i[I(\mathrm{ref},i)]/\sum_i[I(\mathrm{unk},i)] \tag{3.26}$$

$$\mathrm{FOM(PK)}=\mathrm{MAX}_i[I(\mathrm{ref},i)/I(\mathrm{unk},i)] \tag{3.27}$$

$$\mathrm{FOM(RM)}=\frac{\sum_i \mathrm{MIN}[\alpha I(\mathrm{ref},i),I(\mathrm{unk},i)]}{\sum_i[\alpha I(\mathrm{ref},i)]} \tag{3.28}$$

$$\mathrm{FOM(RD)}=1.0-\frac{\sum_i \mathrm{ABS}[\alpha I(\mathrm{ref},i)-I(\mathrm{unk},i)]}{\sum_i[\alpha I(\mathrm{ref},i)]} \tag{3.29}$$

a. FOM（AV）：用来估算拟合的完美程度。拟合是确定一个比例因子，使标准谱乘上这一因子后与未知谱有最佳拟合，亦即把标准参比谱匹配范围内的各点强度均乘上此比例因子，求出各点的乘积强度，再求出各乘积强度与未知谱上相应点的强度的差值，要使正差值（即乘积强度大于未知谱强度）之和与负差值（即乘积强度小于未知谱强度）之和正好相等。对完美的拟合此值为 1。

b. FOM（PK）：拟合是确定一个比例因子。标准谱乘上这一因子后，整个谱就能较好拟合未知谱，但并不重叠。此时参比谱与未知谱各点强度比值中最大值即为 FOM（PK），最佳值为 1。

c. FOM（RM），此值和 Rietveld 法中惯用的用来衡量参比拟合情况的 *R* 因子有关。FOM（RM）式中分子是参比谱与未知谱各点的强度重叠部分（也就是同一点上参比谱的强度值与未知谱的强度值中小的值）之和，而分母是参比谱各点强度之和，若两者靠近，则 FOM（RM）趋于 1。此因子也可用 FOM（RD）定义。FOM（RD）式中的分母与式 FOM（RM）相同，分子为参比谱与未知谱各点强度值之差的绝对值之和。若两者靠近，此分式应趋于 0，则 FOM（RD）趋于 1。

④ 拟合匹配。在将标准参比谱叠合在未知谱上作匹配对比前，先要定义一个强度阈值，只有标准谱中强度大于此阈值的那些点才作匹配对比，也才用于计算 FOM 值。此阈值是以最强线强度的分数来定义的。若此值过大，如为 0.5，只有那些强度大于最强峰值一半的那些点才作对比，较弱的峰都丢了，可靠性不大。但若此值过小，则大大增加工作量，故应选取适当。此值在循环匹配时可改变。若实验者使用的狭缝系统（固定的和可变的）与标准参比谱所用不同，则在匹配对比前需对强度作相应修正。

由于仪器条件（如仪器零位）或样品条件（如有固溶现象）会使衍射峰的位置发生

移动，故在匹配对比时允许将谱作左右移动，以使峰位有更准确的匹配，也是使 FOM 达到最大。实验得到的衍射谱线形往往是受到各种仪器因素及样品因素的影响，如 X 射线波长、准直情况、样品位置的准确性、样品本身的透明度、固溶程度、晶粒大小、微应变的存在等。因而可用一个参数化的线形函数去与标准谱卷积，将卷积后的谱再与实验谱匹配。在数据库中所有标准谱均与未知谱作匹配对比，求得各自的 FOM 以后，则按 FOM 的大小序列打印输出。强度阈值、比例因子、左右移动量、线形参数及 FOM 值亦均打印输出。

⑤ 残谱顺序检索。在进行一次检索得到一张按 FOM 大小排列的可能物相表后，如确认 FOM 最大的第一物相存在于未知样中，则可将第一物相的衍射谱从未知谱中减去，然后对残谱进行第二次检索。可以再将第二次检出的第一物相从残谱中减去，得第二残谱。再进行第三次检索，可以再相减、检索，不断循环直至检出未知样中的所有物相。残谱顺序检索法的好处是有利于低含量物相的检出。在 d-I 匹配法中，也有人用残谱顺序检索，但因没有线形的因素，效果不如全谱匹配法好。

3.4.2 物相定量分析

混合物的粉末衍射谱是各组成物相的衍射谱的权重叠加，各相的权重因子是与该物相在混合物中参与衍射的体积或质量分数有关，因而从拟合中找出各相的权重因子（也称定标因子），再按权重因子与质量分数的关系式，即可得出其质量分数。根据在全谱拟合过程中所用的已知参量的不同，可以将定量分析方法分为两大类，一类需要使用有关物相的晶体结构数据，实际上就是 Rietveld 方法，另一类不需知道有关物相的晶体结构数据，但需要知道各物相纯态时的标准谱，现分述如下：

① 应用晶体结构数据的定量分析方法。一个混合样品中某 α 相的某 K 衍射的积分强度式为：

$$I_{\alpha\mathrm{K}} = I_0 \frac{\lambda^3 e^4 J_{\alpha\mathrm{K}}}{16\pi r m^2 c^4 V_{\alpha\mathrm{u}}^2} \left|F_{\alpha\mathrm{K}}\right|^2 \left(\frac{1+\cos^2 2\theta_{\alpha\mathrm{K}}}{2\sin^2\theta_{\alpha\mathrm{K}}\cos\theta_{\mathrm{aK}}}\right) e^{-2M\alpha} V_\alpha \tag{3.30}$$

$$= S_\alpha J_{\alpha\mathrm{K}} L_{\alpha\mathrm{K}} \left|F_{\alpha\mathrm{K}}\right|^2$$

$$S_\alpha = I_0 \frac{\lambda^3 e^4 V_\alpha}{16\pi r m^2 c^2 V_{\alpha\mathrm{u}}^2} = K\left(\frac{V_\alpha}{V_{\alpha\mathrm{u}}^2}\right) \tag{3.31}$$

式中，V_α、$V_{\alpha\mathrm{u}}$ 依次为 α 相在混合物中的体积及 α 相的单个晶胞体积；$J_{\alpha\mathrm{K}}$、$L_{\alpha\mathrm{K}}$ 及 $|F_{\alpha\mathrm{K}}|$ 分别为 α 相 K 衍射线的多重性因子、角因子及包含温度因子的结构振幅；m_α、W_α、M_α、Z_α 及 ρ_α 分别为 α 相在样品中的质量、质量分数、α 相的分子量、α 相晶胞中所含的分子数量及密度。

由于

$$V_\alpha = \frac{m_\alpha}{\rho_\alpha}、V_{\alpha\mathrm{u}} = \frac{Z_\alpha M_\alpha}{\rho_\alpha} \tag{3.32}$$

则

$$S_\alpha = K\frac{m_\alpha}{Z_\alpha M_\alpha V_{\alpha u}}$$

$$m_\alpha = \frac{S_\alpha Z_\alpha M_\alpha V_{\alpha u}}{K} \tag{3.33}$$

$$W_\alpha = \frac{m_\alpha}{\sum\limits_p m_p} = \frac{S_\alpha Z_\alpha M_\alpha V_{\alpha u}}{\sum\limits_p S_p Z_p M_p V_{pu}}$$

$\sum\limits_p$ 表示对样品中各物相加和，对于一定的物相，Z、M、V_u 是一定的，在拟合中求出各相的 S_p，就可按式（3.33）算出各相的质量分数。精修实例如图 3.27 所示。

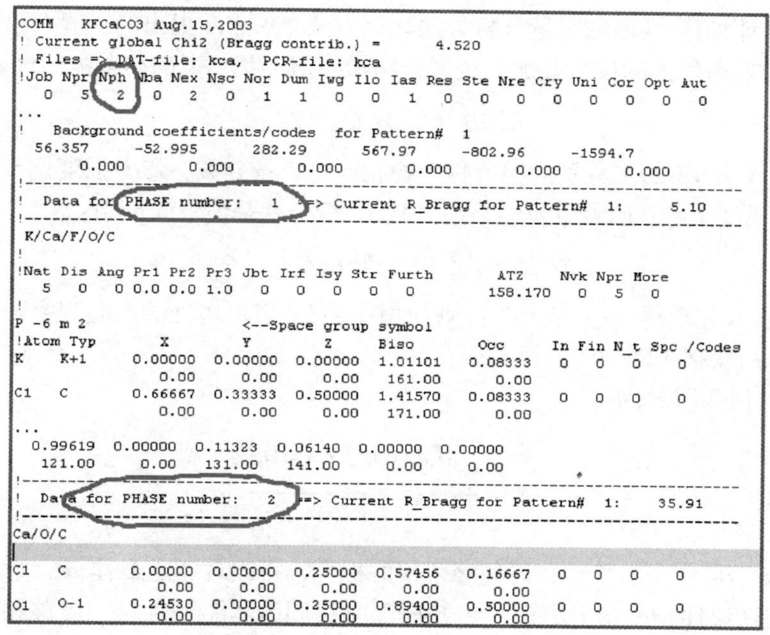

```
COMM   KFCaCO3 Aug.15,2003
! Current global Chi2 (Bragg contrib.) =        4.520
! Files => DAT-file: kca,  PCR-file: kca
!Job Npr Nph Nba Nex Nsc Nor Dum Iwg Ilo Ias Res Ste Nre Cry Uni Cor Opt Aut
   0   5   2   0   2   0   1   1   0   0   1   0   0   0   0   0   0   0   0
...
!   Background coefficients/codes  for Pattern#  1
  56.357      -52.995      282.29      567.97      -802.96     -1594.7
      0.000        0.000        0.000        0.000        0.000        0.000
!-------------------------------------------------------------------------------
!  Data for PHASE number:   1  ==> Current R_Bragg for Pattern#  1:     5.10
!-------------------------------------------------------------------------------
 K/Ca/F/O/C
!
!Nat Dis Ang Pr1 Pr2 Pr3 Jbt Irf Isy Str Furth         ATZ     Nvk Npr More
   5   0   0 0.0 0.0 1.0   0   0   0   0   0         158.170   0   5   0
!
P -6 m 2                   <--Space group symbol
!Atom Typ         X         Y         Z       Biso        Occ      In Fin N_t Spc /Codes
K    K+1      0.00000   0.00000   0.00000   1.01101    0.08333    0   0   0    0
                 0.00      0.00      0.00   161.00        0.00
C1   C        0.66667   0.33333   0.50000   1.41570    0.08333    0   0   0    0
                 0.00      0.00      0.00   171.00        0.00
...
  0.99619  0.00000  0.11323  0.06140  0.00000  0.00000
   121.00     0.00   131.00   141.00     0.00     0.00
!-------------------------------------------------------------------------------
!  Data for PHASE number:   2  ==> Current R_Bragg for Pattern#  1:    35.91
!-------------------------------------------------------------------------------
Ca/O/C

C1   C        0.00000   0.00000   0.25000   0.57456    0.16667    0   0   0    0
                 0.00      0.00      0.00      0.00       0.00
O1   O-1      0.24530   0.00000   0.25000   0.89400    0.50000    0   0   0    0
                 0.00      0.00      0.00      0.00       0.00
```

图 3.27　多相 Rietveld 分析实例

S_p 是怎样从全谱拟合得到的呢？已经知道全谱拟合是要使下式最小：

$$M=\sum W_i\left(Y_{oi}-Y_{ci}\right)^2 \tag{3.34}$$

Y_{ci} 的计算式为：

$$Y_{ic} = Y_{ib} + \sum_k S \cdot M_k \cdot P_k \cdot F_k^2 \cdot LP(2\theta_k) \cdot A(2\theta_k) \cdot \phi_k(2\theta_i - 2\theta_k) \tag{3.35}$$

对于多相体系：

$$Y_{ci}= Y_{bi}+\sum_p\sum_k I_{pk}G_{pki} \tag{3.36}$$

得到公式：

$$Y_{ci}=Y_{bi}+\sum S_p\sum J_{pk}L_{pk}|F_{pk}|^2G_{pki} \tag{3.37}$$

可见要经拟合求出最佳 S_p 的质量分数，就必须先知道晶体结构数据，从而计算出 $|F_{pk}|$、J_{pk} 及 L_{pk} 再通过 Y_{ci} 与 Y_{oi} 最好拟合而得到合适的 S_p。如未知物中有些相并不知道或是非晶相，则必须加入一定质量分数的内标物质才能使用上式。非晶相也可用一个背底多项式来模拟，而从强度数据中减去，其含量可从总含量与晶态物质的含量之差来求得。

Taylor 认为在定量分析中基体吸收是不能忽略的，因而在上式中引入一个粒子吸收校正因子 τ_p，式（3.33）变为：

$$W_\alpha = \frac{m_\alpha}{\sum_p m_p} = \frac{S_\alpha Z_\alpha M_\alpha V_{\alpha u} / \tau_\alpha}{\sum_p S_p Z_p M_p V_{pu} / \tau_p} \tag{3.38}$$

El-Sayerd 又提出了一种两步法。第一步是先将经拟合混合物的衍射谱分解得到精确的积分强度、峰位和半高宽。拟合时使用对开的线形函数。第二步是将前步得到的各积分强度作最小二乘法结构精修，得到各相的定标因子 S_p，进而求出质量分数。使用以上的方法，亦必须有精确的有关物相的晶体结构数据。如结构数据不完全，此法不能用，如晶体结构数据不准确，则所得结果亦将不准确。

② 应用纯态物相标准谱的定量分析方法。该方法是 Smith 提出的，混合物的粉末衍射谱是各组成物相粉末衍射谱的权重叠加。故混合物衍射谱上某一点的衍射强度计算值：

$$I_c(2\theta) = \sum W_p C_p I_p(2\theta) \tag{3.39}$$

式中，W_p、C_p、$I_p(2\theta)$ 分别为混合物中物相 p 的质量分数，参考强度比及纯 p 物相衍射谱在某 2θ 处的强度（已扣除背景及经平滑处理）。拟合就是使下式最小：

$$\delta(2\theta) = I_0(2\theta) - \sum W_p C_p I_p(2\theta) \tag{3.40}$$

C_p、$I_p(2\theta)$ 事先求得，$I_0(2\theta)$ 是待测物相在某 2θ 衍射谱处的实验观察强度，拟合就是改变 W_p 使 $\delta(2\theta)$ 最小以求 W_p 的过程。

拟合好坏的判断用 R 因子

$$R = \frac{\sum_i \left| I_0(2\theta)_i - I_c(2\theta)_i \right|}{\sum_i I_0(2\theta)_i} \tag{3.41}$$

在拟合时图谱可作左右移动，以使峰位很好拟合，得出各相之最佳 W_p。

纯相的标准衍射谱 $I_p(2\theta)$ 应该与未知样品有相同的实验条件，都应该扣除背景及经过平滑，采集数据的间隔均相同，即 2θ 为 0.02°。

在得不到纯样品作标准衍射谱时，可以用某种程序（如 SIMUL）将 PDF 的 d-I 数据转变为一张模拟衍射谱，或用 POWD 从晶体结构数据出发，得到计算谱。在做这种模拟时要对线形做某种假设。

参考强度比（RIR）C_p 是这样得到的，将纯相与纯 α-Al_2O_3（刚玉）按质量比 1 ∶ 1 的比例配成试样，扫描后进行衍射峰的去背底和平滑处理。暂定该相的参考强度比为 1，从衍射图中实测该相及 α-Al_2O_3 的最强峰 I_{ref} 和 $I_{\alpha-Al_2O_3}$，然后按下式求出该相的 C_p：

$$C_p = I_{ref} / I_{\alpha-Al_2O_3} \tag{3.42}$$

此时 RIR 是两个物相各自的最强峰的峰强比，通常是峰高比，也可以定义为两者积分强度比。

因此进行定量分析前需要对多组样品进行衍射扫描实验，其中包括各纯相及各纯相与纯 α-Al_2O_3（刚玉）按 1 ∶ 1 混合的混合物。

③ 添加内标物定量分析法。若未知物中有非晶相需用加入内标物的方法来解决定量分析。在纯相实验谱中可能存在择优取向、线宽、结晶度等与实验条件及物理性能等有关

的影响，在精修中对前述影响应进行理论修正，以最大限度消除这些影响，使结果比较理想。

Tayler 考虑了前述两类方法的优缺点，提出了在传统的 Rietveld 法的基础上，推荐使用实测内标纯物相谱的方法，来避免它们的缺点。

与传统方法相比，用全谱拟合来做物相定量分析，概括起来有下列几方面的优点：

a. 有能力修正消光和择优取向的影响，仪器构造等因素造成的系统误差，使强度值较准确。全谱拟合有平均作用，可进一步减少它们的影响。

b. 与传统法相比较能更有效地处理峰重叠问题。

c. 在全谱范围内拟合背底，并扣除背底，衍射强度数据更准确。

d. 依据比例因子 S_p 的标准偏差，可以修正定量分析结果的误差。

参考文献

[1] 马礼敦 .X 射线粉末衍射的新起点——Rietveld 全谱拟合 [J]. 物理学进展，1996，16（2）：251.

[2] 施颖，梁敬魁，刘泉林，等 .X 射线粉末衍射法测定未知晶体结构 [J]. 中国科学（A 辑），1998，28（2）：171.

[3] 马礼敦，杨福家 . 同步辐射应用概论 [M].2 版 . 上海：复旦大学出版社，2005：10-23.

[4] 史庆南，陈亮维，王效琪 . 大塑性变形及材料微结构表征 [M]. 北京 : 科学出版社，2016.

[5] 袁志庆，吕光烈，曾跃武，等 .La（Ni，Sn）$_{5+x}$（x=0.1—0.4）三元贮氢合金的晶体结构及微结构研究 [J]. 金属学报，2004，40（8）：805.

[6] 刘光，Rietveld 精修在储氢材料和纳米材料中的应用研究 [D]. 天津：南开大学，2010：10-20.

[7] 冀伟强 .Rietveld 精修和 DFT 计算在电极材料中的应用研究 [D]. 天津：南开大学，2009：40.

[8] 梁柳青 . 新化合物 $RCo_{0.67}Ga_{1.33}$（R=Gd，Dy，Ho，Er）晶体结构与性能的测定 [D]. 南宁：广西大学，2009：55.

[[9] 周玉，武高辉 . 材料分析测试技术 [M]. 哈尔滨：哈尔滨工业大学出版社，1997：10.

[10] 樊志剑 .$LaNi_{5-x}Al_xD_y$ 晶体结构中子粉末衍射研究 [D]. 北京：中国工程物理研究院，2004：34.

第 4 章

X 射线衍射宏观织构表征

X 射线衍射极图织构分析最核心的基础就是极射投影的原理、衍射极图的绘制原理、乌尔夫网的绘制原理和标准投影图的绘制原理及其相互联系。由此推导了任意织构对应的某一晶面的标准极图绘制方法。因此织构的表征离不开上述基础知识。

4.1 极射投影、极氏网、乌尔夫网和标准投影图

4.1.1 极射投影原理

极射投影的原理如图 4.1 所示。光源 S 位于球面上的南极点。投影面垂直于南极与北极的连线 SN，SN 与投影面的交点就是极射投影中心 O。在球面上平行于投影面的大圆，其极射投影是一个圆（圆心是极射投影中心），称为基圆。在北半球球面上平行于投影面的小圆，其极射投影也是一个圆，其圆心都在投影中心。通常只有北半球上的点才可以投影。现有过球心的直线与球相交两点，必有一个点在南半球。这时把点光源移至北极点，投影面平移至右边与南极点相交。这样南半球上的点也有了投影点，然后把两个投影面上投影点合并成一张投影图，过球心的直线与球交点的合并投影图（又叫全球极射投影）有很好的对称性，如图 4.2 所示。

4.1.2 极氏网与乌尔夫网的绘制原理与应用

在图 4.1 中假设南北极连线 SN 的长度是 D，在北半球上平行于投影面的小圆上任一点与球心的连线与南北极的连线 SN 的夹角是 α，那么投影圆的半径就是 $r = D\tan\dfrac{\alpha}{2}$。$\alpha$ 的范围是 $0° \sim 90°$，$\Delta\alpha=2°$，同时把基圆分成 180 等份，每份 2°，由此可以绘制出极氏网，如图 4.3（a）

所示。极氏网是分析实测极图织构与绘制晶体标准投影图的重要工具。

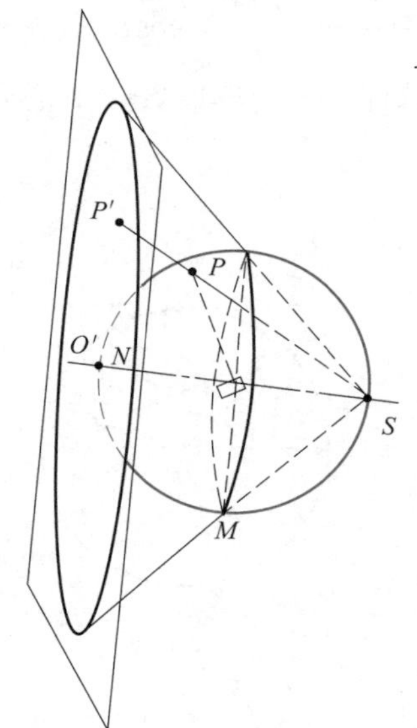

图 4.1　极射投影原理示意图

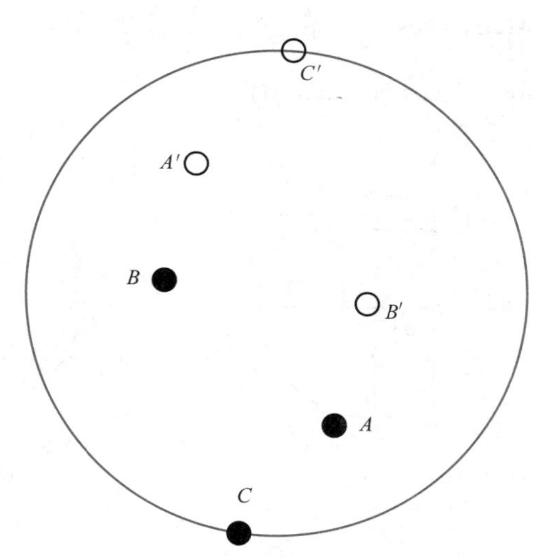

图 4.2　过球心的直线与球的交点全球极射投影

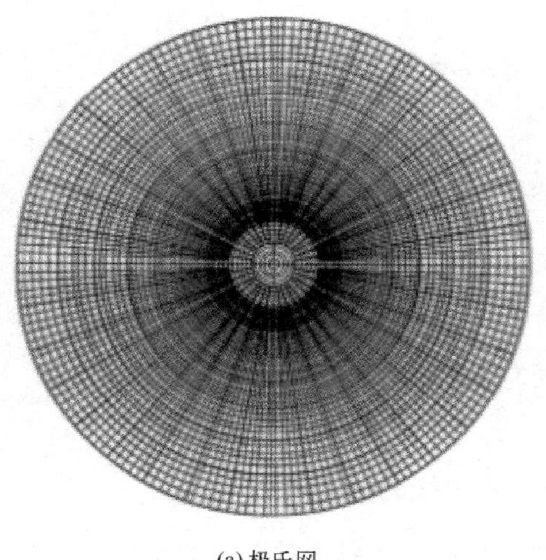
(a) 极氏网

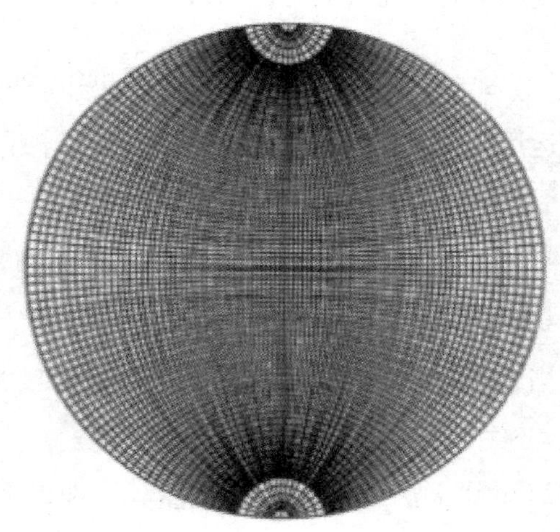
(b) 乌尔夫网

图 4.3　极氏网和乌尔夫网

乌尔夫网（Wulff net）就是刻度球的极射投影，如图 4.3（b）所示。刻度球的半径是 R，球的上顶点为北极 N，下顶点为南极 S（与图 4.1 上的标注不同），垂直于南北极轴的各小圆是纬线，所有过南、北极的大圆是经线，球中心是 O。规定垂直于投影面，并且过光源的经线为 0° 经线，其它任意过南北极点的大圆与 0° 经线对应大圆的夹角是 β，那么该大圆投影的曲线就叫 β 经线。如图 4.4（a）所示，过 A 点或 B 点的纬线叫 α 纬线，下半球纬线的定义相同。南北极的纬度是 90°，赤道线的纬度为 0°。

取 0° 经线对应的大圆与 α 纬线对应的小圆面相交成一条 AB 直线，如图 4.4（a）所示，$\angle AOW = \angle BOE = \alpha$，$AM=R\cos\alpha$。在 α 纬线对应的小圆上任取一点 P，令 $\angle PMA = \beta$，P 点

在 AB 线上的投影为 F 点，如图 4.4（b）所示，$FM=R\cos\alpha\cos\beta$，该小圆与 0° 经线对应的大圆垂直，同时把 F 点画在图 4.4（a）上。从图可知，$\cos\theta = \frac{FM}{R} = \cos\alpha\cos\beta$，所以 $\theta = \arccos(\cos\alpha\cos\beta)$。由图 4.4（c）所示可知纬线上的任一 P 点到投影中心的距离 $r = 2R\tan\left[\frac{1}{2}\arccos(\cos\alpha\cos\beta)\right]$。

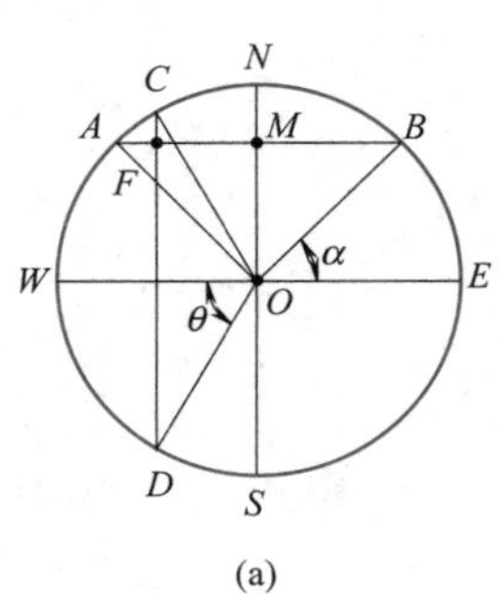

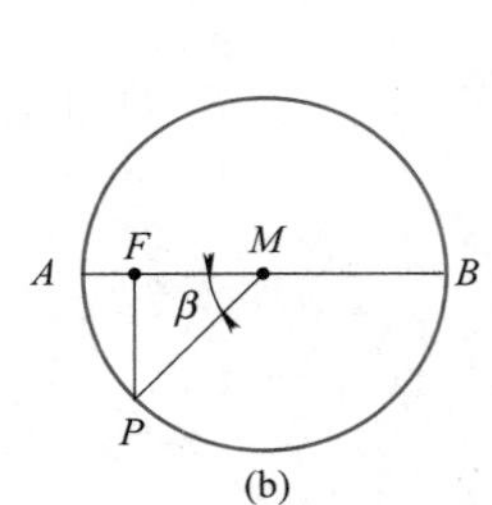

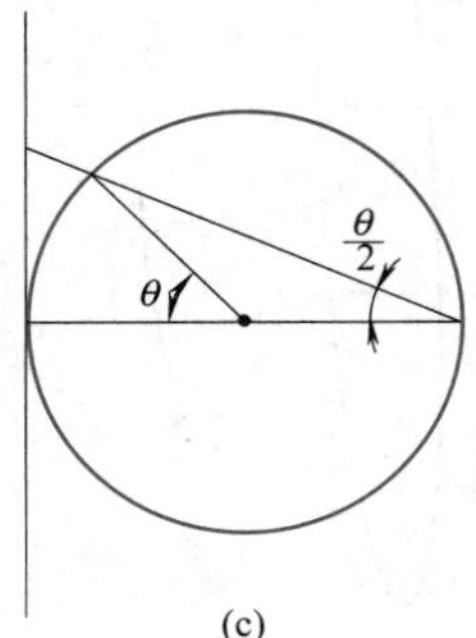

图 4.4　乌尔夫网投影截面图

因此，α 纬度线与 β 经度线的交点是 P，投影球的半径是 R，P 点在投影图上的对应的点到投影中心的距离 r 与 α、β 的关系式如下：

$$r = 2R\tan\left[\frac{1}{2}\arccos\left(\cos\alpha\cos\beta\right)\right]$$

运用上式可以计算得出一些特殊的点：

当 α=90°，β=0°，r=2R，即投影圆的上、下顶点。

当 β=0°，$\alpha \neq 0°$，$r = 2R\tan\left(\frac{1}{2}\alpha\right)$，即 α 纬线与垂直线的交点。

当 β=90°，r=2R，即在投影圆周上。

当 α=0°，β=90°，r=2R，即投影基圆与水平线左右的两个交点。

当 α=0°，β=0°，r=0，即投影中心。

当 α=0°，$\beta \neq 0°$，$r = 2R\tan\frac{\beta}{2}$，即投影小圆与水平线的交点。

借助上面乌尔夫网投影的数学公式，利用计算机就可以绘制出标准乌尔夫网。乌尔夫网和极氏网主要用于织构的极图分析，利用乌尔夫网可以读出晶面夹角和晶向夹角，绘制织构的标准极图和各晶系晶面的投影图。后面还要详细讲解极图的分析、标准极图和标准晶面投影图的绘制。

4.1.3　标准投影图的绘制原理

所谓标准投影是指投影面为低指数的重要晶面或投影中心为低指数的重要晶向的极射投影。前者称为晶面标准投影，后者是晶向标准投影。图 4.5 是立方晶体的（001）标准投影。读者可想象一个极射投影系统，读者就是一个投影面，把立方体放在球心，正对读者就是（001）的法向，根据右手法则，左边是（$0\bar{1}0$），右边方向是（010），上边是（$\bar{1}00$），下边是（100），这四个方向相互垂直与刻度球有 4 个交点，根据极射投影规则它们分布在基圆的左右极点和上下极点上。标注时一定要借助乌尔夫网和极氏网。($1\bar{1}0$)、(110)、($\bar{1}\bar{1}0$)和($\bar{1}10$)四个晶面都与(001)垂直，它们都分布在基圆上，(110)面与(100)面、(010)面的夹角都是45°，且在它们中间，因此(110)面的极射投影点也在(100)和(010)中间，同样($\bar{1}\bar{1}0$)面与($\bar{1}00$)面、($0\bar{1}0$)面的夹角都是45°。(113)、(112)、(111)、(332)、(221)、(331)与(001)的夹角分别是25.24°、35.26°、54.73°、63.43°、70.53°和76.74°。用极氏网在(001)与(110)的连线上找到它们对应的点，根据对称性，同样可以在(001)和($\bar{1}\bar{1}0$)的连线上标出($\bar{1}\bar{1}3$)、($\bar{1}\bar{1}2$)、($\bar{1}\bar{1}1$)、($\bar{3}\bar{3}2$)、($\bar{2}\bar{2}1$)和($\bar{3}\bar{3}1$)等晶面对应的点。($1\bar{1}0$)和($\bar{1}10$)连线上的点依此类推。(013)、(012)、(011)、(021)和(031)等晶面都与(100)或($\bar{1}00$)面垂直，并且与(001)的夹角分别是18.43°、26.56°、45°、63.43°和71.56°，利用极氏网在(001)与(010)连线上找到与它们对应的点，在(001)分别与(100)、($\bar{1}00$)、($0\bar{1}0$)连线上的点可以做类似的计算与标定。

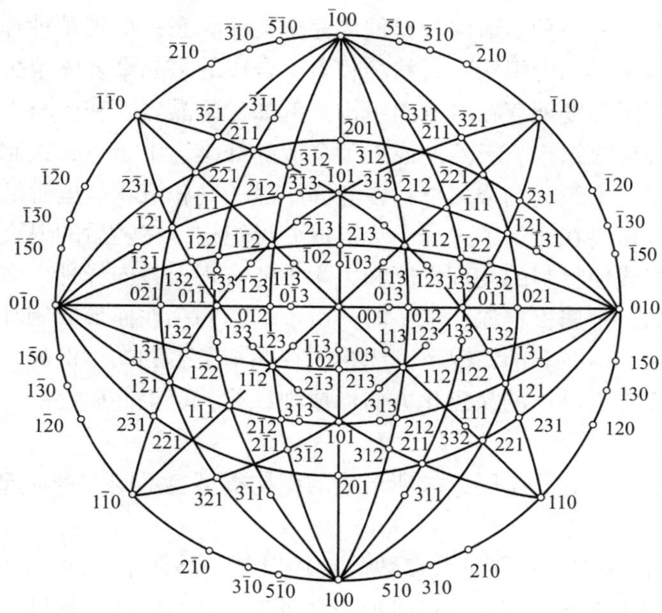

图 4.5　立方晶系(001)标准投影

(150)、(130)、(120)和(110)与(001)垂直，所以它们分布在外圆上，且与(010)的夹角分别是11.31°、18.43°、26.56°和45°，利用极氏网在外圆上可以标定与(150)、(130)、(120)和(110)对应的点，根据对称性可以标定外圆上其它相应的点。(311)、(211)、(111)、(122)、(133)和(011)与(001)的夹角分别是72.45°、65.91°、54.73°、48.19°、46.51°和45°，另外(311)、(211)、(111)、(122)、(133)和(011)都分布在过(100)与(011)组成的平面上，经观察这些点都分布在经度线上，β 为45°，利用乌尔夫网可以标定(311)、(211)、(111)、(122)、(133)和(011)等点，根据对称性可以标定其它相应的点。同样(013)、(113)、(213)和(313)在一条经度线上，β 为18.43°，(012)、(112)、(212)和(312)都在同一条经度线上 β 为26.56°，(021)、(121)、(221)和(321)也在一条经度线上，β 为63.43°，上述点都可以在乌尔夫网上标定。

因此，利用乌尔夫网和极氏网，计算晶面的夹角，根据晶体的对称性就能绘制出各种标准极射投影图。晶面标准投影图和晶向标准投影图反映了单晶晶面或晶向的位向关系，它们广泛应用于晶体的织构极图解析。但随着任意织构的标准极图的建立，晶面或晶向标准投影图就显得越来越不重要了。

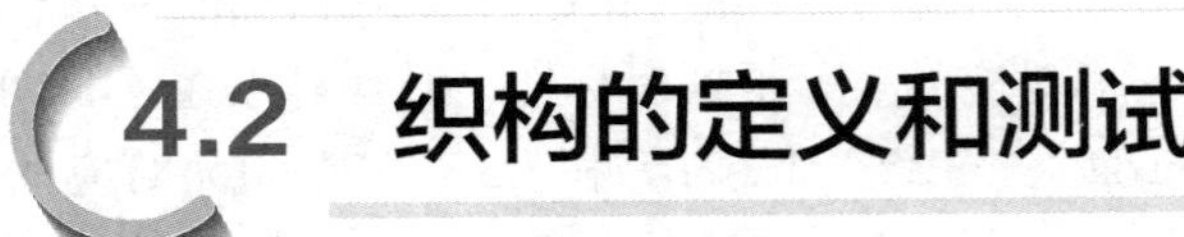

4.2 织构的定义和测试

4.2.1 织构的定义

多晶聚合体由许多晶粒组成，但就其晶粒取向分布而言，可分为两种情况：一种是取向分布呈完全无序状态；另一种是取向分布偏离完全无序状态，呈现某种择优分布趋势。晶体具有择优取向的结构状态称为织构。天然的和人工合成的多晶聚合体很少是取向分布完全无序的，绝大多数都不同程度地存在着取向织构。例如，结晶岩石和矿石由熔体结晶时或在变质岩形成过程，均会形成织构。天然的或人工合成的纤维，由于生长或制造过程中长链状分子的定向排列，而显示出织构。金属材料在液固结晶、气相沉积、电解沉积等过程中都会形成各种特征的织构。材料在冷加工过程中会形成变形织构，在随后的退火过程中又可形成再结晶织构。织构的形成使材料的物理性能和力学性能表现出各向异性。多数情况下，织构的存在是有害的。例如，金属板材深冲加工时，由于织构的存在而形成制耳，会浪费材料和工时，也降低产品质量。但在有的情况下，织构的存在却是有利的。例如，在加工变压器硅钢片和坡莫合金时，希望沿晶体的易磁化方向形成强织构，可提高磁性能。可见织构的测定具有重要的实际应用意义。

由于材料的加工处理方式不同，故所形成的织构类型也不同。概括起来可分为丝织构和板织构两种类型。

① 丝织构：这种织构的特征是大多数晶粒均以某一晶体学方向 <*uvw*> 与材料的某个特征外观方向平行或近于平行，例如平行或近于平行于拉丝方向或拉丝轴。这种织构在冷拉金属丝中呈现得最典型，故称为丝织构，又称为纤维织构。把与拉丝方向平行的晶体学方向指数 <*uvw*> 称为丝织构轴（纤维轴）指数。例如，冷拉铝丝 100% 晶粒的 <111> 方向与拉丝轴平行，即具有 <111> 丝织构。另外一些面心立方金属具有双重丝织构，即某些晶粒的 <111> 方向与拉丝轴平行，而另一些晶粒的 <100> 方向与拉丝轴平行。例如，冷拉铜丝有 60% 晶粒的 <111> 和 40% 晶粒的 <100> 与拉丝轴平行。冷拉体心立方金属只有一种 <110> 丝织构。

② 板织构：这种织构以冷轧金属板材中的织构最为典型，故称为板织构。它的特征是多数晶粒以某一晶体学平面 {*HKL*} 与轧面平行或近于平行，某一晶体学方向 <*uvw*> 与轧向平行或近于平行。板织构的指数表达式为 {*HKL*}<*uvw*>。例如，冷轧铝板的理想织构为（110）$[\bar{1}12]$，具有这种织构的金属还有铜、金、银、镍、铂以及一些面心立方结构的合金。多数情况下，一种冷轧板可能具有 2 种或 3 种以上的织构，当然其中有主次之别。例如，冷轧板除了（110）$[\bar{1}12]$ 织构之外，还有（112）$[11\bar{1}]$ 织构，冷轧变形 98.5% 的纯铁板具有（100）[011]、

（112）$[1\bar{1}0]$、（111）$[11\bar{2}]$ 3 种织构。冷轧变形 95% 的纯钨板具有（100）[011]、（112）$[1\bar{1}0]$、（114）$[1\bar{1}0]$、（111）$[1\bar{1}0]$ 4 种织构。

4.2.2　织构的测试方法

织构测试附件因生产的厂家不同，外形有很大的差异，但测试的原理完全相同。反射法极图的测量光路示意图如图 4.6 所示，极图扫描示意图如图 4.7 所示。通常用反射法时要同时测量背底数据进行背底修正，用透射法时进行吸收修正，修正后绘制等强线极图。

宏观织构检测时，实测极图的绘图原理是极射投影规则，2θ 探测器固定在与某晶面（hkl）对应的衍射角 2θ 上，定义某晶面（hkl）的法线与检测样品表面的法线的夹角为 α，轧制方向或其它选定方向为 β=0° 的刻度线方向，逆时针转动为正，假定极图的半径为 D，当采集衍射极图数据时，每固定一个 α 值，样品沿检测面法线方向转动一周，通常 β 每增加 5° 采集一个衍射强度数据。因此当 α 值、β 值已知时，衍射强度标注的点到中心的距离 $r = D\tan\dfrac{\alpha}{2}$，实测极图如图 4.8（该图是作者陈亮维与丹东通达科技公司合作开发的织构检测软件采集的铝粉标样的（111）面的衍射强度分布图，用颜色灰度表示衍射强度）所示。

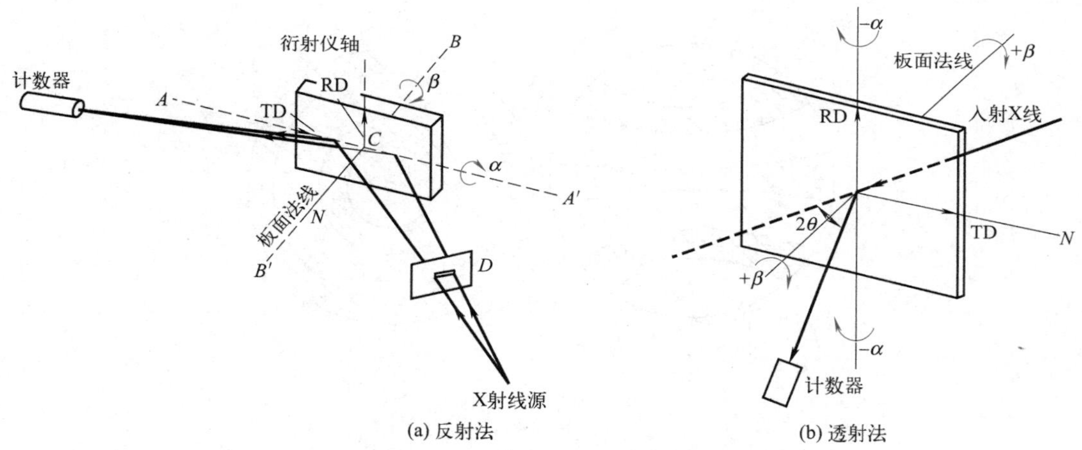

图 4.6　反射法和透射法测定极图的衍射几何

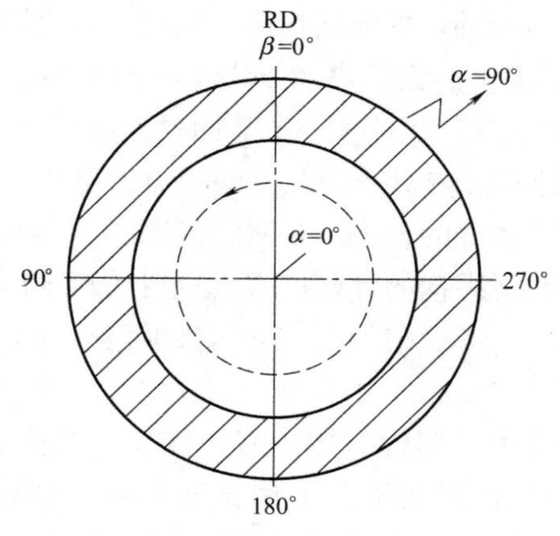

图 4.7　极图数据采集示意图

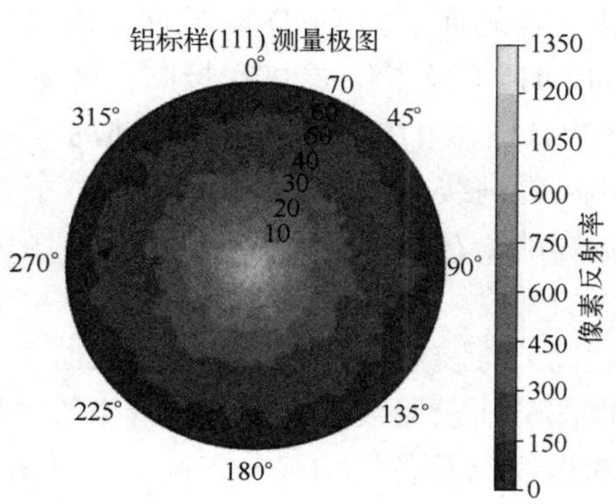

图 4.8　实测铝粉的（111）极图

4.3 极图的常规分析

极图是一种描绘织构空间取向的晶面投影图。它是将各晶粒中某一低指数的 {*HKL*} 晶面和外观坐标轴（例如轧面的法向、轧向和横向）同时投影到某个外观特征面（例如轧面或与丝织构轴平行、垂直的面）的极射赤面投影图。对一个试样可以用几种不同的晶面分别测绘几个极图。每个极图用被投影的晶面指数命名，例如（111）极图、（200）极图和（220）极图等。

以冷拉钨丝的极图为例介绍丝织构的测量与分析。①与冷拉钨丝轴平行的面作衍射检测面，采集（200）极图数据，（200）极图如图 4.9（a）所示。其中，{200} 晶面族与 <110> 织构轴存在 2 种夹角，分别为 45° 和 90°，故形成了以 45° 和 90° 为半锥顶角的 2 个织构圆锥。②与冷拉钨丝轴垂直的面作检测面，采集（200）极图的数据，（200）极图如图 4.9（b）所示。从图 4.9 可知，对相同织构的材料，检测面不同获得的相同面指数的极图也完全不同。

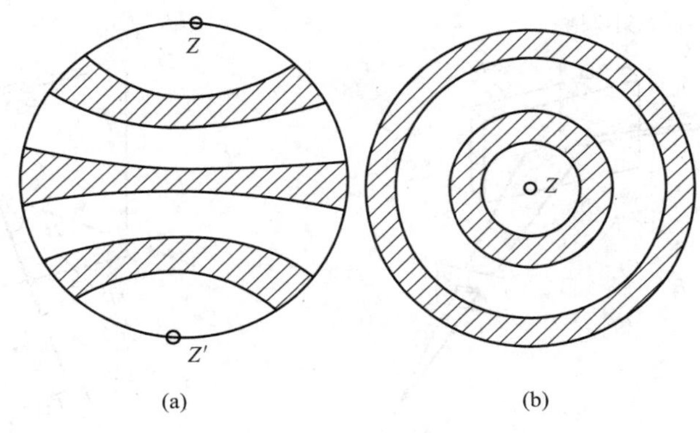

图 4.9 冷拉钨丝的（200）极图

板织构的空间取向分布比较复杂，它的极图比丝织构极图复杂得多。板织构极图是以轧面为检测面绘制的各晶粒中某 {*HKL*} 晶面空间取向分布的极射赤面投影，同时在该投影面上还标出试样轧面法向（ND）、轧向（RD）和横向（TD）的极射赤面投影点。图 4.10 是冷轧铝箔的（111）极图和（200）极图。极图中的封闭区是 {111} 或 {200} 晶面投影点的分布区，即存在 {111} 或 {200} 晶面空间取向的区域。极点分布区内每条曲线上的极点密度相等，称为极密度等高线。极密度等高线上的数字表示相对极密度的大小。在测绘极图时，通常将无织构标样的 {*HKL*} 极密度规定为 1，将织构极密度与无织构的标样极密度进行比较定出织构的相对极密度。因为空间某方向的 {*HKL*} 衍射强度 I_{HKL}（α，β）与该方向参加衍射的晶粒体积成正比，与该方向的极密度也成正比。

极图分析就是要从所测绘的 {*HKL*} 极图判断被测试样的织构内容，例如，织构组分、织构离散度以及各织构组分之间的关系等。织构组分的判定通常采用尝试方法，即将所测得的 {*HKL*} 极图与同晶系的标准极射投影图对照观察。其做法为：将标准投影图逐一地与被测极图对心重叠，转动其中之一进行对比观察，一直到标准投影图中 {*HKL*} 极点全部落在极图中极密度分布区为止。这时，该标准投影图中心点的指数即为轧面指数（*HKL*），与极图中轧向投影点重合的极点指数即为轧向指数 [*uvw*]。这样，便确定了一种理想织构组分（HKL）[*uvw*]。有几张标准投影图能满足上述要求，就有几种相应的织构组分。例如，图 4.10（a）所示的冷轧铝箔（111）极图中存在（110）[$1\bar{1}2$] 和（112）[$11\bar{1}$] 两种织构组分。该极图的各极密度区间都同时存在两种组分的极点，可见这种冷轧纯铝中大多数晶粒的轧面分布在（110）～（112）之间，它们的轧向分布在 [$1\bar{1}2$] ～ [$11\bar{1}$] 之间。从极密度等高线的分布情况可以定性地判别各织构组分的强弱和织构离散度的大小。为了核实极图分析的确切性，对同一个试样可测绘几个不同 {*HKL*} 指数的极图，以便互相验证。例如，图 4.10（a）和图 4.10（b）中的（111）和（200）极图分析结果完全相同。

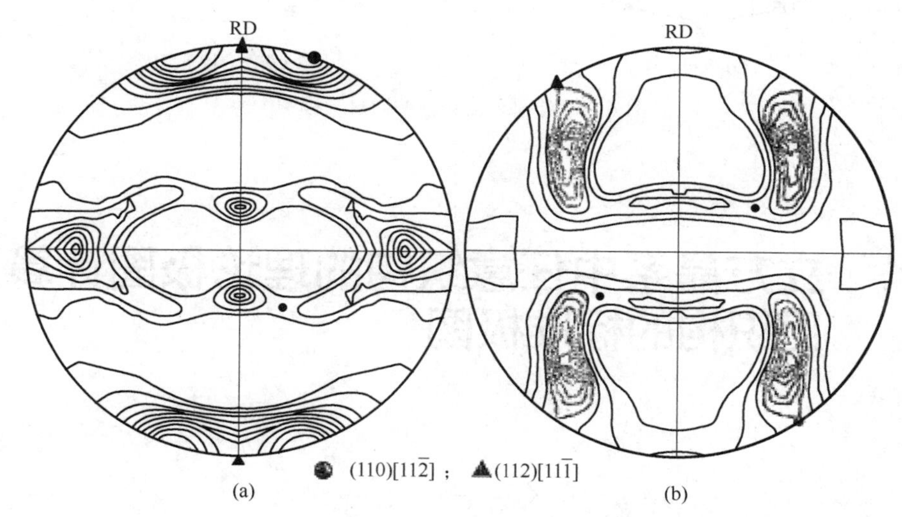

图 4.10　冷轧铝箔（111）极图（a）和（200）极图（b）

织构组分的判断也可以用解析方法确定。例如，冷轧的 70-30CuZn 的（111）极图如图 4.11 所示，RD 与（111）晶面族各晶面极点的夹角分别为 20°、62° 和 90°，但是图 4.11（b）极点 *A* 与 RD 的夹角要用乌尔夫网才能读出。读出的步骤是把乌尔夫网中心和极图的中心叠合在一点，旋转乌尔夫网，从 *A* 点所在的纬度线读出 RD 和 *A* 点的夹角为 62°。通过查立方晶系的晶面夹角表 4.1 可知，（211）与（111）晶面夹角是 19.5°、61.9° 和 90°。因此，该检测面的轧向就是 [211]。

通过乌尔夫网可以查出极图中心点 *P* 与（111）面极点 *A* 的夹角为 35.3° 和 90°。通过查表可知（110）与（111）晶面的夹角是 35.3° 和 90°，因此与（111）面成 35.3° 和 90° 夹角的晶面是 {110} 面，可知 ND 就是 {110}。由以上一系列操作可知，（110）平行于试样表面，RD 方向是 [$1\bar{1}2$]。这种板织构的位向记为（110）[$1\bar{1}2$]。本小节介绍的极图分析法是最经典的。下面介绍作者对立方晶系极图织构分析的另一种表述，标准极图的计算和常见织构的标准极图。

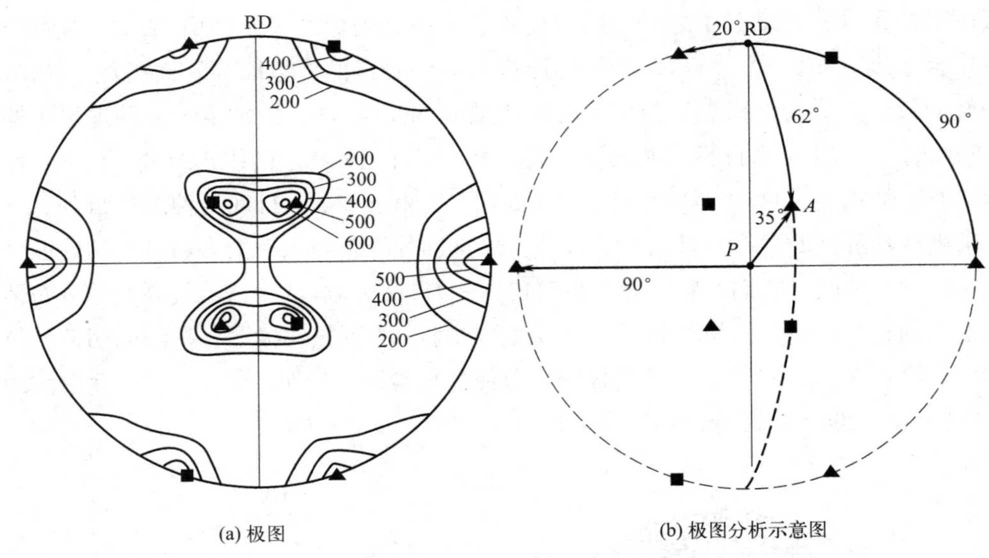

(a) 极图　　(b) 极图分析示意图

图 4.11　冷轧 $CuZn_{30}$ 的（111）极图

4.4 立方晶系中任意织构的理论极图计算及常见织构的标准极图

4.4.1 立方晶系任意织构理论极图的计算

在立方晶系中根据织构和极图的定义，可以从理论上计算出任一织构 {*hkl*}<*uvw*> 对应的某一晶面（*HKL*）的极图。计算方法如下：根据晶面之间夹角的计算公式可以算出 {*hkl*} 与（*HKL*）之间的夹角 θ、{*uvw*} 与（*HKL*）之间的夹角 ϕ。

在乌尔夫网上以圆心为中心，分别以 θ 为半径画圆，再以上下极点为中心，在乌尔夫网上找到与对应的两条等 ϕ 纬度线，与前面的圆共有 4 个交点。这 4 个点就代表了在（*HKL*）极图的 {*hkl*}<*uvw*> 织构。例如在立方晶系中计算晶面 {211} 与 {220} 之间的夹角，利用余弦定理计算过程如下：

因为 $\cos\theta = \dfrac{2\times2+2\times1+0\times1}{\sqrt{(2^2+2^2+0^2)\times(2^2+1^2+1^2)}}$ =0.8660，

所以（211）与（220）之间的夹角是 30°。

因为 $\cos\theta = \dfrac{2\times1+2\times1+0\times2}{\sqrt{(2^2+2^2+0^2)\times(2^2+1^2+1^2)}}$ =0.5773，

所以（112）与（220）之间的夹角是 54.7°。

因为 $\cos\theta=\dfrac{2\times2+2\times(-1)+0\times1}{\sqrt{(2^2+2^2+0^2)\times(2^2+1^2+1^2)}}$ =0.2887，

所以（$2\bar{1}1$）与（220）之间的夹角是 73.2°。

因为 $\cos\theta=\dfrac{2\times1+2\times(-1)+0\times2}{\sqrt{(2^2+2^2+0^2)\times(2^2+1^2+1^2)}}$ =0，

所以（$1\bar{1}2$）与（220）之间的夹角是 90°。

因此 {211} 与 {220} 之间的夹角有 30°、54.7°、73.2° 和 90°。用类似的方法就可以计算出常见的两个晶面之间的夹角，计算结果如表 4.1 所示，该表对利用极图求解立方晶系材料织构非常有帮助。

表 4.1　立方晶系的晶面夹角　　单位：(°)

hkl	100	110	111	210	211	221	310
100	0，90						
110	45，90	0，60，90					
111	54.7	35.3，90	0，70.5 109.5				
210	26.6，63.4 90	18.4，50.8 71.6	39.2，75	0，36.9 53.1			
211	35.3，65.9	30，54.7 73.2，90	19.5，61.9 90	24.1，43.1 56.8	0，33.6 48.2		
221	48.2，70.5	19.5，45 76.4，90	15.8，54.7 78.9	26.6，41.8 53.4	17.7，35.3 47.1	0，27.3 39.0	
310	18.4，71.6 90	26.6，47.9 63.4，77.1	43.1，68.6	8.1，58.1 45	25.4，49.8 58.9	32.5，42.5 58.2	0，25.9 36.9
311	25.2，72.5	31.5，64.8 90	29.5，58.5 80	19.3，47.6 66.1	10，42.4 60.5	25.2，45.3 59.8	17.6，40.3 55.1
320	33.7，56.3 90	11.3，54.9 66.9	36.9，80.8	7.1，29.8 41.9	25.2，37.6 55.6	22.4，42.3 49.7	15.3，37.9 52.1
321	36.7，57.7 74.5	19.1，40.9 55.5	22.2，51.9 72，90	17，33.2 53.3	10.9，29.2 40.2	11.5，27.0， 36.7	21.6，32.3 40.5
331	46.5	13.1	22				
510	11.4						
511	15.6						
711	11.3						

例如绘制 {001}<100> 立方织构的（111）、（200）、（220）标准极图。绘制过程详细说明如下：

从表 4.1 可知 {100} 与（111）晶面的夹角是 54.7°，在乌尔夫网上以圆心为中心（零度），在水平线或垂直线上找到 54.7° 点为半径画圆。该圆与以上下极点为中心距离为 54.7° 的两条纬线相交于 4 个点，这就绘成了立方织构的（111）极图。从表 4.1 可知 {100} 与（100）晶面的夹角是 0° 和 90°，在乌尔夫网上的圆心和圆周满足（100）//ND 的条件，上下极点和水平线满足 <100>//RD 的条件，因此，上下极点、左右极点和中心圆点共 5 个点就构成了立方织构的（200）全极图。从表 4.1 可知 {100} 与（110）晶面的夹角是 45° 和 90°，在乌尔夫网上以圆心为中心，距离圆心为 45° 和 90° 的圆就代表了（100）//ND，以上下极点为中心，距离极点为 45° 的纬线和通过圆心的水平线表示 <100>//RD，上述圆和纬线、水平线的所有 10 个交点构成立方织构的（220）全极图，如图 4.12 所示。

例如绘制 {111}//ND 织构的（111）、（200）、（220）标准极图。绘制过程详细说明如下：

从表 4.1 可知 {111} 与（111）晶面的夹角是 0° 和 70.5°，在乌尔夫网上圆心和以圆心为中心距离圆心为 70.5° 的圆就代表了（111）//ND，圆心和圆就构成了 {111}//ND 织构的（111）标准极图。从表 4.1 可知 {111} 与（200）晶面的夹角是 54.7°，在乌尔夫网上以圆心为中心且距离圆心 54.7° 的圆就代表了（111）//ND，这就构成了 {111}//ND 织构的（200）标准极图。从表 4.1 可知 {111} 与（220）晶面的夹角是 35.3° 和 90°，在乌尔夫网上以圆心为中心且距离圆心 35.3° 和 90° 的 2 个圆就代表了（111）//ND，这就构成了 {111}//ND 织构的（220）标准极图，如图 4.13 所示。

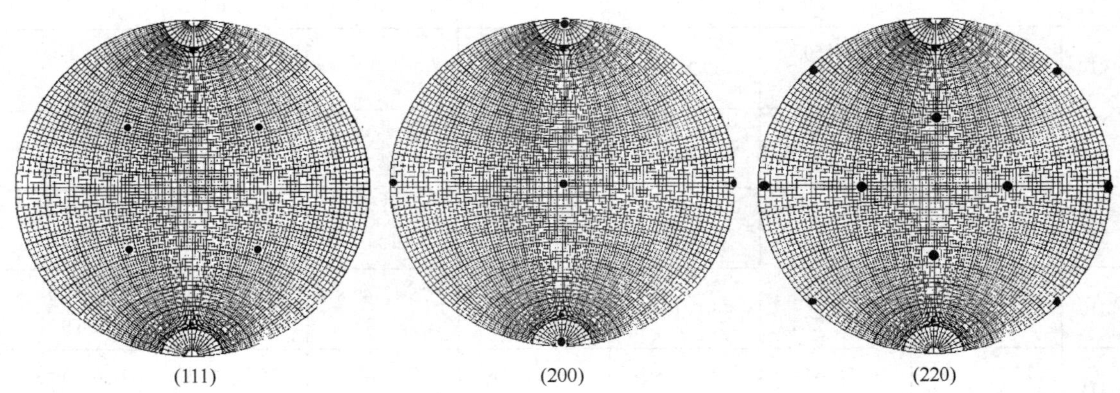

图 4.12　立方织构的（111）、（200）和（220）标准极图

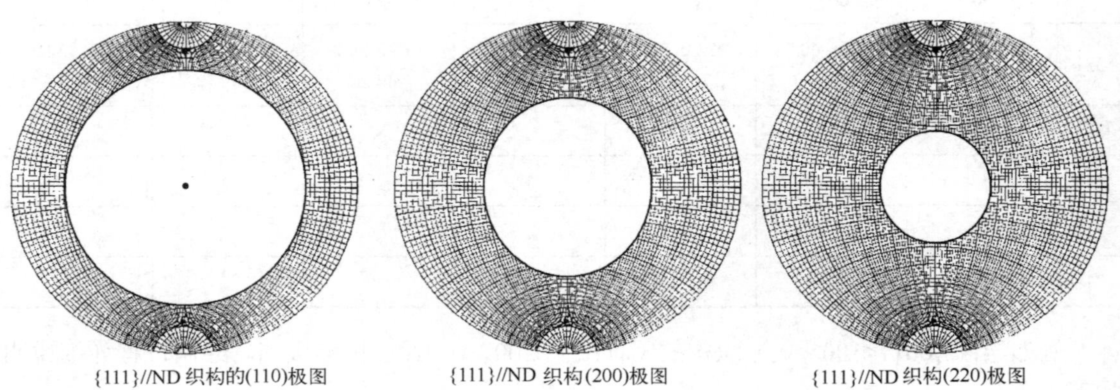

{111}//ND 织构的(110)极图
{111}//ND 织构(200)极图
{111}//ND 织构(220)极图

图 4.13　γ 织构的（111）、（200）和（220）标准极图

4.4.2　面心立方常见织构的标准极图

剪切织构 {100}<011>、戈斯织构 {110}<001>、黄铜织构 {110}<112>、铜织构 {211}<111>、退火织构 {111}<211>、α 织构是 <110>//RD、η 织构是 <001>//RD 和 {100}//ND 等几种常见织构的（111）、（200）、（220）的部分极图或全极图可以用相同的方法绘制出来，如图 4.14 ～图 4.21 所示。

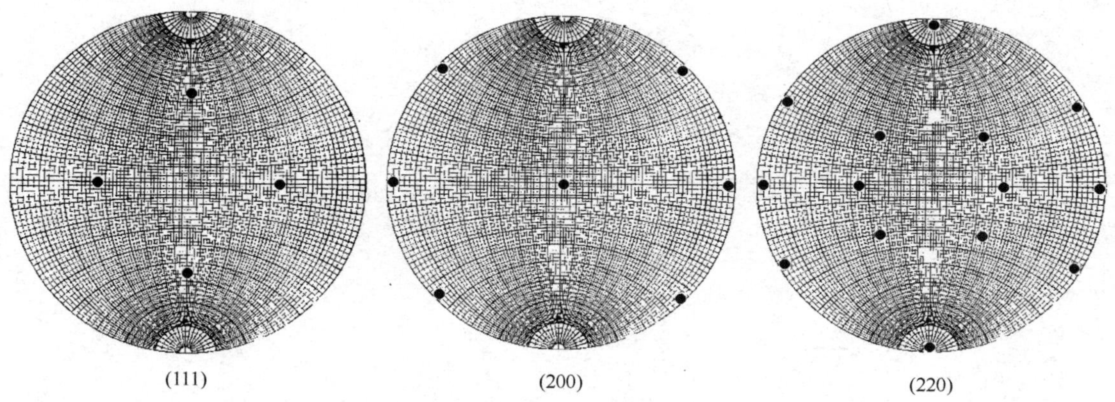

图 4.14　剪切织构 {100}<011> 的（111）、（200）、（220）标准全极图

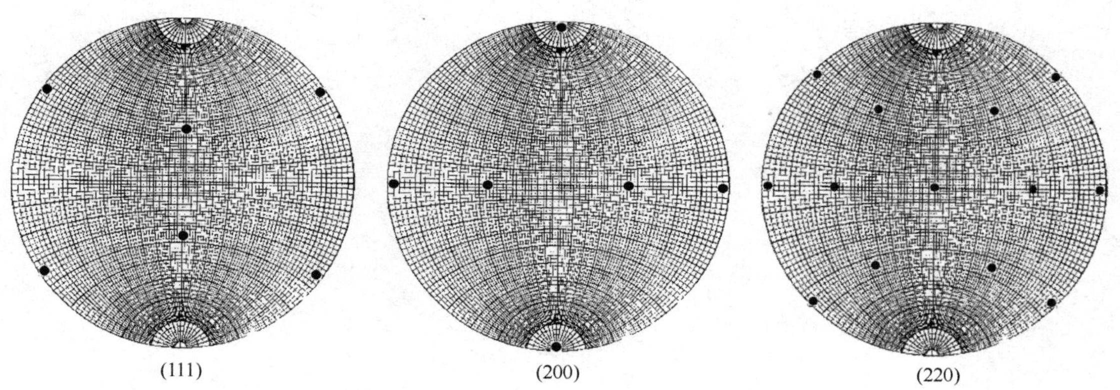

图 4.15　戈斯织构 {110}<001> 的（111）、（200）、（220）标准全极图

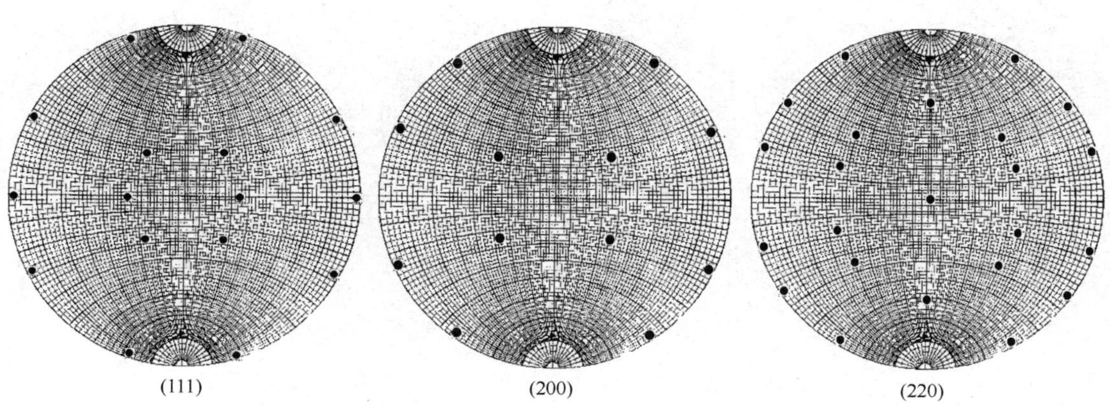

图 4.16　黄铜织构 {110}<112> 的（111）、（200）、（220）标准全极图

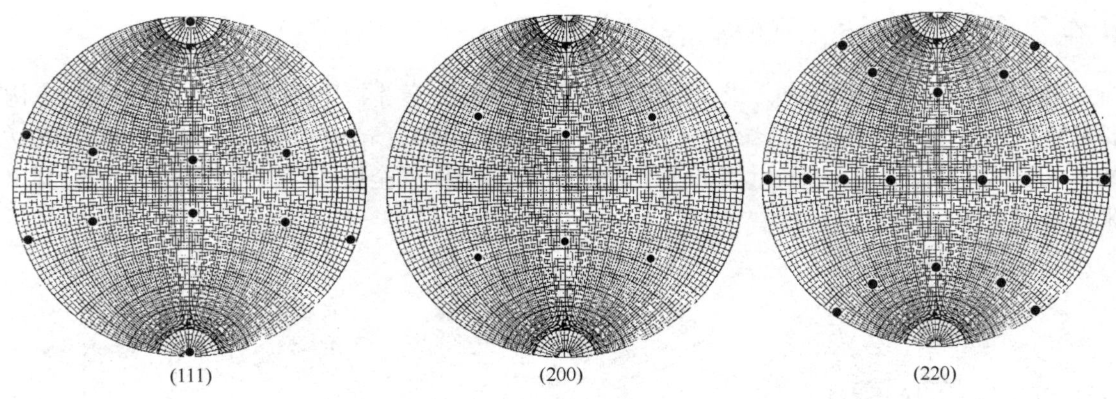

图 4.17 铜织构 {211}<111> 的（111）、（200）、（220）标准全极图

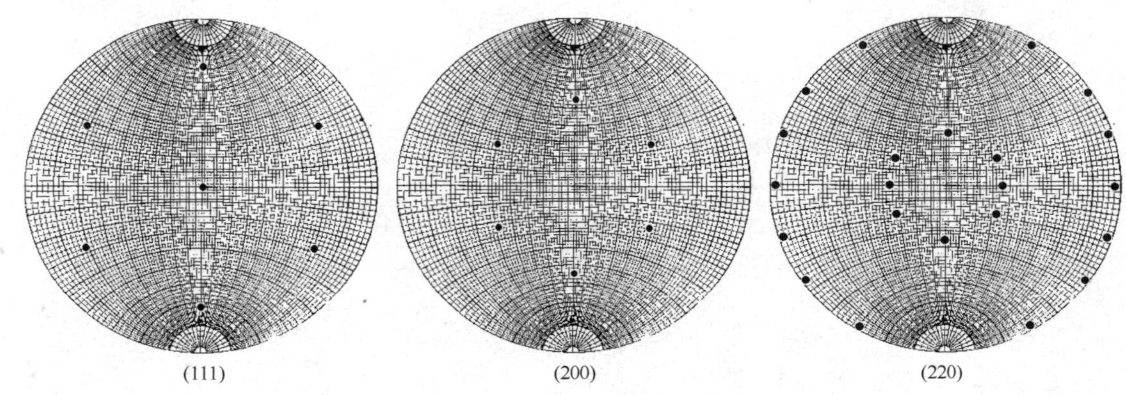

图 4.18 退火织构 {111}<211> 的（111）、（200）、（220）标准全极图

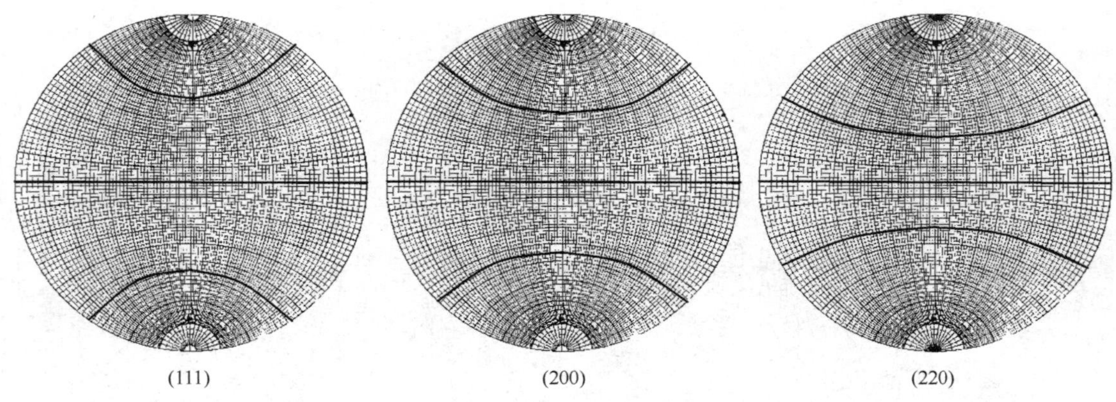

图 4.19 α 织构的（111）、（200）、（220）标准全极图

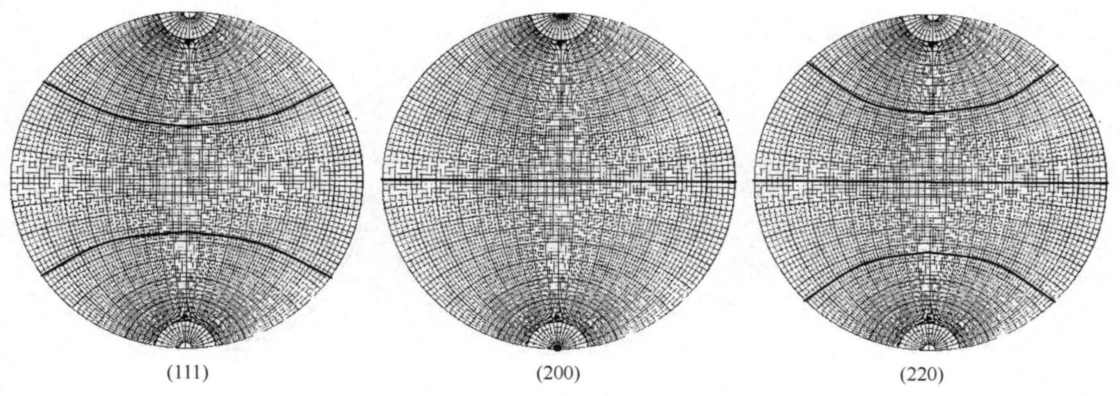

图 4.20　η 织构的（111）、（200）、（220）标准全极图

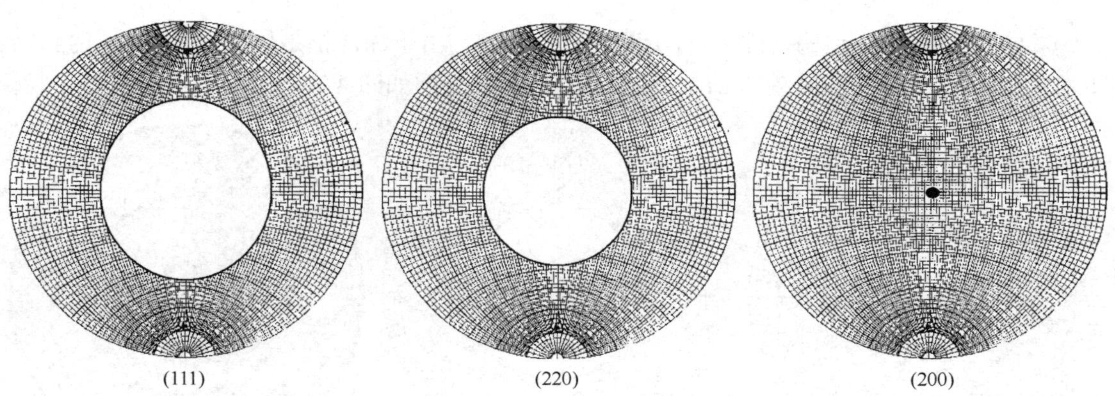

图 4.21　{100}//ND 织构的（111）、（200）、（220）标准全极图

4.4.3　钢铁常见织构的标准极图

取向硅钢通常是戈斯织构，即 {110}<001>，由于取向硅钢是体心立方，测试极图时通常测（110）、（200）和（211）极图，它们标准极图如图 4.22（a）所示。立方织构的极图如图 4.22（b）所示。

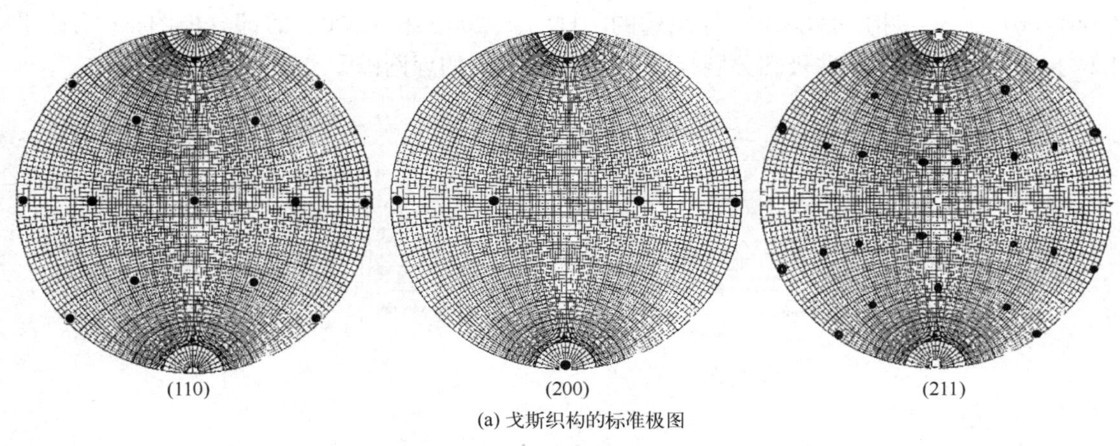

(a) 戈斯织构的标准极图

图 4.22

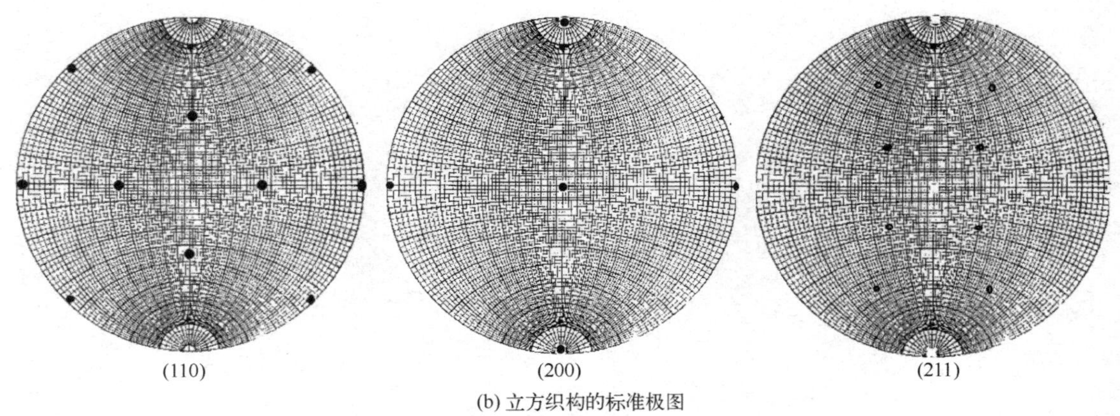
(110)　(200)　(211)

(b) 立方织构的标准极图

图 4.22　戈斯织构 {110}<001> 和立方织构 {100}<001> 的（110）、（200）、（211）标准全极图

深冲钢通常是 γ 织构，即（111）面平行于检测，由于深冲钢是体心立方，所以测试极图时通常测（110）、（200）和（211）极图，它们标准极图如图 4.23 所示。

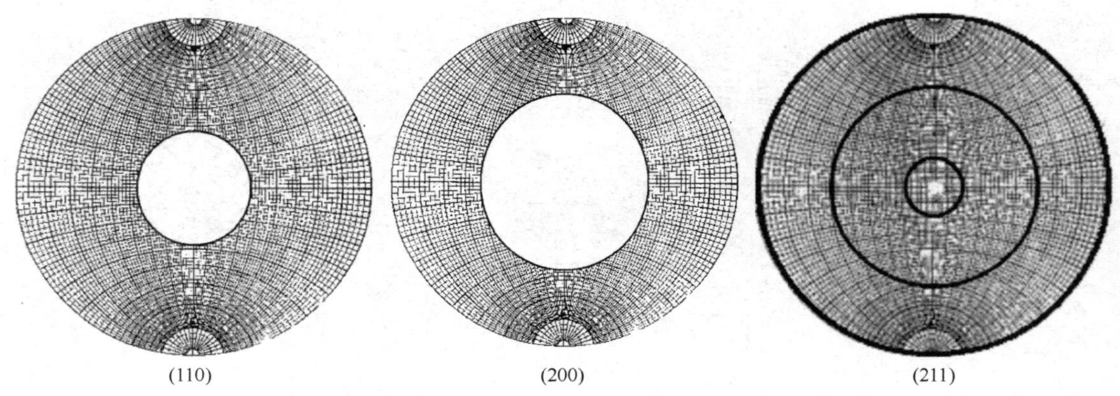
(110)　(200)　(211)

图 4.23　γ 织构的（110）、（200）和（211）标准极图

4.4.4　部分理论极图织构的实测验证

上面介绍了织构的理论极图绘制方法，为了证明这种方法的正确性，实测了立方织构 {100}<001>、γ 织构 <111>//ND 等织构的（111）、（200）和（220）的部分极图，分别如图 4.24 和图 4.25 所示。这些极图分别与图 4.14 和图 4.15 的理论极图一致。

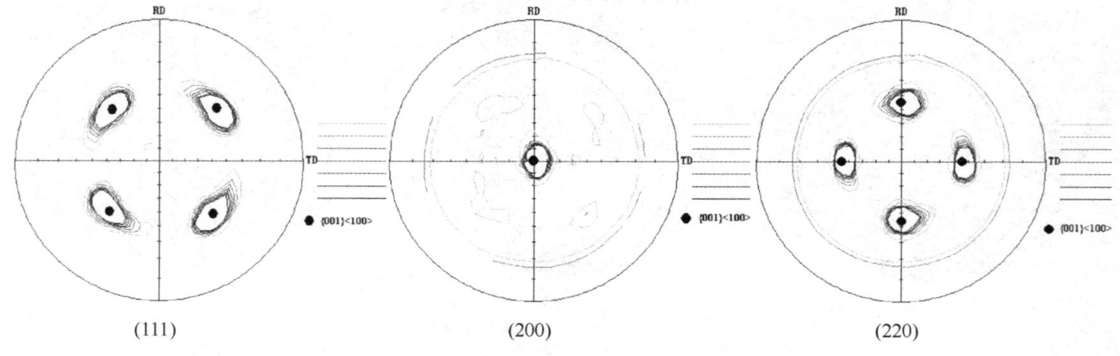

(111)　(200)　(220)

图 4.24　铜轧制加工后 600℃退火 1h 的（111）、（200）和（220）的部分极图

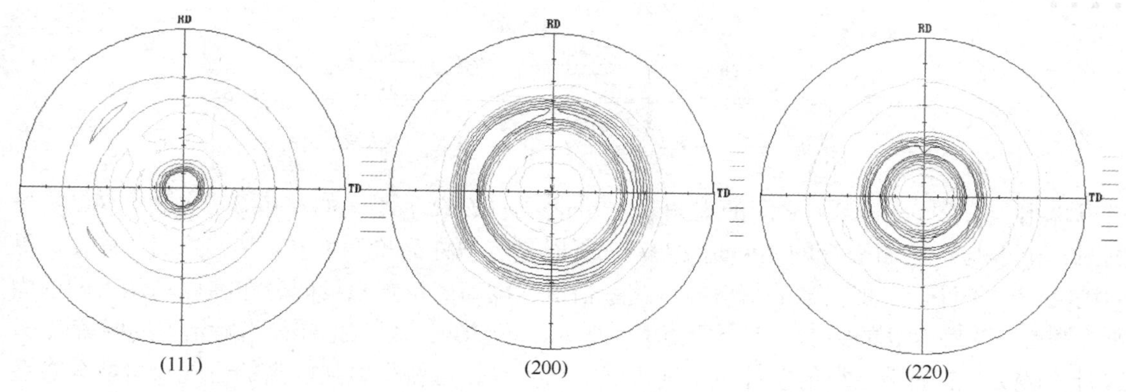

图 4.25　铜挤压后的（111）、（200）和（220）的部分极图

由实测极图可知，晶面是近似平行和平行于轧向或法向，在实测极图上对应的不是一个点，而是一个小圆圈。有的是多个织构综合作用在一起，会偏离理论极图。总之，掌握了织构的理论极图绘制原理，就能更好地理解前面介绍的解析法求解织构。

4.5　六方晶系任意织构的理论极图计算及常见织构的标准极图

4.5.1　六方晶系任意织构的理论极图计算

六方晶系任意织构的理论极图计算方法与立方晶系的基本相似。主要不同之处是六方晶系的晶面指数与晶向指数的夹角关系，不能直接用六方晶系晶面夹角公式，需要把六方晶系的晶向指数转换成晶面法向指数，才能应用六方晶系晶面夹角公式。另外一个不同之处是六方晶系晶面夹角公式中有 *c*/*a* 值，这个值不同，两个相同的晶面指数之间的夹角可能不同。因此 *c*/*a* 值不同，材料的有些织构的理论极图不同。

织构 *{hkl}<uvw>* 的含义是与样品检测面平行的晶面（*hkl*），在检测面内取某一条特定线，如果是轧制加工样品，通常取与轧制方向一致的特定线，在测量极图时，这特定线（RD）与 β 等于 0 的刻度线重合，这特定线的方向是 *<uvw>*。在本书中（*hkl*）和 *<uvw>*，不管是三指数表示，还是四指数表示，都是统一用晶面指数表示方向。因此，它们满足六方晶体晶面夹角公式的计算条件。从几何上讲，（*hkl*）与 *<uvw>* 相互垂直。（*HKL*）极图的含义是极图所有点的信息都是（*HKL*）晶面的衍射强度，极点的具体位置记录（*HKL*）晶面与样品检测面 ND 和特定方向 RD 的夹角，夹角值可由乌尔夫网直接读出。这是因为在实测极图设计时就借用了乌尔夫网。乌尔夫网的用途就是测量晶面之间的夹角。在六方晶系中根据织构和极图的定义，可以从理论上计算出任意织构 *{hkl}<uvw>* 对应的某一特定晶面（*HKL*）的极图。根据六方晶系任意两个晶面（$h_1k_1l_1$）、（$h_2k_2l_2$）之间夹角的计算式（4.1）：

$$\cos\phi = \frac{h_1h_2 + k_1k_2 + \frac{1}{2}\left(h_1k_2 + h_2k_1\right) + \frac{3a^2}{4c^2}l_1l_2}{\sqrt{\left(h_1^{\ 2} + K_1^{\ 2} + h_1k_1 + \frac{3a^2}{4c^2}l_1^{\ 2}\right)\left(h_2^{\ 2} + K_2^{\ 2} + h_2k_2 + \frac{3a^2}{4c^2}l_2^{\ 2}\right)}} \tag{4.1}$$

可以算出 {*hkl*} 与（*HKL*）之间的夹角 θ、{*uvw*} 与（*HKL*）之间的夹角 ϕ。实测（*HKL*）极图时，由于与检测面平行的晶面是（*hkl*），所以只有把样品检测面转动 θ，这时（*HKL*）晶面满足衍射条件，出现很强的衍射峰，这些衍射强度高的位置只可能分布在以乌尔夫网的中心为圆心，半径为 θ 的圆上。上下极点表示为 <*uvw*> 方向，只有把样品沿特定方向线旋转 ϕ，这时（*HKL*）晶面满足衍射条件，出现很强的衍射峰，这些衍射强度高的位置只可能分布在乌尔夫网与上下极点对应的两条等 ϕ 纬度线上。这两条等 ϕ 纬度线与前面的圆共有 4 个交点，这 4 个交点就是它们的公共解。这 4 个交点就代表了有 {*hkl*}<*uvw*> 织构的样品在实测（*HKL*）极图时出现（*HKL*）晶面最强的衍射峰位置。

织构 {*hkl*}//ND 是一种丝织构类型，通常在锻压、拉拔、电镀、物理（化学）气相沉积和离子溅射等加工方式下形成。例如用钛金属圆柱体样品进行热压缩，检测面垂直于压缩方向，检测面是圆形。这时与检测面平行的晶面是 {*hkl*}，在检测面内各方向可以是任意晶向。实测（*HKL*）极图时，由于与检测面平行的晶面是（*hkl*），所以只要把样品检测面转动 θ，这时（*HKL*）晶面满足衍射条件，出现很强的衍射峰，因此衍射强度高的位置都分布在以乌尔夫网的中心为圆心，半径为 θ 的圆上。

织构 <*uvw*>//RD 也是一种丝织构类型，产生条件与上述相同。唯一不同的是检测面。假若是压缩样品，是沿压缩中心轴线剖开圆柱体，得到一个长方形检测面，检测极图时，轴线方向与 RD 一致。这时 {*hkl*} 与 <*uvw*> 表示同一个矢量，数值也相等。<*uvw*> 与（*HKL*）之间的夹角也等于 θ。实测（*HKL*）极图时，由于与轴线平行的晶向是（*uvw*），所以只要把样品沿轴向旋动 θ，这时（*HKL*）晶面满足衍射条件，出现很强的衍射峰，这些衍射强度高的位置全都分布在乌尔夫网与上下极点对应的两条等 θ 纬度线上。

4.5.2 钛的常见织构的标准极图

利用六方晶系晶面夹角的计算公式可以计算获得纯钛金属在实际参与衍射低晶面指数范围内的晶面夹角计算表，如表 4.2 所示。在实际测量时通常取前 4 个衍射峰中 4 个或 3 个衍射晶面作极图，因此在计算晶面夹角时只取标准衍射卡片中实际发生衍射的晶面与前 4 个衍射晶面之间的夹角。由于对称性和晶面等效性，计算晶面夹角时考虑了等效晶面族的影响。例如 {100} 包含了等效的（100）、（$\bar{1}00$）、（010）、（$0\bar{1}0$）、（$1\bar{1}0$）和（$\bar{1}10$）6 个 Ⅰ 型棱柱面，{110} 晶面族包含了（110）、（$\bar{1}\,\bar{1}0$）、（$\bar{1}20$）、（$1\bar{2}0$）、（$2\bar{1}0$）和（$\bar{2}10$），共 6 个等效 Ⅱ 型棱柱面。要特别注意立方晶系三指数与六方晶系三指数有显著区别。当计算结果大于 90°，取其余角。根据这个原则计算了钛晶面夹角。

表 4.2　钛的晶面夹角计算表　　单位：(°)

hkl	100	002	101	102	110	103	112	201
100	0，60	90	28.6，64	47.5，70.2	30，90	58.6，74.9	42.9，90	15.3，61.2
002		0	61.4	42.5	90	31.4	57.8	74.7

续表

hkl	100	002	101	102	110	103	112	201
101			0，52.1，57.2，81	18.9，49.5，76.1，86.8	40.5，90	30，50.4，79.6，87.2	26，67.2，75.2	13.4，43.9，56.7，72.7
102				0，39.5，71.6，85	54.2，90	11.1，36.4，63.1，73.9	27.4，66.9，84.1	32.2，58.7，82.4，62.8

注：钛的晶格点阵参数 a=0.29505nm，c=0.46826nm。

六方晶系纯钛的滑移面主要是（0001）、{10$\bar{1}$0} 和 {10$\bar{1}$1}，这是由于它们的原子密度相差不多，滑移方向是 <11$\bar{2}$0> 。如果对工业纯钛板进行变形轧制，在轧制过程中，各主要滑移面与轧制面平行或趋近平行，滑移方向与轧制方向一致。因此，在合适的轧制工艺参数下极可能出现的轧制织构有（0001）<11$\bar{2}$0> 、{10$\bar{1}$0}<11$\bar{2}$0> 和 {10$\bar{1}$1}<11$\bar{2}$0>。换成三指数表达，这 3 个轧制织构分别是（001）<110>、{100}<110> 和 {101}<110>。轧制后如果经过热处理，晶粒通常再结晶长大，会使试样表面的表面能降到最低。因此轧制后退火处理可能出现（001）<100> 退火织构。如果对工业纯钛圆柱棒进行挤压或拉拔加工，在加工过程中，滑移方向与挤压或拉拔轴线平行，容易形成 <110>//RD、{110}//ND 的丝织构，还可能形成的丝织构还有（001）//RD、（001）//ND、{100}//RD 和 {100}//ND 等。由于丝织构有很强的对称性，热处理只能消除加工残余应力、位错和晶格畸变等，但不能破坏晶体取向的对称性。因此，加工态的丝织构经退火处理后仍是原来的丝织构，丝织构的强度可能增强。

纯钛轧制加工产生的织构（001）<110> 织构的（100）、（002）、（101）和（102）晶面理论极图的绘制方法如下：查表 4.2 可知，（002）、（110）与（100）的夹角分别是 90°、30° 和 90°。（100）极图的绘制是在乌尔夫网上以中心为圆心、半径为 90° 画圆即外圆，然后以上下极点为中心（纬度为零），找到 30° 的纬度线与外圆相交为 4 个点，90° 纬度线就是过圆心的水平线，与外圆有 2 个交点，这 6 个点代表了（100）面的衍射强度最强分布点，如图 4.26（a）所示。在反射法测量中，实际上测不到这些点，也就测不出钛（001）<110> 织构的（100）极图。（002）、（110）与（002）的夹角分别是 0° 和 90°。（002）极图的绘制是以乌尔夫网的中心为圆心，半径为 0° 即圆心，然后以上下极点为中心，画 90° 的等弧线，这就是过圆心的水平线，因此圆心就是唯一的交点。这交点就代表了（002）面的衍射强度最强分布的唯一点，如图 4.26（b）。在反射法实测钛（001）<110> 织构的（002）极图时，在圆心处（002）面的衍射峰很强。查表 4.2 可知，（002）、（110）与（101）的夹角分别是 61.4° 和 40.5°、90°。（101）极图的绘制是在乌尔夫网上以中心为圆心，半径为 61.4° 画圆，然后以上下极点为中心（纬度为零），找到 40.5° 的两条纬度线与半径为 61.4° 的圆相交为 4 个点，90° 纬度线就是过圆心的水平线，与半径为 61.4° 的圆有 2 个交点，这 6 个点代表了（101）面的衍射强度最强分布点，如图 4.26（c）所示。在反射法测量中，可以观察到衍射最强的 6 个点分布在等边六边形的 6 个顶点上。这就构成了实测的钛（001）<110> 织构的（101）极图。查表 4.2 可知，（002）、（110）与（102）的夹角分别是 42.5° 和 54.2°、90°。（102）极图的绘制是在乌尔夫网上以中心为圆心，半径为 42.5° 画圆，然后以上下极点为中心（纬度为零），找到 54.2° 的两条纬度线与半径为 42.5° 的圆相交的 4 个点，90° 纬度线就是过圆心的水平线，与半径为 42.5° 的圆有 2 个交点，这 6 个点代表了（102）面的衍射强度最强分布点，如图 4.26（d）所示。在反射法测量中，可以观察到衍射最强的 6 个极点分布在等边六边形的 6 个顶点上。这就构成了实测的钛（001）<110> 织构的（102）极图。

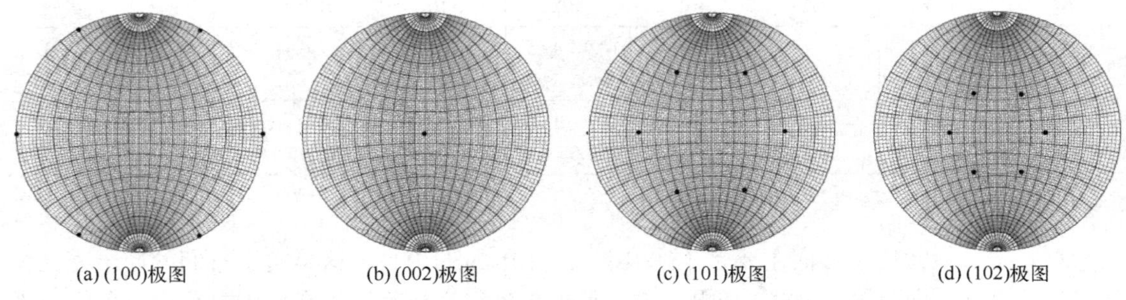

图 4.26　钛（001）<110> 织构的（100）极图、（002）极图、（101）极图和（102）极图

把具有（001）<110> 织构样品的检测面由原来的轧制面改成与轧制方向垂直截面作检测面，原来检测面的 ND 方向作为现在检测面的 RD 方向，这样原来（001）<110> 织构变成了 {110}<001> 织构。{110}<001> 织构的标准极图如图 4.27 所示。对同一个样品不同的检测面获得的极图表现形式不同，但揭示了相同的物理信息。因此，在检测样品织构时，首先了解样品的检测面的性质，注意样品的外观坐标与制备加工时样品所受外力的关系。

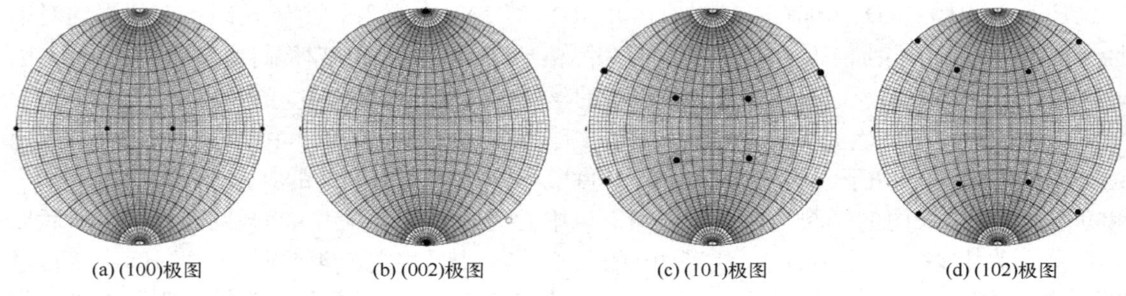

图 4.27　钛 {110}<001> 织构的（100）极图、（002）极图、（101）极图和（102）极图

纯钛轧制后进行充分的退火处理，通常发生晶粒长大和再结晶现象，会改变原有的晶粒取向，使样品的表面能降低。在六方晶系中滑移面都是原子的密排面，（001）、{100} 和 {101} 面的原子密度接近，同时要考虑（*hkl*）与 <*uvw*> 垂直。因此最有可能形成的轧制退火织构是（001）<100> 织构，其标准极图如图 4.28 所示。同样，把具有（001）<100> 织构的样品的检测面由原来的轧制面改成与轧制方向垂直截面作检测面，原来检测面的 ND 方向作为现在检测面的 RD 方向，这样原来（001）<100> 织构变成了 {100}<001> 织构，{100}<001> 织构的标准极图如图 4.29 所示。

当纯钛金属在热锻压或利用 Gleebler 热压缩时，上下端面受力均匀，力的大小相等、方向相反，圆柱体样品压缩时向四周均匀展开，晶粒运行方向不受限；当纯钛穿过空心圆筒型模具进行拉拔加工时，钛棒在圆周上受到的力通过圆心，对称相等。多晶钛在上述两种加工方式下，晶体的密排面、滑移面会平行或趋近平行于压缩面或挤压面，同时原子密排方向与压缩轴线或拉拔轴线平行或趋近平行。因此钛经锻压（压缩）、拉拔（挤压）加工产生的加工织构是丝织构。根据钛晶体的密排面、密排方向，主要的丝织构有（001）//ND、<001>//RD、{100}//ND、<100>//RD、{110}//ND 和 <110>//RD。它们的标准极图分别如图 4.30 至图 4.35 所示。凡是表述平行于 ND 的丝织构，检测面是垂直于压缩轴线或拉拔轴线的；凡是表述平行于 RD 的丝织构，检测面是平行于压缩轴线或拉拔轴线的。两个相互垂直的检测面表达了同一种晶体取向关系。

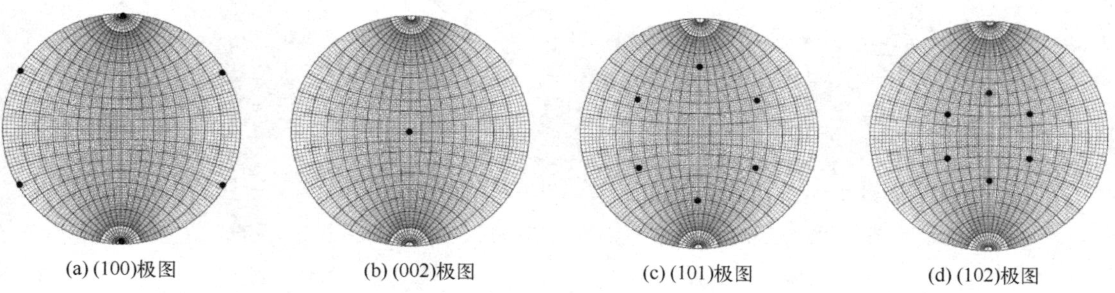

图 4.28　钛（001）<100> 织构的（100）、（002）、（101）和（102）极图

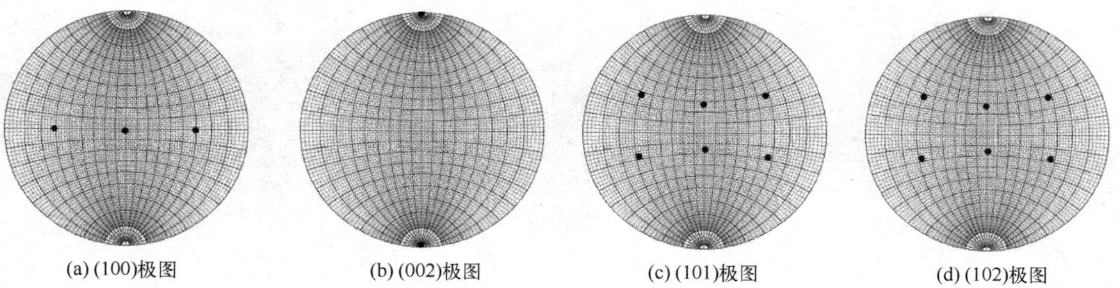

图 4.29　钛 {100}<001> 织构的（100）、（002）、（101）和（102）极图

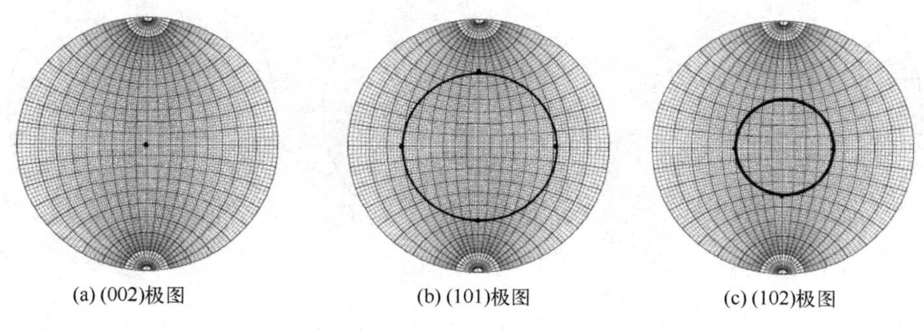

图 4.30　钛（001）//ND 丝织构的（002）、（101）和（102）面理论极图

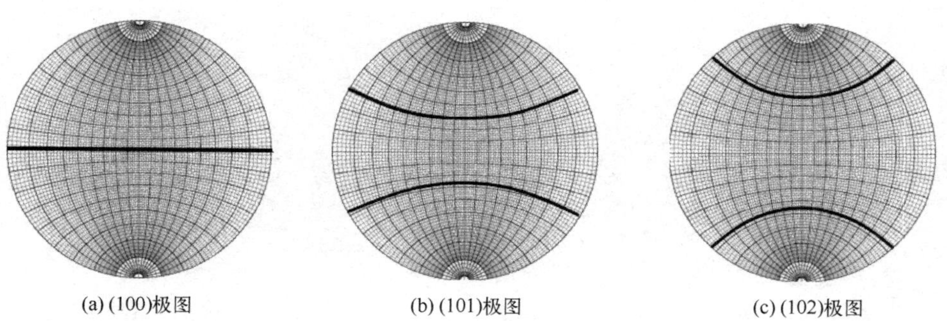

图 4.31　钛（001）//RD 丝织构的（100）、（101）和（102）面理论极图

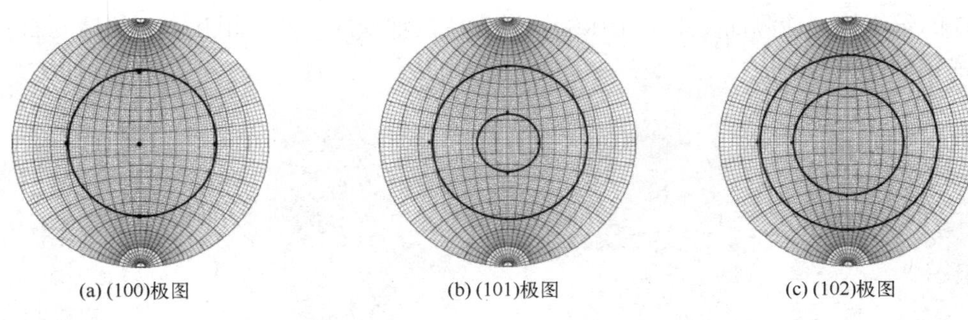

(a) (100)极图　　(b) (101)极图　　(c) (102)极图

图 4.32　钛 {100}//ND 丝织构的（100）、（101）和（102）极图

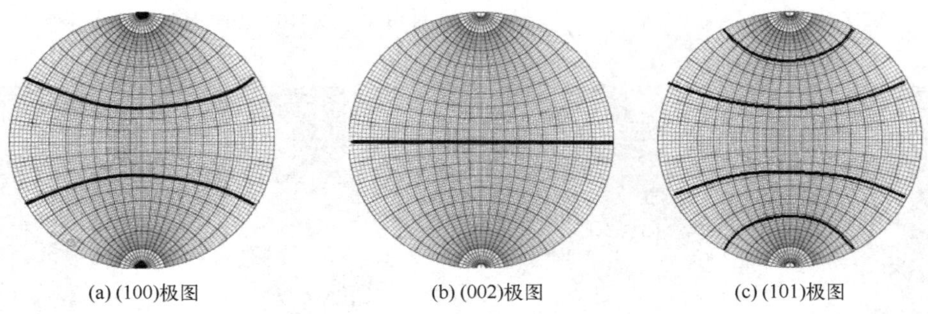

(a) (100)极图　　(b) (002)极图　　(c) (101)极图

图 4.33　钛 <100>//RD 丝织构的（100）、（002）和（101）极图

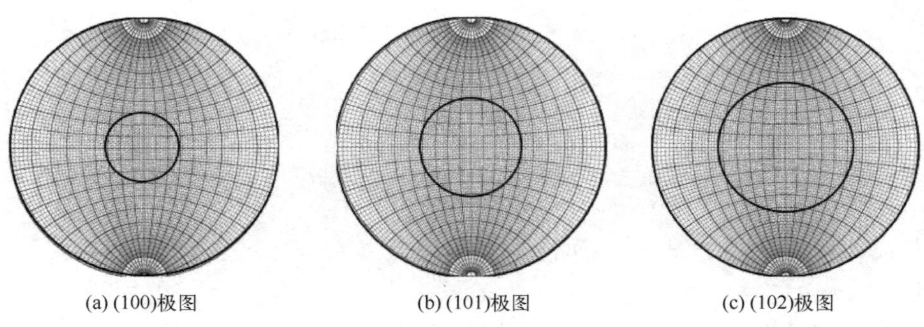

(a) (100)极图　　(b) (101)极图　　(c) (102)极图

图 4.34　钛 {110}//ND 丝织构的（100）、（101）和（102）极图

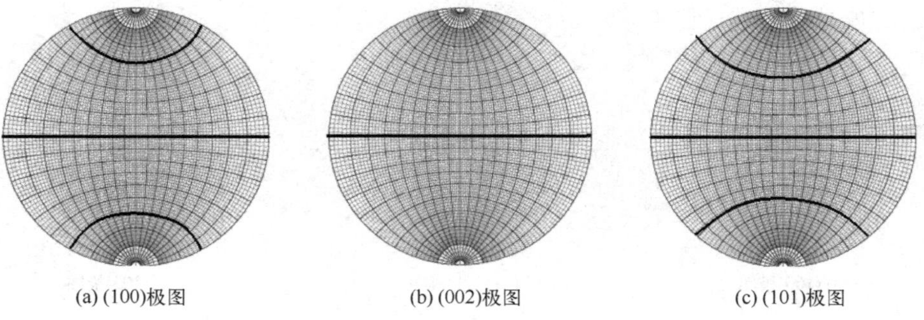

(a) (100)极图　　(b) (002)极图　　(c) (101)极图

图 4.35　钛 {110}//RD 丝织构的（100）、（002）和（101）极图

4.5.3　锆的常见织构的标准极图

把锆的晶格点阵参数 a=0.3232nm，c=0.5147nm 代入式（4.1）就可以计算获得单晶锆晶面之间的夹角，如表 4.3 所示。

表 4.3　锆的晶面夹角表　　单位：(°)

hkl	100	002	101	102	110	103	112	201
100	0，60	90	28.5，63.9	47.4，70.2	30，90	58.5，74.8	42.8，90	15.2，61.1
002	90	0	61.5	42.6	90	31.5	57.9	74.8
101	28.5，63.9	61.5	0，52.1，57.1，80.9	18.9，49.5，75.9，86.9	40.5，90	30，50.4，79.8，87	26.1，67，75.3	13.3，43.8，56.7，72.6
102	47.4，70.2	42.6	18.9，49.5，75.9，86.9	0，39.6，71.8，85.2	54.1，90	11.1，36.4，63.2，74.1	27.4，67，84	32.2，58.7，62.6，82.3，

把铪的晶格点阵参数 a=0.31964nm，c=0.50511nm 代入式（4.1）得到铪的晶面夹角计算表，如表 4.4 所示。锆和铪是同一族金属，都属六方晶系，晶格点阵参数相近，理论上它们的晶面夹角也相近，比较表 4.3 和表 4.4，实际上它们的晶面夹角的确接近。锆的标准极图同样适合于铪。

表 4.4　铪的晶面夹角计算表　　单位：(°)

hkl	100	002	101	102	110	103	112	201
100	0，60	90	28.7，64	47.6，70.3	30，90	58.7，74.9	43，90	15.3，61.2
002	90	0	61.3	42.4	90	31.3	57.7	74.7
101	28.7，64	61.3	0，52.0，57.4，81.2	18.9，49.4，76.3，86.6	40.6，90	30，50.3，79.5，87.4	26.0，67.4，75.1	13.4，44.0，56.6，72.8
102	47.6，70.3	42.4	18.9，49.4，76.3，86.6	0，39.4，71.4，84.8	54.3，90	11.1，36.3，62.9，73.7	27.3，66.7，84.4	32.3，58.7，63，82.6

锆的部分织构的标准极图如图 4.36 ～图 4.42 所示。

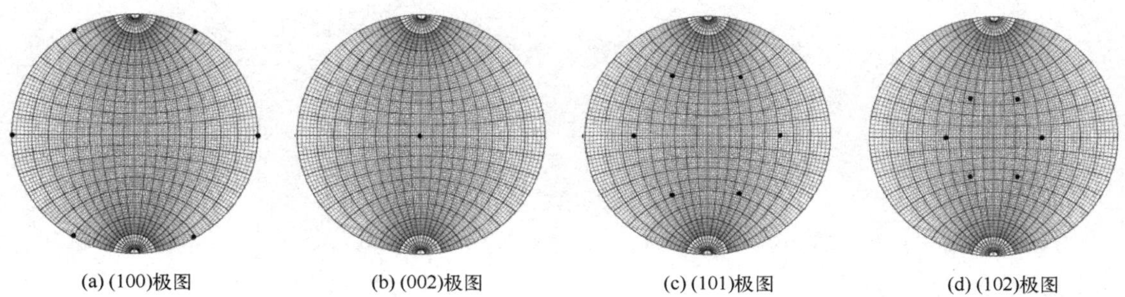

(a) (100)极图　(b) (002)极图　(c) (101)极图　(d) (102)极图

图 4.36　锆（001）<110> 织构的（100）极图、（002）极图、（101）极图和（102）极图

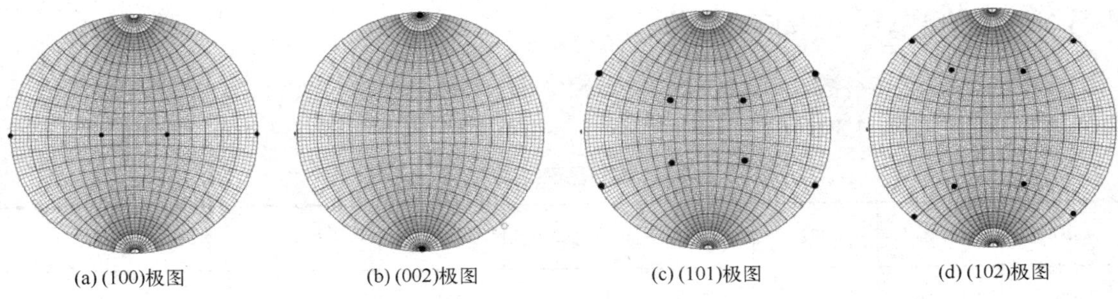

图 4.37　锆 {110}<001> 织构的（100）极图、（002）极图、（101）极图和（102）极图

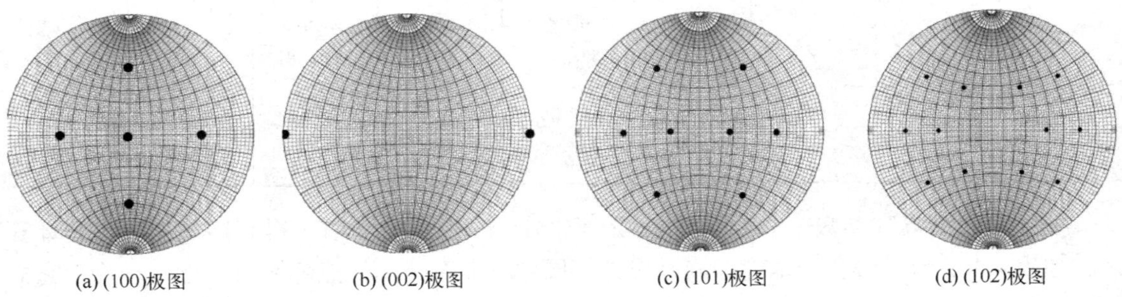

图 4.38　锆 {100}<110> 织构的（100）、（002）、（101）和（102）极图

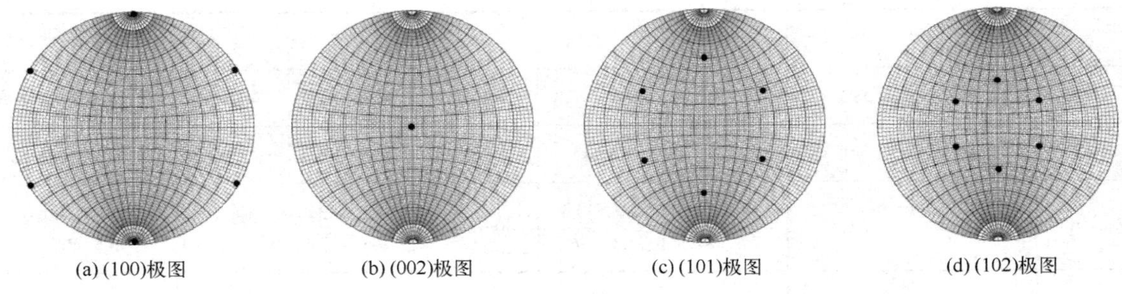

图 4.39　锆（001）<100> 织构的（100）、（002）、（101）和（102）极图

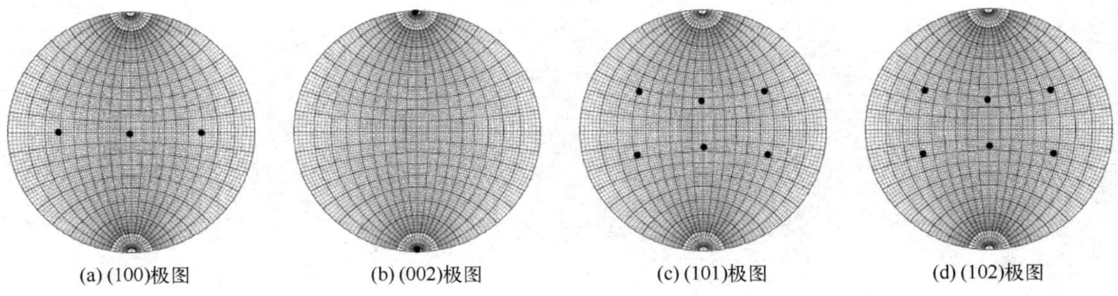

图 4.40　锆 {100}<001> 织构的（100）、（002）、（101）和（102）极图

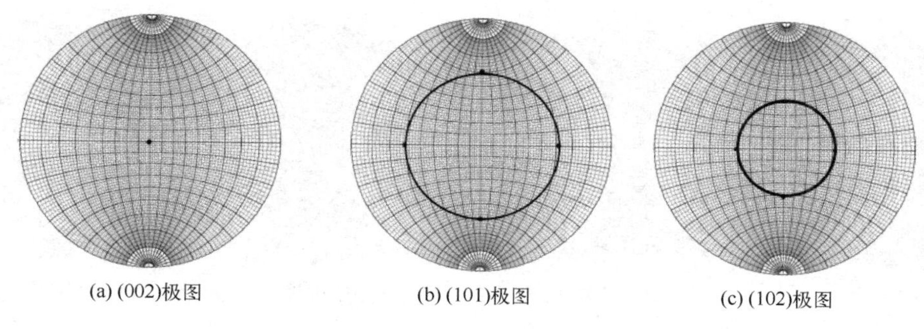

图 4.41　锆（001）//ND 丝织构的（002）、（101）和（102）极图

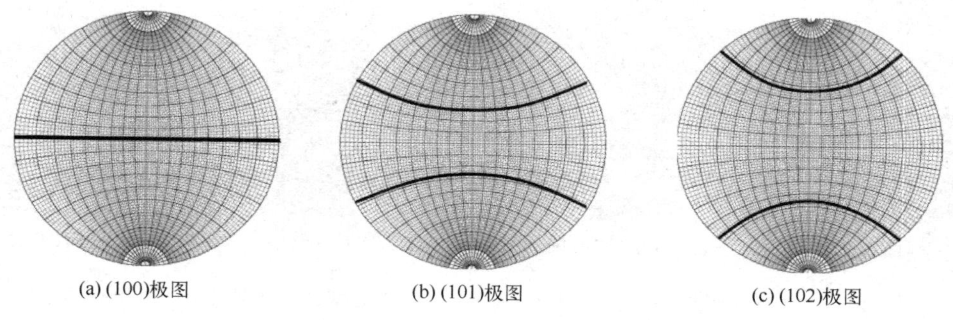

图 4.42　锆（001）//RD 丝织构的（100）、（101）和（102）极图

4.5.4　锌的常见织构的标准极图

把锌的晶格点阵参数 a=0.2665nm，c=0.4947nm 代入六方晶系晶面夹角公式（4.1）得到低晶面指数之间的夹角如表 4.5 所示。

表 4.5　锌的晶面夹角　　单位:（°）

项目	100	002	101	102	110	103	112	201
100	0，60	90	25，63	43，68.6	30，90	54.5，73.1	40.3，90	13.1，60.9
002	90	0	65	47	90	35.5	61.7	76.9
101	25，63	65	0，50，53.9，76.6	18，51.7，68，87.5	38.3，90	29.4，52.6，79.5，85.4	26.9，60.6，78.4	11.9，38.1，57.5，69.8
102	43，68.6	47	18，51.7，68，87.5	0，42.9，78.6，86	50.7，90	11.4，39.9，70，82.5	28.2，71.1，76.5	29.9，56.1，59.3，78.4

锌的部分织构的计算标准极图如图 4.43 ～图 4.50 所示。

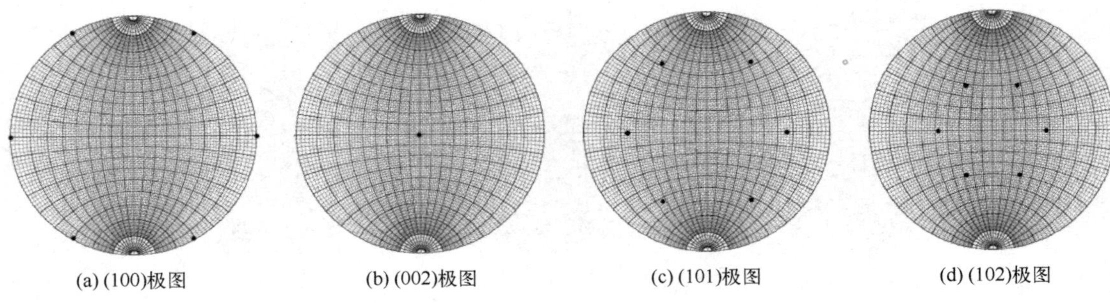

图 4.43　锌（001）<110> 织构的（100）极图、（002）极图、（101）极图和（102）极图

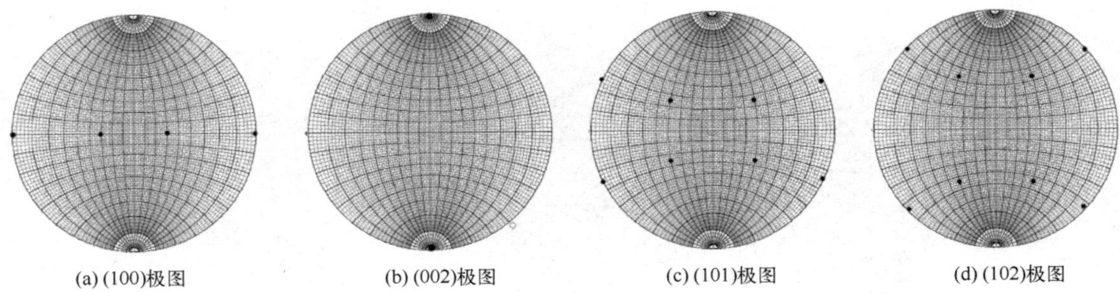

图 4.44　锌 {110}<001> 织构的（100）极图、（002）极图、（101）极图和（102）极图

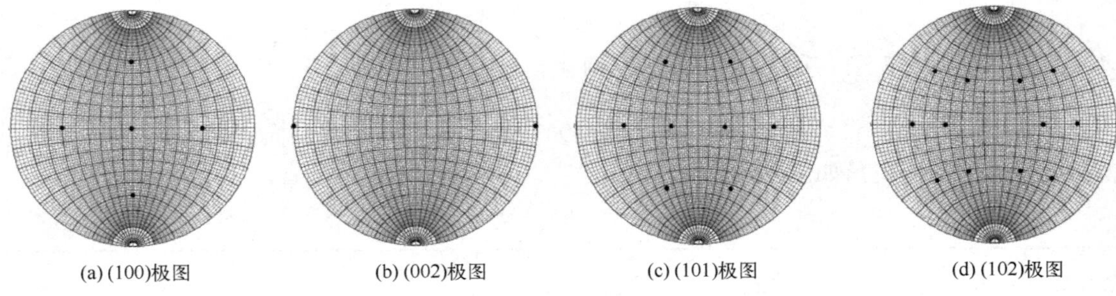

图 4.45　锌 {100}<110> 织构的（100）、（002）、（101）和（102）极图

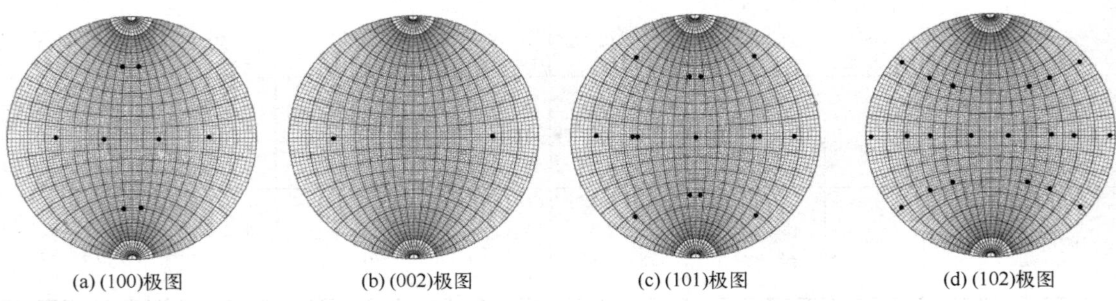

图 4.46　锌 {101}<110> 织构的（100）、（002）、（101）和（102）极图

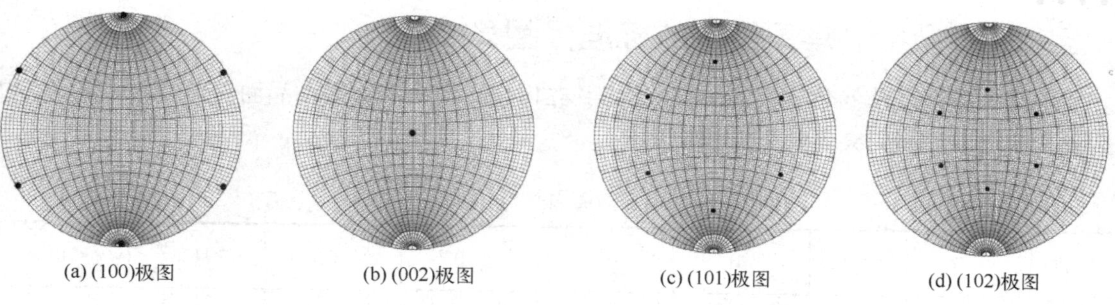

图 4.47　锌（001）<100> 织构的（100）、（002）、（101）和（102）极图

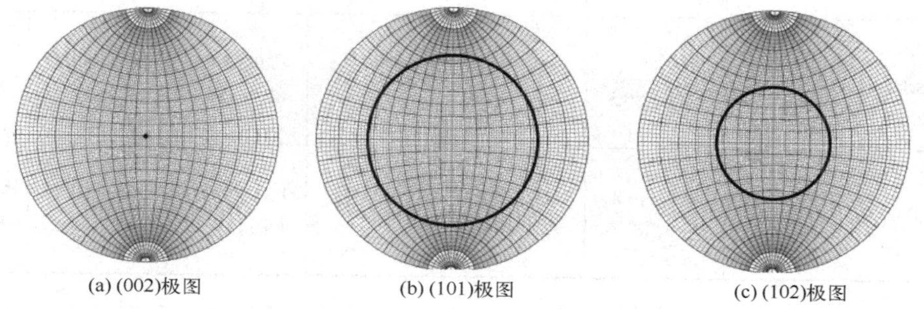

图 4.48　锌（001）//ND 丝织构的（002）、（101）和（102）极图

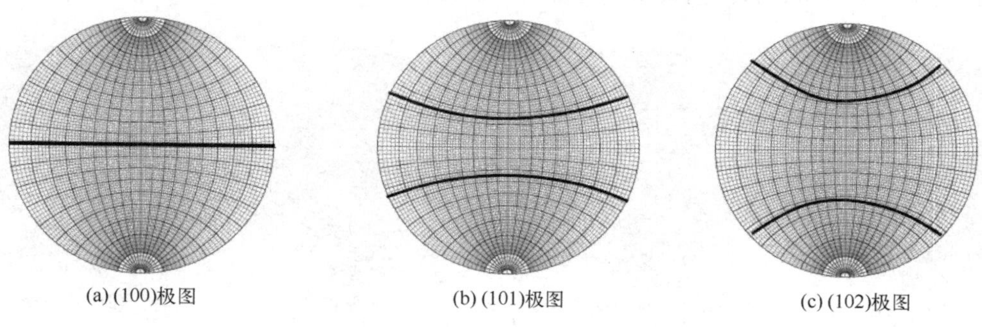

图 4.49　锌（001）//RD 丝织构的（100）、（101）和（102）极图

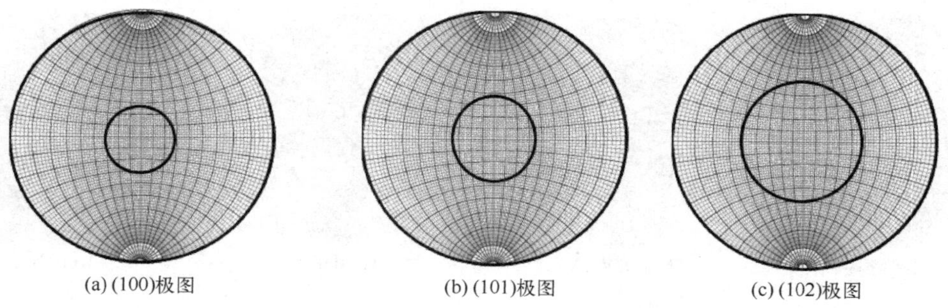

图 4.50　锌（110）//ND 丝织构的（100）、（101）和（102）极图

4.5.5 镁合金的常见织构的标准极图

把镁的晶格点阵参数 a=0.32089nm，c=0.52101nm 代入六方晶系晶面夹角公式（4.1），得到低指数晶面之间的夹角如表 4.6 所示。

表 4.6 镁的晶面夹角 单位：(°)

项目	100	002	101	102	110	103	112	201
100	0，60	90	28.1，63.8	46.9，70	30，90	58，74.6	42.5，90	14.9，61.1
002	90	0	61.9	43.1	90	32	58.4	75.1
101	28.1，63.8	61.9	0，52.4，56.1，80.3	18.8，49.8，74.9，87.6	40.2，90	29.9，50.7，80.5，86.1	26.2，66.2，75.7	13.1，43，56.8，72.2
102	46.9，70	43.1	18.8，49.8，74.9，87.6	0，40，72.6，86.3	53.7，90	11.1，36.9，64.1，75.2	27.5，67.5，83	31.9，58.8，61.8，81.8

纯镁金属非常容易氧化，在实际应用中往往使用镁合金，如果镁合金的晶系仍是六方晶系，并且其晶胞参数与纯镁接近，其织构的标准极图可以参考如下镁的织构的标准极图，如图 4.51 ～图 4.58 所示，否则需要重新计算标准极图。

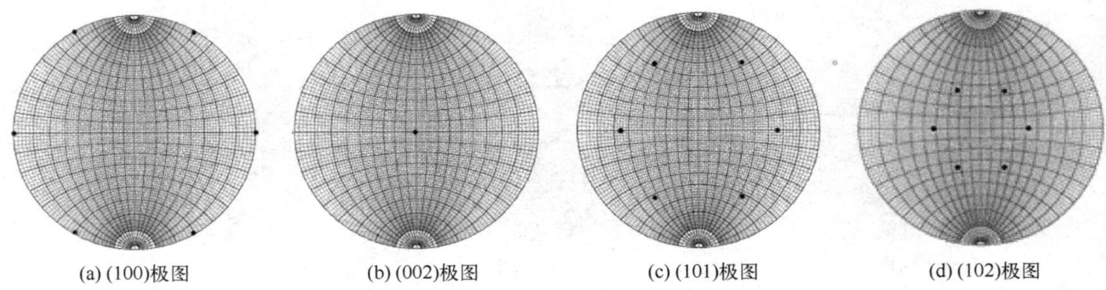

(a) (100)极图 (b) (002)极图 (c) (101)极图 (d) (102)极图

图 4.51 镁（001）<110> 织构的（100）极图、（002）极图、（101）极图和（102）极图

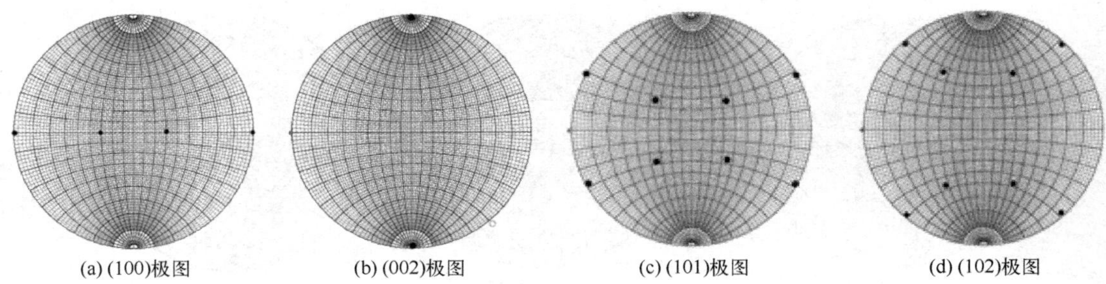

(a) (100)极图 (b) (002)极图 (c) (101)极图 (d) (102)极图

图 4.52 镁 {110}<001> 织构的（100）极图、（002）极图、（101）极图和（102）极图

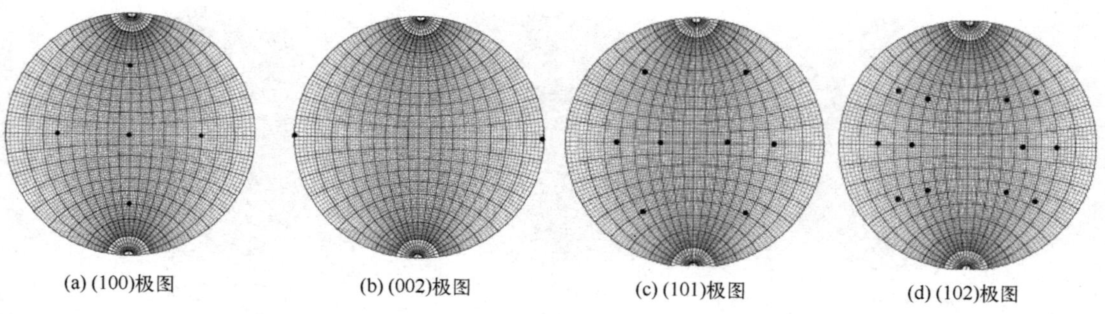

(a) (100)极图　(b) (002)极图　(c) (101)极图　(d) (102)极图

图 4.53　镁 {100}<110> 织构的（100）、（002）、（101）和（102）极图

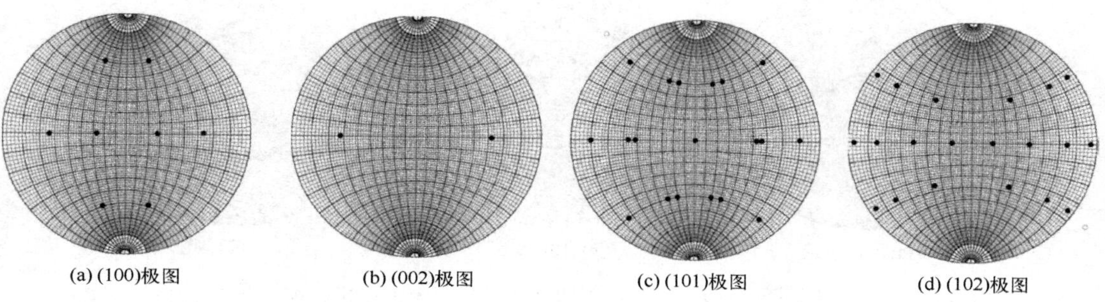

(a) (100)极图　(b) (002)极图　(c) (101)极图　(d) (102)极图

图 4.54　镁 {101}<110> 织构的（100）、（002）、（101）和（102）极图

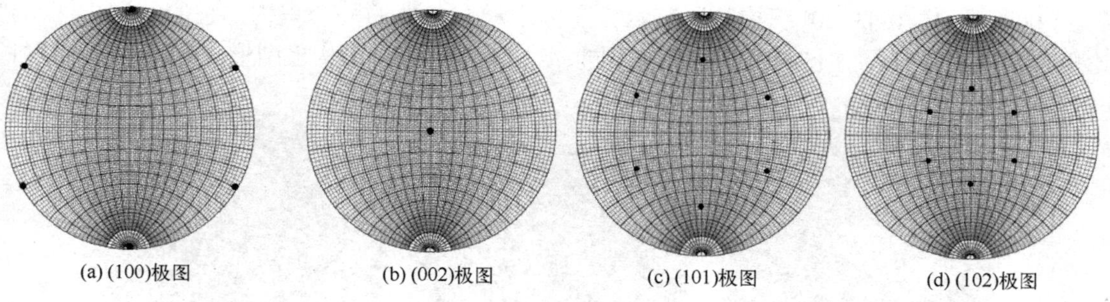

(a) (100)极图　(b) (002)极图　(c) (101)极图　(d) (102)极图

图 4.55　镁（001）<100> 织构的（100）、（002）、（101）和（102）极图

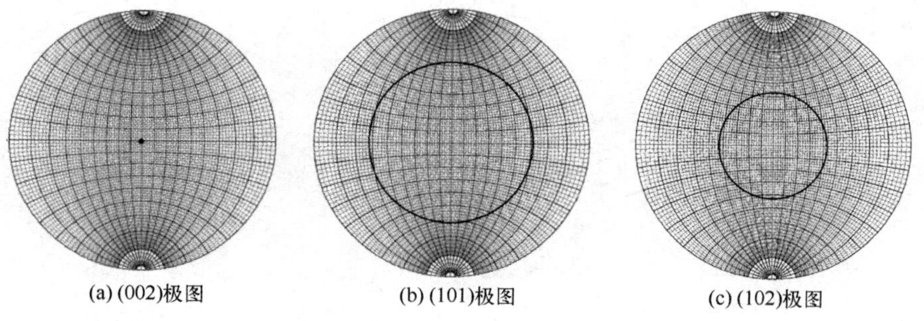

(a) (002)极图　(b) (101)极图　(c) (102)极图

图 4.56　镁（001）//ND 丝织构的（002）、（101）和（102）极图

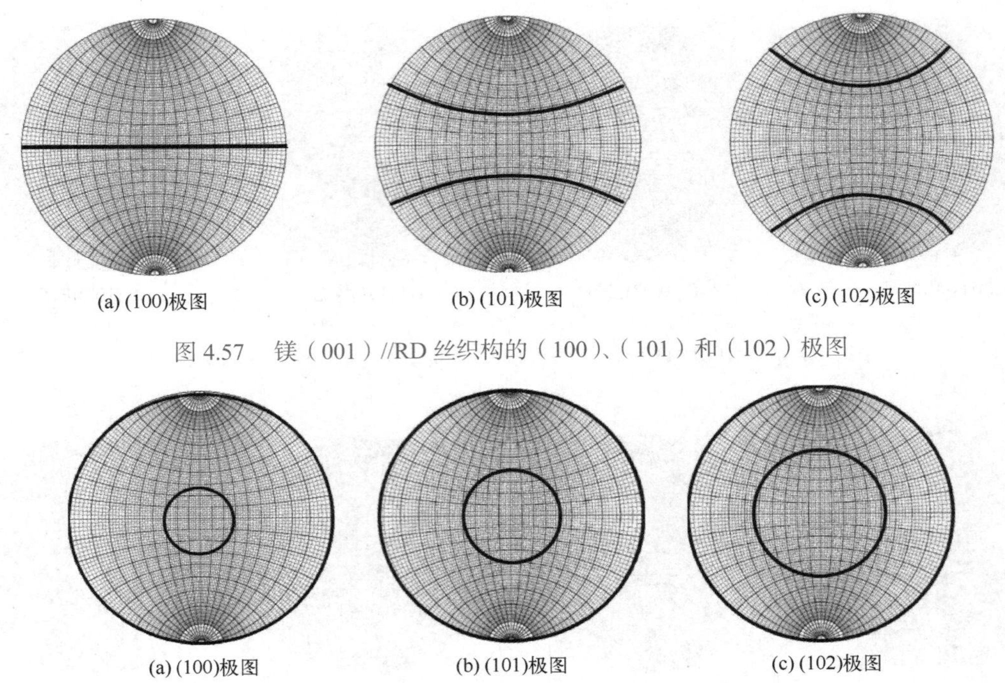

(a) (100)极图　(b) (101)极图　(c) (102)极图

图 4.57　镁（001）//RD 丝织构的（100）、（101）和（102）极图

(a) (100)极图　(b) (101)极图　(c) (102)极图

图 4.58　镁（110）//ND 丝织构的（100）、（101）和（102）极图

4.5.6　六方晶体织构理论极图的验证

（0001）<10$\bar{1}$0>[11$\bar{2}$0] 织构是所有六方晶体中最有共性的一个织构，它的实测极图与理论极图如图 4.59 所示，它们完全一致。不同 *c*/*a* 比的六方金属结构极图形貌有高度的相似性。

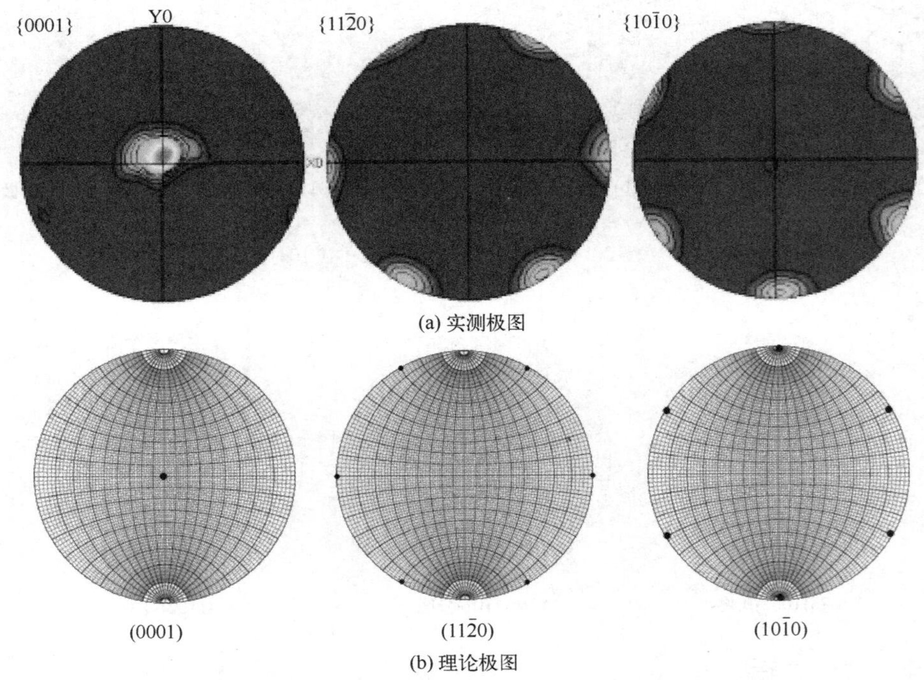

(a) 实测极图

(b) 理论极图

图 4.59　（0001）<10$\bar{1}$0>[11$\bar{2}$0] 实测极图（a）与理论极图（b）的对比

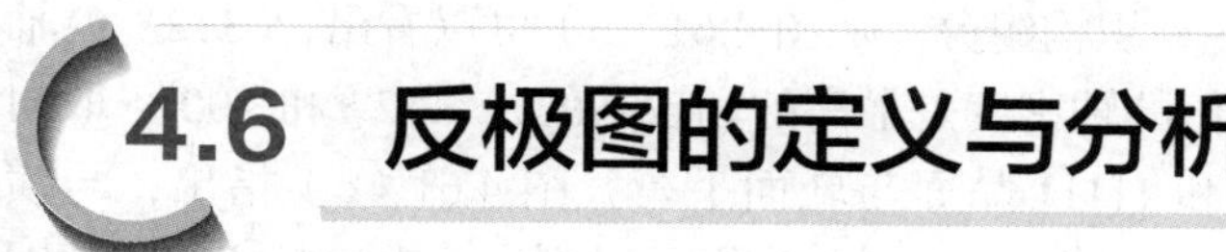

4.6 反极图的定义与分析

反极图也是一种极射赤面投影表示方法。与极图的差别在于，极图是各晶粒中 {*HKL*} 晶面在试样外观坐标系（轧面横向、法向、轧向）中所作的极射赤面投影分布图，而反极图是各晶粒对应的外观方向（轧面横向、法向、轧向）在晶体学取向坐标系中所作的极射赤面投影分布图。由于两者的投影坐标系与被投影的对象刚好相反，故称为反极图。因为晶体存在对称性，故某些取向在结构上是等效的。对立方晶系，晶体的标准极射赤面投影图被 {100}、{110} 和 {111} 三个晶面族极点分割成 24 个等价极射赤面投影三角形。所以，立方晶系的反极图用单位极射赤面投影三角形 [001]-[011]-[111] 表示，如图 4.60（a）所示。六方晶系和斜方晶系的反极图坐标系和投影三角形的选取方法分别如图 4.60（b）、（c）所示。图 4.61 绘出的是冷轧 65-35 黄铜板轧向（a）、轧面法向（b）和横向（c）的反极图。用反极图描述织构比较直观，容易作定量处理，便于与材料的物理和力学性能联系，分析方法比较简单。用一张反极图就能定量地表示出丝织构的内容，因此反极图对研究丝织构是一种很好的方法。但是，在一张反极图上不能同时反映板织构轧面和轧向的取向。因此，当用反极图表示板织构内容时，必须分别应用轧向、轧面法向和横向三个反极图，如图 4.61 所示。

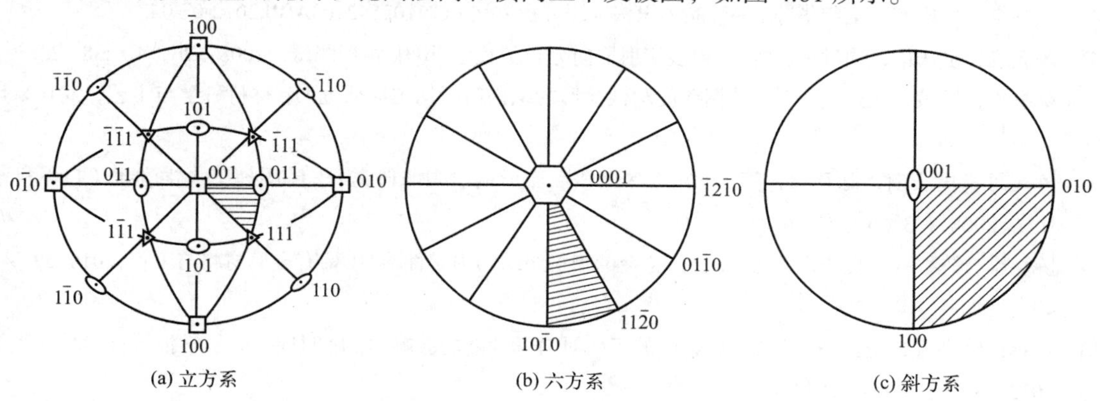

(a) 立方系　　(b) 六方系　　(c) 斜方系

图 4.60　立方系、六方系和斜方系的极射赤面投影三角形

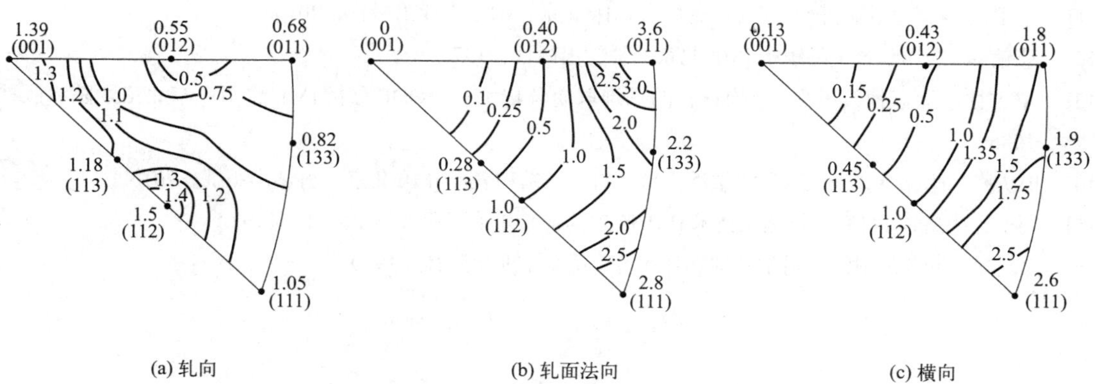

(a) 轧向　　(b) 轧面法向　　(c) 横向

图 4.61　冷轧 65-35 黄铜板轧向、轧面法向和横向的反极图

然后再综合分析三个反极图，判定各种织构组分。从图 4.61（a）可以看出，（112）的轴密度是 1.5，（001）的轴密度是 1.39，它们的轴密度是最高的和较高的，<112> 和 <001> 取向与轧向平行。图 4.61（b）表明，{011} 和 {111} 晶面与轧面平行。图 4.61（c）指出，与横向平行的主要是 <111> 取向，同时还有 <011> 取向。综合分析可以判定，在冷轧 65-35 黄铜中存在（011）$[2\bar{1}1]$、（111）$[1\bar{2}1]$ 和（011）[100] 三种织构组分。从反极图确定织构相对容易。

从 ND、RD、TD 反极图上，直接可知分别与 ND、RD 和 TD 平行的晶面指数。结合粉末衍射的原理，就可以设计出反极图的测试方法。对金属块体材料而言，如果该金属是通过轧制加工的，选择轧制面、与轧制方向垂直的截面（RD 截面），与横向垂直的截面（TD 截面），分别做普通衍射测试，就直接实验获得了分别与 ND、RD 和 TD 平行的晶面指数，进行相关数据处理，就可以得到相关的极图、反极图和取向分布函数截面图。

参考文献

[1] 陈亮维，霍广鹏，虞澜，等 . 金属锆织构的标准极图计算及分析 [J]. 昆明理工大学学报（自然科学版），2019，44（2）：19-25.

[2] 陈亮维，刘状，虞澜，等 . 工业纯钛金属织构标准极图的计算及分析 [J]. 材料科学与工艺，2020，28（1）：17-23.

[3] 陈亮维 . 大变形叠轧制备超细晶铜材织构组织演变规律研究 [D]. 昆明：昆明理工大学，2009.

[4] 陈亮维，史庆南，王剑华等 . 一种晶体织构极图分析方法：CN102542163A[P].2012-07-04.

[5] 陈亮维，史庆南，周世平，等 .X 射线衍射取向分布函数分析 [J]. 物理测试，2008，26（4）:38-42.

[6] 陈亮维，韩波，史庆南，等 . 纯铜深度塑性变形的织构组织均匀性研究 [J]. 材料科学与工艺，2010，18（3）：391-395.

[7] 陈亮维，史庆南，陈登权，等 . 叠轧法深度塑性变形铜组织的研究 [J]. 昆明理工大学学报（自然科学版），2008，33（6）：11-16.

[8] 陈亮维，陈登权，史庆南，等 .$AgCu_{28}$ 合金的织构组织与力学性能 [J]. 稀有金属材料与工程，2010，39（3）：405

[9] 杨钢，陈亮维，王剑华，等 .FCC 金属的织构对力学性能的影响 [J]. 昆明理工大学学报（自然科学版），2012，37（5）：24-27，34.

[10] 毛卫民，张新明 . 晶体材料织构定量分析 [M]. 北京：冶金工业出版社，1993.

[11] 毛卫民 . 材料织构分析原理与检测技术 [M]. 北京：冶金工业出版社，2010.

[12] 张信钰 . 金属和合金的织构 [M]. 北京：科学出版社，1976.

[13] 梁志德，徐家桢，王福 . 织构材料的三维取向分析术——ODF 分析 [M]. 沈阳：东北工学院出版社，1986.

[14] 史庆南，陈亮维，王效琪 . 大塑性变形及材料微结构表征 [M]. 北京：科学出版社，2016.

[15] 周玉，武高辉 . 材料分析测试技术 [M]. 哈尔滨：哈尔滨工业大学出版社，1997.

[16] 李树棠 . 晶体 X 射线衍射学基础 [M]. 北京 : 冶金工业出版社，1990.

第 5 章 金属材料织构表征应用

本章测试了定向凝固、化学气相沉积（CVD）、离子溅射和电镀 4 种晶体生长方式制备的立方金属的织构；测试了锻压、挤压、拉拔、轧制等不同加工方式制备的立方金属的织构；测试了与变形织构相对应的退火再结晶织构。不仅验证了第 4 章理论极图计算的正确性，而且总结了立方金属材料织构特征，为新材料的研发提供了依据。

5.1 立方晶体生长织构

FCC 和 BCC 晶体的（100）、（110）和（111）晶面的原子排列如图 5.1 所示，从图 5.1 看出 FCC 晶体优先沿 <111> 或 <100> 方向生长，BCC 晶体优先沿 <110> 方向生长，这有利于获得较低的表面能。那么化学气相沉积、离子溅射和电镀等方法制备的金属材料的晶体生长是否满足优先沿 <111> 或 <100> 方向生长的特性，形成 <111> 或 <100> 丝织构。下面用实例进行验证。

5.1.1 化学气相沉积生长 Ta 晶体织构

化学气相沉积是一种新材料的制备方法。用 CVD 方法制备 Ta 样品。Ta 是 BCC 晶体结构，通常采集（110）、（200）和（211）极图数据，如图 5.2 所示。从 Ta 样品的（110）、（200）和（211）极图综合分析可知，在（111）和（220）极图上的强度分布并不是一个均匀的圆，主要强度集中在 4 个方向。因此，实际织构是以立方织构为主，<100>//ND 丝织构为辅，即 Ta 沿基体表面法线方向的晶体生长方向是 <100>，与基体表面平行的某一具体方向晶体生长方向也是 <100>。有一点可以肯定，Ta 沿基体表面法线方向的晶体生长方向就是 <100>。在图 5.2 中钽的（110）极图中（110）面的四个强衍射中心区到极图中心的角度是 45°，如果把钽的（110）极图的衍射强度分布顺时针转一定角度，上面 4 个强衍射中心刚好分布在 4 个坐标轴上，由于（110）与 {100} 夹角是 45° 或 90° ，因此，可能是立方织构。从图 5.2 中钽的

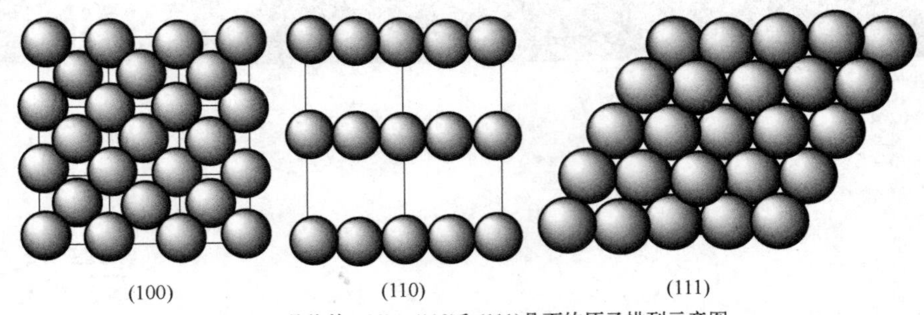

(a) FCC晶体的(100)、(110)和(111)晶面的原子排列示意图

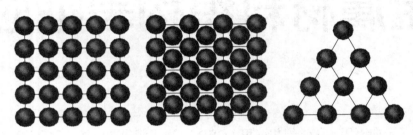

(b) BCC晶体(100)、(110)和(111)晶面的原子排列示意图

图 5.1　FCC 和 BCC 的（100）、（110）和（111）晶面的原子排列示意图

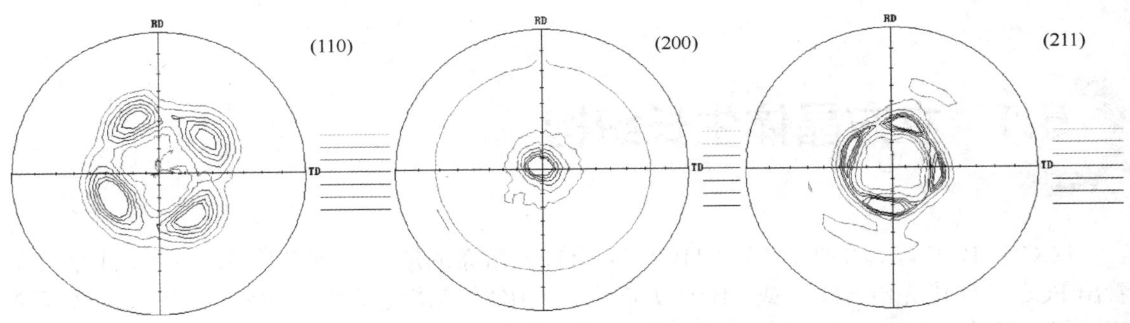

(a) CVD方法制备钽的(110)、(200)和(211)极图

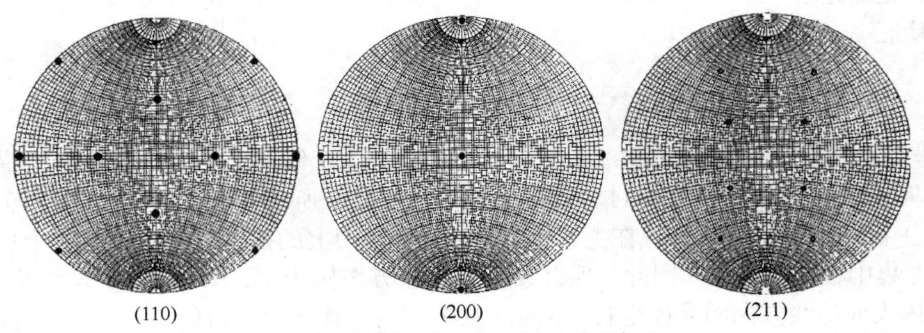

(b) 立方织构的(110)、(200)和(211)标准极图

图 5.2　CVD 方法制备钽的（110）、（200）和（211）极图和立方织构的标准极图

注：钽试样由昆明贵金属研究所胡昌义研究员提供。

（200）极图可知，增加了立方织构的可能性，把钽的（211）极图旋转与钽的（110）极图旋转相同的角度，发现 4 个强衍射极点呈现正方形分布，每个衍射极点到极图中心的角度约为 35°，到上下极点的角度约为 66°。（211）与 {100} 的夹角是 35.3° 和 65.9°，这进一步证实，钽是立方织构。化学气相沉积样品没有轧制方向，在检测时没有考虑样品与 β 刻度线的关系，同时取样时也没有注意样品在制样室中的位向关系。在体心立方晶系的立方织构的标准极图中，在反射法极图中外圆上的衍射极点是不能测量的，在（211）标准极图中离中心 65.9° 有 4 个衍射极点，在反射法测量中样品虽然最高可以倾斜 70°，但这 4 个衍射极点通常很难测出。考虑这些因素，可见体心立方晶体的立方织构的标准极图经得起实测极图的检验。

5.1.2　离子溅射 Ag 织构

在玻璃上用离子溅射的方法生长了一层 Ag，用离子溅射 Ag 的原始态不作任何处理做初始加工态样品，把它在空气中进行了 500℃ ×1h 的退火获得离子溅射 Ag 的退火态样品。分别对原始加工态样和退火态样的 Ag 进行织构测量，它们的（111）、（200）和（220）极图如图 5.3 和图 5.4 所示。对极图的综合分析可知，它与 <111>//ND 织构的理论极图完全一致，表明原始加工态和退火态的 Ag 织构都是典型的丝织构 <111>//ND，即 Ag 沿基体法线方向的晶体生长方向是 <111>，沿基体表面平行的任意方向晶体生长是随机的，没有优先生长方向。这是因为 {111} 原子面的表面能较低，晶体沿 <111> 方向生长。退火后 Ag 的取向仍保持不变，这是因为晶体沿表面能低的方向自然生长，晶粒之间残余应力几乎为零，在退火时晶粒旋转就失去了驱动力，晶粒不会发生转动，晶粒的取向就不会改变，没有新的织构出现，原来的织构退火后只会得到加强，不会被削弱。实验结果正是如此。

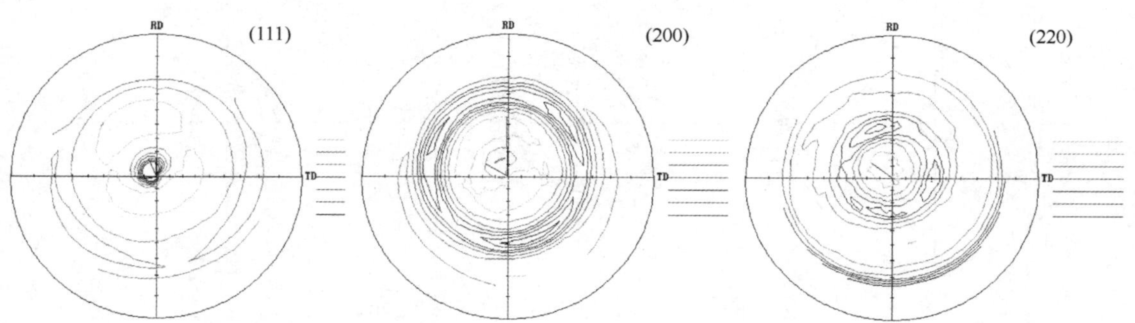

图 5.3　离子溅射原始加工态 Ag 的（111）、（200）和（220）极图

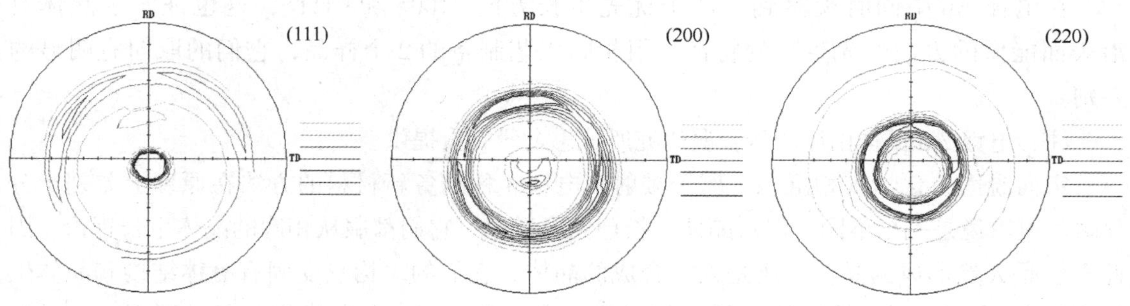

图 5.4　离子溅射退火态 Ag（500℃ ×1h）的（111）、（200）和（220）极图

注：离子溅射试样由昆明贵金属研究所闻明研究员提供。

5.1.3 电镀 Au 的织构

在纯铜片基体上电镀 Au，采用相同的电镀工艺，制备了 2 个样品，分别编号为 Au-1[#] 和 Au-2[#]。对这 2 个样品进行了极图分析，它们的（111）、（200）和（220）极图如图 5.5 和图 5.6 所示。从 Au-1[#] 的 3 个极图综合分析可知，Au 在铜基体上沿法线方向晶体的生长方向是 <100>，与 CVD 的 Ta-1[#] 一样，即 <100>//ND。但在（111）和（220）极图上的强度分布并不是一个均匀的圆，主要强度集中在 4 个方向。因此，Au-1[#] 的实际织构是 <100>//ND 和立方织构的叠加。从 Au-2[#] 的 3 个极图综合分析可知，Au 在铜基体上的生长方向是 <111>，是典型的丝织构 <111>//ND。

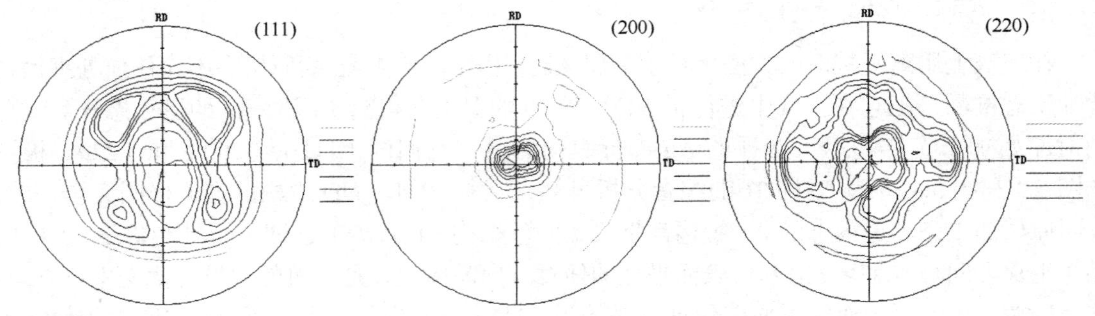

图 5.5 电镀 Au-1[#] 的（111）、（200）和（220）极图

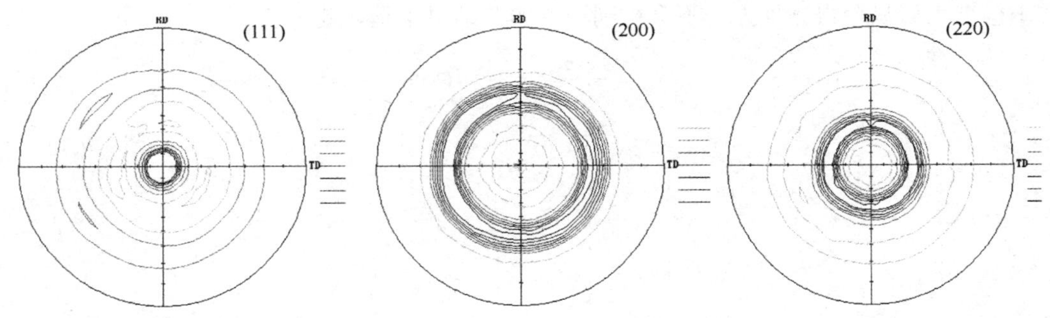

图 5.6 电镀 Au-2[#] 的（111）、（200）和（220）极图

在电镀 Au 中同时观察到了两个优先生长方向 <100> 和 <111>，这也证实了晶体有沿表面能低的方向优先生长的特征，用相同工艺制备的 2 个样品，它们的取向有明显的差别。

注：电镀 Au 试样由昆明贵金属研究所陈志全研究员提供。

定向凝固、化学气相沉积、离子溅射和电镀 4 种制备新材料的方法在原理上差别十分显著，可以说是完全不同。但从晶体生长理论上讨论，它们都服从相同的晶体生长理论。因此不管是天然形成的晶体，还是人工合成的晶体，它们的织构只受固有晶体结构和晶体生长规律的影响。立方晶体的生长一般是沿 <100> 和 <111> 方向优先生长，形成 <100> 和 <111> 丝织构。

5.2 立方结构金属的变形织构和退火织构

金属材料在塑性加工时，受力方式不同、晶面滑移和转动的方式不同，最终影响原子的空间排列，即塑性变形织构受到塑性变形方式的影响。下面介绍两类变形加工方式的变形织构和退火织构。

5.2.1 锻压、挤压和拉拔形成的变形织构和退火织构

锻压、挤压和拉拔的变形机制相同，金属材料只能沿轴向变形而其它方向的受力均相同，因此形成的织构是同一类织构，通常是丝织构即 <*uvw*> 平行于轴向。以变形量为 98% 的锻压纯铜和它的退火态（600℃ × 2h）的极图为例（观察面为横截面），如图 5.7 和图 5.8 所示。从图可知，验证了（110）//ND 理论极图计算的正确性，锻压纯铜的加工态和退火态的织构都是 <110>// 轴向，两者的织构密度十分接近。锻压纯铜的织构与大变形轧制纯铜的织构完全不同，只因为两者变形受力方式完全不同。锻压纯铜的退火再结晶织构仍与原来的变形织构完全相同，然而轧制纯铜的退火再结晶织构与轧制织构完全不一样。这是因为锻压织构是高度的轴对称的，是 <110>// 轴向。这种原子取向高度稳定，在退火的条件下不会再发生偏转。退火再结晶不能改变原来的取向，而是进一步加强原来的取向。另外举一个铜合金挤压织构的实例，Cu-0.5Cr-0.5Zr 合金经变形量为 98% 的挤压变形和 600℃ × 2h 退火，其加工态和退火态的（111）、（200）和（220）极图如图 5.9 和图 5.10 所示。对极图进行综合分析可知，Cu-0.5Cr-0.5Zr 合金的挤压变形织构是 <100>// 轴向和 <111>// 轴向 2 种丝织构，并且 <111>// 轴向的丝织构的强度约是 <100>// 轴向的 2 倍。这与冷拉铜丝有 60% 晶粒的 <111> 和 40% 晶粒的 <100> 与拉丝轴平行相一致。退火后挤压变形织构不但没有消失，反而有所加强，退火态的 <111>// 轴向织构强度仍然约是 <100>// 轴向的 2 倍。这进一步证实了当金属材料只能沿轴向变形而其它方向均受到相同的限制，形成的变形织构与退火再结晶织构都是相同的丝织构，这是在实验中发现的一个普遍规律。其它面心立方金属如 Al、Ag、Pt 和 Au 等在锻压、挤压和拉拔过程中一般都形成 <110>// 轴向或 <111>// 轴向的丝织构，或者 2 种丝织构兼有。这可以利用 FCC 晶体的滑移系统是 {111}<110> 来解释。

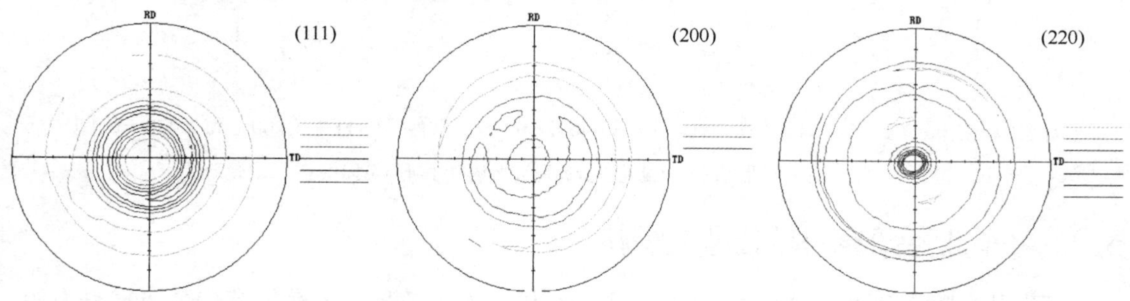

图 5.7　锻压铜样品加工变形 98% 的（111）、（200）和（220）极图

因此，锻压、挤压和拉拔等轴向加工形成的变形织构与退火再结晶织构的特征是变形织构与退火再结晶织构完全相同，并且都是相同的丝织构。对立方晶系金属而言，这些丝织构有 <110>// 轴向、<100>// 轴向和 <111>// 轴向等。丝织构的原子取向高度对称和稳定，在退

火的条件下不会发生偏转，在相同取向晶粒界面之间的位错、畸变会因原子热振动加剧而消失，小晶粒长大成大晶粒，而取向不变。退火再结晶不能改变原来的取向，而是进一步加强原来的取向。

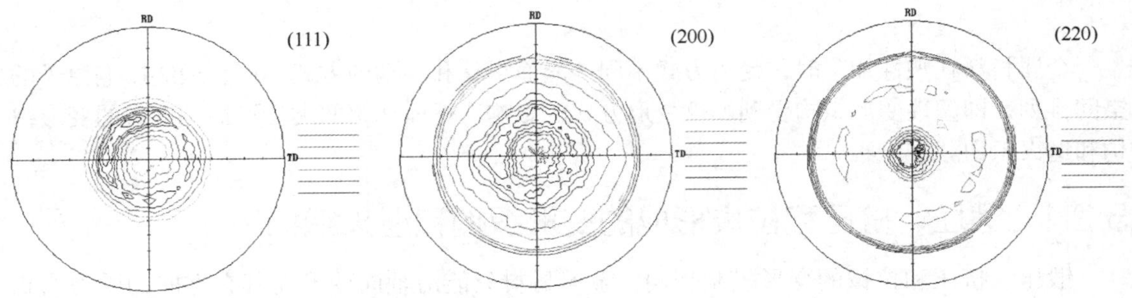

图 5.8 锻压铜样品退火态（600℃ ×2h）的（111）、（200）和（220）极图

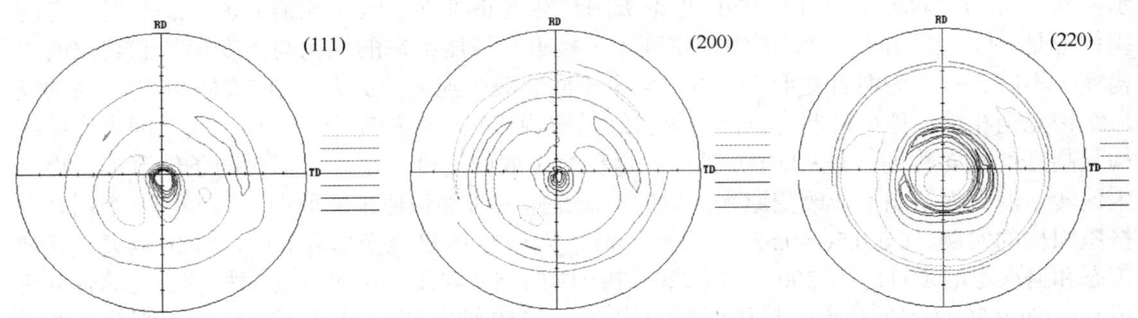

图 5.9 Cu-0.5Cr-0.5Zr 合金挤压加工态（变形量 98%）试样的（111）、（200）和（220）极图

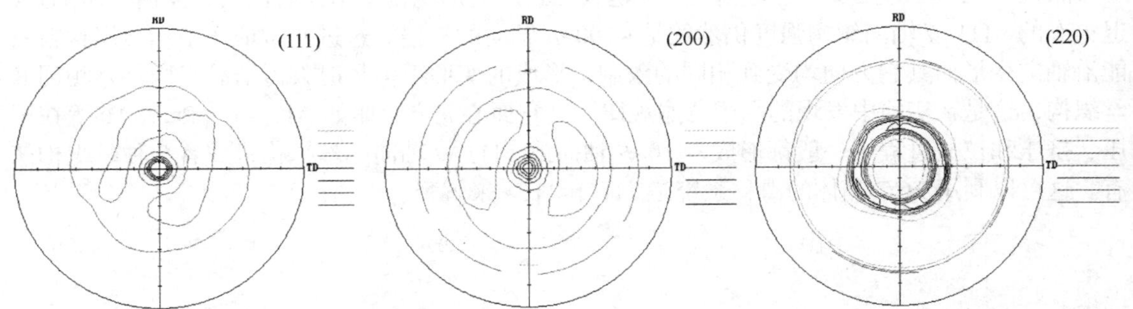

图 5.10 Cu-0.5Cr-0.5Zr 合金挤压后退火态（600℃× 0.5h）试样的（111）、（200）和（220）极图

注：该批铜试样由昆明贵金属研究所杨有才研究员提供。

5.2.2 轧制变形织构和退火织构

本节以 $PtIr_{25}$、$PtRh_5$、$AgMg_{0.03}Ni_{0.02}$、纯 Ag 和 $AgCu_{28}$ 5 种立方晶体结构金属材料为例，介绍它们的轧制织构和轧制后的退火织构。$PtIr_{25}$ 是典型的固溶体组织，其轧制变形量为 85%，轧制后经 1250℃ × 0.5h 的退火，其加工态和退火态的（111）、（200）和（220）极图如图 5.11 和图 5.12 所示，变形金相组织如图 5.13 所示。从图 5.11 和图 5.12 综合分析可知，$PtIr_{25}$ 轧制加工态的织构是 {110}<211> 黄铜织构和 {311}<110> 织构，$PtIr_{25}$ 的退火织构有 {001}

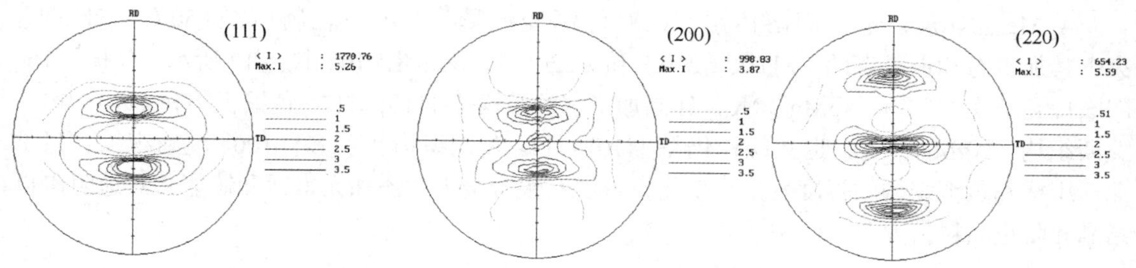

图 5.11　$PtIr_{25}$ 加工态（变形量 85%）试样的（111）、（200）和（220）极图

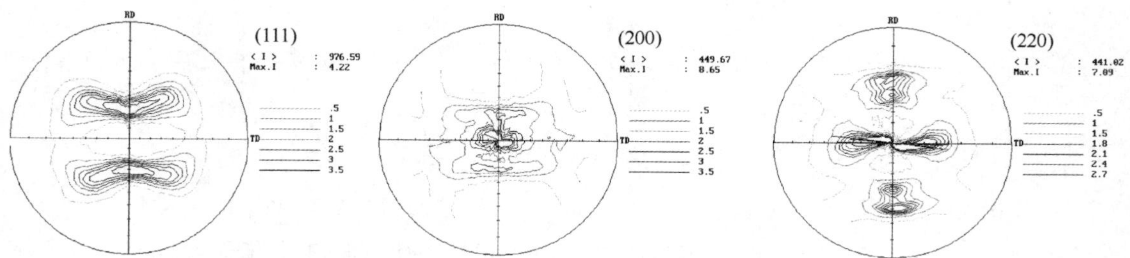

图 5.12　$PtIr_{25}$ 退火态（1250℃ ×0.5h）试样的（111）、（200）和（220）极图

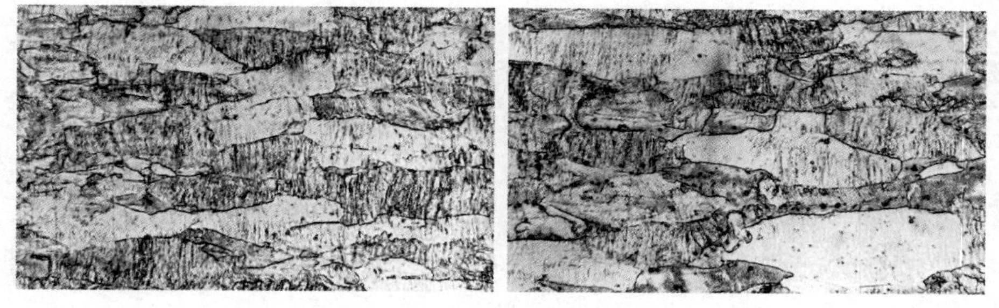

图 5.13　$PtIr_{25}$ 轧制变形态的金相组织（120 倍）

<100> 立方织构、{311}<113> 织构和 {110}<211> 黄铜织构。这说明该样品的退火时间较短，晶体再结晶不够充分，故仍保留了原来的 {311}<110> 织构和 {110}<211> 黄铜织构等变形织构，再结晶织构通常是 {001}<100> 立方织构。

$PtRh_5$ 是固溶体组织，其轧制变形量为 98%，轧制后经 1200℃ ×60h 的退火，其加工态和退火态的（111）、（200）和（220）极图如图 5.14 和图 5.15 所示。从图综合分析可知，$PtRh_5$ 轧制加工态的织构是 {001}<100> 立方织构和 {311}<110> 织构，$PtRh_5$ 的退火织构只有 {001}<100> 立方织构。这说明退火时间较长，实现了完全再结晶。

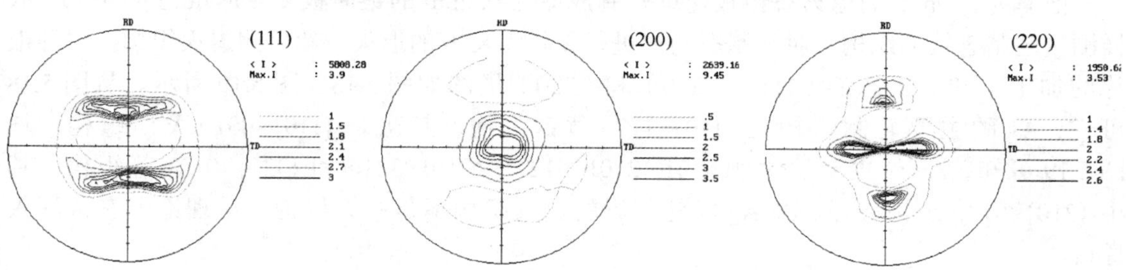

图 5.14　$PtRh_5$ 加工态（变形量 98%）试样的（111）、（200）和（220）极图

$AgMg_{0.03}Ni_{0.02}$ 合金是固溶体组织，其轧制变形量为 90%，轧制后经 850℃ ×2h 的退火，其加工态和退火态的（111）、（200）和（220）极图如图 5.16、图 5.17 所示。从图 5.16、图 5.17 综合分析可知，$AgMg_{0.03}Ni_{0.02}$ 轧制加工态的织构是 {110}<112> 黄铜织构和 {110}<100> 戈斯织构，$AgMg_{0.03}Ni_{0.02}$ 退火织构仍是 {110}<112> 黄铜织构和 {110}<100> 戈斯织构，只是戈斯织构和黄铜织构的强度发生了变化，这说明银合金中的添加元素镁和镍能有效地阻碍再结晶和防止晶粒长大。

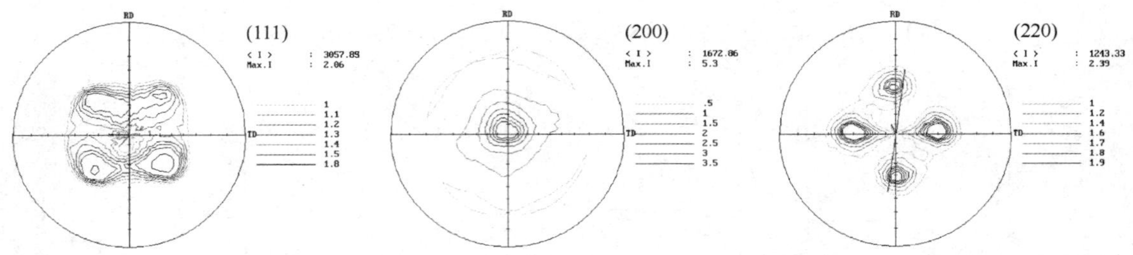

图 5.15　$PtRh_5$ 变形后退火态（1200℃ ×60h）试样的（111）、（200）和（220）极图

注：该批 $PtIr_{25}$ 和 $PtRh_5$ 试样由昆明贵金属研究所蒋传贵高级工程师提供。

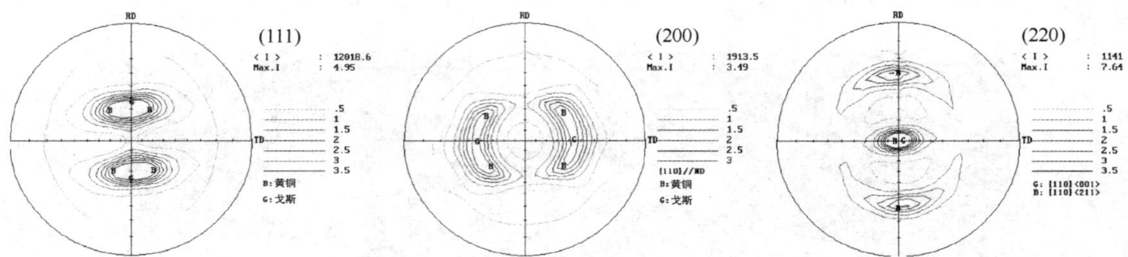

图 5.16　$AgMg_{0.03}Ni_{0.02}$ 合金加工态（变形量 90%）试样的（200）、（220）和（111）的极图

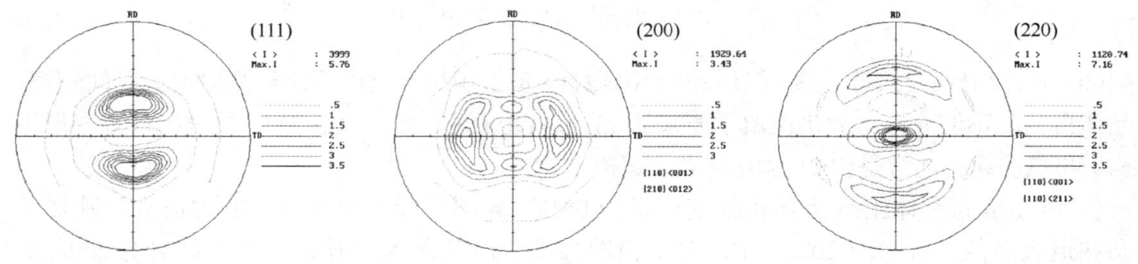

图 5.17　$AgMg_{0.03}Ni_{0.02}$ 合金变形后退火态（850℃ ×2h）试样的（200）、（220）和（111）的极图

把厚为 210mm 的退火态银板连续轧制成厚为 0.2mm 的银薄板（变形量为 99.9%），取样测量轧制态银的织构，对轧制态的银进行 500℃ ×1h 的退火，然后测退火织构。这种银片的加工态和退火态的（111）、（200）和（220）极图如图 5.18、图 5.19 所示。从图 5.18 可知，Ag 的主要轧制织构是 {110}<112> 黄铜织构，其次是 {110}<001> 戈斯织构。从图 5.19 可知，Ag 的主要退火织构有 {210}<012>、{210}<321> 和 {321}<012> 等织构，其中 {210}<012> 织构最强。纯 Ag 经轧制后的退火织构不是立方织构，从理论上有待深入探讨。

把退火态 $AgCu_{28}$ 合金片材（厚为 2mm）连续轧制成厚为 0.1mm 的薄片，压下变形量约

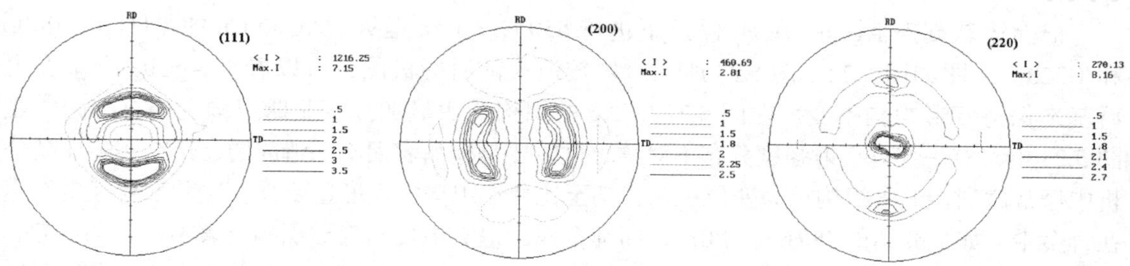

图 5.18　纯银轧制态（变形量 98%）试样的（111）、（200）和（220）极图

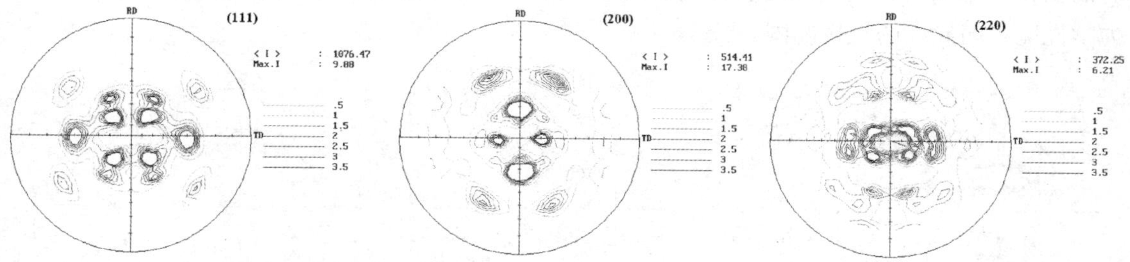

图 5.19　纯银轧制后退火态（500℃ ×1h）试样的（111）、（200）和（220）极图

注：该批 $AgMg_{0.03}Ni_{0.02}$ 和纯银试样由昆明贵金属研究所孔建稳高级工程师提供。

95%，测量了轧制态的织构，由于 $AgCu_{28}$ 合金是共晶合金，有 Ag 和 Cu 的物相共存。Ag 和 Cu 的（111）、（200）和（220）极图如图 5.20、图 5.21 所示。对图 5.20、图 5.21 进行综合分析可知：Ag 的织构为黄铜 {110}<112> 织构和戈斯 {110}<001> 织构，其中黄铜织构占大多数。Cu 的织构有黄铜织构，而戈斯织构很弱。从图 5.20、图 5.21 可知 Ag 的织构强度比 Cu 的要强。这主要是因为 Ag 的含量比 Cu 高。图 5.20 的 Ag-（200）极图中分布着两个途经黄铜和戈斯的织构线，这个织构线对应 {110}//ND。

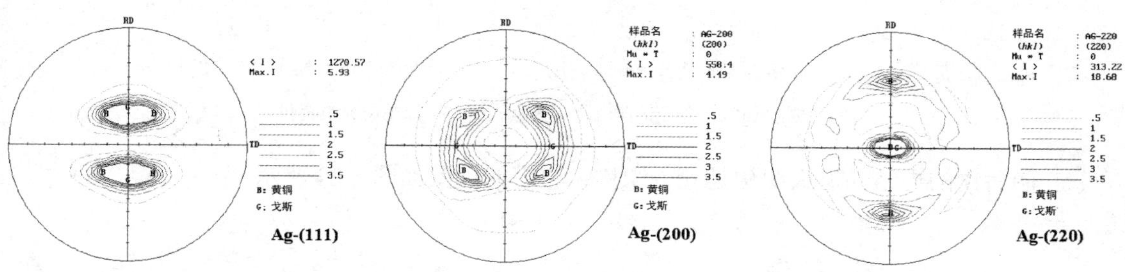

图 5.20　$AgCu_{28}$ 合金轧制态（变形量为 95%）中 Ag 的（111）、（200）和（220）的极图

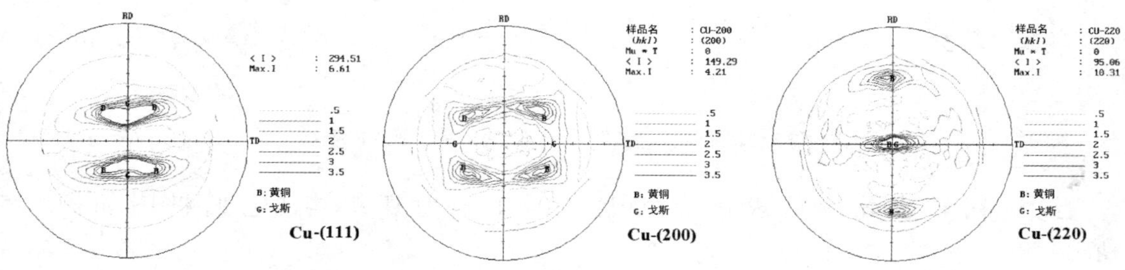

图 5.21　$AgCu_{28}$ 合金轧制态（变形量为 95%）中 Cu 的（111）、（200）和（220）的极图

把上述轧制态 $AgCu_{28}$ 在 H_2 保护下进行 650℃ ×1.5h 退火。Ag 和 Cu 的（111）、（200）和（220）极图如图 5.22、图 5.23 所示。比较退火前后的极图，可以看出 $AgCu_{28}$ 合金退火后基本保持变形织构不变。在图 5.22 中 Ag 的织构线明显加强，戈斯织构也稍有加强。在图 5.23 中，有一部分衍射强度分布不对称，这主要是样品表面不平造成的，这在实际样品分析中经常碰到。退火织构仍为变形织构，甚至比变形织构的强度还要强。这种现象经常发生在合金中，如上介绍的 $PtRh_5$ 和 $PtIr_{25}$，而纯金属的退火织构与变形织构显著不同，如纯 Cu、纯 Ag 和纯 Al。尽管这类合金的退火织构保持变形织构不变，它们的力学性能还是发生了显著的变化。退火后合金的硬度和抗拉强度显著降低，而延伸率显著提高。织构的存在是导致力学性能各向异性的直接原因。

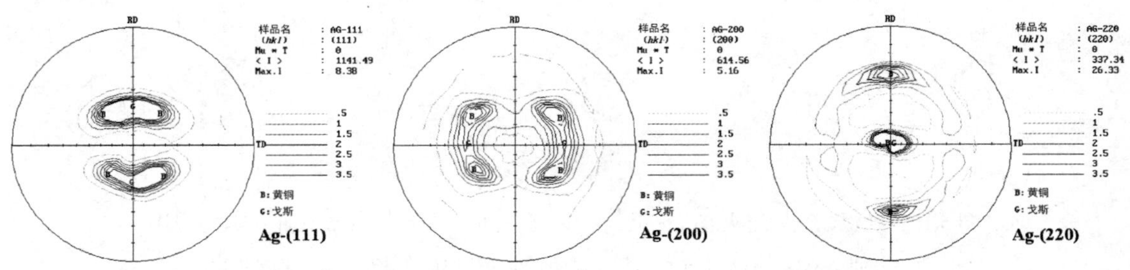

图 5.22　$AgCu_{28}$ 合金经 700℃ ×1h 退火后的 Ag 的（111）、（200）和（220）的极图

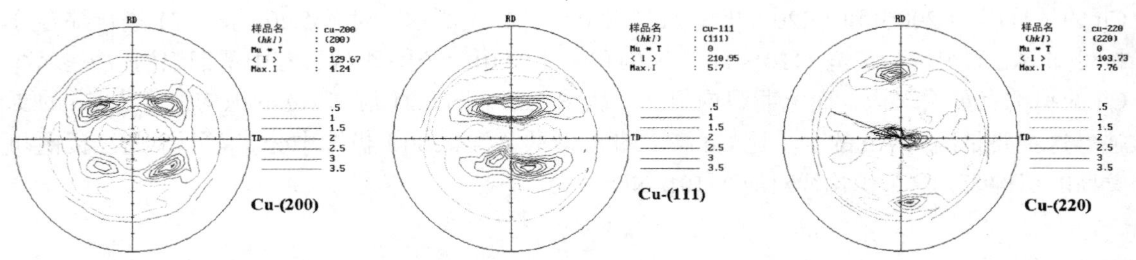

图 5.23　$AgCu_{28}$ 合金经 700℃ ×1h 退火后 Cu 的（111）、（200）和（220）的极图

注：该批 $AgCu_{28}$ 合金试样由昆明贵金属研究所许昆研究员提供。

轧制后铜的再结晶退火织构是立方织构，它们的极图如图 5.24 所示。

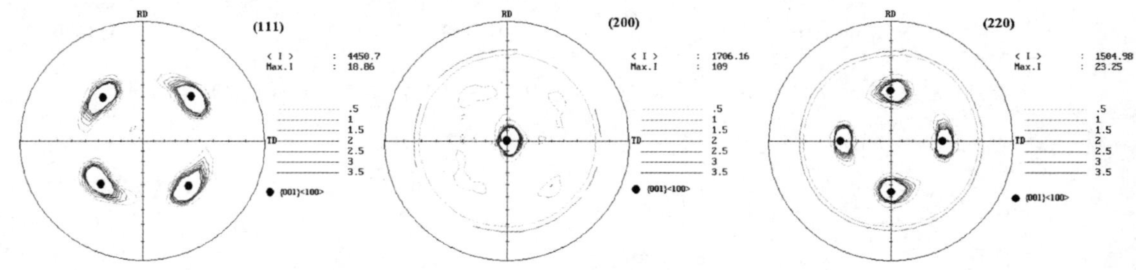

图 5.24　退火铜的（111）、（200）和（220）极图

纯铜在异步轧制后表面有 {001}<110><$\bar{1}$10> 剪切织构，它们极图如图 5.25 所示。

纯铜同步叠轧变形主要形成铜织构，其极图如图 5.26 中的样品编号 ARB-6 所示。

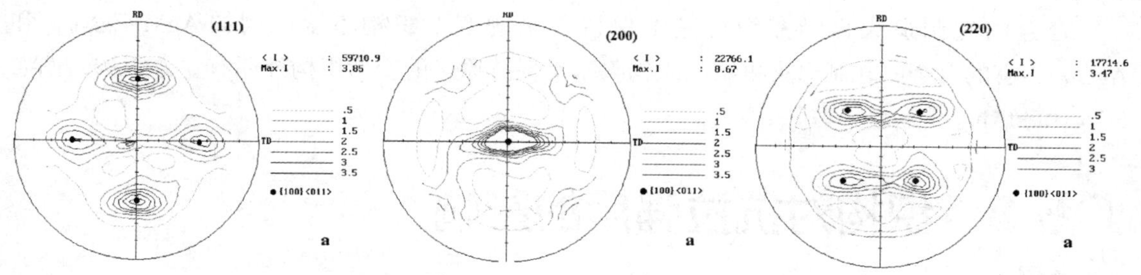

图 5.25　异步叠轧铜的（111）、（200）和（220）极图

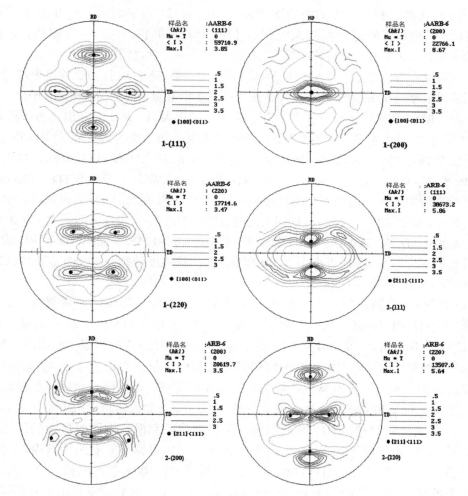

图 5.26　纯铜试样异步叠轧 6 道次（AARB-6）与同步叠轧 6 道次（ARB-6）的（111）、（200）和（220）极图对比

结合上述实验结果对轧制变形与退火织构的特点总结如下：

纯金属的轧制退火再结晶织构往往不同于原来的变形织构。例如，大变形异步叠轧铜表层的变形织构是 {001}<110> 剪切织构，同步叠轧铜的变形织构是铜织构，它的再结晶退火织构是 {001}<100> 立方织构；纯 Ag 的主要轧制织构是 {110}<112> 黄铜织构和 {110}<001> 戈斯织构，它的退火再结晶织构有 {210}<012>、{210}<321> 和 {321}<012> 等织构。

合金的轧制退火再结晶织构基本保持原来的变形织构不变，例如 $AgMg_{0.03}Ni_{0.02}$ 和 $AgCu_{28}$，有的合金的轧制退火再结晶织构除基本保持原来的变形织构外还有立方织构，例如 $PtIr_{25}$ 和 $PtRh_5$。

5.3 织构对抗拉强度的影响

$AgCu_{28}$ 的轧制态和退火态的织构主要是（110）<112> 黄铜织构，Ag 的轧制织构也是（110）<112> 织构，它的退火再结晶织构有 {210}<012> 和 {210}<321> 等织构，因此，以 $AgCu_{28}$ 合金和纯 Ag 为例，说明黄铜织构与抗拉强度各向异性之间的关系。

由于织构的存在，金属合金的性能呈现各向异性。在 FM-250 拉力试验机上进行力学测试，分别测量了厚为 0.1mm 的 $AgCu_{28}$ 加工态（压下变形量为 95%）和退火态（650℃ ×1.5h）沿轧制方向（RD）和横向（TD）拉伸的抗拉强度。结果表明，加工态和退火态 $AgCu_{28}$ 合金沿 TD 方向的抗拉强度明显大于沿 RD 方向的抗拉强度。加工态的 $AgCu_{28}$ 沿 RD 和 TD 拉伸的抗拉强度分别是 680MPa 和 750MPa。退火态的 $AgCu_{28}$ 沿 RD 和 TD 拉伸的抗拉强度分别是 327MPa 和 374MPa。退火态的 $AgCu_{28}$ 沿 RD 方向的延伸率几乎等于沿 TD 方向的延伸率，它们的延伸率约为 12%，而加工态的延伸率极低。纯 Ag 轧制态沿 TD 方向的抗拉强度也大于沿 RD 方向的抗拉强度，但纯 Ag 的退火态的抗拉强度却相反，RD 方向的大于 TD 方向的。纯 Ag 轧制态沿 TD 和 RD 的抗拉强度分别是 427MPa 和 348MPa，而沿 TD 和 RD 的延伸率并没有明显的变化。纯 Ag 的退火态沿 TD 和 RD 的抗拉强度分别是 149MPa 和 171MPa，而沿 TD 和 RD 的延伸率都约为 48%。

纯 Ag 和纯 Cu 单独在压下变形量 95% 的轧制下，主要变形织构两者都为 {110}<112> 黄铜织构和 {112}<111> 铜织构。轧制态的纯 Ag 在 500℃ ×0.5h 热处理后的退火织构有 {210}<012>、{210}<321> 和 {321}<012> 等，其中 {210}<012> 织构最强。轧制态的纯 Cu 在 600℃ ×1h 热处理后的退火织构是 {001}<100> 立方织构。在 $AgCu_{28}$ 合金中 Ag 晶粒与 Cu 晶粒在变形时，相互制约，影响晶粒在轧制变形时晶面滑移转动。FCC 金属在轧制时晶粒的形变机制主要有转动和滑移，一般不发生孪生。$AgCu_{28}$ 合金的轧制织构主要是 {110}<112> 黄铜织构，有少量的 {110}<001> 戈斯织构。黄铜织构是双滑移系同时启动的结果。轧制态 $AgCu_{28}$ 合金在 H_2 气氛下进行 650℃ ×1.5h 退火，仍然保留了轧制织构黄铜织构和戈斯织构，并没有出现典型的 {111}<112> 退火织构和 {001}<100> 立方织构。这主要是因为 $AgCu_{28}$ 合金的再结晶温度远比纯 Ag 和纯 Cu 都高，另外合金元素对变形组织有很强的钉轧作用。

在退火后保留变形织构的特性对制备结构材料非常有利。特别是在累积大变形中，要求不断细化晶粒。如果是单一纯金属例如 Cu，在大变形后，在 300℃的低温下退火 0.5h，晶粒明显长大，晶粒中原子取向变成了典型的立方织构和退火织构。合金变形后的热处理，往往保留变形织构，使晶粒细化。这对显著提高合金的硬度和强度等力学性能非常有利。这是合金在退火后的硬度和强度通常比纯金属高的原因之一。共晶组织能使晶粒显著细化，特别是它的亚晶非常细。虽然 $AgCu_{28}$ 退火后织构未变、组织也未显著变化，但它的抗拉强度却降低了近一半。尽管如此，退火态 $AgCu_{28}$ 的抗拉强度与加工态的纯 Ag 和纯 Cu 的抗拉强度相当。

织构是导致合金力学性能各向异性的直接原因。从晶体学知识可知，（111）是 FCC 晶体的原子密排面，原子的接合力远比（112）面的原子接合力强。$AgCu_{28}$ 合金不管是加工态还是退火态，RD 方向主要的晶面是（112），TD 方向主要的晶面是（111），这就不难解释为什么沿 TD 的抗拉强度明显大于沿 RD 的抗拉强度。因此可总结出规律，有黄铜织构的金属都具有沿 TD 的抗拉强度大于沿 RD 的抗拉强度的性质，而它们的延伸率几乎相同。例如，纯 Ag 经 98% 变形轧制后具有黄铜织构，沿 TD 和 RD 的抗拉强度分别是 427MPa 和 348MPa。

延伸率并没有明显的变化。然而轧制 Ag 的退火态的织构十分复杂。轧制 Ag 的退火织构有 {210}<012>、{210}<321> 和 {321}<012> 等，对这些织构与抗拉强度关系的分析也相当复杂。由于 Ag 的退火织构与轧制织构完全不同，Ag 的轧制态与退火态的力学各向异性也完全不同。退火态的纯 Ag 沿 TD 和 RD 的抗拉强度分别是 149MPa 和 171MPa，而沿 TD 和 RD 的延伸率都约为 48%。

过去认为有黄铜织构的金属材料深冲时有 6 个制耳，主要因为延伸率有各向异性，表面上看厚薄不均是延伸率不同造成的，深入的实验研究表明是抗拉强度的各向异性造成的。总之，织构使材料具有各向异性，在使用中要特别注意。例如，深冲铝合金薄板与制耳效应的关系如图 5.27 所示。

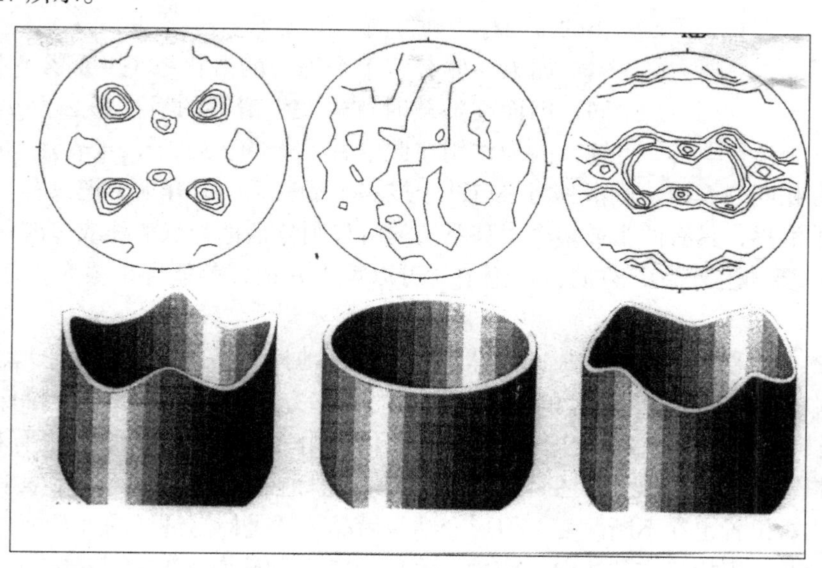

图 5.27　铝合金薄板织构与制耳效应

5.4　FCC 金属材料织构与滑移系的关系

滑移是晶体沿滑移面和滑移方向的剪切过程，决定晶体能否开始滑移的应力一定是作用在滑移面上沿着滑移方向的剪应力，或称分切应力。设一根横截面积为 A_0 的单晶试棒进行拉伸实验，如图 5.28 所示。假定拉力 $\boldsymbol{F}$ 和滑移面的法线 n 的夹角为 φ，那么滑移面的面积为 $A_0/\cos\varphi$，$\boldsymbol{F}$ 和滑移方向 $\boldsymbol{b}$ 的夹角为 λ，则 $\boldsymbol{F}$ 在滑移方向的分力为 $\boldsymbol{F}\cos\lambda$，用在滑移方向的分力除以滑移面的面积就得到作用在滑移面上沿着滑移方向的分切应力为：

$$\tau=\boldsymbol{F}\cos\lambda\cos\varphi/A_0=\sigma\mu \tag{5.1}$$

式中，$\sigma=\boldsymbol{F}/A_0$ 为拉伸应力；$\mu=\cos\lambda\cos\varphi$，称为取向因子或 Schmid 因子。金属单晶体开始滑移时的分切应力都相同，等于某一确定值 τ_c，即：

$$\tau=\sigma\mu=\tau_c \tag{5.2}$$

从 ϕ 和 λ 的定义可知 $\phi+\lambda=90°$，由此得：

$$\mu=\cos\lambda\cos\varphi=\sin\lambda\cos\lambda=\sin\varphi\cos\varphi \tag{5.3}$$

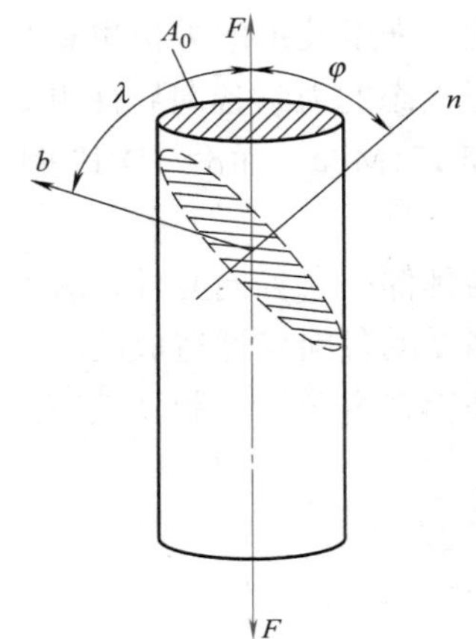

图 5.28　单晶试棒的拉伸实验

因此 μ 值最大不超过 0.5。

τ_c 称为临界分切应力，它是金属材料常数。式（5.2）称为 Schmid 定律，它可以表述为：当作用滑移面上沿滑移方向的分切应力达到某一临界值 τ_c 时晶体便开始滑移。按照 Schmid 定律，单晶体是没有确定的屈服极限 σ_{ys} 的，因为单晶体开始塑性变形时 τ_c 是一定的，因而拉应力 σ_{ys} 并不是一个常数，它取决于单晶体的位向。人们常将 μ 值大的位向称为软位向，μ 值小的位向称为硬位向。

如果晶体有若干个等价的滑移系统，那么它们的 τc 必相同，因而在加载时首先发生滑移的滑移系必为 μ 值最大的系统，因为作用在此滑移系上的 τ 最大（$\tau=\sigma\mu$）。如果两个或多个滑移系具有相同的 μ 值，则滑移时必有两个或多个滑移系同时开动。把只有一个滑移系统的滑移称为单滑移，具有两个或多个滑移系统的滑移则分别称为双滑移或多滑移。因此，在 FCC 晶体中只要知道外力 $\boldsymbol{F}$ 方向，理论上就可以算出 μ 值，就能寻出最大 μ 值对应的滑移系统。

金属晶体在滑移转动之后形成的具体织构能准确地揭示晶体在法向（ND）、横向（TD）和轧向（RD）所受外力的方向。单晶体在拉伸时滑移方向力图转向或趋近拉伸轴，压缩时滑移面力图转向或趋近压缩面（即端面），多晶体是由无数单晶体组成，也有相同的特征。虽然金属材料在变形中外观形状在不断改变（外观坐标在不断改变），晶体学坐标与试样的外观坐标的相对位置也在不断改变，但形变结束后晶体学坐标与试样的外观坐标的相对位置不再改变。因此，织构确定的法向（ND）、横向（TD）和轧向（RD）与外力在法向（ND）、横向（TD）和轧向（RD）3 个分矢量方向相同。下面根据织构的测量结果，来推导 FCC 晶体在塑性变形时滑移系的启动。启动的滑移系的计算原则是：

① 滑移面只能是（111）及其等效面，在一个单胞中与每个顶点相连的 3 个坐标轴等距截面指数依次是（111）、（$\bar{1}$11）、（$\bar{1}\bar{1}$1）和（1$\bar{1}$1）。

② 在每个滑移面都有 3 个密排方向，它们晶向依据密排面指数的变化而变化，每个滑移面上的 3 个密排方向指数相加为零。规定晶向指数的方向依据右手定则，拇指指向滑移面的法向，四个手指的绕向是晶向的正向。当滑移面是（111）时，3 个坐标轴上截点的坐标分别是 A（100）、B（010）和 C（001），则 AB=[$\bar{1}$10]、BC=[0$\bar{1}$1] 和 CA=[10$\bar{1}$]，可以组成的 3 个滑

移系分别是（111）$[\bar{1}10]$、（111）$[0\bar{1}1]$ 和（111）$[10\bar{1}]$；当滑移面是（$\bar{1}11$）时，可以组成的 3 个滑移系分别是（$\bar{1}11$）$[\bar{1}\bar{1}0]$、（$\bar{1}11$）[101] 和（$\bar{1}11$）$[01\bar{1}]$；当滑移面是（$\bar{1}\bar{1}1$）时可以组成的 3 个滑移系分别是（$\bar{1}\bar{1}1$）$[1\bar{1}0]$、（$\bar{1}\bar{1}1$）[011] 和（$\bar{1}\bar{1}1$）$[\bar{1}0\bar{1}]$；当滑移面是（$1\bar{1}1$）时可以组成的 3 个滑移系分别是（$1\bar{1}1$）[110]、（$1\bar{1}1$）$[0\bar{1}\bar{1}]$ 和（$1\bar{1}1$）$[\bar{1}01]$，如表 5.1 所示。

③ 外力方向就是织构确定的法向（ND）、横向（TD）和轧向（RD），织构数据要用具体的织构组分数据。

④ 当确定的外力方向与所选滑移系的滑移方向、滑移面的法向共面时，可以直接利用取向因子公式计算取向因子 $\mu=\cos\lambda\cos\varphi=\sin\lambda\cos\lambda=\sin\varphi\cos\varphi$；当确定的外力方向与所选滑移系的滑移方向、滑移面的法向不共面时，就要先把外力投影在滑移方向和滑移面法向组成的平面上，再计算取向因子，计算过程相当复杂。

⑤ 首先发生滑移的滑移系必为 μ 值最大的系统。

根据上面的原则可以计算出最大的 μ 值，确定首先发生滑移的滑移系。因此，结合织构的实际测量结果，能计算出有哪些具体的滑移系在发挥作用，可以对材料的性能做些定量计算。

表 5.1　面心立方晶体滑移面与滑移系的对应关系

滑移面	滑　移　系		
（111）	（111）$[\bar{1}10]$	（111）$[0\bar{1}1]$	（111）$[10\bar{1}]$
（$\bar{1}11$）	（$\bar{1}11$）$[\bar{1}\bar{1}0]$	（$\bar{1}11$）[101]	（$\bar{1}11$）$[01\bar{1}]$
（$\bar{1}\bar{1}1$）	（$\bar{1}\bar{1}1$）$[1\bar{1}0]$	（$\bar{1}\bar{1}1$）[011]	（$\bar{1}\bar{1}1$）$[\bar{1}0\bar{1}]$
（$1\bar{1}1$）	（$1\bar{1}1$）[110]	（$1\bar{1}1$）$[0\bar{1}\bar{1}]$	（$1\bar{1}1$）$[\bar{1}01]$

参考文献

[1] 陈亮维 . 大变形叠轧制备超细晶铜材织构组织演变规律研究 [D]. 昆明：昆明理工大学，2009.

[2] 陈亮维，韩波，史庆南，等 . 纯铜深度塑性变形的织构组织均匀性研究 [J]. 材料科学与工艺 .2010,18（3）: 391-395.

[3] 陈亮维，史庆南，陈登权，等 . 叠轧法深度塑性变形铜组织的研究 [J]. 昆明理工大学学报（自然科学版），2008，33（6）: 11-16.

[4] 陈亮维，陈登权，史庆南，等 .$AgCu_{28}$ 合金的织构组织与力学性能 [J]. 稀有金属材料与工程 ,2010,39（3）: 405-409.

[5] 杨钢，陈亮维，王剑华，等 .FCC 金属的织构对力学性能的影响 [J]. 昆明理工大学学报（自然科学版），2012，37（5）: 24-27，34.

[6] 史庆南，陈亮维，王效琪 . 大塑性变形及材料微结构表征 [M]. 北京：科学出版社，2016.

第 6 章 EBSD 微观织构的表征

用 X 射线衍射方法测量的是宏观织构，而微观织构需用 EBSD 方法测量。EBSD 又叫电子背散射衍射，是扫描电子显微镜（SEM）应用中的一个附加功能。它是以一种独特的衍射获得晶体的结晶学数据。用 EBSD 研究材料的择优取向，不仅能够测得样品中每一种取向分量所占的比例，也能测出每一取向分量在显微组织中的分布，这是研究织构的全新方法，这就可能使取向分量的分布与相应的材料性能改变联系起来。EBSD 最常应用于测试加工产品的局域取向分布，分析局域取向的密度和相应的性能改变，例如，BCC 金属板材的可成形性分析发现，只要 {111} 面平行板面，则板材有良好的深加工性能，可避免深冲制耳问题。另外还可利用 EBSD 的取向测量获取第二相与基体的位向关系，研究疲劳机理、断面和晶间裂纹、单晶完整性、断面晶体学、高温超导体中氧扩散、晶体方向和形变研究等。用 EBSD 可以直接获得相邻晶体之间取向差，即测得晶界两边的取向，则能研究晶界或相界，因而界面研究是 EBSD 应用的一项内容。从采集到的数据可绘制取向地图、极图和反极图，还可计算 ODF。本章主要从微观结构表征角度介绍它的应用原理。对样品制备、数据采集与分析的基本要求和注意事项进行介绍，详细介绍了晶粒取向（织构）与背散射电子衍射菊池花样之间的数理关系，让读者学会原始的 EBSD 菊池花样分析，为深入研究微观结构的演变发挥更好的作用。

6.1 EBSD 分析中常用的术语

只有对 EBSD 分析中常用的术语有准确的理解，才能深入地把握 EBSD 分析中的各种表示图的准确含义。因此下面对常用的术语进行介绍。

轴 / 角对（axis/angle pair）——如果两个相邻点的取向差在给定公差范围内，就把该两点连成的线段定义为轴 / 角对。轴就是这两个晶面的交线。角是指这两个晶面之间的夹角。

校准（calibration）——依图案中心在不同的工作距离设置不同的测量。如图 6.1 所示，图案中心 PC 点（pattern center）是由 3 个参数（x^*、y^* 和 z^*）来描述，这些几何参数不受样品的影响，SEM 的运行参数如工作电压与样品的倾斜无关。这些值依赖于工作距离。另外，当电子光束在样品不同的位置上移动时，图案中心有轻微的漂移。在安装时执行校准确定合适的工作距离来减小漂移。

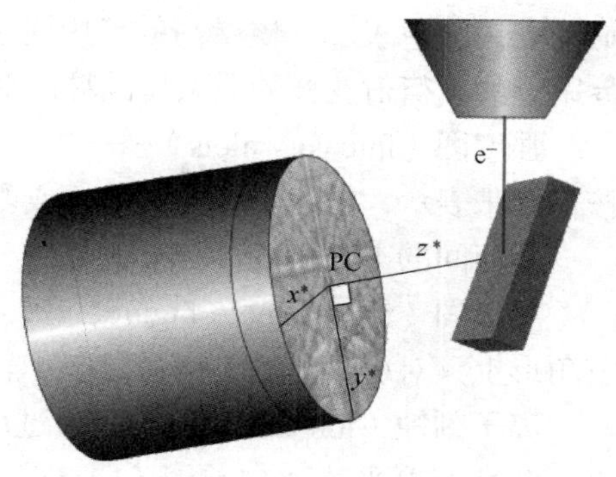

图 6.1　坐标的定义

整理（clean up）——没有指标化的孤独点或因尘粒、表面凹陷或晶界重叠部分导致指标化不正确的点需要根据邻近的正确指标化的点来重新指定它们的取向。

置信指数（confidence index，CI）——指一种取向概率的测量，当两种可能取向的得票数相同时信心指数为零，范围是从 0 到 1。任何 CI ＞ 0.2 就是好的匹配。

$$\mathrm{CI}=\frac{V_1-V_2}{V_{\text{ideal}}}$$

信心指数图（confidence index map）——把信心指数绘成灰度色标图。

等值线图（contour plots）——在一个样品内对取向或取向差的分布用强度等值线的方法进行绘制。

共格晶界（CSL boundary）——当两个相邻的特殊共格型晶粒的取向差在允许的公差范围内时，该两个相邻点连成的线段。CSL（coincident site lattice）是共格子。

离散图（discrete plots）——取向图或取向差图在扫描区域内按点逐个标识形成离散图。

电解抛光（electro-polishing）——把金属样品当作阳极放在电解池里，样品表面与化学溶液反应腐蚀变得平滑。选择合适的抛光液，可获得良好的效果，样品必须导电。

欧拉角（Euler angles）——代表一个晶体取向的 3 个角。

丝织构（fiber texture）——被观察的晶粒有独特的晶轴且与样品的一个特殊的方向（通常是样品法向）平行，在样品表面的平面内任意方向晶轴没有优先现象。

匹配值（fit）——重新计算晶带与检测特定方向之间的平均角残差。残差值越低，解决方法越好。

晶粒（grain）——有相同的取向或类似的取向在允许公差范围内的点的集合构成一个晶粒。在 OIM 扫描中，检测选定点的取向与其相邻点的取向是否在允许公差内，若在则它们属于同一个晶粒。

晶界（grain boundaries，GB）——在属于两个不同晶粒的相邻点之间绘的线段。

晶界图（grain boundary map）——在 OIM 扫描中计算出每一对相邻点的取向差，如果取向差超过用户规定的值，用户在该两点之间用选定的颜色或线宽画线，并能突出显示属于规定取向差的分界线。

霍夫变换（Hough transform）——菊花池线的图像处理技术。

图像品质（image quality，IQ）——描述电子背散射衍射花样的质量。衍射花样的质量依赖于因变形、掺杂或晶格应变所引起的原子密度与标准值的背离程度。

图像品质图（image quality map）——图像品质高低参数用亮度色标表示的图。通常质量低的点用深色表示，质量高的点用浅色表示。任何晶格畸变的点降低衍射花样的质量，在晶界附近的点衍射花样的质量比晶粒内部的差。

强度图（intensity plots）——在一个样品内表示取向（或取向差）的分布图。强度等高线按倍数来表示，描述了特定取向（或取向差）分布的概率高低。

晶面间的夹角（inter-planar angle）——两个相交晶面之间的夹角（测量值）。

反极图（inverse pole figure，IPF）——晶体取向在样品外观坐标系里的投影图。在单位三角形上只对应唯一的方向（法向、轧向或横向）。

离子刻蚀（ion etching）——通过加速离子轰击材料表面的制样方法。

塑性变形平均取向差图（kernel average misorientation map）——局部塑性变形引起的平均取向差变化图。

菊池图样（kikuchi pattern）——样品表面受高强电子照射形成的一种电子衍射图，衍射图形成的物理原理与其它衍射是相似的。EBSD 图并不是严格意义上的菊池图。

晶面夹角查寻表（look up table，LUT）——把所有可能的晶面夹角集合成表，角是实际反射形成的角。

晶面指数（miller indices）——晶格点阵中描述了一个具体的晶面，在矢量中代表了晶面的法线方向，数值大小与晶面距离有反比例关系，通常表示为（*hkl*）。小括号（ ）代表一个单一的晶面，大括号 {} 代表了对称的晶面族。

晶体取向差（misorientation）——两个晶体取向之间的角差。

取向差分布函数（misorientation distribution function，MDF）——有关联关系的取向差分布函数是由计算相邻两个晶粒的取向差汇总得来的。非关联取向差分布函数是指计算所有随机聚集的晶粒取向差，也是织构的一种函数。

取向分布函数（orientation distribution function，ODF）—— 一个多晶样品的晶粒取向分布在三维欧拉空间中的函数描述。

选区取向扫描（OIM scan）——在一个选取的区域内自动收集晶体取向扫描数据。

分区（partition）——基于不同参数的筛选数据的一个子集。

图形中心（pattern center，PC）——电子束入射样品的中心斑在荧光屏上的投影点。

相界（phase boundary）——画在属于两个不同相的两点之间的一条线段。

极（pole）——晶面的一个法线方向。

极图（pole figure，PF）——在球面空间中与样品的坐标系统有关的一个给定晶面上的取向投影。

重建晶界（reconstructed boundaries）——与晶界线段吻合的一条线，通常画在两个三角连接之间。

重建孪晶界（reconstructed twin boundaries）——根据它们符合特殊孪晶界的标准，即依据取向差和孪晶面的判据，给重建晶界配上不同的色标。

参考系（reference frame）——是指参考坐标系统。

R 矢量（Rodrigues vectors）—— 一个 **R** 矢量表示一个轴角对关系，$\boldsymbol{R}=\tan(w/2)\boldsymbol{u}$，这里 w 是沿晶轴的旋转角，$\boldsymbol{u}=[uvw]$。

旋转角晶界（rotation angle boundary）——如果两个相邻点的取向差属于一个给定范围（如 0°～5° 和 0°～15°），在其间所画的线段就是旋转角晶界。

泰勒因子（Taylor factor）——一个晶粒倾向于滑移屈服的一种理论测量。

模板（template）——一种数据处理方法。

织构（texture）——在一个多晶体内晶粒取向的统计分布。

织构图（texture plot）——在一个样品内表示取向或取向差分布的图。一个强度值和等高线表示了一种随机分布，各强度值之间和各等高线之间有倍数关系。

ND（normal direction）表示样品测试面的法向，RD（reference direction）表示样品测试时的参考标准方向，例如轧制加工时的轧制方向，TD（transverse direction）表示样品的横向。

Theta 角步长（Theta step size）——在计算霍夫变换时 θ 的增量。

孪晶界（twin boundary）——在相邻两点的取向差满足孪晶界标准时，该两点之间的分界线段。

独特的晶粒彩图（unique grain color map）——用彩图表示按取向参数标识的晶粒图，相同颜色的晶粒有相同的取向。

公认数（votes）——在实测的所有谱线中三条线分成一组构成三角形，该三角形的内角用来确定一个或多个潜在的晶面指数（取向），计算出一个指数结果就算得一票。对每一个谱线三角形进行相同的计算，对公共解次数最多的（得票最多）指数就设定为正确的指数解。注：在菊池花样中每条菊池线与产生衍射的晶面指数对应，菊池线的交点与晶带轴指数对应。

晶轴（zone axis）——两个晶面或多个晶面的公共轴，用 [*uvw*] 表示。

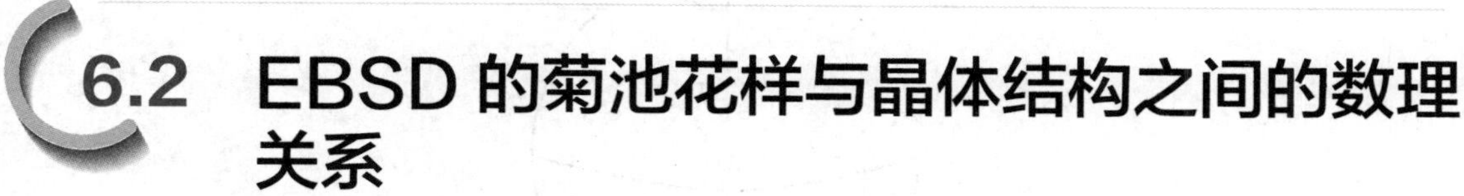

6.2 EBSD 的菊池花样与晶体结构之间的数理关系

EBSD 的花样与样品的晶体结构及其取向有密切的关系，即 EBSD 花样与样品的晶粒取向有唯一的对应关系。已知样品的晶体结构和取向，可以推算出其理论的 EBSD 花样，若实测了 EBSD 花样，同样可以计算其晶体结构与取向。

每条菊池线都是由对应的晶面产生的衍射圆锥与观察荧光屏的交线，示意图如图 6.2 所示。

晶面距 d_{hkl} 满足布拉格方程：

$$2d_{hkl}\sin\theta=\lambda \tag{6.1}$$

式中，λ 是入射电子的波长；d_{hkl} 是晶面距；θ 是衍射角，θ 如图 6.3 所示。

图 6.3 中 Z^* 是电子从样品垂直入射到荧光屏的距离，入射点 PC 就是图形中心（pattern center），从 PC 点作衍射菊池线的垂线，与菊池线的两个交点的距离，就是菊池线宽 l，l 是指衍射菊池线最窄处的宽度，PC 点到衍射菊池线的距离分别是 r 和 $r+l$。由此计算出衍射角：

$$\theta=\arctan[(r+l)/z^*]-\arctan(r/z^*) \tag{6.2}$$

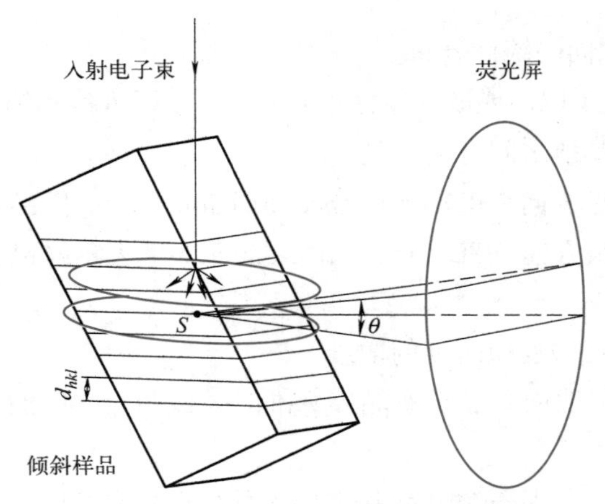

图 6.2　晶面（hkl）与背散射电子衍射菊池线的示意图

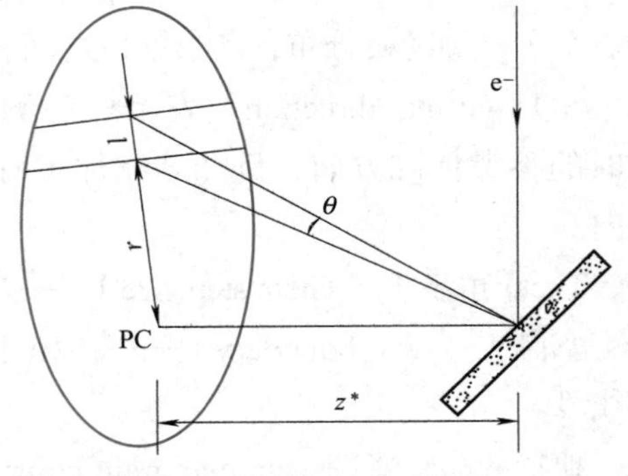

图 6.3　衍射角 θ 的示意图

把式（6.2）代入式（6.1）得：

$$2d_{hkl}\sin\{\arctan[(r+l)/z^*]-\arctan(r/z^*)\}=\lambda \tag{6.3}$$

可以计算出晶面间距 d_{hkl}。经过检索国际标准粉末衍射卡片，可得出可能对应的晶面指数 hkl。从上式看出衍射线的宽度与其对应的晶面间距成反向关系，其实一组平行的晶面产生的一条衍射线理论更接近双曲线。EBSD 花样满足心射切面投影（gnomonic projection）规律，心射切面投影示意图如图 6.4 所示。

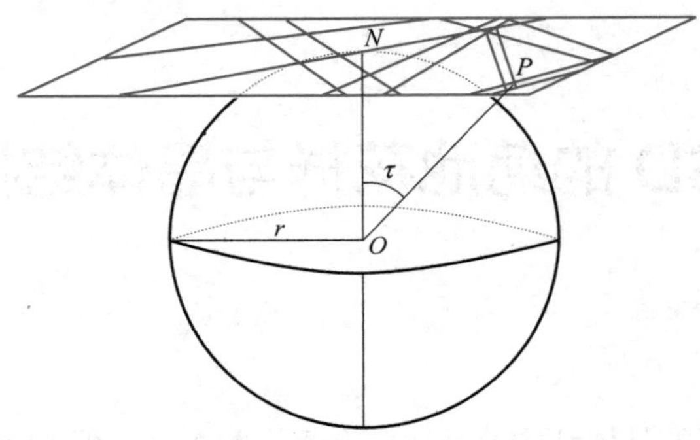

图 6.4　心射切面投影示意图

晶体放置在参考球心，任意一个晶带轴投影在指定的一个切面上形成一个交点，任意一组平行的晶面，当衍射的结构因子不等于零时，在指定的切面上形成一条有一定宽度的线。这条线的宽度与其对应的晶面间距成反比。因此实测的 EBSD 花样中每条线与能产生衍射的一个晶面对应，衍射线条之间的交点对应了一个晶带轴。从心射切面投影的特征可知，在所有的晶带轴指数 $[uvw]$ 中的 u 和 v 可以是正数或负数，但所有 w 只能是正数。从球心到任意两个晶带轴对应的点组成的两条线之间的夹角等于这两个晶带轴之间的夹角。衍射线条之间的夹角与相应一组晶面之间的夹角有关联，但并不一定等于这两个晶面之间的夹角，因为投影切面并不一定垂直这两个晶面。

从图 6.4 可知，已知心射切面投影的参考球的半径 ON 为 r，晶向 OP 与切面的交点是 P，其中夹角∠ $NOP=\tau$，那么：

$$NP=r\tan\tau \tag{6.4}$$

根据心射切面投影的上述数学关系和晶体结构知识（主要是各晶面夹角和晶向夹角之间关系）就可以绘制任意晶系、任意点阵和任意取向下的理论背散射电子衍射菊池花样。

两条或多条衍射线的交点就是一个晶带轴，它代表了样品中某一组晶面的公共交线。已知晶体结构，可以根据衍射线的对称性，直接确定晶带轴的指数。例如立方晶系中，[001] 晶带轴有四重对称性，正方形就有四重对称性；$[\bar{1}11]$ 晶带轴有三重对称性，等边三角形就有三重对称性。下面详细介绍面心立方晶体、体心立方晶体和六方晶体的背散射电子衍射花样的特性和理论背散射电子衍射菊池花样的绘制方法。

6.2.1　面心立方晶体背散射电子衍射菊池花样的特征

每条背散射电子衍射线是满足衍射条件的晶面产生的，即结构因子 $F \neq 0$。如果该晶体是面心立方晶系，那么产生衍射的晶面指数，必须符合面心立方晶面指数的消光规律，即只有 {111}、{200}、{220}、{311}、{222}、{204}、{331} 和 {400} 等效晶面才能产生衍射。每两条衍射线的交点是对应的两个晶面的交线，即共同晶带轴，已知产生衍射的两个面指数，运用矢量叉积，可以计算其晶带轴。在实际背散射衍射时，有时因为高指数晶面间距很小，衍射强度极弱，可能不会被观察到，但低指数晶面间距大，衍射强度大，最容易被观察到。因此，在绘制理论背散射电子衍射菊池花样时，有时直接忽略了高指数晶面产生的菊池线。

如果面心立方[111]晶带轴刚好垂直于EBSD的荧光屏，所获得的菊池花样就定义为[111]晶带轴投影于图案中心（pattern center）的特征花样，如图 6.5(a）所示，图中（$\bar{2}02$）、（$\bar{2}20$）和（$02\bar{2}$）3 个晶面的交线是 [111]，沿晶带轴 [111] 观察该晶体，它是 3 次对称，即沿 [111] 轴线每旋转 120°，晶体完全重合。每相邻的两条衍射菊池线的夹角是 60°。由于是等效晶面簇产生的衍射菊池线，线宽和形状完全等效。另外理论上 {$22\bar{4}$} 的 3 个等效晶面的交线也是 [111]，也会产生 3 条过 [111]PC 点的菊池线，强度较弱，但由于衍射菊池线较宽，其在实践中是可以观察到的，没有绘制在理论菊池花样中。如果 [111] 晶带轴不垂直于 EBSD 的荧光屏即 [111] 不在 PC 点，由于观察屏的倾斜，图形有变化，主要是线与线的夹角有变化，但还是能识别出该三条线的本质和晶带轴的本质。

当[001]晶带轴投影在PC点时，共[001]晶带轴的面心立方晶体的晶面有（200）、（020）、（220）和（$2\bar{2}0$）4 个晶面，这 4 个晶面完全满足衍射条件。在图案中心（PC）会得到的理论菊池花样，每相邻的两条衍射线的夹角是 45°，其中与 {420} 相关的等效晶面产生的衍射菊池线就不再列出，因为衍射强度太弱，如图 6.5（b）所示。如 [001] 晶带轴的投影不在 PC 点，由于是倾斜投影，线条之间的夹角会有变化。

当 [101] 晶带轴投影在 PC 点时，共 [101] 晶带轴的面心立方晶体的晶面有（$11\bar{1}$）、（$1\bar{1}\bar{1}$）、（020）、（$20\bar{2}$）、（$13\bar{1}$）、（$1\bar{3}\bar{1}$）、（$22\bar{2}$）、（$2\bar{2}\bar{2}$）、（$31\bar{3}$）和（$3\bar{1}\bar{3}$）10 个晶面，这 10 个晶面完全满足衍射条件，等效指数晶面产生衍射菊池线相同，其中（$11\bar{1}$）和（$22\bar{2}$）重叠，（$1\bar{1}\bar{1}$）和（$2\bar{2}\bar{2}$）重叠。因此 [101] 晶带轴投影于 PC 点的 EBSD 理论菊池花样如图 6.5（c）所示，在一个象限内线条之间的夹角∠ 1、∠ 2、∠ 3 和∠ 4 依次是 13.26°、22°、29.5° 和 25.24°，所有衍射线的宽度与其晶面距成反比；如 [101] 晶带轴的投影不在 PC 点，

由于是倾斜投影，线条之间的夹角会有变化。面心立方晶体的孪晶沿 [110] 晶带轴观察，孪生面是（$\bar{1}11$），在正点阵空间，各点阵沿孪生面对称，因此孪晶的其它菊池线也沿孪生面的衍射菊池线对称分布，相邻两菊池线之间的夹角就等于对应的衍射晶面夹角，如图 6.5（d）所示。

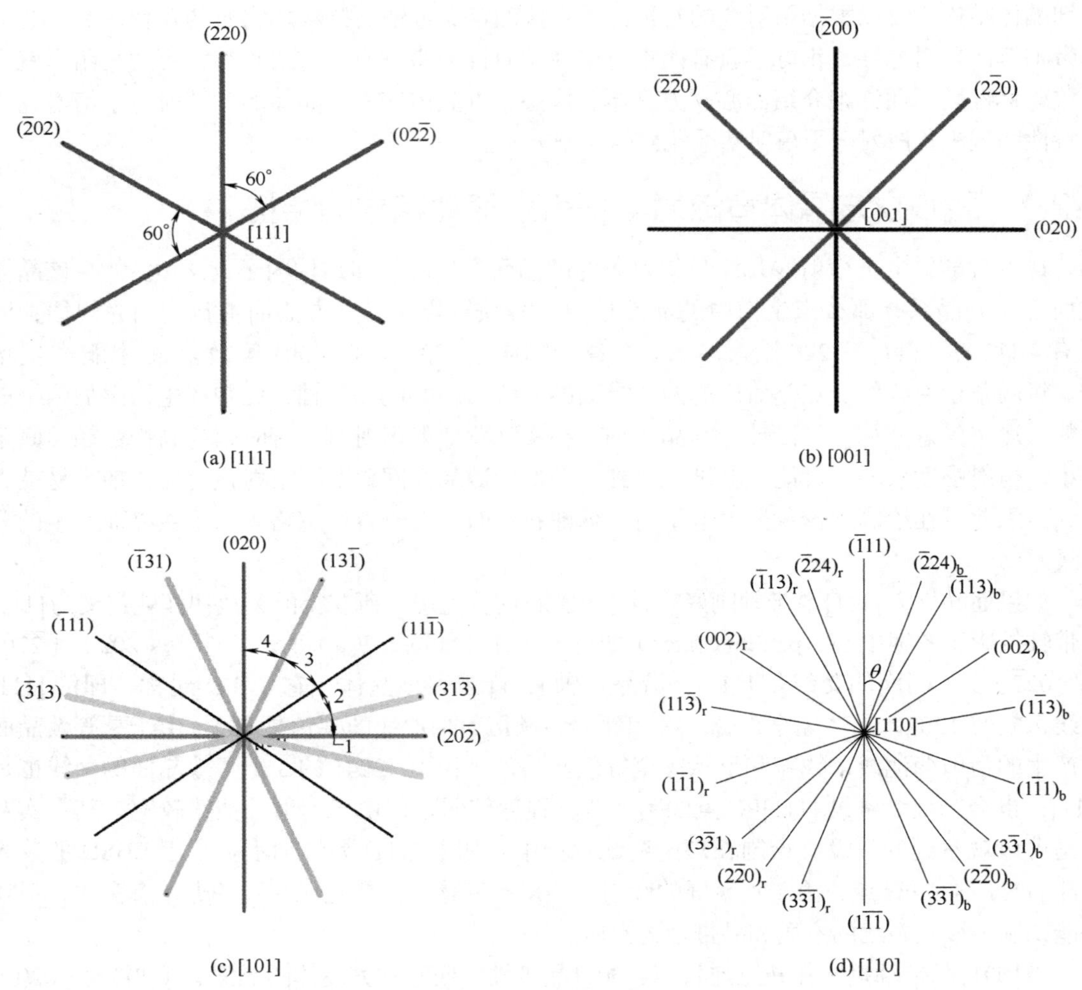

(a) [111]　(b) [001]　(c) [101]　(d) [110]

图 6.5　面心立方晶体 [111]、[001]、[101] 及其孪晶的 [110] 晶带轴投影于 PC 点的理论菊池花样示意图

6.2.1.1　在面心立方晶系中（001）[100] 取向理论 EBSD 花样的计算

假定取向 ND=[001]，RD=[100]，规定样品摆放时倾斜方向为 RD 方向，如图 6.1 右所示。首先计算相关晶面或晶带轴之间的夹角如表 6.1 所示。假定参考球心到 EBSD 花样中心 PC 的距离 L 是 50mm。以晶向（u=4，v=0，w=11）与荧光屏的交点为 PC 点。因此各晶向与该晶向的夹角、与荧光屏的交点到 PC 点的距离如表 6.2 所示，然后根据对称性，面心立方晶体立方取向的理论背散射电子衍射菊池花样如图 6.6 所示。其中衍射线之间的交点是该衍射晶面的共同晶带轴，在图中用 [uvw] 表示，衍射线的晶面指数在旁边用（hkl）表示。

表 6.1　立方晶系晶面或晶向夹角 θ　　单位：(°)

hkl	001	114	112	111	011	101	110
001	0	19.47	35.26	54.74	45	45	90
114	19.47	0	15.79	35.26	33.56	33.56	70.53
112	35.26	15.79	0	19.47	30	30	54.74
111	54.74	35.26	19.47	0	35.26	35.26	35.26
011	45	33.56	30	35.26	0	60	60
101	45	33.56	30	35.26	60	0	60

表 6.2　各晶带轴与 u=4，v=0，w=11 晶带轴的夹角和距离

hkl	001	103	101	201	301	011	111	211	433	233	013
夹角 / (°)	20	1.55	25	43.45	51.58	48.35	42.3	48.49	44.11	41.68	26.93
距离 /mm	18.2	1.35	23.34	47.36	63.04	56.22	45.46	56.5	48.47	44.52	25.4

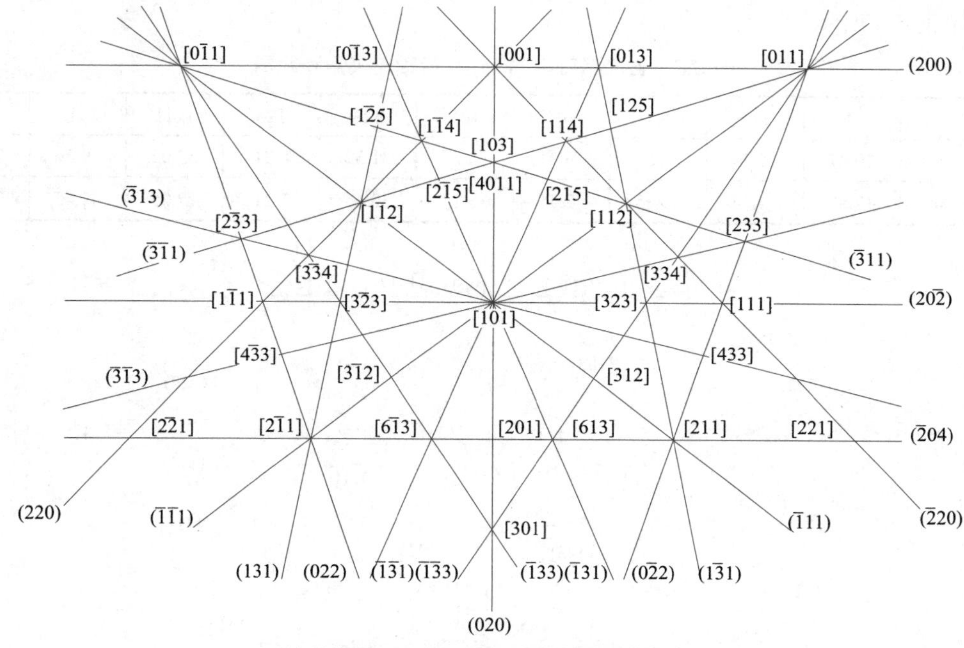

(a) 立方晶体(001)[100]取向的EBSD理论菊池花样(忽略了线宽)

(b) 立方晶体(001)[100]取向实测菊池花样

图 6.6　立方晶体（001）[100] 取向的 EBSD 菊池花样

6.2.1.2 在面心立方晶系（001）[110] 取向的理论 EBSD 花样的计算

假定取向 ND=[001]，RD=[110]，规定样品摆放时倾斜方向为 RD 方向，如图 6.7 右所示。首先计算相关晶面或晶带轴之间的夹角如表 6.3 所示。假定参考球心到 EBSD 花样中心 PC 的距离 L 是 50mm。

从表 6.3 可知，[001] 与 [114] 的夹角是 19.47°，接近 20°，因此可以认定 [114] 晶带轴的投影点就是 EBSD 花样中心 PC 点，只要确定了 PC 点的位置，根据心射切面投影的原则，就可以确定其它晶带轴的位置 R，$R=L\tan\theta$。同时根据各晶带轴的相对位置，确定各点的具体位置。例如，晶带轴 [001]、[114]、[112]、[111] 和 [110] 共面（$1\bar{1}0$），晶带轴 [101]、[112] 和 [011] 共面（$11\bar{1}$），晶带轴 [001]、[101] 和 [103] 共面（010），晶带轴 [001]、[011] 和 [013] 共面（100），晶带轴 [$\bar{1}$14]、[013]、[125]、[112] 和 [323] 共面（$\bar{1}3\bar{1}$），晶带轴 [$1\bar{1}4$]、[103]、[215]、[112] 和 [233] 共面（$3\bar{1}\bar{1}$），晶带轴 [$1\bar{1}1$]、[101]、[323] 和 [111] 共面（$\bar{1}01$），晶带轴 [$\bar{1}11$]、[011]、[233] 和 [111] 共面（$0\bar{1}1$），晶带轴 [101]、[215]、[114]、[013] 和 [$\bar{1}12$] 共面（$\bar{1}\bar{3}1$），晶带轴 [011]、[125]、[114]、[103] 和 [$1\bar{1}2$] 共面（$\bar{3}\bar{1}1$）。常见晶带轴与 [114] 晶带轴的夹角与距离如表 6.3 所示。

表 6.3 各晶带轴与 [114] 晶带轴的夹角和距离

hkl	001	112	111	103	101	323	125	1−11	1−12	1−14
夹角 /（°）	19.47	15.79	35.26	14.31	33.56	31.32	8.21	57.02	39.66	27.27
距离 /mm	17.68	14.14	35.35	12.75	33.17	30.42	7.21	77.05	41.45	25.77

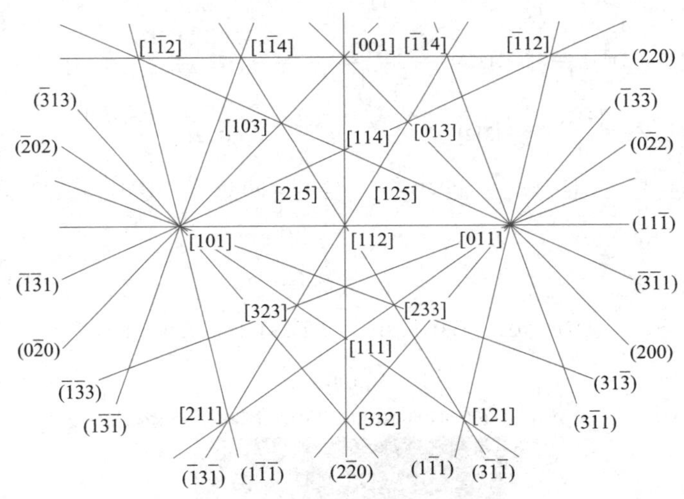

图 6.7 立方晶体（001）[110] 取向的 EBSD 理论菊池花样（忽略了线宽）

读者可以计算并绘制面心立方晶体其它任意取向的理论背散射菊池花样，自行设计相关分析软件。

6.2.2 体心立方晶体背散射电子衍射菊池花样的特性

背散射电子衍射线是满足衍射条件的晶面产生的，即结构因子 $F \neq 0$。如果该晶体是体心立方晶系，那么产生衍射的晶面指数，必须符合体心立方晶面指数的消光规律，即只有

{110}、{200}、{211}、{220}、{310} 和 {222} 等效晶面才能产生衍射线条。每两条衍射线的交点是对应的两个晶面的交线，即共同晶带轴，已知产生衍射的两个晶面指数，运用矢量叉积，可以计算其晶带轴。

体心立方晶体 [111]、[101] 和 [001] 晶带轴投影于图案中心的理论菊池花样如图 6.8 所示。

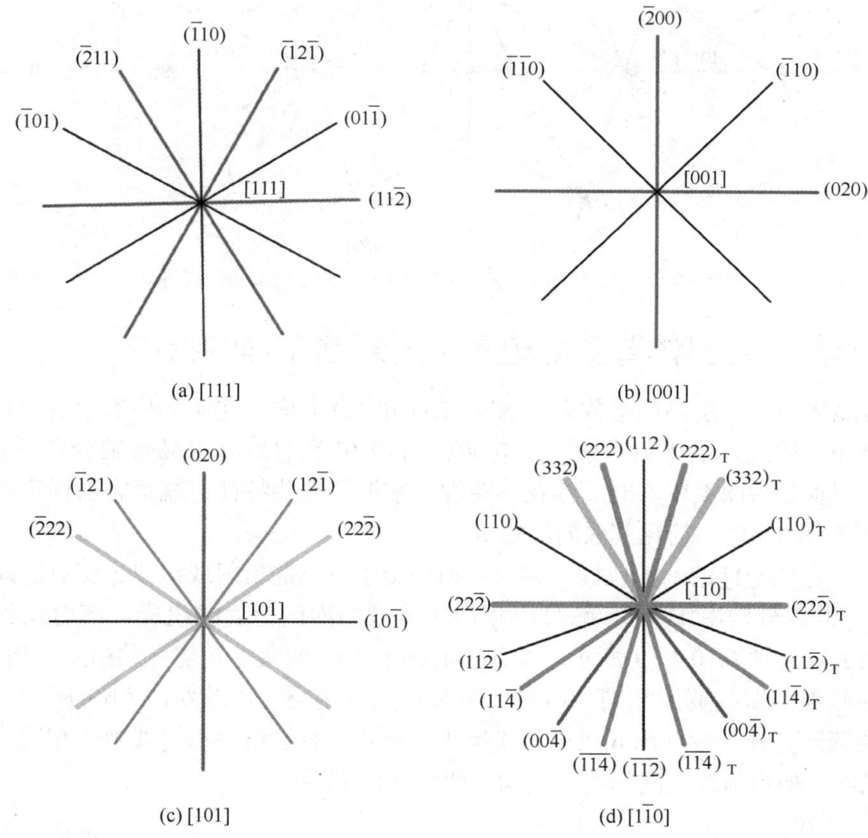

图 6.8　体心立方晶体 [111]、[001]、[101] 及其孪晶的 $[1\bar{1}0]$ 晶带轴投影于 PC 点的菊池花样示意图

从图 6.8 和图 6.5 对比可知，[111] 和 [001] 晶带轴作投影中心时，面心立方晶体和体心晶体的理论菊池花样形状完全相同，只有 [101] 的菊池花样两者才有差异，在图 6.8（c）中，$(10\bar{1})$ 晶面与 $(22\bar{2})$ 晶面的夹角是 35.26°，(020) 晶面与 $(12\bar{1})$ 晶面夹角也是 35.26°。体心立方晶体的孪晶沿 $[1\bar{1}0]$ 晶带轴观察，孪生面是（112），在正点阵空间，各点阵沿孪生面对称，因此孪晶的其它菊池线也沿孪生面的衍射菊池线对称分布，相邻两条菊池线之间的夹角就等于对应的衍射晶面夹角，如图 6.8（d）所示。当 [111]、[101] 和 [001] 晶带轴不在投影中心时，衍射线条之间的夹角就不满足晶面夹角公式的计算条件了。

注：在图 6.5 中面心立方晶体 [111] 作为图案中心的菊池花样省略了 {224} 晶面的衍射线。

取向硅钢是一种体心立方金属材料，有高斯织构 {110}<001> 取向。[221] 与 [110]、[001] 的夹角分别是 19.47°、70.53°，可以认定 [221] 晶带轴的投影点就是图案中心。用前面的方法可以制作其 EBSD 菊池花样，如图 6.9 所示。

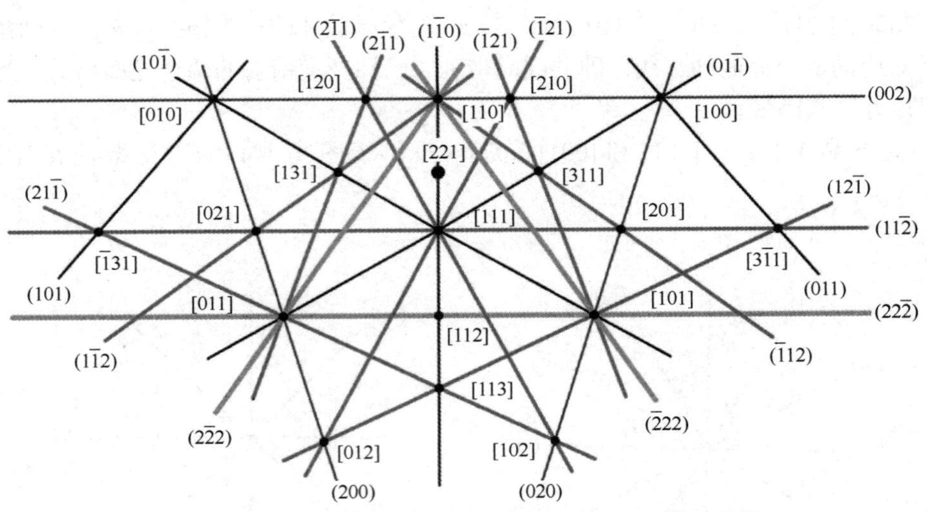

图 6.9　取向硅钢的高斯织构取向的理论 EBSD 菊池花样

6.2.3　密排六方晶体背散射电子衍射菊池花样的特性

在六方晶体中统一用晶面指数表示 ND、RD 和 TD 方向。在实际检测中更关心低晶面指数的取向分布。因此，这里重点介绍了 [0001]、[10$\bar{1}$0] 和 [$\bar{1}$2$\bar{1}$0] 等晶带轴分别垂直于 EBSD 荧光屏时，即垂足为图案中心时菊池花样特性，掌握了这些特性，就很容易标定六方晶体菊池花样线中交点的晶向，简化其取向的解析。

图案中心为 [0001] 的菊池花样一共由 6 根相交于一点的衍射线组成，交点的晶带轴就是 [0001]，这 6 根线分别由 {10$\bar{1}$0} 和 {11$\bar{2}$0} 两组等效晶面的衍射线组成。衍射线的宽度与晶面指数正相关。如图 6.10（a）所示。图案中心为 [10$\bar{1}$0] 的菊池花样一共由 6 根衍射线组成，相互垂直的两根衍射线宽不相同，但另外两对角线宽相同，如图 6.10（b）所示。图案中心为 [$\bar{1}$2$\bar{1}$0] 的菊池花样，一共由 6 根衍射线组成，相互垂直的两根衍射线宽不相同，但另外两对角线宽相同，但衍射线之间的夹角不同，如图 6.10（c）所示 。

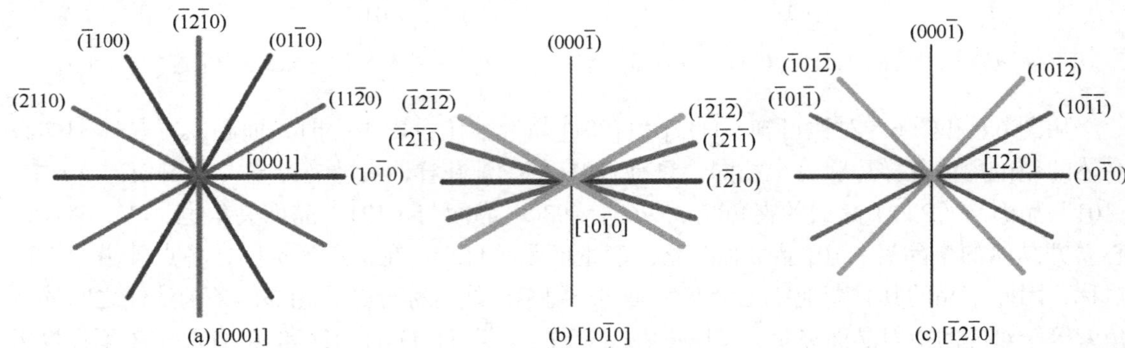

图 6.10　密排六方晶体 [0001]、[10$\bar{1}$0] 和 [$\bar{1}$2$\bar{1}$0] 晶带轴投影于图案中心的菊池花样示意图

对面心立方晶体、体心立方晶体和密排六方晶体的部分取向的理论菊池线花样进行了绘制，特别是分别绘制立方晶体 [001]、[110] 和 [111] 晶带轴和密排六方晶体 [0001]、[10$\bar{1}$0] 和 [$\bar{1}$2$\bar{1}$0] 晶带轴的投影点作为图案中心的理论菊池花样示意图。把上述基本晶带轴组成的 9 种理论菊池花样倾斜 20° 投影就获得了新的理论菊池花样，它们就是样品取向 ND 为对应的晶

带轴的理论菊池花样示意图。这些都可以作为菊池花样交点指标化的依据，可以简化菊池花样与某一个取向之间对应关系的解析过程。今后需要不断完善这些理论菊池线花样与晶体的特定取向之间的关系，若时间和经费允许，完全可以设计出有自主知识产权的 EBSD 实验数据分析软件。

6.3　EBSD 样品制备方法

为了获得高质量的 EBSD 图，在采集 OIM 数据之前最关键的是样品的制备。

近入射能量背散射电子形成了 EBSD 图，与样品发生非弹性作用的背散射电子对 EBSD 图没有贡献，样品高倾斜角（70°）导致在样品表层 50nm 的范围内形成一个衍射区。在该区域内晶格没有应变、没有污染或氧化层，否则 EBSD 图不出现或质量极差。在此介绍合适的样品制备技术帮助获得可靠的 OIM 数据。几种不同的制备技术成功地应用于 EBSD 样品制备，这些方法包括机械抛光、电解抛光、化学腐蚀、离子腐蚀和导电涂层。

（1）机械抛光

许多类型的样品都有独特的样品制备方法。大多数样品需要有一定程度的机械抛光。完整的机械抛光有 6 个步骤：取样、嵌样、粗磨、细磨、粗抛和细抛。

取样是从一块母样品中取出一个有代表性的区域，最终样品的大小要满足 SEM 对样品尺寸的要求，与 SEM 仪器有关。有两种取样方法：高速研磨取样法和低速、低变形精确取样法。其它方法取样在样品表面引起了一个大变形层需费时费力去除。正确的转速和冷却过程对保存原始样品的微观组织是必要的。

嵌样时选用的固体嵌样粉主要考虑操作容易、有边沿保持力，最好能导电帮助消除充电和漂移问题。通常有热嵌样和冷嵌样两种嵌样方法。

研磨首先除去在取样过程中引入的表面变形层，产生一个供检测用的平坦表面。通常首先使用规格 240 目的 SiC 圆盘形或带形砂纸研磨，接着分别用规格 800 目和 1200 目的 SiC 砂纸研磨，研磨时有流水充当冲洗和润滑作用，用光学显微镜检查表面研磨效果。

抛光就是为了消除在研磨过程中在表面引入的任何变形。抛光程序类似于研磨，有许多变量要考虑。多种类型的研磨剂、悬浮液媒质、抛光布等是可利用的，这些耗材的选择依个人喜好而定。我们通常使用多用途布洒上 α 和 γ 型氧化铝研磨剂，对较硬的材料使用金刚石研磨剂。抛光通常由 5 步构成，起始于一种 9μm 的研磨剂，终止于一种 0.05μm 的研磨剂。

胶体氧化硅是一种 EBSD 图质量最好的最终抛光剂，商用的胶体氧化硅是由带负电的二氧化硅粒子组成，pH 值在 8 ～ 11 之间。溶液能抛光和轻微刻蚀样品，消除大多数表面变形层。该胶体几乎对所有材料都发挥作用。陶瓷和地质样品用别的抛光方法效果极差，而用胶体氧化硅抛光效果特别好。

机械抛光顺序为：

① 取样和嵌样；

② 用 240 目粗的 SiC 砂纸研磨样品表面；

③ 用 400 目粗的 SiC 砂纸与 20N 力保持研磨 15 ～ 20s；

④ 用 600 目粗的 SiC 砂纸与 20N 力保持研磨 15 ～ 20s；

⑤ 用 800 目粗的 SiC 砂纸与 20N 力保持研磨 15 ～ 20s；

⑥ 用 1200 目粗的 SiC 砂纸与 20N 力保持研磨 15 ～ 20s；

（步骤②～步骤④可能需重复 2 ～ 3 次）

⑦ 用 9μm 的金刚石抛光液抛光 5 ～ 10min；

⑧ 用 3μm 的金刚石抛光液抛光 5 ～ 10min；

⑨ 用 1μm 的 α- 氧化铝抛光液抛光 5 ～ 20min；

⑩ 用 0.3μm 的 α- 氧化铝抛光液抛光 5 ～ 15min；

⑪ 用 0.05μm 的胶体氧化硅液抛光 1min 至几小时。

实例，如图 6.11 所示。

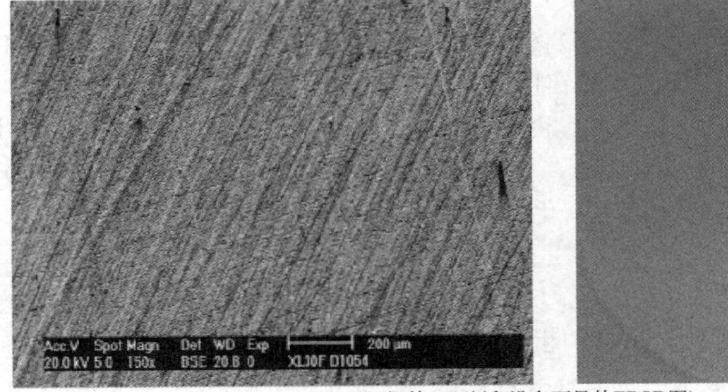

(a) 1200目粗的SiC砂纸(没有可见的EBSD图)

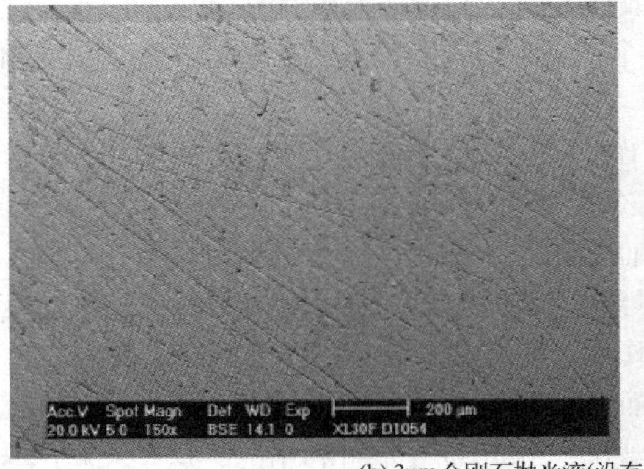

(b) 3μm金刚石抛光液(没有可见的EBSD图)

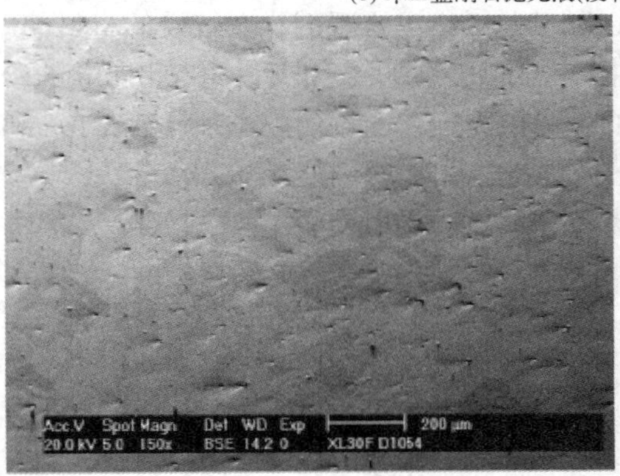

(c) 1μmα-氧化铝(EBSD IQ=28)

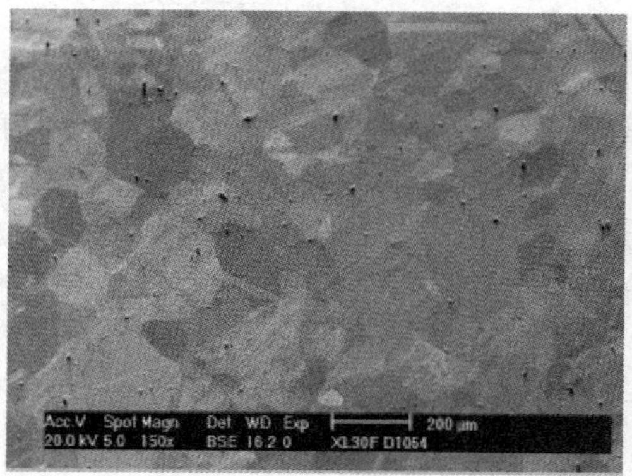

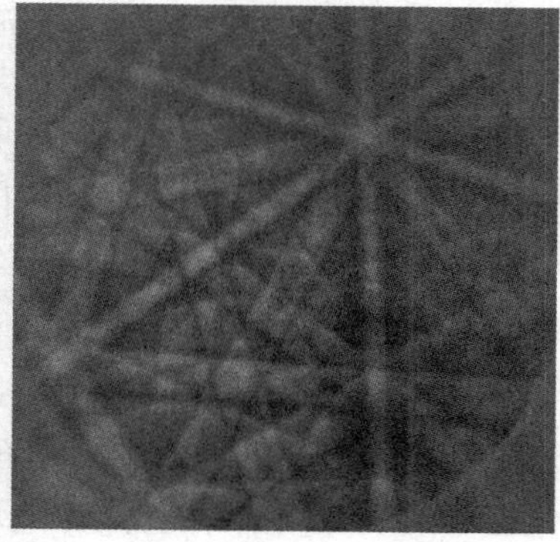

(d) 0.3μm α-氧化铝(EBSD IQ=166)

(e) 用胶体氧化硅10min(ESBD IQ=177)

(f) 用胶体氧化硅30min(IQ=224)

图 6.11　多种机械抛光条件下的衍射效果对照图

（2）电解抛光

当用机械抛光能产生良好的 EBSD 图时，往往使用电解抛光进一步提高图的质量。电解抛光是通过电解作用消除样品表面任何残余的变形层和表面变形。电解抛光时，样品在电解池中充当阳极，通电后当电解液接触样品表面时刻蚀就发生了。不幸的是没有通用的电解液适合于所有材料的电解抛光。对一个给定的材料只有正确的电解液才能发挥良好的抛光作用。此外，能制备 TEM 分析的薄片样品所用的电解液同样可用于 SEM 块体样品。一些电解液的保存期很短。有多种因素影响电解抛光效果，这些因素包括样品材料、所使用的电解液、工作电压、样品大小、温度、电解液的配制时间、液体的流动速度和接触时间等。

（3）化学腐蚀

化学腐蚀相对电解抛光而言不需要特殊的实验设备和实验工作条件。在化学腐蚀时，把样品浸没或用药签拭抹那些能选择性溶解样品表面材料的腐蚀剂。这种技术对清除因变形晶格的高表面能产生的任何残余表面变形十分有效。选择合适的腐蚀剂才会产生最好的腐蚀效果。因腐蚀不当残留腐蚀膜或高低不平的腐蚀表面导致 EBSD 图质量下降。对多数材料首选腐蚀剂是 5% 硝酸和 95% 乙醇溶液，多数腐蚀剂使用有毒有害的化学试剂。

（4）离子减薄

离子减薄是使用离子束去除样品表面材料的加工处理技术。这种技术能应用在几乎任何材料上，包括金属、半导体、陶瓷和地质样品。离子减薄早已广泛应用于 TEM 样品制备，但是用于 EBSD/OIM 工作的样品制备是相对新近的尝试。离子减薄速率是由电压、离子枪电流、样品材料和样品 / 枪的几何形状等因素决定。如果离子的能量太高，会发生晶格损坏，降低 EBSD 图的质量。使用低电压、低电流和较长时间以及样品倾斜 50° ～ 70° 等离子减薄条件有望获得高质量的 EBSD 结果。离子减薄也应用于去除样品表面氧化层，对去除半导体器件表面形成的氧化物薄膜特别有用（如图 6.12 所示），离子减薄也应用于横截面样品制备，做一系列的截面分析。

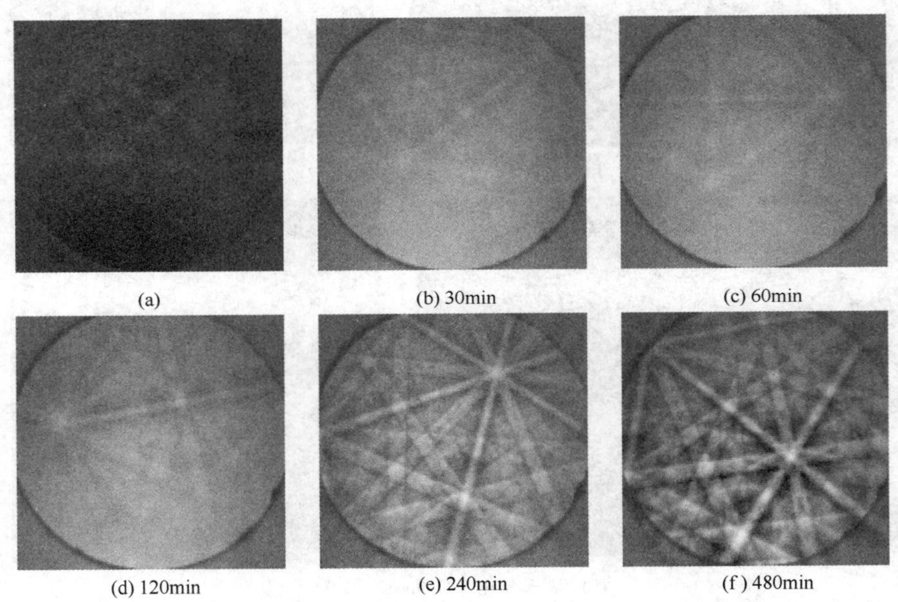

图 6.12　离子减薄时间与效果

离子减薄工作条件是 2.5kV、60μA 和 60°倾斜 SEM 的工作条件是 30kV

（5）导电涂层

由于充电（电子聚集）效应，非导电样品难于做 SEM 观察。对于 OIM 分析，充电效应包括了图像质量退化和电子束漂移，在样品表面施加一层薄的、非晶态的和导电的涂层将消除充电效应。在 OIM 工作中，用碳作初次涂层材料，当然用其它材料如金、金钯合金、钨也是可能的，不过由于碳是低原子序数，它的作用效果是最好的。用原子溅射方法或蒸发方法把涂层材料附着在样品表面。随着涂层的厚度增加，图的信噪比（信号与噪声的强度比）下降。推荐使用的碳涂层厚度是 15 ～ 25 Å，该厚度提供了足够的导电性，仍能保持较高的信噪比。如果信噪比下降到指标化困难的程度，通常增加 SEM 的加速电压来提高电子束穿透涂层的能力。导电涂层的影响如图 6.13 所示。

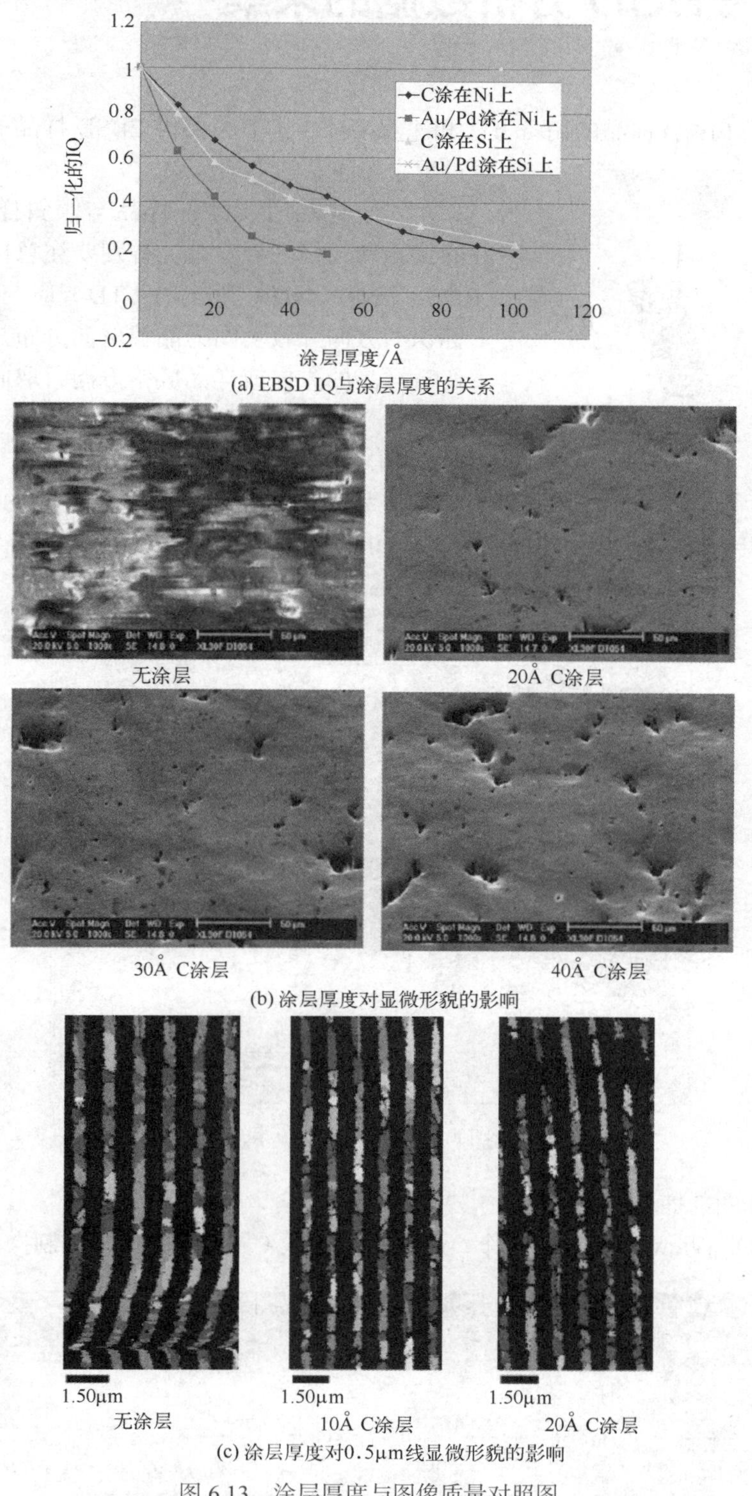

(a) EBSD IQ与涂层厚度的关系

无涂层　20Å C涂层

30Å C涂层　40Å C涂层

(b) 涂层厚度对显微形貌的影响

无涂层　10Å C涂层　20Å C涂层

(c) 涂层厚度对0.5μm线显微形貌的影响

图 6.13　涂层厚度与图像质量对照图

注：随着碳涂层变厚图像质量开始下降（在相互连接线的间隙处十分明显）

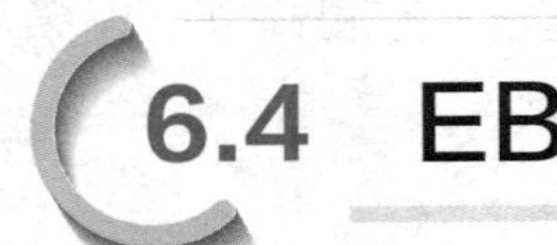

6.4 EBSD 分析数据的采集

前一节讲了 EBSD 样品的制备方法和注意事项，本节主要讲 EBSD 样品的安装及数据采集过程中要注意的事项。

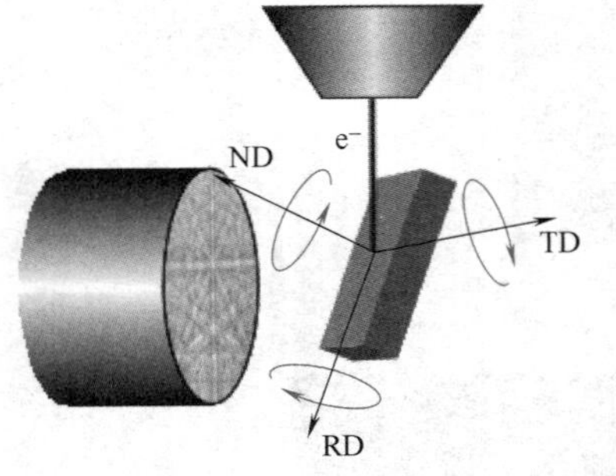

图 6.14 样品摆放方向示意图

在安装样品时要保证样品与倾斜样品台之间有良好的接触和较好的导电性，特别要注意样品的参考方向（RD）、法向（ND）和横向（TD）应与图 6.14 样品台上标识的方向一致。因为晶粒取向分布是相对的，如果不留意样品的方向或样品放错方向，取向分析将是无意义的。

以 EDAX 公司的 EBSD 产品为例，介绍 EBSD 图的捕获、材料文件的打开和创建、EBSD 图的指标化、Hough 参数的调整和 OIM 数据扫描和采集。OIM 数据采集如图 6.15 所示。

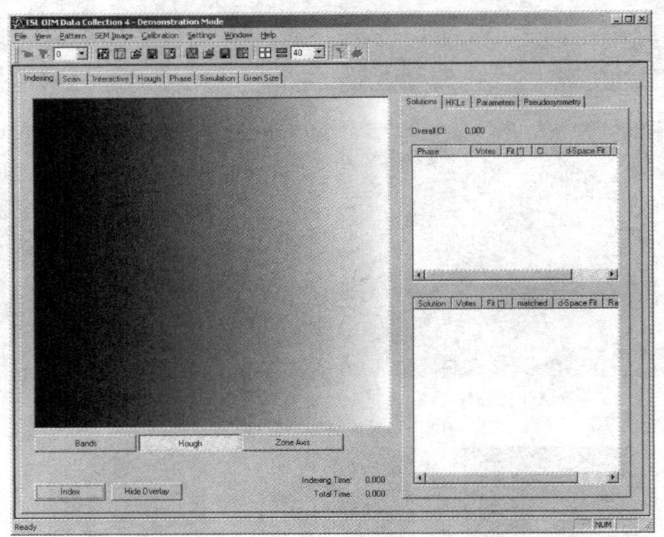

图 6.15 OIM 数据采集

（1）EBSD 图的捕获

在此介绍 DigiView 照相机的操作，下面的对话框（图 6.16）用来控制操作。

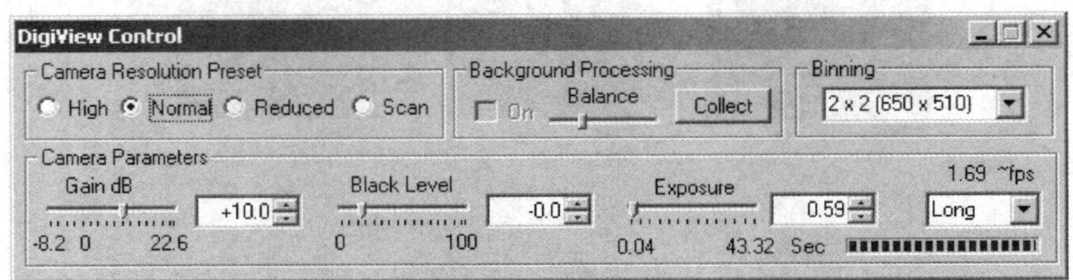

图 6.16 DigiView 照相机控制对话框

这个控制面板有 4 个预先设置的模式，分别是高分辨率模式、正常分辨率模式、简化模式和扫描模式。高分辨率模式（1300 × 1030 像素）主要用于相鉴定工作和获得高质量的图谱。正常分辨率模式（650 × 510 像素）是标准的操作模式，用于图的指标化和校准调节。简化模式（325 × 256 像素）是一种中间模式用于指标化和扫描。扫描模式（162 × 128 像素）是 OIM 扫描中图像获得具有代表性的模式。这 4 种预设模式的常规相机参数在安装时就设置好了，但仍能调整和更新。右击要更新的模式名，然后选择更新或取消（图 6.17 以更新正常模式为例）。在选定的正常模式里，图像的输出帧频（1.69fps）由曝光时间（0.59s）决定。曝光时间增加，输出帧频下降。对单图指标化而言，输出帧频的大小对指标化影响不大，但对 OIM 扫描而言，最大扫描速率受输出帧频的限制。照相机的灵敏度也与曝光时间有关，随着曝光时间延长，每帧内采集到更多的信息，灵敏度提高。相机的增益值也影响相机的灵敏度，当增益增加，相机灵敏度增加，但图像的噪声提高。总而言之，对单图用途，使用较低增益和较长曝光时间是合适的，对 OIM 扫描而言，使用较高增益和较短的曝光时间是合适的。可以调整黑度，但推荐设置为 0。获得一幅图，首先设置增益为 10，在 OIM 工具栏中打开相机窗口选择实时视频，如图 6.18 所示。

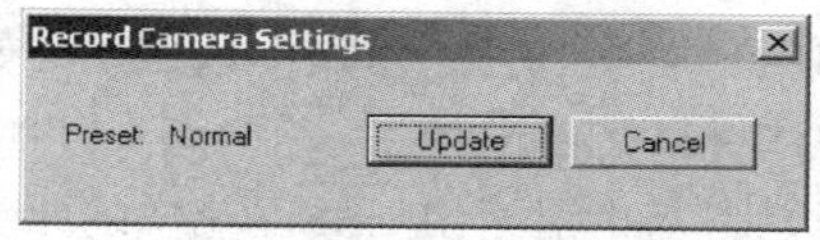

图 6.17　常规相机参数设置

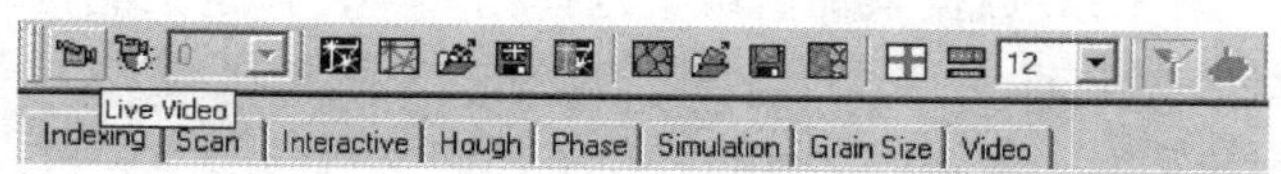

图 6.18　选择实时视频

在这个窗口下，将看到在更新的输出帧频下的荧光屏图像。调节曝光时间关注帧频和图像强度的变化，设置合适的曝光时间在整个荧光屏中可获得较好的强度。图 6.19 列出了曝光过度、正确曝光和曝光不足 3 种曝光时间的图像。

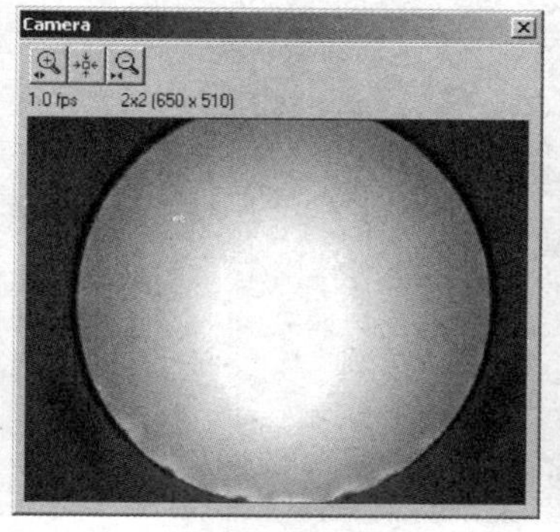

(a) 曝光过度

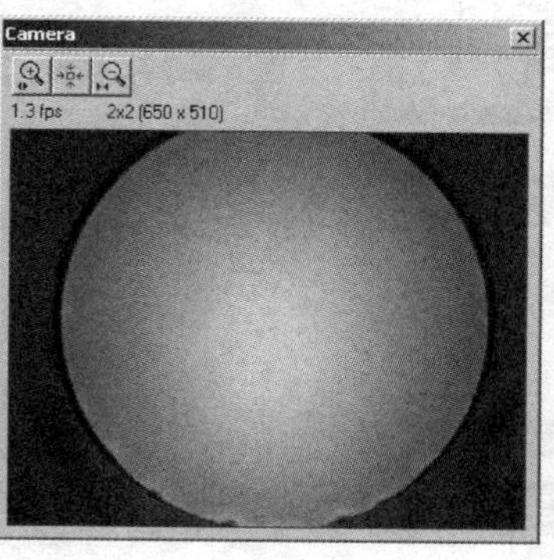

(b) 正确曝光

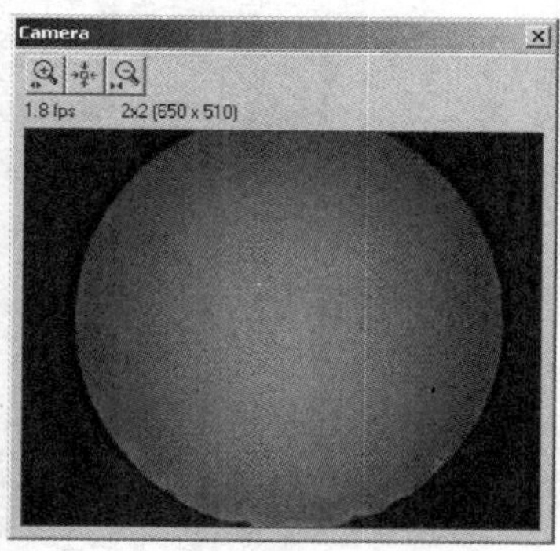

(c) 曝光不足

图 6.19　不同曝光时间的图像

当前是设定为一种 TV 比率扫描，并不是点模式。这是不出现 EBSD 图形的原因。使用这个图像来捕获背底信息用作图像处理，如图 6.20 所示。采集背底信息时，在 DigiView 控制窗口背底加工区域中点击采集按钮，程序将采集和显示背底图像。如果背底信息是可接受的（合适的强度，没有可视的 EBSD 图），就在背底窗口中点击 OK。注意图在相机窗口中没有变化，应用背底校正功能，在 DigiView 控制窗口背底加工区域中点击 ON 方框。注意图

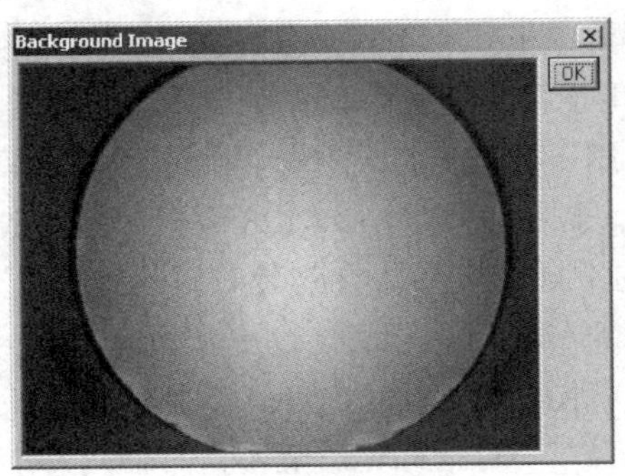

图 6.20 显示背底图像

像在变化，可通过移动 DigiView 控制窗口中的平衡滑动杆来调整图的强度，直到对强度满意时关闭相机窗口。选择交互式标签，将捕获一个 SEM 图，给 SEM 电子束定位，捕获 EBSD 图。

通过在交互式页面中按捕获按钮或在 OIM 工具栏（如图 6.21 所示）中按捕获 SEM 图按钮可以捕获一个 SEM 图，可进入 SEM 放大（取决于系统的配置）。一个 SEM 和 EBSD 图将出现，在 SEM 图的周围左击就能注意 EBSD 图的变化。

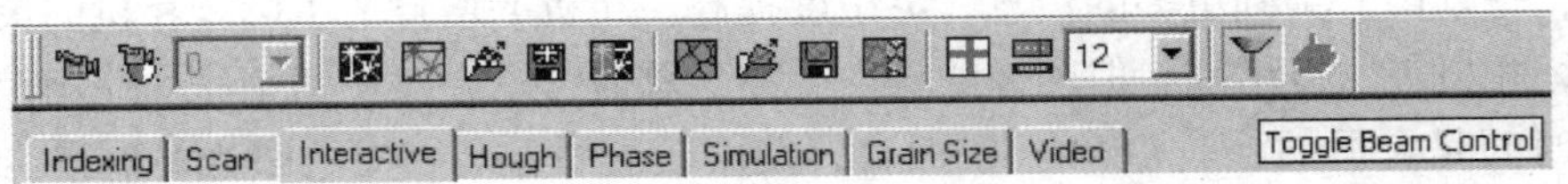

图 6.21 OIM 工具栏

（2）材料文件的创建

在 OIM 数据采集窗口中选择相标签，在这里能打开现有的材料文件，从外部数据库（如 ICDD 数据库）或原子坐标信息库中创建新材料文件。一种材料文件记录了一种给定材料的晶体点群、晶系、晶胞常数和实际的反射晶面，反射面就是参与衍射给出 EBSD 花样的原子面。从采集的 OIM 数据中测量出反射晶面之间的夹角与晶面夹角查询对照可以对 EBSD 图进行指标化。首先打开镍材料文件，点击 Load 按钮，如图 6.22 所示。浏览查找镍材料文件（安装在 Program Files/TexSEM/TSL Database）。

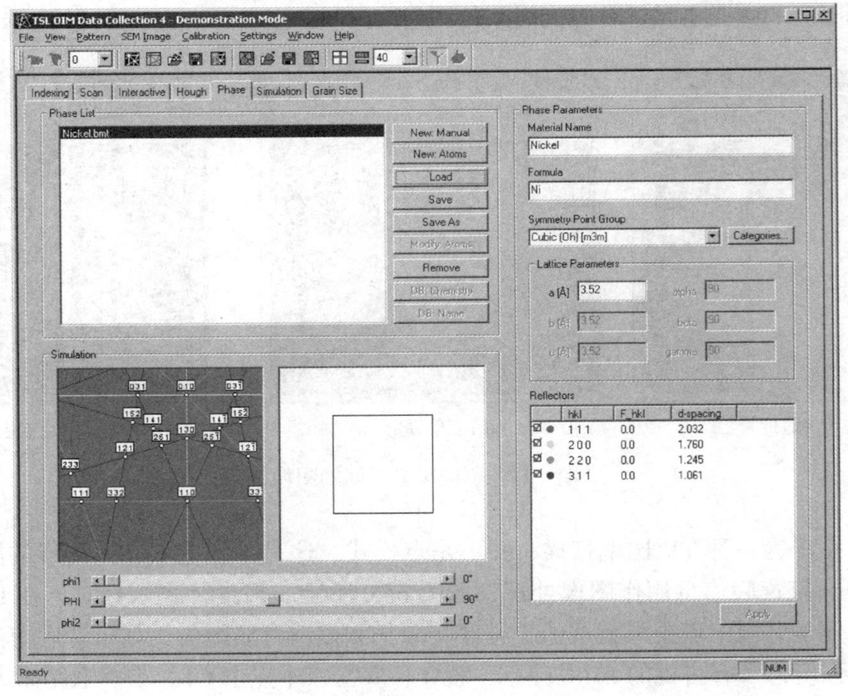

图 6.22 创建 Ni 材料文件

由这个材料文件可知镍是立方晶系、晶胞常数 a=0.352nm 并且（111）、（200）、（220）和（311）晶面是强的衍射面，可以看见一个模拟衍射图和晶胞。如果有一个材料文件与正在检测的材料相对应，就可以对该材料进行指标化工作。然而，作为演示，将从原子位置信息和从 ICDD 数据库两种途径创建一个镍材料文件。从原子位置信息创建一个材料文件，单击新原子按钮，打开结构生成向导，如图 6.23 所示。

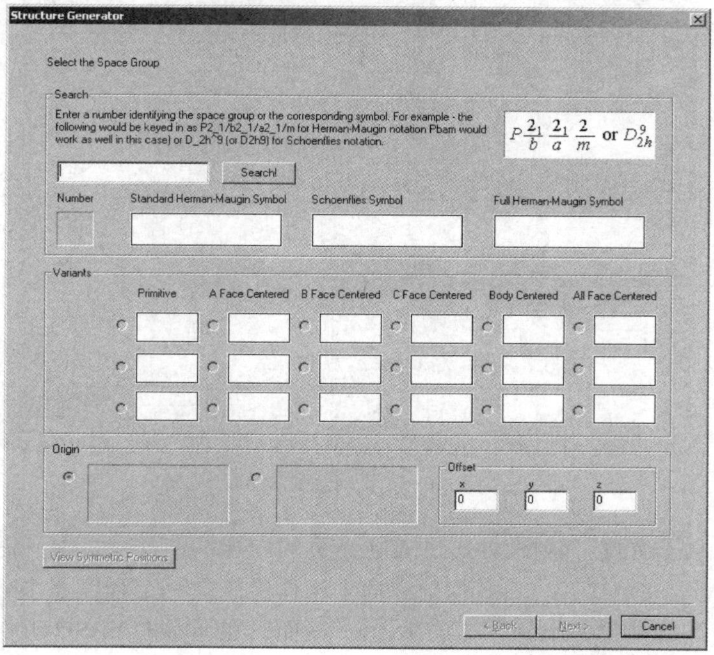

图 6.23　结构生成向导

镍是面心立方材料，空间群是 225$Fm\bar{3}m$。在搜索框前输入 225 或 $Fm3m$，点击相应的 Search 按钮，如图 6.24 所示。其余的对话框按图 6.24 所示填写。

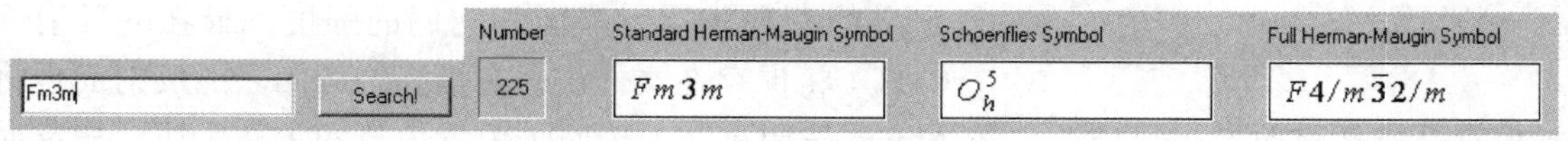

图 6.24　空间群参数对话框

空间群包含等效原子位置的信息，因此需要输入最基础的原子位置。可以按观看对称性位置按钮了解等效位置坐标。按 Next 进行下一页的向导。例如输入 Nickel 作原子位置名，分子式为 Ni，晶胞参数为 3.52，如图 6.25 所示。

在图 6.26 中，需要确定原子在晶胞中的位置。添加一个原子到结构中，按 Add button，将出现一个 Add Wyckoff Position 窗口。对这个结构，我们要输入 x/a=0、y/b=0 和 z/c=0，占有率为 1，单击 OK。现在注意在 Wyckoff Position 表中由于等效位置有这个原子位置的 4 个数。

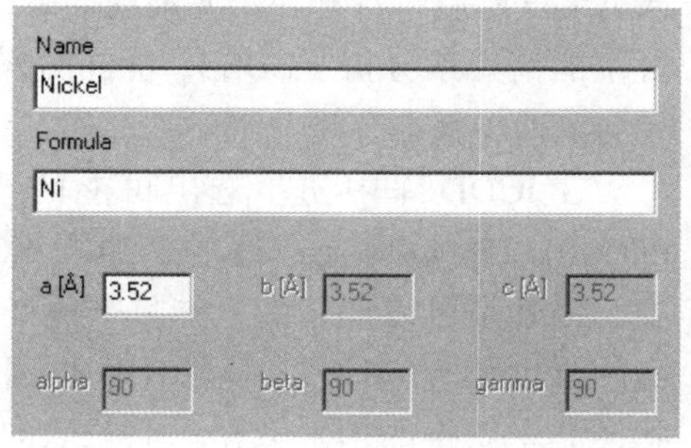

图 6.25　晶胞参数对话框

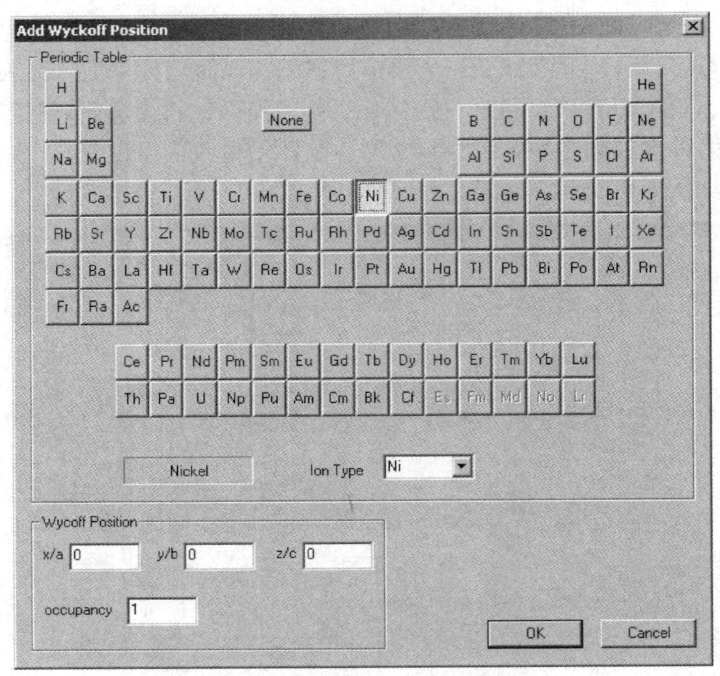

图 6.26　添加一个原子到结构的对话窗口

一旦设置好原子位置，就按 Next 进入新一页的向导。在这一页中，需要确定相对强的衍射晶面。工作电压在一定程度上影响结构因子，如图 6.27 所示。然而，在通常的 EBSD 工作电压范围内（约 10 ～ 30keV），相对结构因子将变化甚微。生成衍射晶面按 Finish 按钮。一旦计算完成，将立刻把它们保存到一个文件中。作为镍的原子位置保存到用户数据库（位于 ProgramFiles/TexSEM），该文件包含了每一页向导上定义的参数和反射晶面和它们的强度，最强的反射面（111）将保存在文件中，有最高结构因子的反射面也将被保存。能按修改钮进行修改：按 Atoms 按钮重新上传原子位置信息和重新生成一栏反射晶面。在刚刚创建的文件和来自 TSL 数据库文件之间选择文件供使用。如果系统配置导入 ICDD 数据库，就能利用该数据库。从 ICDD 库中创建一个材料文件，按 Database 按钮。进入 ICDD 库后将打开一个元素周期表，用希望查找的元素检索，如图 6.28 所示。如果系统配置了能谱元素分析（EDS），能同时操作能谱分析自动确定元素，再确定可能的相。实际效果与 ICDD 版本有关。

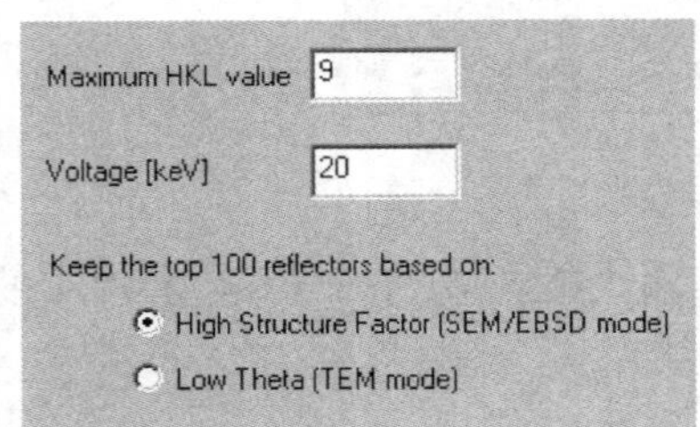

图 6.27　HKL 值和能谱参数对话框

在 ICDD 库中初步选出可能的物相，从中再精选出匹配最佳的相。在本实例中 Ni-PDF#011258 是吻合最好的，如图 6.28 所示。注意相参数，打开晶面指数对应的衍射强度，强度是可以调整的，并且与标准粉末的衍射强度可以是不一致的，可调节比例，根据实际强度调整顺序。因为 ICDD 数据库是从晶体粉末衍射实验中获得，而 EBSD 是晶体块状样品中获得的衍射数据。晶粒取向的差异，导致强度的差异，可以用进行多样性校正来调节。

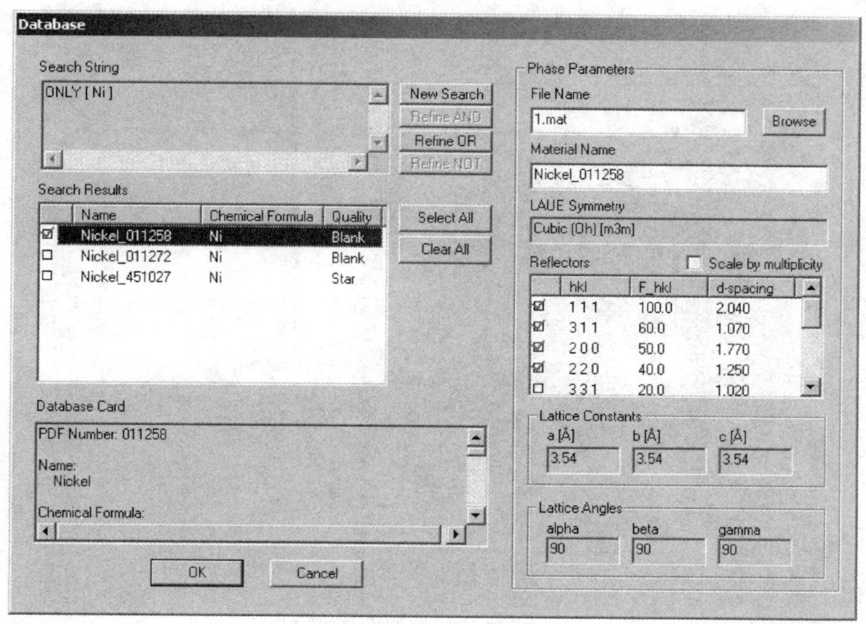

图 6.28　在数据库中检索实例

（3）EBSD 图形的指标化

在 OIM 数据采集中选择指标化页面标签，如图 6.29 所示，在指标化之前，选择工具栏进行工作距离的校正，这确定了图形中心的校正值。如果在校正中有问题，可以在线获得校正说明书。

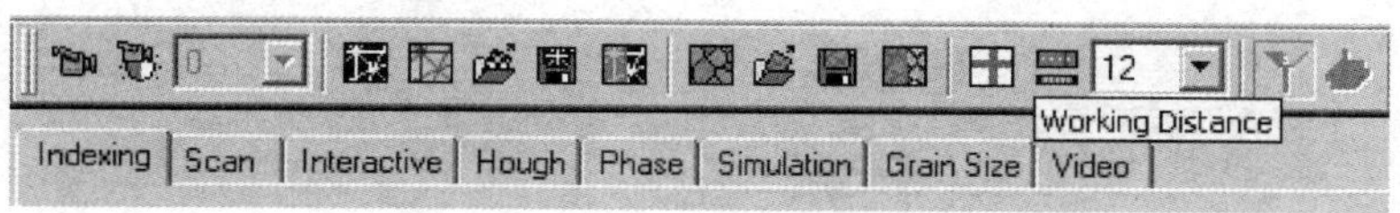

图 6.29　在 OIM 数据采集中选择指标化页面标签

在指标化时有三个选项：Bands、Hough 和 Zone Axis。Bands 方法可以根据衍射线位置手动绘线。Zone Axis 方法要求用户鉴别衍射图中的公共的晶轴（多重极）。最常用的方法是 Hough 选择，使用霍夫变换自动探测图中线条的位置。选中 Hough 选项后，再按 Index，获得的图将自动指标化，如图 6.30 所示。

三种材料文件选项（TSL、Atomic Position、ICDD）都给出同样的 Votes、Fit、Confidence Index（CI）值。右击指标化的图可以设置展示轴标志、欧拉角（Euler angle）、带宽和图的法线方向，也可选择 Show/Hide Overlay 键。这对找到与新材料文件匹配最佳的一套反射线十分有用。在指标化页面中选择 HKLs，就能确定与给定材料文件相匹配的反射线，并用不同的颜色区分不同的反射面。使用 Shift + 左击鼠标，就可以绘制这些反射带。这个功能用来确定反射面与反射带位置的对应关系，可添加一些晶面的反射带，如图 6.31 所示。

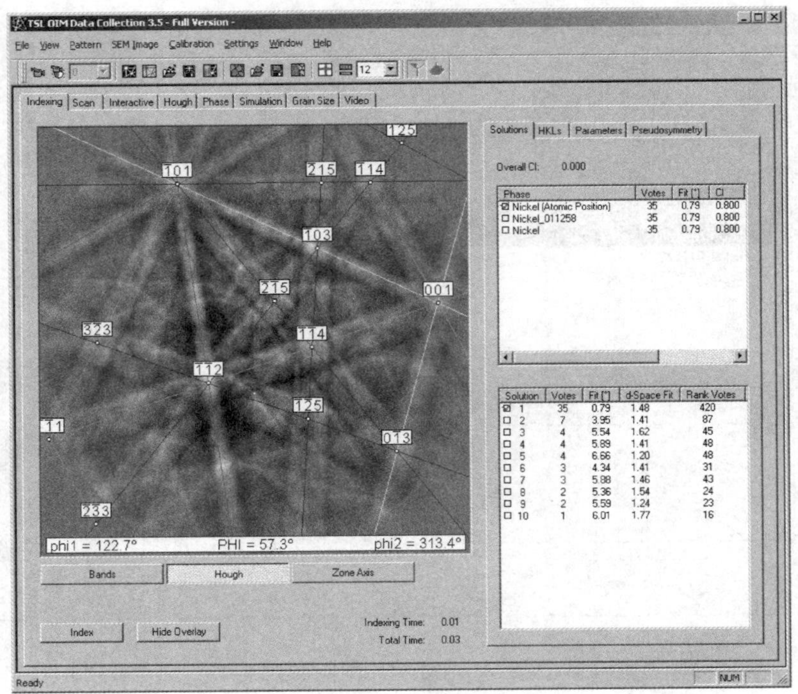

图 6.30　指标化时的参数设置

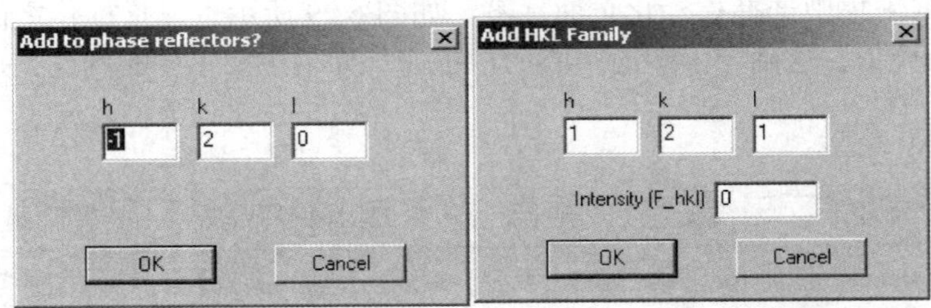

图 6.31　添加一些晶面的衍射线对话框

添加新的谱带之后图谱将重新指标化。返回 HKLs 键，右击 HKLs 窗口，可添加反射面族和反射面的强度，这样等效的反射面就确定了，如图 6.32 所示。当添加低对称的反射带时就要添加相似而完全不同的晶面。例如，四方晶系的（200）和（002）。通过右击选定的反射带然后可以选择删除它，也可以编辑它，或显示带宽。例如右击 002 带，把它改成 001 反射带，观察带宽的变化，是否与实测带宽更吻合。在材料文件中只需要最强的一些衍射带就行了。

在指标化页面单击参数格子，设置指标化参数，这些参数不常变，也容易理解它们的作用。在反射带参数中有晶面夹角误差用来比较两个相交带的夹角与查寻表中理论的晶面夹角值。通常这个误差设置为 3°～5°，如图 6.33 所示。误差的步幅为 1°，重复指标化，比较晶面夹角误差对指标化结果的影响，也可以设置相似的值供晶带轴的指标化。在参数设置中 SEM 的工作电压影响衍射带宽。用户决定在分析中是否考虑带宽，两个给定的带宽之比与理论比值相比较。不比较带宽的绝对大小，只比较实测比率与理论比率的一致性。如果比率不

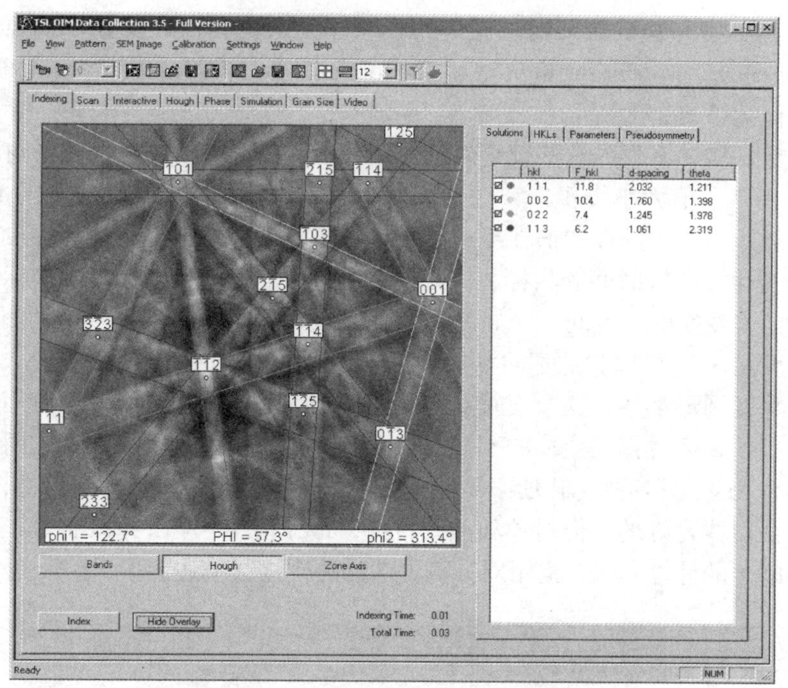

图 6.32　右击 HKLs 窗口后出现的窗口

吻合，取向结果就失去一个得票分（vote）。打开这个选项一般能降低指标化的结果数和得票分。这个选项与改进的霍夫变换一起使用，收到更好的效果。CI 值能用两种方法计算。第一种根据定义计算，第二种根据 Hough 设置的最大峰数来改变分母值。在此可以设置相的区别因子，这些因子是列队运算中的临界参数。代表性的设置是 Votes/Max Votes 为 1，CI/Max CI 为 1，Min Fit/Fit 为 0 等能提供好的结果，但多相材料取决于这些值的实验结果。

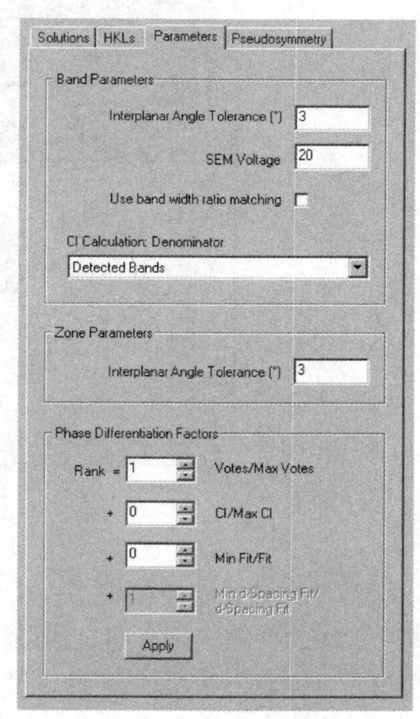

图 6.33　设置指标化参数

（4）Hough 参数的调整

在 OIM 数据采集中进入 Hough 界面，进行自动检测衍射带的运算。如果进行了适当的校准，上传了正确的材料文件，获得了 EBSD 图，但不能指标化，这时就需要进行 Hough 参数调整，必须正确地确定衍射带在图形的位置。有两个图展示在这个页面，衍射图和霍夫变换结果图。在霍夫变换中多种颜色的线确定了这些被检测的真实衍射带的位置。在两个图中有右击选项可利用，在图中右击并拖动一条线在霍夫变换窗口就显示一个相对应的峰。在右上角有两个下拉菜单，Hough 类型有经典型和改进型，Hough 分辨率有低和高两个选项。经典运算法更适合于衍射带宽变化的图形。高分辨的 Hough 分两个阶段的运算，首先对格子值小的进行运算，然后再对整个图进行运算。OIM 扫描时通常选经典分辨率模式 / 低分辨率模式设置，在相鉴别和精确校准时选改进型模式。尝试所有四种设置（classic/low、classic/high、progressive/low、progressive/high），注意 Houng 图形、检测反射带、计算时间等的变化，同时观察指标化结果的变化。

在一般参数区域，图形的这些设置效果介绍显示在霍夫变换计算的图形窗口，在低分辨霍夫变换中使用格子值大小设置，默认设置是 96 × 96，如图 6.34 所示。较小的设置值导致计算处理时间较短，较大的设置值在线测量中提供了较大的像素。尝试几种设置，注意图形和霍夫变换的变化、转换时间和指标化结果的变化。θ 角步幅大小也影响指标化的速度，这种设置控制了霍夫变换的角空间。例如设置为 3°，就简单地意味着与一个被测量的衍射带对应角的计算精度是 3°。可以尝试不同 θ 角步幅设置值，注意这些结果的变化。Rho 分数限制了霍夫变换计算的圆形半径，这个设置对消除图形中的任何边缘缺陷非常有用。可以尝试移动滑标改变设置值，注意霍夫变换的不同。最大和最小峰数设定了检测峰的限制。最小的一个代表性值是 3，这是任何指标化所必需的。最大值取决于材料的晶体对称性，对立方材料，最大值 7 条线衍射线是好的，但对单斜晶系材料，最大值 10 至 12 条线将是正常的。在此选择图像品质（IQ）的计算方法，但不对计算方法的原则进行描述。

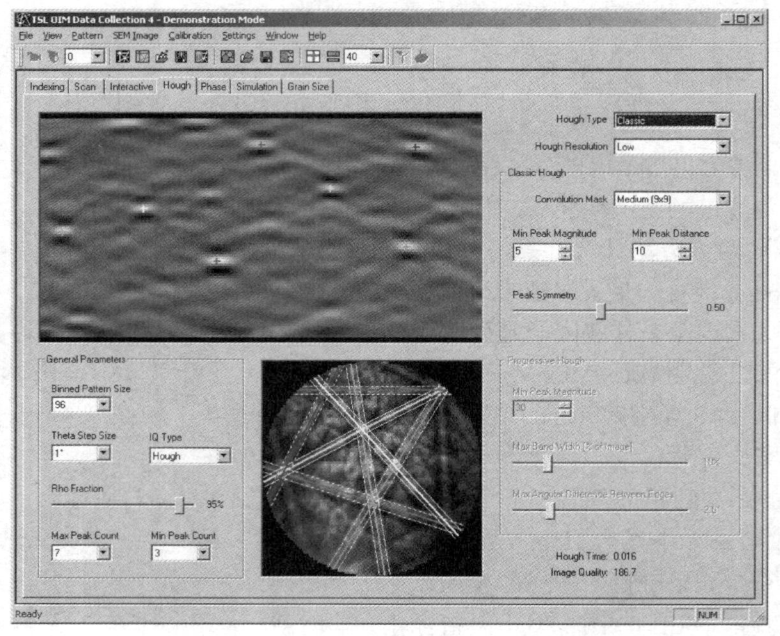

图 6.34 在 OIM 数据采集中进入 Hough 界面窗口

经典的霍夫变换应用了一个蝴蝶回旋面具使一个具体的带宽最优化，在 Hough 空间中改进了峰的探测。这个面具的最佳值与这个图形的带宽和系统的几何有函数关系。默认值是 9 × 9，对较宽的带是 13 × 13，对较窄的带是 5 × 5。尝试改变面具大小，注意对检测带的影响。最小峰大小设定峰高的一个允许量，一个低的值意味着在霍夫变换中大多数点被认为是潜在的峰，然而一个较高的值意味着只有高强度的那些点被当作潜在的峰。最小值允许值通常设定在 5 ～ 20 之间。最小峰距离是两个被测量峰间距所必需的最小值。该值在 Hough 空间的像素中给出。如果一些假峰靠近真实的峰，增加峰的最小距离就能忽略这些假峰，在稍远处挑选出对应真实衍射可能的弱峰。最小距离的默认值是 15。峰对称设置是一个滤波器，在确定一个峰之前定义了峰图形的对称程度。当设定值为 0 时表示峰是完美的对称，当设定值为 1 时表示峰没有对称性。有代表性的设定值是 0.4 至 0.6。可以改变峰对称参数，注意它对带的检测和指标化的影响。

在 Hough 界面中关键是找到一些参数允许对图中的反射带的检测进行校正。这个界面对不同参数的设置提供了一个交互式的反馈，允许用户了解改变不同参数的结果。大多数时候，在默认值下有好的结果，然而这些工具给一个给定的材料提供了一个确定最佳参数的方案。

（5）OIM 扫描数据的采集

我们将开动 DigiView 照相机，一般选用 8×8 帧（binning）的分辨率。用这种分辨率获得一个新背底数据。在相界面中只留一个镍材料文件，然后去扫描界面采集 OIM 数据，如图 6.35 所示。

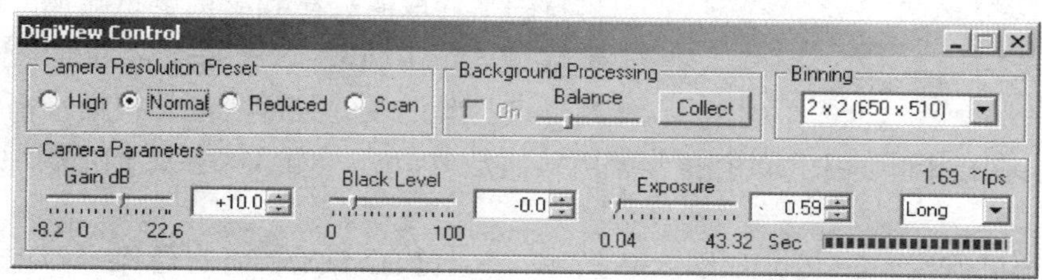

图 6.35　采集背底数据界面

使用捕获 SEM 图像按钮捕获一个 SEM 图像。在 OIM 工具栏中可以调整对比度和亮度，可以在电子束控制设置菜单中调整图像参数如分辨率、倾斜角的校正等。

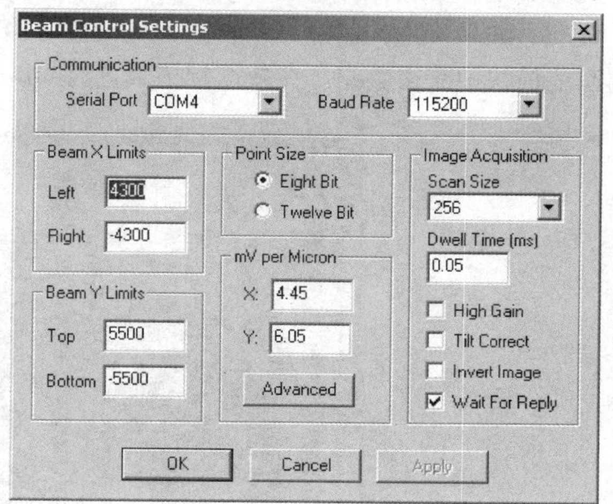

图 6.36　电子束控制设置菜单

通过左击和拖动来选取矩形扫描区域。在起始点用 shift + 左击，在其它点用左击选取扫描区域，在结束点用右击的方法来确定多角形扫描区域。用左击起始点右击终点的方法来建立线扫描，用不同的扫描参数进行实验。确定了一个扫描区域后就会出现扫描属性对话框，如图 6.36 所示。如果接受该扫描，将出现活动的扫描缓冲。在这里能储存多达 20 个不同的扫描，并且能连续运行。这个特性能用于样品选区控制中划分多重扫描区域，并进行一批扫描处理。在缓冲中删除所有的扫描，然后创建一个矩形扫描区域。

在扫描属性窗口定义了 OIM 扫描参数。在数据采集区域，可通过浏览设置结果储存路径，在下拉列表中选择结果保存的类型。共有两种类型可供选择，一种是取向型，即与描述扫描中的每一点取向有关的欧拉角将被记录；第二种是 Hough 数据型，即扫描中的每一点在霍夫变换中与峰有关的参数将被保存。通常保存为 Hough 数据型更有用，因为在不使用电镜

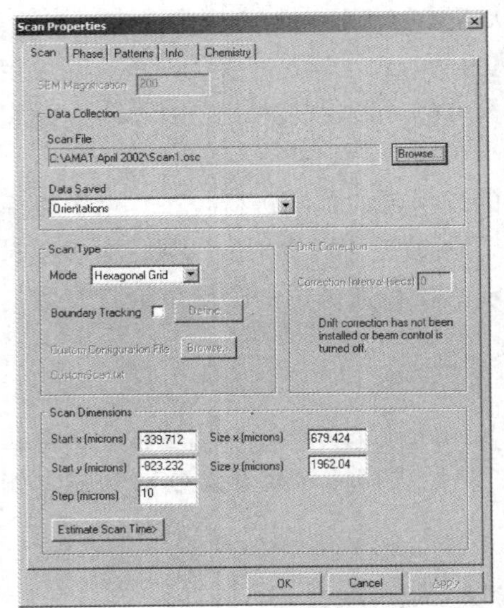

图 6.37　扫描属性窗口

时再运行扫描，在扫描页面中使用 load 按钮让扫描再运行，可以改变指标化参数和相鉴定参数。在扫描类型设置中可选择六边形格子（默认值）、正方形格子或者一条线扫描方式。这里也可设置快速扫描即跟踪晶界特征，这是一种智能扫描特性，能寻找所定义的晶粒的晶界，消除不必要的测量。扫描尺寸设置了扫描区域的大小，也规定了测量位置和步幅大小。所用的步幅大小随所选材料的实际晶粒尺寸和从材料中所要获得的信息的变化而变化。例如，假设有一个平均晶粒是 10μm 的材料，如果要测量晶粒尺寸和晶界特征，可设置扫描步幅是 2 ～ 3μm，每个晶粒将给出 10 ～ 25 个测量点。然而，如果对材料的平均取向分布和织构更感兴趣，可设置扫描步幅是 5 ～ 10μm，这样每个晶粒将给出 1 ～ 4 个测量点。要记住的关键变量是扫描步幅、扫描区域和扫描时间。在这个实例中用的扫描步幅默认值是 10μm。点击 OK 接受扫描属性，如图 6.37 所示。

要开始扫描就按 Start 键，如图 6.38 所示。一旦扫描开始，将有暂停、停止和跳跃（如果选择了多个扫描区域）等选项。在页面的右上角有多种视图选项，在这里可以看到每一个扫描点的图形、反射带、霍夫变换和指标化图。在获得好的扫描信息遇到困难时，这些多种视图非常有帮助。有这些视图可确定被测量的线是否在扫描点上。如果是，核对材料文件和校准；如果不是，核对 Hough 页面的设置。当打开视图时，降低了数据采集速度，关闭视图时能最快地获得数据。在获取扫描数据时 OIM 数据采集也能给一些反馈信息，在 SEM 图像

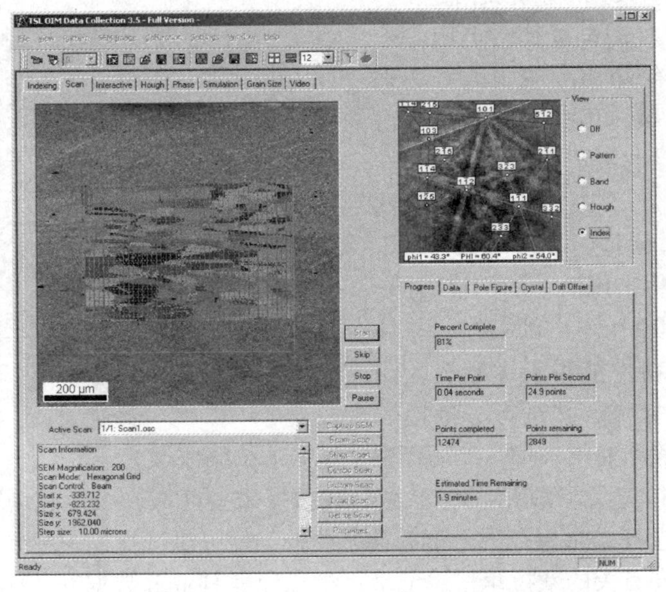

图 6.38　扫描数据窗口

中动态的绘图展示扫描的进展，所用绘图方案是用不同的颜色与测量的欧拉角大小对应。在页面的右下角有多种信息栏，进展栏给出了完成的百分比、每点的平均时间、每秒处理的点数、完成的点、剩余的点和估计剩余的时间；数据栏给出了扫描的 *X* 和 *Y* 位置、测量的欧拉角、IQ 和 CI 及每点的相；极图栏给出了测量点的正极图或反极图，用右击的方法来调整这些极图的设置［从正极图变成反极图，从一个（100）极图变成一个（111）极图］；晶体结构栏给出了每个点的测量取向所对应的单位晶格的原子连线框图。

（6）模拟界面窗口

模拟专栏允许晶体取向在实际空间中显现出来，诸如衍射图在极图和反极图中的投影图。此外，提供了一个给定相所挑选的反射晶面族变化的评价方法，即能精确地确定一个具体衍射图的取向。在模拟栏中有 3 个基本的部分。①可视的图形包括衍射图、晶格点阵连线示意图和极图或反极图的模拟图。②晶粒取向点击手动调整。③在用户选定欧拉空间自动扫描（ODF 扫描）或在反极图空间自动扫描（IPF 扫描）。图形自动地对手动和自动扫描模式的改变作出反应。在模拟中用的相能从相控制列单中选择。

图形窗口给出了基于当前取向的模拟图形，光标指针在图上右击时出现合适的菜单供选择，如省略晶轴标识、保存图形等，如图 6.39 所示。

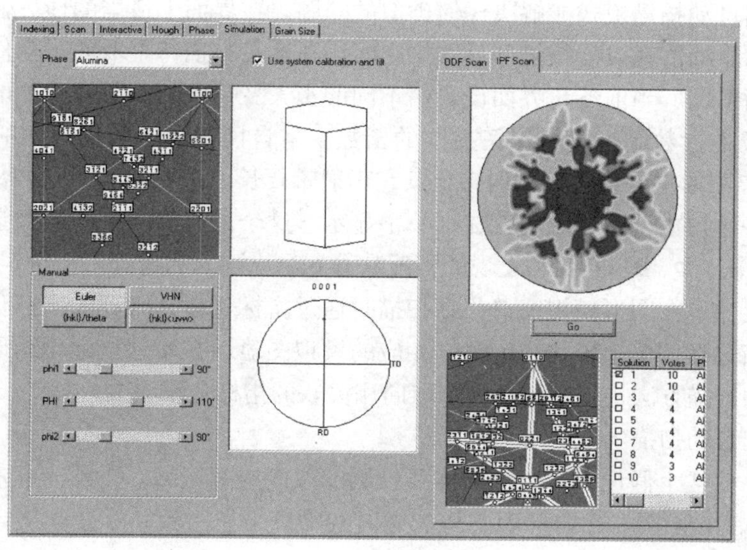

图 6.39 模拟界面窗口

（7）手动模式界面

取向可以用 4 种不同的表示法来详细说明：

① 欧拉角（仿效 Bunge 表示法）。

② 沿着屏幕的水平方向、垂直方向和法线方向旋转。

③ {*hkl*}<*uvw*>，{*hkl*} 是晶面的法线与样品表面的法线方向一致，<*uvw*> 是晶向与样品的法向垂直方向（平行于参考方向或其它基准方向，倾斜向下的方向）一致。

④ {*hkl*} 和 θ，这里 {*hkl*} 同上，θ 是指沿着样品表面法线旋转的角度。

例如，图 6.40 给出了一个已知晶体取向的 3 种表示法。

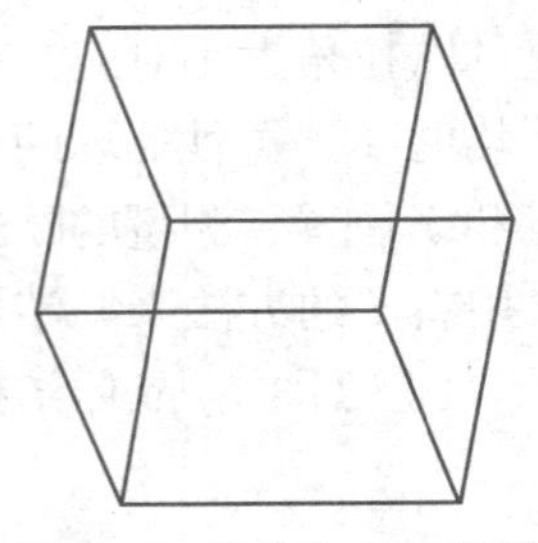

图 6.40　晶体取向示意图

欧拉角：ϕ_1=79°，Φ=57°，ϕ_2=108°。

{*hkl*}<*uvw*>：$\{3\bar{1}2\}\langle\bar{2}03\rangle$。

{*hkl*}/*θ*：$\{3\bar{1}2\}$/79°。

通过按适当的按钮可选择不同的取向表示法。就欧拉角表示法而言，滑动滚动条就能改变取向，按滚动条的前端或末端，角度每次的变化量就是 1 度。就 {*hkl*}<*uvw*> 表示法而言，在编辑栏输入数据，点击应用，软件就将核对点积（$hu+kv+lw$）是否为零，若不为零，该 {*hkl*}<*uvw*> 表示无效。对三角形或六角形对称的晶系输入四指数符号（{*hkil*}<*uvtw*>），然而省略 *i* 和 *t*。就 {*hkl*}/*θ* 表示法而言，在文本框中输入 {*hkl*} 值，使滚动条动态控制 *θ* 角。对沿着屏幕的水平方向、垂直方向和法线方向旋转的表示法而言，角度的变化是按 5° 的间隔进行控制。

（8）ODF 扫描界面

用自动扫描功能帮助用户在由欧拉角定义取向空间中确定一些能产生衍射图，但不能用当前相的一套衍射晶面来指标化可能区域。例如，从相的界面中使用默认的 FCC 相，从列表中删除 311 晶面族，通过标定指标运算区别下列两个衍射图对应的取向变得不可能。通过扫描取向空间自动扫描模式能解决任何类似的问题。在界面上适当的地方输入开始、结束和三个欧拉角的步幅值就可能扫描部分欧拉空间。在逐步扫描每个取向时软件在存储器中创建一个模拟的衍射图。当前各自界面设置用不同的霍夫变换（特别是被检测的反射带数目）、指标化参数和校准参数等标定模拟衍射图的指数。来自模拟图中的被检测的反射带有最小的“rho”值。离图像中心最近的反射带比其它衍射带要长。按 Go 键扫描开始，按 Stop 就停止扫描。一旦停止扫描，问题取向就在列单中显示。这个列单有问题取向数字顺序标识检测框、有欧拉角（ϕ_1、Φ、ϕ_2）、CI 和发现的匹配数等 6 个纵列。当选择一个特定的问题取向时，对应的模拟图就显示在图形模拟窗口，在扫描时通过指标化运算得到的指标化结果列在指标化结果框中。当选择一个指标化结果时，相应的模拟图显示在紧邻指标化结果框的较小图形模拟窗口。自动扫描方法将记录与每一个取向相关联的指标化结果。

（9）反极图自动扫描

如果满足下面 4 个假设，可以推导需要检测的取向空间区域。①荧光屏没有倾斜，也就是它水平地进入 SEM 室。②图形中心与荧光屏的物理中心一致。③荧光屏是圆形的。④用霍夫变换检测的反射带有最高的结构因子。这些假设随系统的不同而异。这些假设可以简化被检测的取向转换成单一的反极图。与反极图有关的一个方向平行于荧光屏法线方向。样品倾斜 70° 后，样品与荧光屏近似平行。反极图的强度结果给出了可获得的理论信心指数。在反极图中不同的颜色与强度相对应，也与理论的 CI 相对应，如图 6.41 所示（本图为示意图，黑白色图片示意）。右击鼠标弹出一个图形复制与保存功能。

使用系统校准 / 倾斜：当衍射图出现在屏幕的正中心且平行于样品表面时可以不选择系统校准，如图 6.42 所示。当选择系统校准时基于当前的系统几何对当前的取向模拟衍射图进行校准。

晶格窗口帮助显示了可视的晶体取向，简单的实线连接示意图和球棒模型图展示原子在晶胞中的位置，如图 6.43 所示。

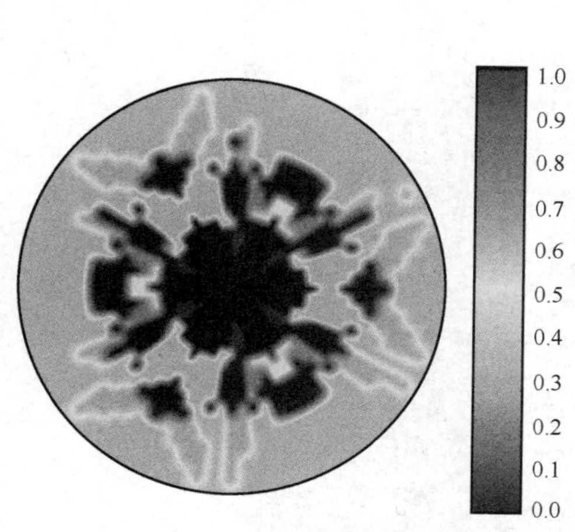

图 6.41　反极图中不同的颜色与强度相对应

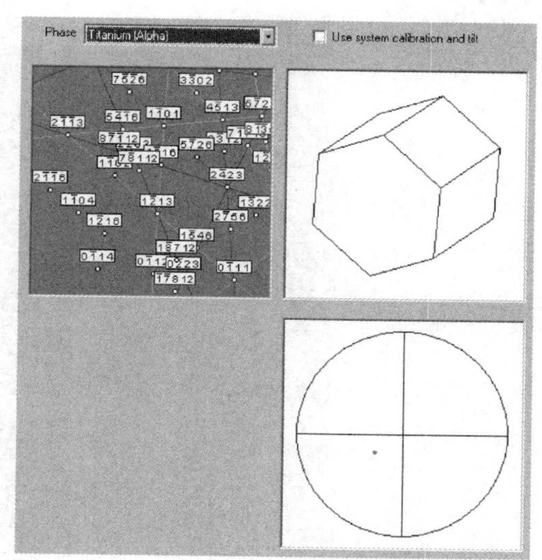

图 6.42　使用系统校准 / 倾斜窗口

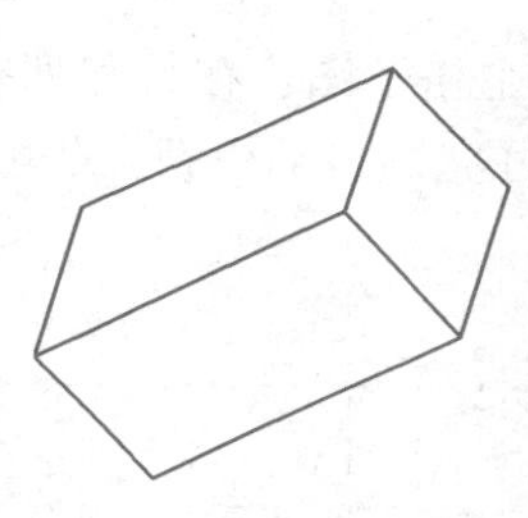

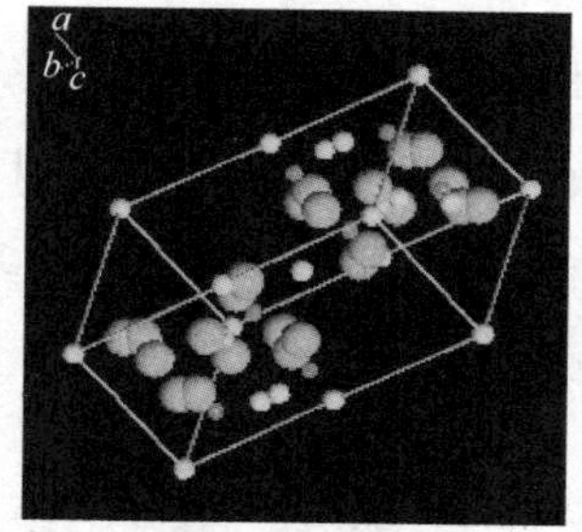

图 6.43　可视的晶体取向

如果选择了含有原子位置的结构文件就展示原子。当光标指针在原子结构图时右击鼠标有多种选项可控制原子位置的可视效果。如果要改变极图的展示属性，把光标指针移到极图窗口，然后右击鼠标就出现新的选项可控制极图的属性如图 6.44 所示。

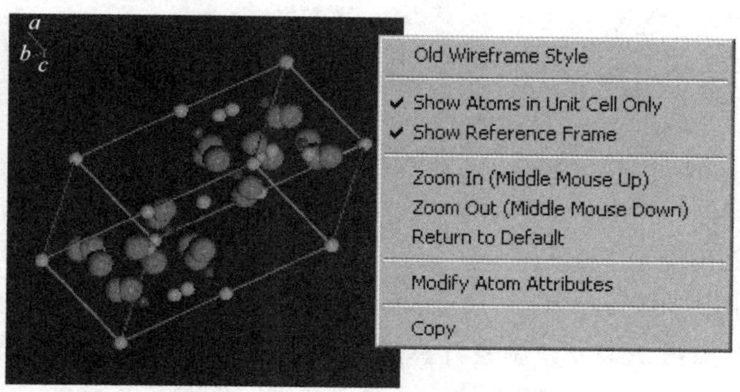

图 6.44　有多种选项可控制原子位置的可视效果

（10）晶粒大小界面窗口

晶粒大小界面就是帮助操作者确定一个特定样品晶粒大小的统计分布。它由 SEM 图像、扫描说明窗口和制图窗口组成，如图 6.45 所示。

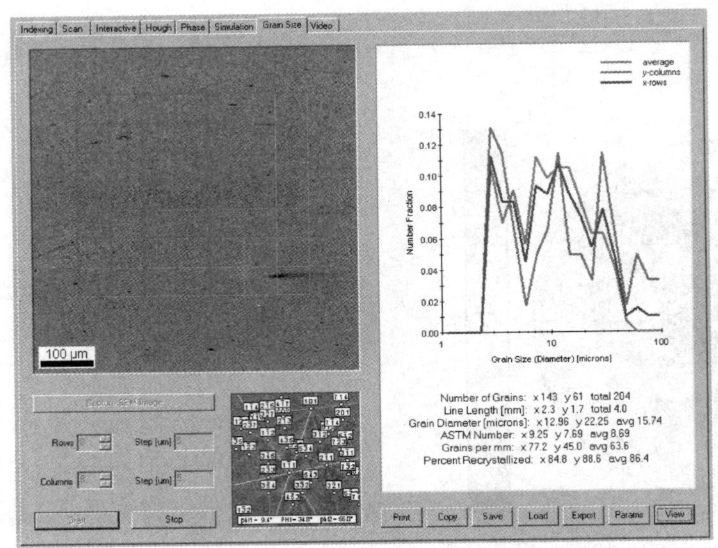

图 6.45　晶粒界面窗口

选择扫描的行数和列数，画一个矩形生成一个格子图。在行和列扫描时输入扫描步幅，然后开始扫描。在每一行或列扫描完后晶粒大小柱状图自动更新。晶粒大小用线段截止方法测量，如图 6.46 所示。

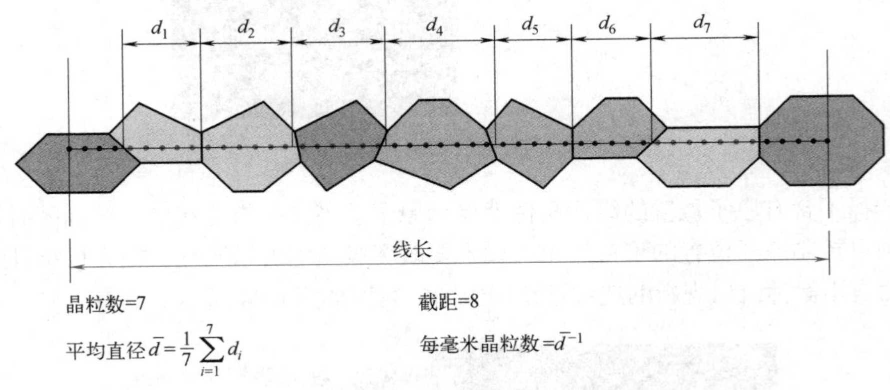

图 6.46　晶粒大小 - 线段截止测量方法示意图

（11）观看框的功能

按右下角的 View 框将弹出一个浮动窗口，显示任何特定行或列的晶粒信息，如图 6.47 所示。

（12）SEM 图像和扫描说明窗口

SEM 图像和扫描说明窗口允许用户定义、执行和监视晶粒大小的扫描，如图 6.48 所示。晶粒大小扫描由行扫描格子组成，用其计算晶粒大小的统计分布。行扫描格子用下列不同的窗口和控制来说明。SEM 图像窗口展示了样品表面的图像，与正常的 SEM 显示一致。该窗口提供了一个定义晶粒扫描区域的界面即用鼠标点击和拖动创建一个矩形扫描区域。右击鼠标弹出一个菜单实现用户多种控制，如图像的储存和打印等。使用电子束控制产生一个 SEM 图像，提示用户放大倍数，由此图像中的标距可转换为每微米对应的像素。图形窗口允许显示在扫描中每一点多种变量，并连续监视引入图像的指数标定。

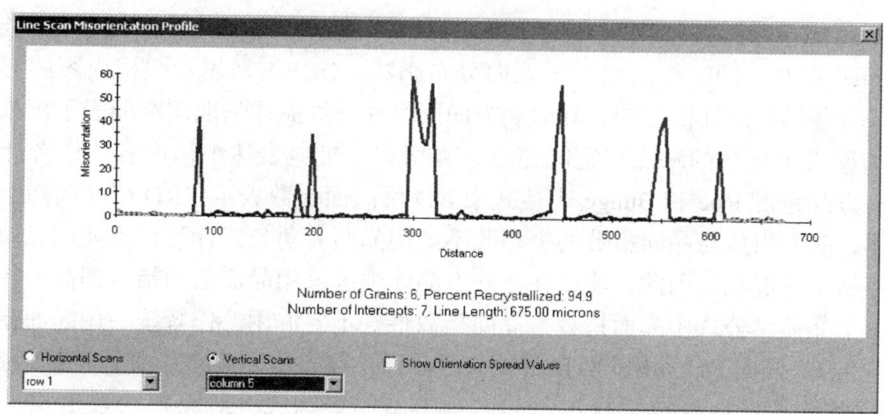

图 6.47　View 界面窗口

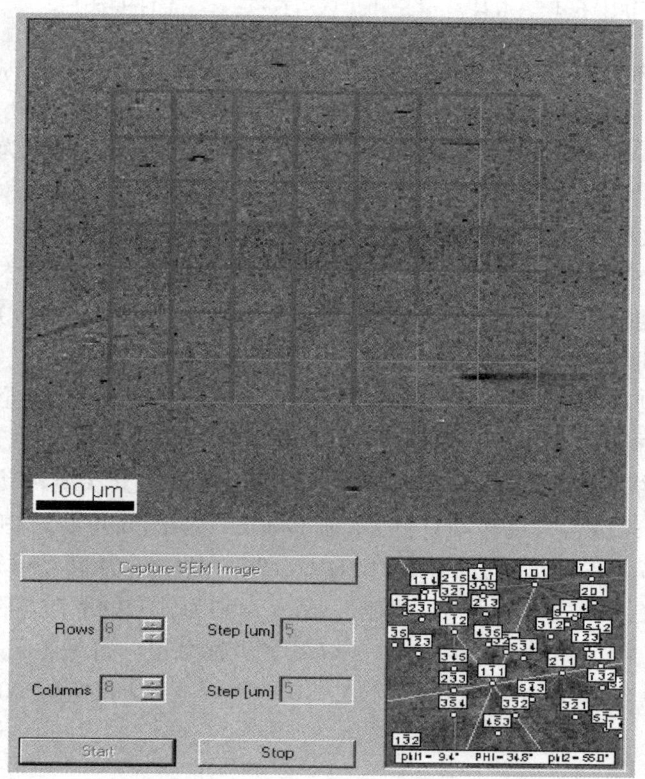

图 6.48　SEM 图像和扫描说明窗口

6.5　晶体取向与欧拉角的关系式

极图和反极图都是将三维空间晶体取向并通过极射赤面投影的方法在二维平面上的投

影。但它不可能包含晶体取向分布的全部信息，因此，极图和反极图都存在一定的缺陷。1965 年 Bunge 和 Roe 同时提出用三维取向分布函数（ODF）来表示织构内容的方法。取向分布函数可将各晶粒的轧面法向、轧向和横向同时在三维晶体学取向空间表示出来，从而克服了极图和反极图存在的缺点，它能完整、确切和定量地表达织构内容。作者计算发现正交晶系和六方晶系的 Roe 和 Bunge 表达式中 ND 用晶面指数表示，RD 用晶向指数表示，在非立方晶体，晶面指数与晶向指数的夹角既不能用晶面夹角公式计算也不能用晶向夹角公式计算，这容易带来混乱。因此，建议在非立方晶体中统一用晶面法向指数即晶面指数表示方向，在同一个晶体学公式中晶面指数与晶向指数最好不要混用。作者统一用晶面指数表示取向，即法向 ND、轧向 RD 和横向 TD 都统一用晶面指数表示，在此基础上根据 Roe 和 Bunge 提出的计算条件独立地推导了欧拉角与织构类型的表达式，对原来的表达式进行完善与补充。

6.5.1 Roe 法则下晶体取向与欧拉角关系式的推导

为了描述板织构试样中各晶粒的空间取向，需要规定两个直角坐标系。用一个直角坐标系 *O-ABC* 表示试样的外观取向，通常以 *OA*、*OB* 和 *OC* 分别代表轧向、横向和轧面法向。另一个直角坐标系 *O-XYZ* 固定在晶粒上，表示晶体学空间取向。为了简化起见，一般取 *O-XYZ* 坐标系中的三个轴与最能体现对称性的主要晶向重合。例如，对正交晶系，令 *OX*、*OY* 和 *OZ* 分别与 [100]、[010] 和 [001] 重合。这样，通过 *O-XYZ* 坐标系相对 *O-ABC* 坐标系的取向关系就能完全表达出该晶粒所对应的轧面法向、轧向和横向在晶体学空间的取向。

O-XYZ 坐标系相对 *O-ABC* 坐标系的取向关系用一组欧拉角（ψ,θ,ϕ）来表达，即 *O-XYZ* 相对 *O-ABC* 的任一取向均可通过分别绕坐标轴转动三次来实现。

Roe 的转换法则如图 6.49 所示。以两个坐标系完全重合为起始位置，如图 6.49（a）所示。固定 *O-ABC* 坐标系，转动 *O-XYZ* 坐标系，规定沿坐标轴向原点看，逆转为正，顺转为负。首先让 *O-XYZ* 绕 *OZ* 轴转动 ψ 角，如图 6.49（b）所示；其次绕转动过的 *OY* 轴转 θ 角，如图 6.49（c）所示；然后再绕转动过的 *OZ* 轴转 ϕ 角，如图 6.49（d）所示。这组转动的三个角度值（ψ，θ，ϕ）完全规定了 *O-XYZ* 相对 *O-ABC* 的取向。从转动可知，θ 和 ϕ 两个角规定了轧面法向 *OC* 在 *O-XYZ* 坐标系中的取向，而 ϕ 角则为轧向的取向。在这种晶粒取向表示法中，将轧面法向、轧向和横向同时表示在 *O-XYZ* 坐标系里。每组（ψ，θ，ϕ）值只对应一种取向，表达一种（*HKL*）[*uvw*] 织构。例如，（0°,0°,0°）取向对应（001）[100] 织构；（0°,

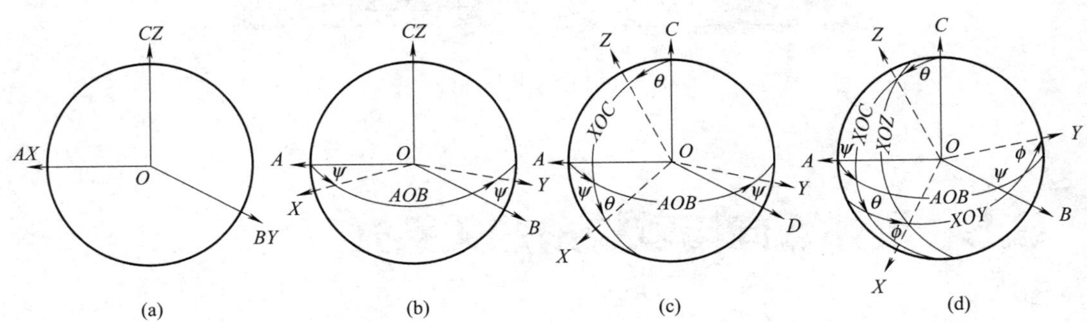

图 6.49　*O-XYZ* 坐标系相对 *O-ABC* 坐标系的取向关系

90°，45°）取向对应（$\bar{1}00$）[$0\bar{1}1$] 织构。由于晶粒的每一种取向都用一组（ψ，θ，ϕ）表示，故可以建立一个以 ψ，θ，ϕ 为轴的 O-$\psi\theta\phi$ 直角坐标系，称为取向空间或欧拉空间。在欧拉空间中，晶粒取向用坐标点 P（ψ，θ，ϕ）表示。如果将试样中所有晶粒的取向都逐一地标绘在欧拉空间，即得到被测试样的空间取向分布图，如图 6.50 所示。图中的晶粒取向都聚集在 P（ψ，θ，ϕ）点周围，这表明在 P（ψ，θ，ϕ）点周围存在择优取向分布区。对细晶粒试样，用取向密度 ω（ψ，θ，ϕ）表示晶粒取向分布情况。

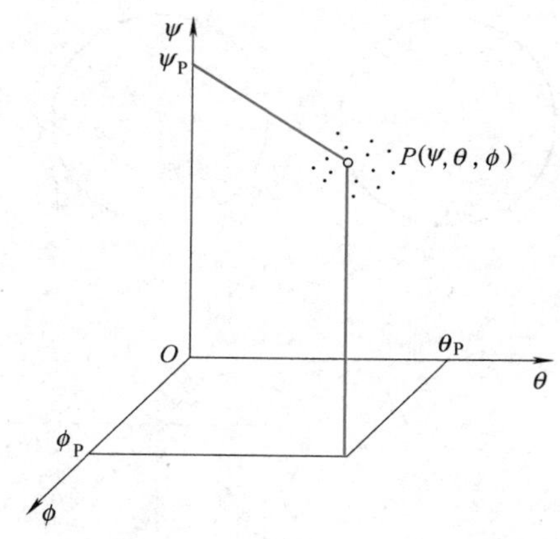

图 6.50　欧拉空间取向分布图

ODF 分析采用 Roe 符号系统，用级数展开法，其原理为在织构的三维取向分析中，晶粒取向按以下规定表示：在样品上选取一直角坐标 O-ABC（RD、TD、ND）表示；在每一晶粒上固定一直角坐标 O-XYZ，对立方系等具有正交晶轴的晶体，O-XYZ 与三晶轴重合（OX-<100>、OY-<010>、OZ-<001>）；以 O-ABC 坐标系相对于 O-XYZ 坐标系转动的欧拉角 {ψ，θ，ϕ} 作为该晶粒的取向。

样品中任一取向 {ψ，θ，ϕ} 的取向密度 ω{ψ，θ，ϕ} 的定义是：

$$\omega（\psi,\ \theta,\ \phi）= K_{\omega}\frac{\Delta V}{V} / \sin\theta\Delta\theta\Delta\psi\Delta\phi \tag{6.5}$$

式中，$\sin\theta\Delta\theta\Delta\psi\Delta\phi$ 为以（ψ，θ，ϕ）为中心的取向元；ΔV 为取向落在该取向元的晶粒体积；V 为试样体积；K_{ω} 为比例系数，取值为 1。

通过两步法直接计算出取向分布函数的系数 W_{lmn} 和 ω（θ，ψ，ϕ）的值。

$$\omega(\theta,\ \psi,\ \phi) = \sum_{l}^{\infty}\sum_{m=-l}^{l}\sum_{n=-l}^{l} W_{lmn} Z_{lmn}(\cos\theta) e^{-im\psi} e^{-in\phi} \tag{6.6}$$

式中，Z_{lmn}（$\cos\theta$）为增广雅可比多项式。

在 Roe 系统中由试样中各晶粒的 O-ABC 坐标取向在晶体学空间坐标系 O-XYZ 中的分布，来确定各（ψ，θ，ϕ）取向所对应的织构类型和数量。由一组（ψ，θ，ϕ）取向确定其对应的（HKL）[uvw] 织构类型，可以用图解法和解析法两种方法。图解法的具体步骤为：①在乌尔夫网的帮助下，在描图纸上标出相互重合的 O-ABC 和 O-XYZ 坐标系三个轴的极射赤面投影点，如图 6.51（a）所示；②让 O-ABC 绕 C 轴转动 $-\phi$ 至 A_1、B_1，如图 6.51（b）（f）所示；③绕 B_1 转动 $-\theta$ 至 A_2、C_1，如图 6.51（c）（g）所示；④再绕 C_1 转动 $-\psi$ 至 A_3、B_2，如图 6.51（d）（h）所示；此时的 C_1 和 A_3 分别为轧面和轧向的极射赤面投影点；⑤将标有投影点的描图纸在（001）标准投影图上，令 X、Y 两个投影点分别与（100）和（010）极点重合，如图 6.51（e）所示，这时 C_1 对应的极点指数即为轧面指数（HKL），与 A_3 对应的极点指数即为轧向的指数 [uvw]。这样，便确定了一种织构类型（HKL）[uvw]。在确定织构类型时，ϕ、θ 和 ψ 要从 ODF 截面上取向密度 ω（ϕ、θ、ψ）最大处取值。重复使用上述方法可以定出试样中所有的织构类型。

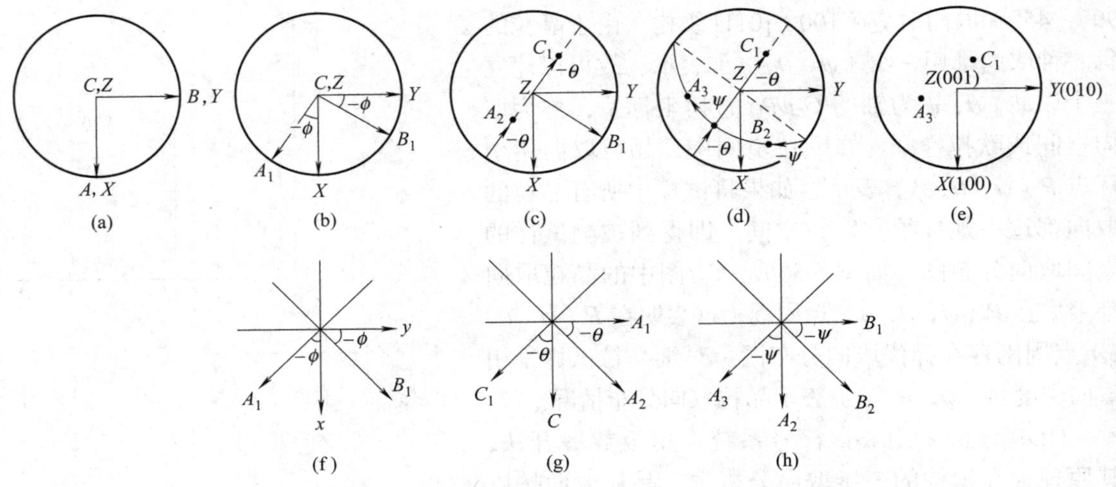

图 6.51 在 Roe 系统中 *O-ABC* 与 *O-XYZ* 坐标系关系图

Roe 给出的立方晶系、正交晶系和六方晶系欧拉空间与织构类型的表达式如式（6.7）至式（6.12）所示。

（1）立方晶系

$$H : K : L = -\sin\theta\cos\phi : \sin\theta\sin\phi : \cos\theta \tag{6.7}$$

$$U : V : W = (\cos\psi\cos\theta\cos\phi - \sin\psi\sin\phi) : (-\cos\psi\cos\theta\sin\phi - \sin\psi\cos\phi) : \sin\theta\cos\psi \tag{6.8}$$

（2）正交晶系

$$H : K : L = -a\sin\theta\cos\phi : b\sin\theta\sin\phi : c\cos\theta \tag{6.9}$$

$$U : V : W = (\cos\psi\cos\theta\cos\phi - \sin\psi\sin\phi)/a : (-\cos\psi\cos\theta\sin\phi - \sin\psi\cos\phi)/b : \sin\theta\cos\psi/c \tag{6.10}$$

（3）六方晶系

$$\begin{pmatrix} H \\ K \\ i \\ L \end{pmatrix} = \begin{pmatrix} \frac{\sqrt{3}}{2} & -\frac{1}{2} & 0 \\ 0 & 1 & 0 \\ -\frac{\sqrt{3}}{2} & -\frac{1}{2} & 0 \\ 0 & 0 & \frac{c}{a} \end{pmatrix} \begin{pmatrix} -\sin\theta\cos\phi \\ \sin\theta\sin\phi \\ \cos\theta \end{pmatrix} \tag{6.11}$$

$$\begin{pmatrix} U \\ V \\ T \\ W \end{pmatrix} = \begin{pmatrix} \frac{1}{\sqrt{3}} & -\frac{1}{3} & 0 \\ 0 & \frac{2}{3} & 0 \\ -\frac{1}{\sqrt{3}} & -\frac{1}{3} & 0 \\ 0 & 0 & \frac{a}{c} \end{pmatrix} \begin{pmatrix} \cos\theta\cos\psi\cos\phi - \sin\psi\sin\phi \\ -\cos\theta\cos\psi\sin\phi - \sin\psi\cos\phi \\ \sin\theta\cos\psi \end{pmatrix} \tag{6.12}$$

把上述式（6.9）和式（6.10）代入正交晶系晶面夹角公式得：

正交晶系的晶面夹角公式：

$$\cos\phi = \frac{\frac{h_1h_2}{a^2}+\frac{k_1k_2}{b^2}+\frac{l_1l_2}{c^2}}{\sqrt{\left(\frac{h_1^2}{a^2}+\frac{K_1^2}{b^2}+\frac{l_1^2}{c^2}\right)\left(\frac{h_2^2}{a^2}+\frac{k_2^2}{b^2}+\frac{l_2^2}{c^2}\right)}}$$

$$\frac{HU}{a^2}+\frac{KV}{b^2}+\frac{LW}{c^2}\neq 0$$

所以 Roe 给出的正交晶系欧拉空间与织构类型的解析式不满足正交晶系晶面夹角公式。

把下面 Roe 给出的六方晶系欧拉空间与织构类型的解析式（6.11）和式（6.12）代入六方晶系晶面夹角公式分子得：

$$HU+KV+\frac{1}{2}(HV+UK)+\frac{3a^2}{4c^2}LW=\frac{1}{2}(hu+kv)+\frac{3a^2}{4c^2}lw$$

式中，（hkl）和（uvw）表示立方晶系的法向和轧向晶向指数的欧拉空间的解析式。

$\frac{1}{2}(hu+kv)+\frac{3a^2}{4c^2}lw$不会恒为零，是有条件为零。

Roe 给出的六方晶系欧拉空间与织构类型的解析式同样不适合六方晶系晶面指数夹角公式。Roe 法则下 ND 是用晶面指数表示，RD 是用晶向指数表示，在非立方晶体条件下，计算 ND 与 RD 夹角不能运用相应的晶面指数夹角公式。因此，为了实际检测应用的方便，可以规定 ND、RD 和 TD 统一用晶面指数表示方向，对 Roe 提供的欧拉角与织构类型的解析式重新进行了推算与验证。

Roe 图解法的具体步骤如下。

① 在乌尔夫网的帮助下，在描图纸上标出互相重合的 O-ABC 和 O-XYZ 坐标系三个轴的极射赤面投影点，如图 6.51（a）所示。转动 O-ABC 坐标系时，O-XYZ 坐标系固定不动。

② 让 O-ABC 坐标系绕 C 轴转动 $-\phi$ 至 A_1、B_1，如图 6.51（b）所示。这时 A_1 的坐标为 $A_{1x}=\cos\phi$，$A_{1y}=-\sin\phi$，$A_{1z}=0$；B_1 的坐标为 $B_{1x}=\sin\phi$，$B_{1y}=\cos\phi$，$B_{1z}=0$。

③ 绕 B_1 转动 $-\theta$ 至 A_2、C_1，如图 6.51（c）所示，这时 A_2 和 C_1 的坐标为：$A_{2x}=\cos\theta\cos\phi$，$A_{2y}=-\cos\theta\sin\phi$，$A_{2z}=\sin\theta$；$C_{1x}=-\sin\theta\cos\phi$，$C_{1y}=\sin\theta\sin\phi$，$C_{1z}=\cos\theta$。

④ 再绕 C_1 转动 $-\psi$ 至 A_3、B_2，如图 6.51（d）所示，A_3 的坐标用平面坐标 A_2 和 B_1 表示即 $A_{3A_2}=\cos\psi$，$A_{3B_1}=-\sin\psi$，再把 A_3 在 A_2 和 B_1 上的投影用 O-XYZ 坐标表示：$A_{3x}=\cos\psi\cos\theta\cos\phi-\sin\psi\sin\phi$，$A_{3y}=-\cos\psi\cos\theta\sin\phi-\sin\psi\cos\phi$，$A_{3z}=\cos\psi\sin\theta$。

B_2 的坐标用平面坐标 A_2 和 B_1 表示即 $B_{2A_2}=\sin\psi$，$B_{2B_1}=\cos\psi$，再把 B_2 在 A_2 和 B_1 上的投影用 O-XYZ 坐标表示：$B_{2x}=\sin\psi\cos\theta\cos\phi+\cos\psi\sin\phi$，$B_{2y}=-\sin\psi\cos\theta\sin\phi+\cos\psi\cos\phi$，$B_{2z}=\sin\psi\sin\theta$。

此时的 C_1 和 A_3 分别为轧面和轧向的极射赤面投影点。

⑤ 将标有投影点的描图纸在（001）标准投影图上，令 X、Y 两个投影点分别与（100）和（010）极点重合，如图 6.51（e）所示，这时 C_1 对应的极点指数即为轧面 ND 指数（HKL），与 A_3 对应的极点指数即为轧向 RD 的指数 [UVW]，B_2 对应的极点指数即为横向 TD 的指数 <RST>。在 Roe 提出的取向分布函数中，从图 6.51 的坐标变换可以计算得出（ψ,θ,ϕ）取向与（HKL）[uvw] 织构类型之间的解析关系式。

在图 6.50 中，如果三个坐标的单位长度都是 a，即代表了立方晶系，C_1、A_3 和 B_2 的坐标表示了ND、RD和TD的指数（HKL）、$[uvw]$和$[RST]$，那么欧拉空间角与立方晶系的织构类型的表达式如下：

$$H=-\sin\theta\cos\phi$$
$$K=\sin\theta\sin\phi$$
$$L=\cos\theta$$
$$U=\cos\psi\cos\theta\cos\phi-\sin\psi\sin\phi$$
$$V=-\cos\psi\cos\theta\sin\phi-\sin\psi\cos\phi$$
$$W=\cos\psi\sin\theta$$
$$R=\sin\psi\cos\theta\cos\phi+\cos\psi\sin\phi$$
$$S=-\sin\psi\cos\theta\sin\phi+\cos\psi\cos\phi$$
$$T=\sin\psi\sin\theta$$

立方晶系欧拉空间与织构类型的解析式ND、RD和TD可以分别缩写为式（6.13）～式（6.15）。

$$H:K:L=-\sin\theta\cos\phi:\sin\theta\sin\phi:\cos\theta \tag{6.13}$$

$$U:V:W=(\cos\psi\cos\theta\cos\phi-\sin\psi\sin\phi):(-\cos\psi\cos\theta\sin\phi-\sin\psi\cos\phi):\cos\psi\sin\theta \tag{6.14}$$

$$R:S:T=(\sin\psi\cos\theta\cos\phi+\cos\psi\sin\phi):(-\sin\psi\cos\theta\sin\phi+\cos\psi\cos\phi):\sin\psi\sin\theta \tag{6.15}$$

和Roe的表达式比较发现推导的式（6.13）与式（6.14）与Roe的表达式式（6.7）和式（6.8）完全相同。

计算立方晶系的ND与RD矢量点积，由前面计算可知：$HU+KV+LW=0$。

计算立方晶系的ND和TD矢量点积：

$$\begin{aligned}HR+KS+LT=&-\sin\theta\cos\theta\sin\psi\cos^2\phi-\sin\theta\sin\phi\cos\phi\cos\psi-\sin\theta\cos\theta\sin\psi\sin^2\phi\\&+\sin\theta\sin\phi\cos\phi\cos\psi+\cos\theta\sin\psi\sin\theta\\=&-\sin\theta\cos\theta\sin\psi(\cos^2\phi+\sin^2\phi)+\cos\theta\sin\psi\sin\theta=0\end{aligned}$$

即$HR+KS+LT=0$。

同理得出$UR+VS+WT=0$。

因此，立方晶系中欧拉空间与织构类型的解析式满足ND、RD和TD相互垂直的条件。

6.5.1.1 Roe法四方晶系与正交晶系织构类型解析式的推导

在图6.49中，如果是四方晶系，X轴、Y轴和Z轴的单位长度分别是a、a和c，四方晶系的欧拉角与织构类型的表达式，只需在立方晶系的ND（$h_ck_cl_c$）、RD（$u_cv_cw_c$）和TD（$r_cs_ct_c$）表达的基础上分别乘以单位长度a、a和c。因此，四方晶系的欧拉角与织构类型的表达式如式（6.16）～式（6.18）所示。

$$H:K:L=-a\sin\theta\cos\phi:a\sin\theta\sin\phi:c\cos\theta \tag{6.16}$$

$$U:V:W=a(\cos\psi\cos\theta\cos\phi-\sin\psi\sin\phi):a(-\cos\psi\cos\theta\sin\phi-\sin\psi\cos\phi):c\sin\theta\cos\psi \tag{6.17}$$

$$R:S:T=a(\sin\psi\cos\theta\cos\phi+\cos\psi\sin\phi):a(-\sin\psi\cos\theta\sin\phi+\cos\psi\cos\phi):c\sin\psi\sin\theta \tag{6.18}$$

在图6.49中，如果是正交晶系，X轴、Y轴和Z轴的单位长度分别是a、b和c，正交晶系的欧拉角与织构类型的表达式，只需在立方晶系的ND（$h_ck_cl_c$）、RD（$u_cv_cw_c$）和TD（$r_cs_ct_c$）表达式的基础上分别乘以单位长度a、b和c。因此，正交晶系的欧拉角与织构类型ND（HKL）、RD（UVW）和TD（RST）的表达式如式（6.19）～式（6.21）所示。

$$H:K:L=-a\sin\theta\cos\phi:b\sin\theta\sin\phi:c\cos\theta \tag{6.19}$$

$$U:V:W=a(\cos\psi\cos\theta\cos\phi-\sin\psi\sin\phi):b(-\cos\psi\cos\theta\sin\phi-\sin\psi\cos\phi):c\sin\theta\cos\psi \tag{6.20}$$

$$R:S:T=a(\sin\psi\cos\theta\cos\phi+\cos\psi\sin\phi):b(-\sin\psi\cos\theta\sin\phi+\cos\psi\cos\phi):c\sin\psi\sin\theta \tag{6.21}$$

把正交晶系 ND 与 RD、TD 的表达式代入正交晶系晶面夹角公式的分子经计算得：

$$\frac{HU}{a^2}+\frac{KV}{b^2}+\frac{LW}{c^2}=a^2(h_cu_c)/a^2+b^2(k_cv_c)/b^2+c^2(l_cw_c)/c^2=h_cu_c+k_cv_c+l_cw_c=0$$

$$\frac{HR}{a^2}+\frac{KS}{b^2}+\frac{LT}{c^2}=a^2(h_cr_c)/a^2+b^2(k_cs_c)/b^2+c^2(l_ct_c)/c^2=h_cr_c+k_cs_c+l_ct_c=0$$

$$\frac{UR}{a^2}+\frac{VS}{b^2}+\frac{WT}{c^2}=a^2(u_cr_c)/a^2+b^2(v_cs_c)/b^2+c^2(w_ct_c)/c^2=u_cr_c+v_cs_c+w_ct_c=0$$

因此，正交晶系的欧拉空间与织构类型的解析式满足 ND 与 RD、TD 相互垂直的条件。同理可以推导四方晶系的欧拉空间与织构类型的解析式也符合 ND 与 RD、TD 相互垂直的条件。

6.5.1.2　Roe 法六方晶系织构类型的解析式的推导

在六方晶系中令 *OX* 垂直晶面（$10\bar{1}0$）、*OY* 垂直晶面（$\bar{1}2\bar{1}0$）和 *OZ* 垂直晶面（0001），初始位置时样品的外观坐标 *O-ABC* 与晶体学坐标重合，如图 6.51（a）所示。*OA*、*OB* 和 *OC* 分别表示样品的轧制方向、横向和法向。样品外观坐标按 Roe 法则相对晶体学坐标 *O-XYZ* 如前所述转动 3 次。假定六方晶系 *a* 轴与 *c* 轴分别等于 *a* 和 *c*，借助立方晶系的计算结果，样品外观坐标 *O-ABC* 转动 3 次后 A_3、B_2 和 C_1 的坐标可以于立方晶系的结果中获得。立方晶系正交坐标系中的任一点（*x*，*y*，*z*）与六方晶系三轴坐标系对应点的坐标（*U*，*V*，*W*）转换公式如下：

$$\begin{cases} U=\dfrac{2ax}{\sqrt{3}} \\ V=ay+\dfrac{ax}{\sqrt{3}} \\ W=cz \end{cases} \tag{6.22}$$

上面也是正交坐标的晶向指数与三轴坐标晶向指数之间的关系，其中一定要考虑六方晶系的晶胞参数 *a* 和 *c* 的影响，*x* 和 *y* 变成了 *ax* 和 *ay*，*z* 变成了 *cz*。

在六方晶系中三轴坐标晶向指数很容易确定，如上面提到的方法。但三轴坐标晶向指数即晶面的法向指数与晶面指数并不一致，需要转换成四轴坐标晶向指数，四轴坐标晶向指数与晶面指数一致。三轴坐标晶向指数（*U*，*V*，*W*）与四轴坐标晶向指数（*u*，*v*，*t*，*w*）的转换关系如下：

$$\begin{cases} u=U-\dfrac{1}{2}V \\ v=V-\dfrac{1}{2}U \\ t=-\dfrac{1}{2}(U+V) \\ w=W \end{cases} \tag{6.23}$$

把立方正交坐标与六方三轴坐标的转换公式（6.22）代入六方三轴坐标与四轴坐标的转换公式（6.23），得到六方晶系欧拉空间与织构类型法线方向ND、轧向RD和横向TD通用式，见式（6.24）。

$$\begin{cases} u=\dfrac{\sqrt{3}}{2}ax-\dfrac{1}{2}ay \\ v=ay \\ t=-\dfrac{\sqrt{3}}{2}ax-\dfrac{1}{2}ay \\ w=cz \end{cases} \tag{6.24}$$

用矩阵法表示如下：

$$\begin{pmatrix} u \\ v \\ t \\ w \end{pmatrix}=\begin{pmatrix} \dfrac{\sqrt{3}}{2} & -\dfrac{1}{2} & 0 \\ 0 & 1 & 0 \\ -\dfrac{\sqrt{3}}{2} & -\dfrac{1}{2} & 0 \\ 0 & 0 & 1 \end{pmatrix}\begin{pmatrix} ax \\ ay \\ cz \end{pmatrix}=\begin{pmatrix} \dfrac{\sqrt{3}}{2} & -\dfrac{1}{2} & 0 \\ 0 & 1 & 0 \\ -\dfrac{\sqrt{3}}{2} & -\dfrac{1}{2} & 0 \\ 0 & 0 & \dfrac{c}{a} \end{pmatrix}\begin{pmatrix} x \\ y \\ z \end{pmatrix} \tag{6.25}$$

把立方晶系的ND（$h_ck_cl_c$）、RD（$u_cv_cw_c$）和TD（$r_cs_ct_c$）表达式分别代入式（6.25），可以依次获得六方晶系ND、RD和TD的表达式，如式（6.26）～式（6.28）所示。

$$\text{ND:}\quad \begin{pmatrix} H \\ K \\ i \\ L \end{pmatrix}=\begin{pmatrix} \dfrac{\sqrt{3}}{2} & -\dfrac{1}{2} & 0 \\ 0 & 1 & 0 \\ -\dfrac{\sqrt{3}}{2} & -\dfrac{1}{2} & 0 \\ 0 & 0 & \dfrac{c}{a} \end{pmatrix}\begin{pmatrix} h_c \\ k_c \\ l_c \end{pmatrix}=\begin{pmatrix} \dfrac{\sqrt{3}}{2} & -\dfrac{1}{2} & 0 \\ 0 & 1 & 0 \\ -\dfrac{\sqrt{3}}{2} & -\dfrac{1}{2} & 0 \\ 0 & 0 & \dfrac{c}{a} \end{pmatrix}\begin{pmatrix} -\sin\theta\cos\phi \\ \sin\theta\sin\phi \\ \cos\theta \end{pmatrix} \tag{6.26}$$

$$\text{RD:}\quad \begin{pmatrix} U \\ V \\ t \\ W \end{pmatrix}=\begin{pmatrix} \dfrac{\sqrt{3}}{2} & -\dfrac{1}{2} & 0 \\ 0 & 1 & 0 \\ -\dfrac{\sqrt{3}}{2} & -\dfrac{1}{2} & 0 \\ 0 & 0 & \dfrac{c}{a} \end{pmatrix}\begin{pmatrix} u_c \\ v_c \\ w_c \end{pmatrix}=\begin{pmatrix} \dfrac{\sqrt{3}}{2} & -\dfrac{1}{2} & 0 \\ 0 & 1 & 0 \\ -\dfrac{\sqrt{3}}{2} & -\dfrac{1}{2} & 0 \\ 0 & 0 & \dfrac{c}{a} \end{pmatrix}\begin{pmatrix} \cos\psi\cos\theta\cos\phi-\sin\psi\sin\phi \\ -\cos\psi\cos\theta\sin\phi-\sin\psi\cos\phi \\ \sin\theta\cos\psi \end{pmatrix} \tag{6.27}$$

$$\text{TD:}\quad \begin{pmatrix} R \\ S \\ m \\ T \end{pmatrix}=\begin{pmatrix} \dfrac{\sqrt{3}}{2} & -\dfrac{1}{2} & 0 \\ 0 & 1 & 0 \\ -\dfrac{\sqrt{3}}{2} & -\dfrac{1}{2} & 0 \\ 0 & 0 & \dfrac{c}{a} \end{pmatrix}\begin{pmatrix} r_c \\ s_c \\ t_c \end{pmatrix}=\begin{pmatrix} \dfrac{\sqrt{3}}{2} & -\dfrac{1}{2} & 0 \\ 0 & 1 & 0 \\ -\dfrac{\sqrt{3}}{2} & -\dfrac{1}{2} & 0 \\ 0 & 0 & \dfrac{c}{a} \end{pmatrix}\begin{pmatrix} \sin\psi\cos\theta\cos\phi+\cos\psi\sin\phi \\ -\sin\psi\cos\theta\sin\phi+\cos\psi\cos\phi \\ \sin\theta\sin\psi \end{pmatrix} \tag{6.28}$$

把上面六方晶系ND和RD的晶面指数代入六方晶系晶面夹角公式的分子得：

$$HU+KV+\frac{1}{2}(HV+UK)+\frac{3a^2}{4c^2}LW=a\left(\frac{\sqrt{3}}{2}h_c-\frac{1}{2}k_c\right)a\left(\frac{\sqrt{3}}{2}u_c-\frac{1}{2}v_c\right)+a^2k_cv_c+\frac{3a^2}{4c^2}c^2l_cw_c$$

$$+\frac{1}{2}\left[a^2\left(\frac{\sqrt{3}}{2}h_c-\frac{1}{2}k_c\right)v_c+a^2\left(\frac{\sqrt{3}}{2}u_c-\frac{1}{2}v_c\right)k_c\right]$$

$$=\frac{3}{4}a^2(h_cu_c+k_cv_c+l_cw_c)=0$$

所以，在六方晶系欧拉空间与织构类型的解析式中ND与RD恒垂直。同理，可以验证在六方晶系欧拉空间与织构类型的解析式中ND、RD和TD三者之间相互垂直。

上述新推导Roe的公式与传统的公式相比较，有很多相似点，即三角函数部分的表达式完成相同，然而系数部分有区别，新推导的公式中补充了TD方向的表达式。用户在应用这些时要注意它们最大的差别，新推导的Roe表达式中的ND、RD和TD都是用晶面指数表示方向，传统的公式中ND是用晶面指数表示方向，RD和TD是用晶向指数表示方向。

6.5.2 Bunge法则下晶体取向与欧拉角关系式的推导

Bunge给出的立方晶系、正交晶系和六方晶系欧拉空间与织构类型的表达式如式（6.29）至式（6.34）所示。

（1）立方晶系

$$H:K:L=\sin\theta\sin\phi_1:-\sin\theta\cos\phi_1:\cos\theta \tag{6.29}$$

$$U:V:W=(\cos\phi_2\cos\phi_1-\sin\phi_2\sin\phi_1\cos\theta):(\cos\phi_2\sin\phi_1+\sin\phi_2\cos\phi_1\cos\theta):(\sin\phi_2\sin\theta) \tag{6.30}$$

（2）正交晶系

$$H:K:L=a\sin\theta\sin\phi_1:-b\sin\theta\cos\phi_1:c\cos\theta \tag{6.31}$$

$$U:V:W=(\cos\phi_2\cos\phi_1-\sin\phi_2\sin\phi_1\cos\theta)/a:(\cos\phi_2\sin\phi_1+\sin\phi_2\cos\phi_1\cos\theta)/b:(\sin\phi_2\sin\theta)/c \tag{6.32}$$

（3）六方晶系

$$\begin{pmatrix}H\\K\\i\\L\end{pmatrix}=\begin{pmatrix}\frac{\sqrt{3}}{2} & -\frac{1}{2} & 0\\ 0 & 1 & 0\\ -\frac{\sqrt{3}}{2} & -\frac{1}{2} & 0\\ 0 & 0 & \frac{c}{a}\end{pmatrix}\begin{pmatrix}\sin\theta\sin\phi_1\\ -\sin\theta\cos\phi_1\\ \cos\theta\end{pmatrix} \tag{6.33}$$

$$\begin{pmatrix}U\\V\\t\\W\end{pmatrix}=\begin{pmatrix}\frac{1}{\sqrt{3}} & -\frac{1}{3} & 0\\ 0 & \frac{2}{3} & 0\\ -\frac{1}{\sqrt{3}} & -\frac{1}{3} & 0\\ 0 & 0 & \frac{a}{c}\end{pmatrix}\begin{pmatrix}-\cos\theta\sin\phi_1\sin\phi_2+\cos\phi_1\cos\phi_2\\ \cos\theta\cos\phi_1\sin\phi_2+\sin\phi_1\cos\phi_2\\ \sin\theta\sin\phi_2\end{pmatrix} \tag{6.34}$$

经计算发现正交晶系和六方晶系的 Bunge 表达式不适合用相应的晶面夹角公式来验证法线方向（ND）与轧制方向（RD）垂直。在上述 Bunge 表达式中 ND 是用晶面指数表示，RD 是用晶向指数表示，非立方晶体 ND 与 RD 的夹角就不能用相应的晶面夹角公式计算。同样为了方便检测用户的应用，下面规定 ND、RD 和 TD 统一用晶面指数表示，重新对 Bunge 的表达式进行了推导。

在 Bunge 规则下 *O-XYZ* 坐标系相对 *O-ABC* 坐标系的取向关系用一组欧拉角（ϕ_1，θ，ϕ_2）来表达，以两个坐标系完全重合为起始位置，如图 6.52（a）所示。固定 *O-XYZ* 坐标系，转动 *O-ABC* 坐标系 3 次。第 1 次绕 *OC* 轴逆时针转动 ϕ_1 角，即沿法线方向 ND 转动，轧制方向 *OA* 转至 OA_1，横向 *OB* 转至 OB_1，如图 6.52（b）所示；第 2 次绕转动过的 OA_1 轴逆时针转动 θ，如图 6.52（c）所示；第 3 次再绕转动过的 OC_1 轴逆时针转动 ϕ_2 角，如图 6.52（d）所示。这组转动的欧拉角（ϕ_1，θ，ϕ_2）完全规定了 *O-XYZ* 相对 *O-ABC* 的取向。

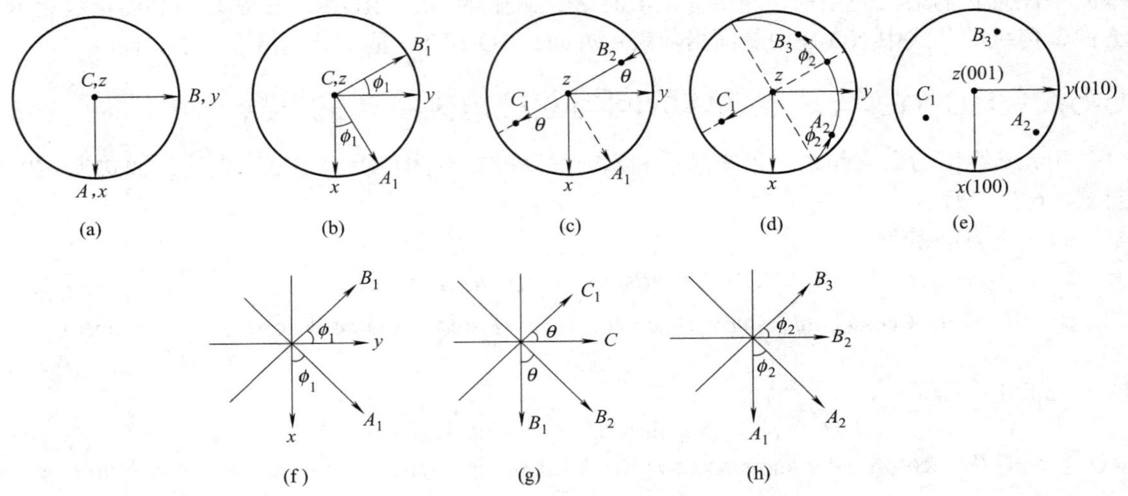

图 6.52　Bunge 规则下 *O-ABC* 与 *O-XYZ* 坐标系关系图

图解法的具体步骤如下。

① 让 *O-ABC* 绕 *OC* 轴逆时针转动 ϕ_1，*OA* 转至 OA_1，*OB* 转至 OB_1。如图 6.52（b）（f）所示。这时 A_1 的坐标为 $A_{1x}=\cos\phi_1$，$A_{1y}=\sin\phi_1$，$A_{1z}=0$；B_1 的坐标为 $B_{1x}=-\sin\phi_1$，$B_{1y}=\cos\phi_1$，$B_{1z}=0$；*OC* 的坐标是（001）。用矩阵表示如下：

$$g_{\phi_1}=\begin{pmatrix}\cos\phi_1 & \sin\phi_1 & 0\\ -\sin\phi_1 & \cos\phi_1 & 0\\ 0 & 0 & 1\end{pmatrix}$$

② 绕 OA_1 转动 θ，OB_1 转至 OB_2、*OC* 转至 OC_1，如图 6.52（c）（g）所示，同理 A_1、B_2 和 C_1 的坐标在坐标系 OA_1B_1C 中的矩阵表示如下：

$$g_{\theta}=\begin{pmatrix}1 & 0 & 0\\ 0 & \cos\theta & \sin\theta\\ 0 & -\sin\theta & \cos\theta\end{pmatrix}$$

B_2 和 C_1 的坐标在坐标系 *O-XYZ* 中的表示如下：

$$B_{2x}=-\cos\theta\sin\phi_1,\ B_{2y}=\cos\theta\cos\phi_1,\ B_{2z}=\sin\theta$$

$$C_{1x}=\sin\theta\sin\phi_1,\ C_{1y}=-\sin\theta\cos\phi_1,\ C_{1z}=\cos\theta$$

其中 A_1 的坐标不变，仍为：$A_{1x}=\cos\phi_1$，$A_{1y}=\sin\phi_1$，$A_{1z}=0$。

③ 再绕 OC_1 轴转动 ϕ_2，OA_1 转至 OA_2、OB_2 转至 OB_3，如图 6.52（d）（h）所示，A_2 和 B_3、C_1 的坐标用平面坐标 $O\text{-}A_1B_2C_1$ 表示，即 OA_2 在 OA_1 上的投影为 $\cos\phi_2$，在 OB_2 上的投影为 $\sin\phi_2$；OB_3 在 OA_1 轴上的投影为 $-\sin\phi_2$，在 OB_2 轴上的投影为 $\cos\phi_2$，C_1 的坐标为（001），用矩阵形式表示为：

$$g_{\phi_2}=\begin{pmatrix}\cos\phi_2 & \sin\phi_2 & 0\\ -\sin\phi_2 & \cos\phi_2 & 0\\ 0 & 0 & 1\end{pmatrix}$$

再把 A_2 点用 $O\text{-}XYZ$ 坐标表示：

$$A_{2x}=\cos\phi_2\cos\phi_1-\sin\phi_2\sin\phi_1\cos\theta$$

$$A_{2y}=\cos\phi_2\sin\phi_1+\sin\phi_2\cos\phi_1\cos\theta$$

$$A_{2z}=\sin\phi_2\sin\theta$$

再把 B_3 点用 $O\text{-}XYZ$ 坐标表示：

$$B_{3x}=-\sin\phi_2\cos\phi_1-\cos\phi_2\cos\theta\sin\phi_1$$

$$B_{3y}=-\sin\phi_2\sin\phi_1+\cos\phi_2\cos\theta\cos\phi_1$$

$$B_{3z}=\cos\phi_2\sin\theta$$

此时的 C_1 和 A_3 分别为轧面和轧向的极射赤面投影点。

④ 将标有投影点的描图纸在（001）标准投影图上，令 X、Y 两个投影点分别与（100）和（010）极点重合，如图6.52（e）所示，这时 C_1 对应的极点指数即为轧面ND指数（HKL），与 A_2 对应的极点指数即为轧向 RD 的指数 [UVW]，B_3 对应极点指数即为横向 TD 的指数 <RST>。这样，便确定了一种织构类型（HKL）[UVW]<RST>。因此，Bunge 系统立方晶系的（ϕ_1，θ，ϕ_2）取向与（HKL）[UVW]<RST> 织构类型之间的解析关系式所示如下：

立方晶系的关系式如下：

$$H:K:L=\sin\theta\sin\phi_1:-\sin\theta\cos\phi_1:\cos\theta \tag{6.35}$$

$$U:V:W=(\cos\phi_2\cos\phi_1-\sin\phi_2\sin\phi_1\cos\theta):(\cos\phi_2\sin\phi_1+\sin\phi_2\cos\phi_1\cos\theta):(\sin\phi_2\sin\theta) \tag{6.36}$$

$$R:S:T=(-\sin\phi_2\cos\phi_1-\cos\phi_2\cos\theta\sin\phi_1):(-\sin\phi_2\sin\phi_1+\cos\phi_2\cos\theta\cos\phi_1):(\cos\phi_2\sin\theta) \tag{6.37}$$

参照 Roe 系统的四方晶系可知四方晶系 Bunge 的织构类型与欧拉角的关系式如下所示：

$$H:K:L=a\sin\theta\sin\phi_1:-a\sin\theta\cos\phi_1:c\cos\theta \tag{6.38}$$

$$U:V:W=a(\cos\phi_2\cos\phi_1-\sin\phi_2\sin\phi_1\cos\theta):a(\cos\phi_2\sin\phi_1+\sin\phi_2\cos\phi_1\cos\theta):c(\sin\phi_2\sin\theta) \tag{6.39}$$

$$R:S:T=a(-\sin\phi_2\cos\phi_1-\cos\phi_2\cos\theta\sin\phi_1):a(-\sin\phi_2\sin\phi_1+\cos\phi_2\cos\theta\cos\phi_1):c(\cos\phi_2\sin\theta) \tag{6.40}$$

正交晶系 Bunge 的织构类型与欧拉角的关系式如下所示：

$$H:K:L=a\sin\theta\sin\phi_1:-b\sin\theta\cos\phi_1:c\cos\theta \tag{6.41}$$

$$U:V:W=a(\cos\phi_2\cos\phi_1-\sin\phi_2\sin\phi_1\cos\theta):b(\cos\phi_2\sin\phi_1+\sin\phi_2\cos\phi_1\cos\theta):c(\sin\phi_2\sin\theta) \tag{6.42}$$

$$R:S:T=a(-\sin\phi_2\cos\phi_1-\cos\phi_2\cos\theta\sin\phi_1):b(-\sin\phi_2\sin\phi_1+\cos\phi_2\cos\theta\cos\phi_1):c(\cos\phi_2\sin\theta) \quad (6.43)$$

六方晶系 Bunge 的织构类型与欧拉角的解析关系式用矩阵形式表示如下：

$$\begin{pmatrix} H \\ K \\ i \\ L \end{pmatrix} = \begin{pmatrix} \frac{\sqrt{3}}{2} & -\frac{1}{2} & 0 \\ 0 & 1 & 0 \\ -\frac{\sqrt{3}}{2} & -\frac{1}{2} & 0 \\ 0 & 0 & \frac{c}{a} \end{pmatrix} \begin{pmatrix} \sin\theta\sin\phi_1 \\ -\sin\theta\cos\phi_1 \\ \cos\theta \end{pmatrix} \quad (6.44)$$

$$\begin{pmatrix} U \\ V \\ t \\ W \end{pmatrix} = \begin{pmatrix} \frac{\sqrt{3}}{2} & -\frac{1}{2} & 0 \\ 0 & 1 & 0 \\ -\frac{\sqrt{3}}{2} & -\frac{1}{2} & 0 \\ 0 & 0 & \frac{c}{a} \end{pmatrix} \begin{pmatrix} -\cos\theta\sin\phi_1\sin\phi_2+\cos\phi_1\cos\phi_2 \\ \cos\theta\cos\phi_1\sin\phi_2+\sin\phi_1\cos\phi_2 \\ \sin\theta\sin\phi_2 \end{pmatrix} \quad (6.45)$$

$$\begin{pmatrix} R \\ S \\ m \\ T \end{pmatrix} = \begin{pmatrix} \frac{\sqrt{3}}{2} & -\frac{1}{2} & 0 \\ 0 & 1 & 0 \\ -\frac{\sqrt{3}}{2} & -\frac{1}{2} & 0 \\ 0 & 0 & \frac{c}{a} \end{pmatrix} \begin{pmatrix} -\cos\theta\sin\phi_1\cos\phi_2-\cos\phi_1\sin\phi_2 \\ \cos\theta\cos\phi_1\cos\phi_2-\sin\phi_1\sin\phi_2 \\ \sin\theta\cos\phi_2 \end{pmatrix} \quad (6.46)$$

其中系数的推导过程与 Roe 系统的完全相同。

6.5.3 ODF 分析结果的验算及 ODF 截面图的特征

在 ODF 分析中对其结果和截面图的合理性做简单判断是十分必要的。因此，要深入了解晶体学坐标与欧拉空间坐标之间的数理关系。在 Roe 系统中立方晶系的织构与欧拉角的对应关系：

$$H:K:L=-\sin\theta\cos\phi:\sin\theta\sin\phi:\cos\theta \quad (6.47)$$

$$U:V:W=(\cos\psi\cos\theta\cos\phi-\sin\psi\sin\phi):(-\cos\psi\cos\theta\sin\phi-\sin\psi\cos\phi):\sin\theta\cos\psi \quad (6.48)$$

在 Roe 系统中立方晶系的织构与欧拉角的对应关系根据式（6.7) 和式（6.8）输入 Excel 电子表格，通过取整和计算矢量（*HKL*）与矢量 [*uvw*] 的点积是否为零，在恒 φ（或 ψ）-ODF 截面图上找出取向密度 $\omega(\psi,\theta,\phi)$ 较大的点对应的 $\{\psi,\theta,\phi\}$ 值，就能计算出织构组分（*HKL*）[*uvw*]，验证 ODF 软件计算结果的正确性，如表 6.4 和附录 6.1 所示。

表 6.4　在 Roe 系立方晶体中 ψ，θ 和 ϕ 等欧拉角与织构（*HKL*）[*uvw*] 的对应关系

ψ	θ	ϕ	H	K	L	u	v	w	织构	名称
0	0	0	0	0	1	1	0	0	（001）<100>	立方织构
45	0	0	0	0	1	0.707	−0.707	0	（001）<1$\bar{1}$0>	剪切织构

续表

ψ	θ	ϕ	H	K	L	u	v	w	织构	名称
45	45	0	−0.707	0	0.707	0.5	−0.707	0.5	($\bar{1}$01) <1$\bar{2}$1>	黄铜织构
90	45	0	−0.707	0	0.707	0	−1	0	($\bar{1}$01) <0$\bar{1}$0>	戈斯织构
45	90	0	−1	0	0	0	−0.707	0.707	($\bar{1}$00) <0$\bar{1}$1>	剪切织构
90	0	0	0	0	1	0	−1	0	(001) <0$\bar{1}$0>	立方织构
0	90	0	−1	0	0	0	0	1	($\bar{1}$00) <001>	立方织构
0	35	45	−0.405	0.405	0.819	0.579	−0.579	0.573	($\bar{1}$12) <1$\bar{1}$1>	铜织构
0	55	45	−0.579	0.579	0.573	0.408	−0.405	0.819	($\bar{1}$11) <1$\bar{1}$2>	退火织构
0	90	45	−0.707	0.707	0	0	0	1	($\bar{1}$10) <001>	戈斯织构
0	0	45	0	0	1	0.701	−0.707	0	(001) <1$\bar{1}$0>	剪切织构
45	0	45	0	0	1	0	−1	0	(001) <0$\bar{1}$0>	立方织构
90	0	45	0	0	1	−0.707	−0.707	0	(001) <-1$\bar{1}$0>	剪切织构
90	35	45	−0.405	0.405	0.819	−0.707	−0.707	0	($\bar{1}$12) <$\bar{1}\bar{1}$0>	
90	55	45	−0.579	0.579	0.573	−0.707	−0.707	0	($\bar{1}$11) <$\bar{1}\bar{1}$0>	

由于式（6.13）和式（6.14）用三角函数表达，有周期性和对称性，因而 ODF 截面图有周期性和对称性特征。例如，恒 ϕ=0° 的 ODF 截面图与恒 ϕ=90° 的 ODF 截面图完全相同，表达等效的织构组分。恒 ϕ=0° 的 ODF 截面图的 4 个顶点（0°，0°，0°）、（90°，0°，0°）、（90°，90°，0°）和（0°，90°，0°）都是对应立方织构 {001}<100>，恒 ϕ=90° 的 ODF 截面图的 4 个顶点（0°，0°，90°）、（90°，0°，90°）、（90°，90°，90°）和（0°，90°，90°）也都是对应立方织构 {001}<100>。另外在恒 ϕ=45° 的 ODF 截面图上（45°，0°，45°）点也表示立方织构。恒 ϕ=5° 的 ODF 截面图与恒 ϕ=85° 的 ODF 截面图完全对称，其它依此类推。因此，恒 ϕ=0° 和恒 ϕ=45° 的 ODF 截面图基本就能把主要织构组分表达清楚。

三维取向（ODF）ω（ψ、θ、ϕ）的值常用恒 ϕ（或 ψ）-ODF 截面图表示，其坐标关系如图 6.53 所示。图 6.5（a）和图 6.54（b）是某钢厂的硅钢片样品的恒 ϕ-ODF 截面图，由图 6.54（a）和图 6.54（b）可见，形成了强 {110}<001> 戈斯织构。对于立方系材料，通常用 ϕ=0°、ϕ=45° 的 ODF 截面图基本就能把主要织构组分表达清楚。

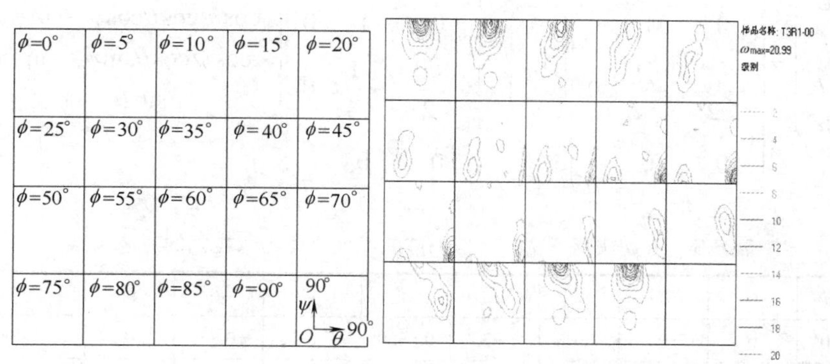

图 6.53　硅钢片的恒 ϕ-ODF 截面图

图 6.54 中的 A 点和 B 点对应的 {ψ，θ，ϕ} 分别是 {90°，45°，0° } 和 {0°，90°，45° }，根据式（4.5）和式（4.6）可得出织构组分是（$\bar{1}$01）<0$\bar{1}$0> 和（$\bar{1}$10）<001>。A 点和 B 点代

表的织构组分是等效的，它们都表示 {110}<001> 戈斯织构。从图 6.54（c）可知，在 {ψ，55°，45°} 出现很强的 γ 织构，即（$\bar{1}11$）面平行薄膜所在的面。

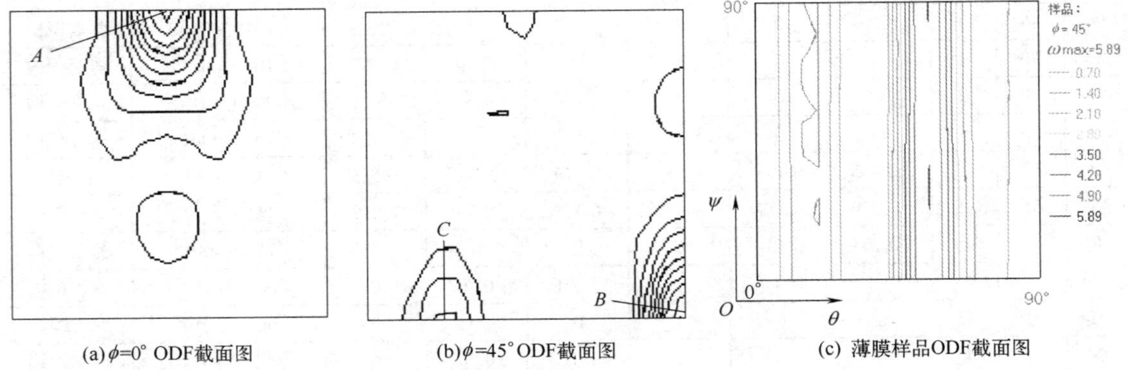

(a) ϕ=0° ODF截面图　(b) ϕ=45° ODF截面图　(c) 薄膜样品ODF截面图

图 6.54　恒 ϕ=0° ODF、ϕ=45° ODF 截面图及薄膜样品恒 ϕ=45° ODF 截面图

在 Roe 规则下六方晶系 ND 和 RD 表达式如式（6.49）和式（6.50）所示。把式（6.49）和式（6.50）输入 Excel 电子表格，就可以求出欧拉角与织构类型的对应关系，如表 6.5 所示，在表 6.5 中 c/a 取值 1.633。

$$\text{ND:}\quad \begin{pmatrix} H \\ K \\ i \\ L \end{pmatrix} = \begin{pmatrix} \frac{\sqrt{3}}{2} & -\frac{1}{2} & 0 \\ 0 & 1 & 0 \\ -\frac{\sqrt{3}}{2} & -\frac{1}{2} & 0 \\ 0 & 0 & \frac{c}{a} \end{pmatrix} \begin{pmatrix} h_c \\ k_c \\ l_c \end{pmatrix} = \begin{pmatrix} \frac{\sqrt{3}}{2} & -\frac{1}{2} & 0 \\ 0 & 1 & 0 \\ -\frac{\sqrt{3}}{2} & -\frac{1}{2} & 0 \\ 0 & 0 & \frac{c}{a} \end{pmatrix} \begin{pmatrix} -\sin\theta\cos\phi \\ \sin\theta\sin\phi \\ \cos\theta \end{pmatrix} \tag{6.49}$$

$$\text{RD:}\quad \begin{pmatrix} U \\ V \\ t \\ W \end{pmatrix} = \begin{pmatrix} \frac{\sqrt{3}}{2} & -\frac{1}{2} & 0 \\ 0 & 1 & 0 \\ -\frac{\sqrt{3}}{2} & -\frac{1}{2} & 0 \\ 0 & 0 & \frac{c}{a} \end{pmatrix} \begin{pmatrix} u_c \\ v_c \\ w_c \end{pmatrix} = \begin{pmatrix} \frac{\sqrt{3}}{2} & -\frac{1}{2} & 0 \\ 0 & 1 & 0 \\ -\frac{\sqrt{3}}{2} & -\frac{1}{2} & 0 \\ 0 & 0 & \frac{c}{a} \end{pmatrix} \begin{pmatrix} \cos\psi\cos\theta\cos\phi-\sin\psi\sin\phi \\ -\cos\psi\cos\theta\sin\phi-\sin\psi\cos\phi \\ \sin\theta\cos\psi \end{pmatrix} \tag{6.50}$$

表 6.5　Roe 法则下密排六方晶体的织构类型与欧拉角的对应关系

ϕ	θ	ψ	H	K	I	L	u	v	t	w	织构
0	0	0	0	0	0	1.633	0.8660	0	−0.866	0	（0001）<10$\bar{1}$0>
0	45	90	−0.612	0	0.612	1.155	0.5	−1	0.5	0	（$\bar{1}$012）<1$\bar{2}$10>
0	90	0	−0.866	0	0.866	0	0	0	0	1.633	（$\bar{1}$010）<0001>
0	90	45	−0.866	0	0.866	0	0.354	−0.707	0.353	1.155	（$\bar{1}$010）<1$\bar{2}$13>
0	90	90	−0.866	0	0.866	0	0.5	−1	0.5	0	（$\bar{1}$010）<1$\bar{2}$10>

续表

ϕ	θ	ψ	H	K	I	L	u	v	t	w	织构
0	55	90	−0.709	0	0.709	0.937	0.5	−1	0.5	0	$(\bar{7}079)<1\bar{2}10>$
0	35	90	−0.497	0	0.497	1.3388	0.5	−1	0.5	0	$(\bar{2}025)<1\bar{2}10>$
0	75	90	−0.836	0	0.836	0.423	0.5	−1	0.5	0	$(\bar{2}021)<1\bar{2}10>$
0	90	35	−0.866	0	0.866	0	0.2878	−0.575	0.287	1.338	$(\bar{1}010)<1\bar{2}15>$
0	90	55	−0.866	0	0.866	0	0.4090	−0.819	0.409	0.937	$(\bar{1}010)<1\bar{2}12>$
0	90	75	−0.866	0	0.866	0	0.483	−0.966	0.483	0.423	$(\bar{1}010)<1\bar{2}11>$
45	0	0	0	0	0	1.633	0.966	−0.7070	−0.259	0	$(0001)<4\bar{3}10>$
45	0	90	0	0	0	1.633	−0.259	−0.707	0.966	0	$(0001)<\bar{1}\bar{3}40>$
45	90	90	−0.966	0.707	0.259	0	−0.259	−0.707	0.966	0	$(\bar{4}310)<\bar{1}\bar{3}40>$
30	0	0	0	0	0	1.633	1	−0.5	−0.5	0	$(0001)<2\bar{1}\bar{1}0>$
60	0	0	0	0	0	1.633	0.866	−0.866	0	0	$(0001)<1\bar{1}00>$

在 Bunge 规则下立方晶系的织构与欧拉角的对应关系如式（6.51）和式（6.52) 所示，将其代入 Excel 电子表格，就可以求出欧拉角与织构类型的对应关系如表 6.6 所示。

$$H:K:L=\sin\theta\sin\phi_1:-\sin\theta\cos\phi_1:\cos\theta \tag{6.51}$$

$$U:V:W=(\cos\phi_2\cos\phi_1-\sin\phi_2\sin\phi_1\cos\theta):(\cos\phi_2\sin\phi_1+\sin\phi_2\cos\phi_1\cos\theta):(\sin\phi_2\sin\theta) \tag{6.52}$$

表 6.6　在 Bunge 法则下立方晶体的织构与欧拉角的对应关系式

ϕ_1	θ	ϕ_2	h	k	l	u	v	w	织构	名称
0	0	0	0	0	1	1	0	0	$(001)<100>$	立方织构
0	0	90	0	0	1	0	1	0	$(001)<010>$	立方织构
0	45	90	0	−0.707	0.707	0	0.707	0.707	$(0\bar{1}1)<011>$	
0	45	0	0	−0.707	0.707	1	0	0	$(0\bar{1}1)<100>$	戈斯织构
0	90	45	0	−1	0	0.707	0	0.707	$(0\bar{1}0)<101>$	剪切织构
0	90	90	0	−1	0	0	0	1	$(0\bar{1}0)<001>$	立方织构
45	0	0	0	0	1	0.707	0.707	0	$(001)<110>$	剪切织构
45	90	0	0.707	−0.707	0	0.707	0.707	0	$(1\bar{1}0)<110>$	
45	0	90	0	0	1	−0.707	0.707	0	$(001)<\bar{1}10>$	剪切织构
45	90	90	0.707	−0.707	0	0	0	1	$(1\bar{1}0)<001>$	戈斯织构
45	35	90	0.406	−0.406	0.819	−0.579	0.579	0.574	$(1\bar{1}2)<\bar{1}11>$	铜织构
45	90	35	0.707	−0.707	0	0.579	0.579	0.574	$(1\bar{1}0)<111>$	
45	55	90	0.579	−0.579	0.574	−0.406	0.406	0.819	$(1\bar{1}1)<\bar{1}12>$	退火织构
45	0	45	0	0	1	0	1	0	$(001)<010>$	立方织构
45	35	0	0.405	−0.405	0.8194	0.707	0.707	0	$(1\bar{1}2)<110>$	
45	55	0	0.579	−0.579	0.574	0.707	0.707	0	$(1\bar{1}1)<110>$	
45	55	60	0.579	−0.579	0.574	0.002	0.705	0.709	$(1\bar{1}1)<011>$	
45	55	30	0.579	−0.579	0.574	0.409	0.815	0.409	$(1\bar{1}1)<121>$	
45	90	55	0.707	−0.707	0	0.405	0.405	0.819	$(1\bar{1}0)<112>$	

在 Bunge 规则下立方晶体取向分布函数 ϕ_1=45° 的 ODF 截面上的重要取向如图 6.55 所示。

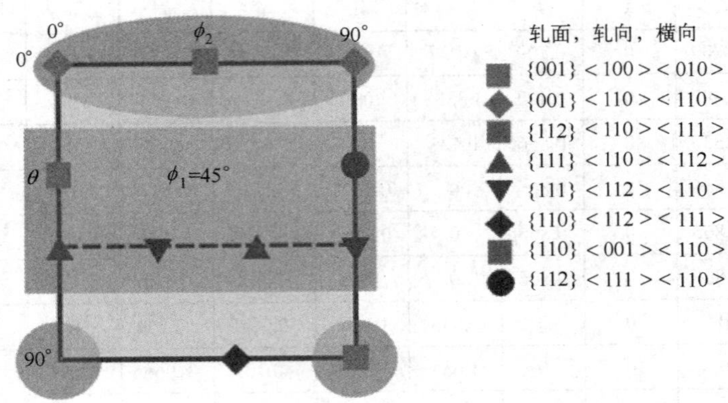

图 6.55　取向分布函数 ϕ_1=45° ODF 截面上的重要取向

在 Bunge 规则下密排六方晶体的织构类型与欧拉角的对应关系式如式（6.53）和式（6.54）所示，将其代入 Excel 电子表格，就可以求出欧拉角与织构类型的对应关系，如表 6.7 所示。

$$\begin{pmatrix} H \\ K \\ i \\ L \end{pmatrix} = \begin{pmatrix} \frac{\sqrt{3}}{2} & -\frac{1}{2} & 0 \\ 0 & 1 & 0 \\ -\frac{\sqrt{3}}{2} & -\frac{1}{2} & 0 \\ 0 & 0 & \frac{c}{a} \end{pmatrix} \begin{pmatrix} \sin\theta\sin\phi_1 \\ -\sin\theta\cos\phi_1 \\ \cos\theta \end{pmatrix} \tag{6.53}$$

$$\begin{pmatrix} U \\ V \\ t \\ W \end{pmatrix} = \begin{pmatrix} \frac{\sqrt{3}}{2} & -\frac{1}{2} & 0 \\ 0 & 1 & 0 \\ -\frac{\sqrt{3}}{2} & -\frac{1}{2} & 0 \\ 0 & 0 & \frac{c}{a} \end{pmatrix} \begin{pmatrix} -\cos\theta\sin\phi_1\sin\phi_2 + \cos\phi_1\cos\phi_2 \\ \cos\theta\cos\phi_1\sin\phi_2 + \sin\phi_1\cos\phi_2 \\ \sin\theta\sin\phi_2 \end{pmatrix} \tag{6.54}$$

表 6.7　在 Bunge 规则下密排六方晶体的织构类型与欧拉角的关系

ϕ_1	θ	ϕ_2	h	k	i	l	u	v	t	w	织构
0	0	0	0	0	0	1.633	0.866	0	−0.866	0	$(0001)\langle 10\bar{1}0\rangle$
0	30	0	0.25	−0.5	0.25	1.414	0.866	0	−0.866	0	$(1\bar{2}16)\langle 10\bar{1}0\rangle$
0	45	0	0.354	−0.707	0.354	1.155	0.866	0	−0.866	0	$(1\bar{2}13)\langle 10\bar{1}0\rangle$
0	60	0	0.433	−0.866	0.433	0.816	0.866	0	−0.866	0	$(1\bar{2}12)\langle 10\bar{1}0\rangle$
0	50	30	0.383	−0.766	0.383	1.05	0.589	0.321	−0.911	0.625	$(1\bar{2}13)\langle 21\bar{3}2\rangle$
0	30	90	0.25	−0.5	0.25	1.414	−0.433	0.866	−0.433	0.816	$(1\bar{2}16)\langle \bar{1}2\bar{1}2\rangle$
0	90	0	0.5	−1	0.5	0	0.866	0	−0.866	0	$(1\bar{2}10)\langle 10\bar{1}0\rangle$

续表

ϕ_1	θ	ϕ_2	h	k	i	l	u	v	t	w	织构
0	90	90	0.5	−1	0.5	0	0	0	0	1.633	($1\bar{2}10$) <0001>
45	0	0	0	0	0	1.633	0.259	0.707	−0.966	0	(0001) < $13\bar{4}0$ >
45	90	0	0.966	−0.707	−0.259	0	0.259	0.707	−0.966	0	($4\bar{3}\bar{1}0$) < $13\bar{4}0$ >
45	0	90	0	0	0	1.633	−0.966	0.707	0.259	0	(0001) < $\bar{4}310$ >
45	90	90	0.966	−0.707	−0.259	0	0	0	0	1.633	($4\bar{3}\bar{1}0$) <0001>
30	0	0	0	0	0	1.633	0.5	0.5	−1	0	(0001) < $11\bar{2}0$ >
60	0	0	0	0	0	1.633	0	0.866	−0.866	0	(0001) < $01\bar{1}0$ >
30	90	0	0.866	−0.866	0	0	0.5	0.5	−1	0	($1\bar{1}00$) < $11\bar{2}0$ >
60	0	90	0	0	0	1.633	−1	0.5	0.5	0	(0001) < $\bar{2}110$ >

6.6 EBSD 分析实例

在超薄铝箔（厚 5μm）的生产中，用液态铝直接铸轧成厚 6mm、宽约 1800mm 的铝带坯料。选取铸轧后首次得到的 6mm 厚铝坯料，切割成边长为 10mm 的小方块，按以下步骤进行 EBSD 试样的制备：首先按金相制样要求制样（样品表面的光洁度达到 0.5 至 1μm），其次用粒径约 200nm 的二氧化硅做抛光液进行振动抛光，或选用 10%$HClO_4$+90%CH_3COOH 电解液进行电解抛光，制备成可供 EBSD 表征的样品。经 EBSD 分析可获得如下实验结果。晶粒大小如图 6.56 所示。从图 6.56（a）可看出晶粒大小的直观分布，从图 6.56（b）可得出晶粒大小的统计柱状分布。从图 6.56 中可知铸轧后首次得到的铝坯料晶粒直径几乎平均分布在 20 ～ 50μm 之间。极图如图 6.57（a1）、图 6.57（b1）所示，反极图如图 6.57（a2）、图 6.57（b2）所示和 ODF 图如图 6.57（a3）、图 6.57（b3）所示。其中的 a 和 b 分别代表同一个样品中的两个不同的观察区域。用解析法可求图 6.57（a1）对应的织构有 {221}<012> 和 {112}<111> 铜织构，图 6.57（b1）对应的织构有 {221}<012>、{125}<112> 和 {112}<111> 铜织构。对图 6.57（a2）分析可知，与轧面法向（ND）一致的晶面是 {210} 和 {221}，与轧向（RD）一致的晶面是 {210} 和 {111}；在图 6.57（b2）中与轧面法向（ND）一致的晶面是 {210} 和 {211}，与轧向（RD）一致的晶面是 {210} 和 {320}。在图 6.57 的反极图（a2）、（b2）分析中，由于强度高的区域面积比较大，而不是一点，在确定晶面指数时误差较大，但比极图法确定晶面指数要容易。对图 6.57（a3）、图 6.57（b3）进行分析可知，在图 6.57（a3）中有强织构组分（$\bar{1}02$）[$2\bar{2}1$]、（$\bar{2}01$）[$1\bar{2}2$] 和（$\bar{2}21$）[$0\bar{1}2$]，有次强织构组分（$\bar{1}12$）[$1\bar{1}1$]、（001）[$2\bar{1}0$] 和（$\bar{1}01$）[$0\bar{1}0$]；在图 6.57（b3）中有强织构组分（$\bar{1}02$）[$2\bar{5}1$]、（$\bar{2}01$）[$1\bar{5}2$] 和（$\bar{2}21$）[$0\bar{1}2$]，有次强织构组分（$\bar{1}12$）[$\bar{1}\,\bar{1}0$] 和（$\bar{1}12$）[$3\bar{7}6$]。用 ODF 方法确定织构与极图法和反极图法确定的结果一致，但比极图方法和反极图方法更简洁、更准确，还可以确定具体的织构组分。

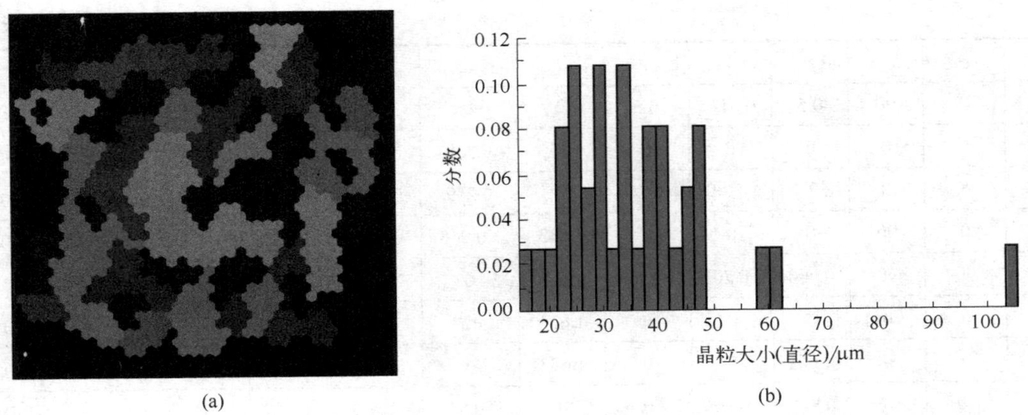

图 6.56　6mm 厚铝坯料晶粒大小分布图

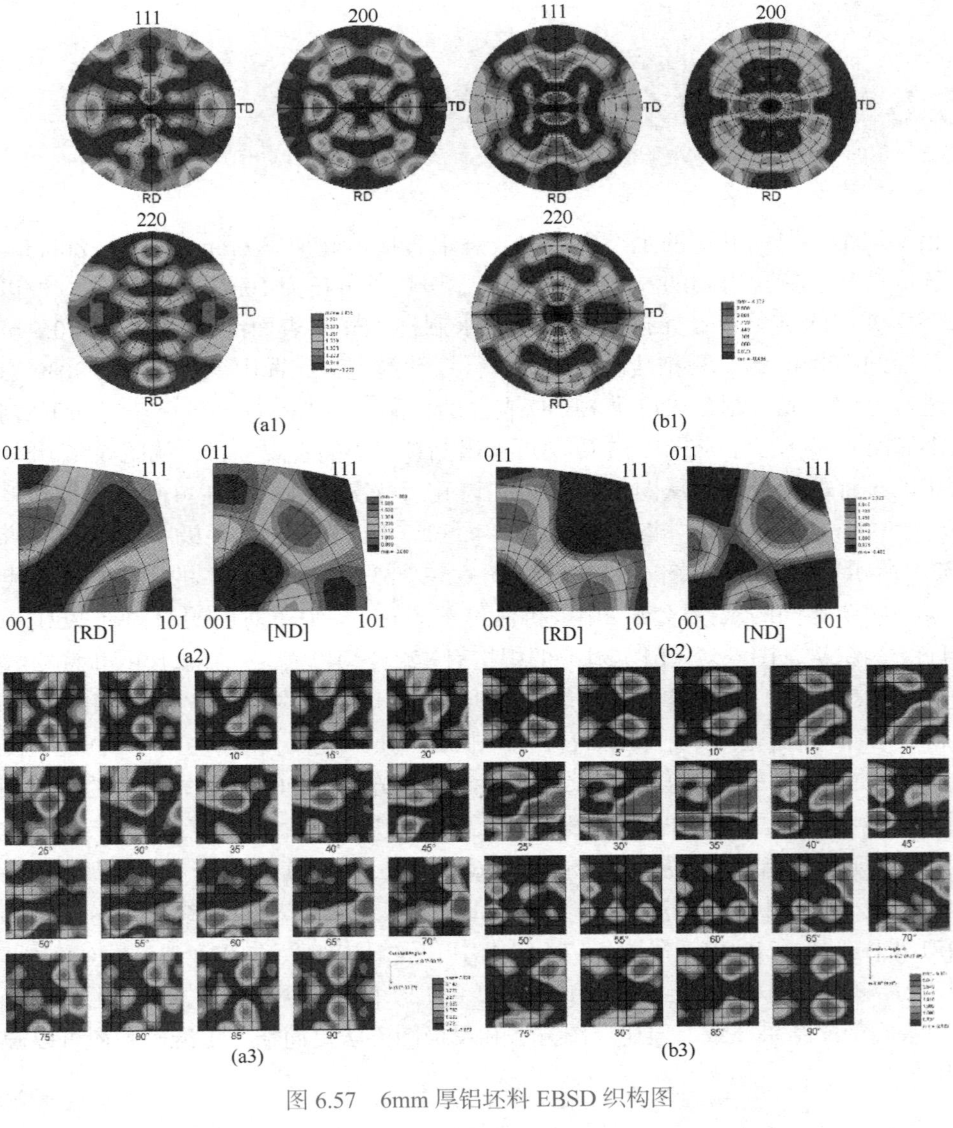

(a1)　(b1)

(a2)　(b2)

(a3)　(b3)

图 6.57　6mm 厚铝坯料 EBSD 织构图

对经过一个道次冷轧从 6mm 厚连续铸轧的铝坯料至 3mm 厚（冷轧 50%）的样品进行 EBSD 分析，其 ODF 图、极图、反极图如图 6.58 所示。从图 6.58（a）中可以得到（0°，45°，0°）、（90°，35°，45°）、（90°，90°，45°）三组欧拉角，其分别对应 {110}<001> 织构、{112}<111> 织构和 {110}<001> 织构。从图 6.58（b）中可以同样得出存在 {110}<001> 戈斯织构和 {112}<111> 铜织构，在（111）晶面的投影图中可以看出铜织构的唇型“纯金属式”织构，其中间强度特别大是 {110}<001> 和 {112}<111> 两种织构叠加的结果。图 6.58（c）反极图中与轧面法向（ND）一致的晶面是 {331}，与轧向（RD）一致的晶面是 {110}，这里由于在法向面投影的晶粒取向比较分散，难以准确判定。综上可得，经过轧制后 3mm 厚坯料中主要有 {110}<001> 戈斯织构和 {112}<111> 铜织构，它们都是面心立方金属的典型轧制织构，戈斯织构在 6mm 厚铸轧态坯料组织中已经有少量存在，而在经过一次冷加工后成为最主要的织构。{112}<111> 铜织构的存在而没有发现黄铜型 {110}<211> 织构，说明纯铝的层错能高，纯铝在塑性变形时主要靠位错的滑移来完成。

对加工变形量 50% 的 3mm 厚冷轧态铸轧坯料进行均匀化退火并对其织构进行分析。图 6.59 为经过 560℃ ×7h 均匀化退火的 3mm 厚退火态铝箔坯料组织的 ODF 图、极图和反极图。从图 6.59（a）中可以得出（0°，0°，0°）、（90°，0°，0°）、（0°，90°，0°）、（90°，90°，0°）、（45°，0°，45°）五组欧拉角，它们都代表着 {100}[001] 立方织构。图 6.59（b）均匀化退火态极图和 {100}<001> 立方织构标准理论极图完全一致，所有的极密度值高的点完全重合。图 6.59（c）反极图中与轧面法向（ND）一致的晶面是 {100}，与轧向（RD）一致的晶面也是 {100}，则从反极图中可看出均匀化退火后主要织构也是 {100}<001> 立方织

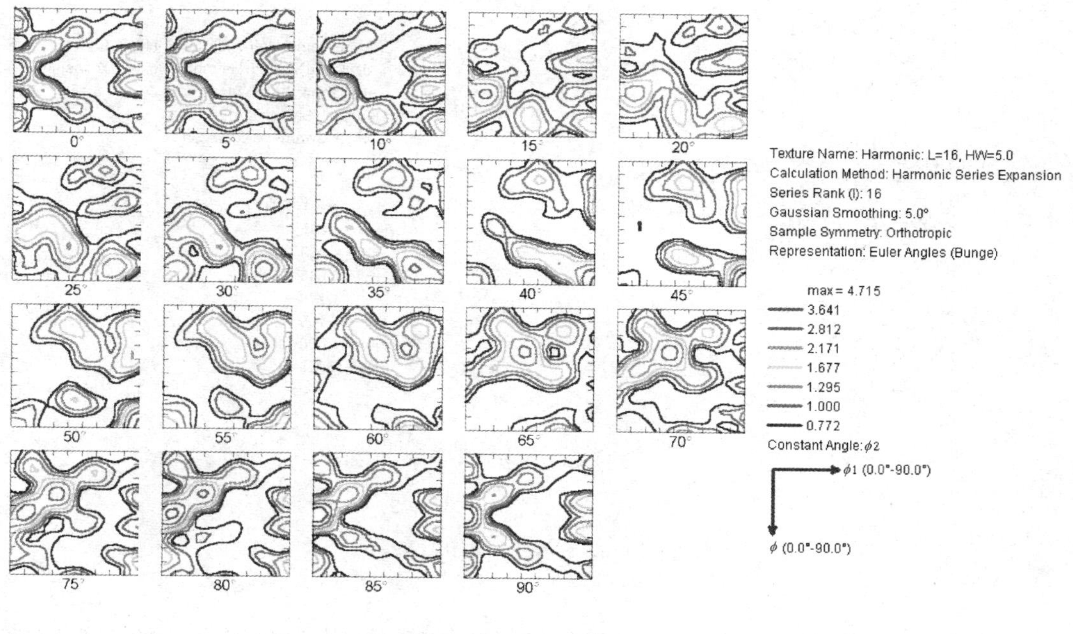

(a) ODF图

图 6.58

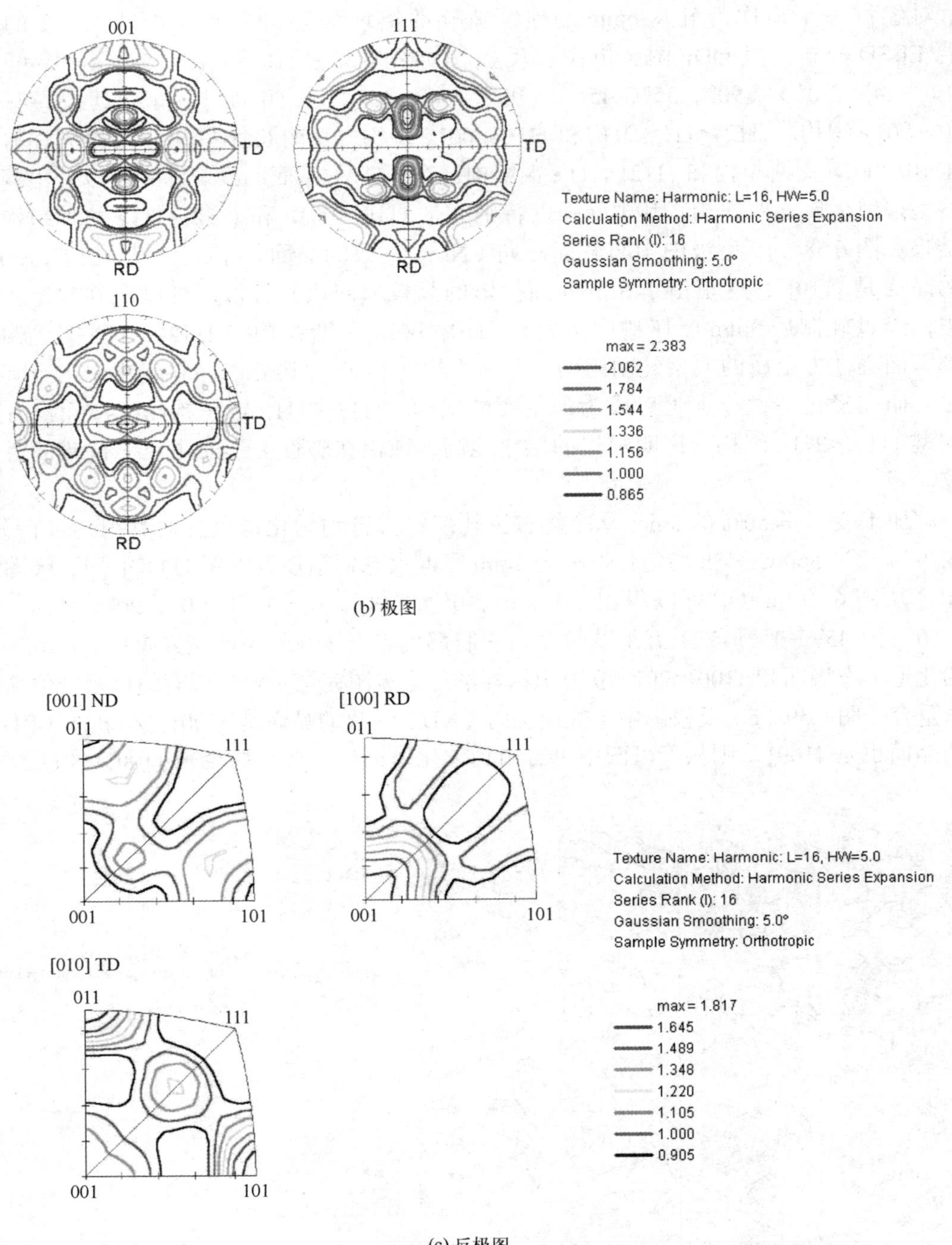

(b) 极图

(c) 反极图

图 6.58　3mm 厚冷轧态铝箔坯料组织

构。综上所得，3mm 厚连续铸轧坯料组织经过 560℃ ×7h 均匀化退火后的主要织构为{100}<001> 立方织构，该织构不仅是面心立方金属的典型再结晶退火织构，也是铝箔产品加工过程中的理想织构。

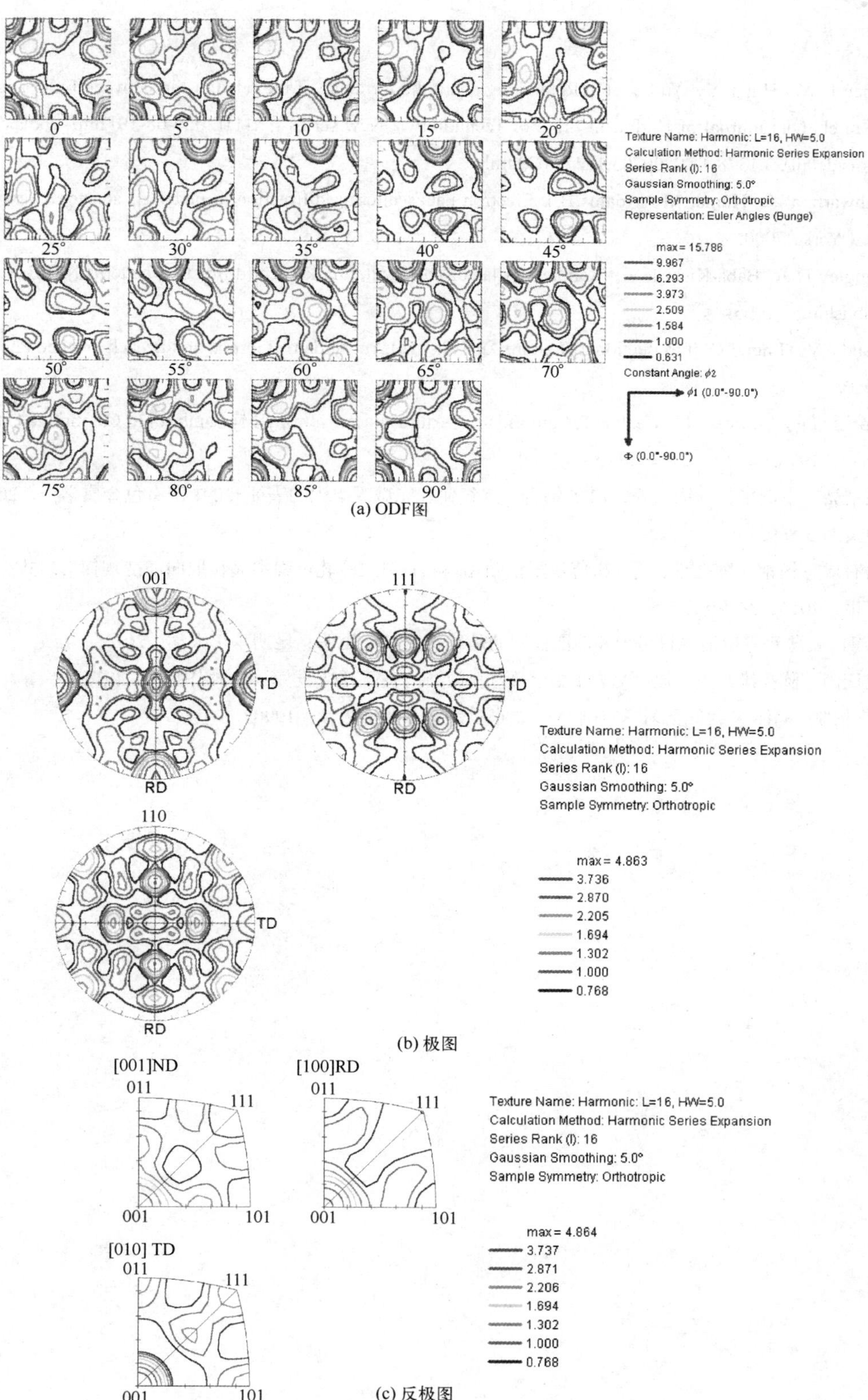

(a) ODF图

(b) 极图

(c) 反极图

图 6.59　3mm 厚均匀化退火态铝箔坯料组织

参考文献

[1] Chen L W，Hui Y Y，Yu L，et al.Rethinking about the formulae of the relationship between Euler angles and texture[J/OL].Journal of Harbin Institute of Technology（New series）：1-11[2020-08-19].http：//kns.cnki.net/kcms/detail/23.1378.T.20200703.1827.002.html.

[2] Schwartz a J，Kumar M，Adams B L.Electron backscattering diffraction in materials science，Plenum [C]. New York，2000.

[3] Dingley D J，Baba-Kishi K Z，Randle V.Atlas of backscattering kikuchi diffraction patterns [M].Bristol：IOP Publishing，1995.

[4] Randle V，Engler O. Introduction to Texture Analysis [M].Amsterdam：Gordon and Breach Science Publishers，2000.

[5] Kocks U F，Tomé C N，Wenk H R.Cambridge，Texture and Anisotropy[M].Cambridge：Cambridge University Press，1998.

[6] 毛宏亮，王剑华，杨钢，等，1235 铝合金连续铸轧态微观组织的表征 [J]. 中国有色金属学报，2014，24（4）：863-869.

[7] 岳有成，杨钢，陈亮维，等 . 超薄双零铝箔用坯料铸轧 - 冷轧过程中晶粒取向演变规律 [J]. 材料热处理学报，2014，35（9）：1-5.

[8] 杨钢 . 超薄双零铝箔坯料组织和性能控制的基础研究 [D]. 昆明：昆明理工大学，2013.

[9] 史庆南，陈亮维，王效琪 . 大塑性变形及材料微结构表征 [M]. 北京：科学出版社，2016.

[10] 李树棠 . 晶体 X 射线衍射学基础 [M]. 北京：冶金工业出版社，1990.

第 7 章 透射电子衍射斑点花样分析

透射电子衍射分析大体上分两类。一类是已知试样晶体结构，要求利用衍射花样确定晶体缺陷及其有关数据，或是相变过程中的有关取向关系；另一类是未知晶体结构，要求利用衍射花样鉴定物相。在这两类分析中，最基本的分析是衍射花样指数的标定，所谓衍射花样指数标定，实际上是把与衍射斑点对应的晶面指数标定出来，表征其晶体结构，确定其晶系和点阵类型。

7.1 透射电子衍射原理

电子衍射花样形成的原理图如图 7.1 所示。待测样品放在埃瓦尔德球的球心 O 处，入射电子束和样品内的某一组晶面（hkl）相遇并满足布拉格条件时，则在 k' 方向上产生衍射束。$\boldsymbol{g}_{hkl}$ 是衍射面倒易矢量，它的端点位于埃瓦尔德球面上。在试样下方距离 L 处放一张底片或观察屏，就可以把入射束和衍射束同时记录下来。入射束形成的斑点 O' 称为透射斑点或中心斑点。衍射斑点 G' 实际上是 $\boldsymbol{g}_{hkl}$ 倒易矢量端点 G 在底片上的投影。矢量 $\boldsymbol{O'G'}$ 等于 R，因为衍射角 θ 非常小，$\boldsymbol{g}_{hkl}$ 矢量接近和入射电子束垂直，可以认为 $\triangle OO^*G \backsim \triangle OO'G'$，从样品到底片的距离 L 是已知的，故有

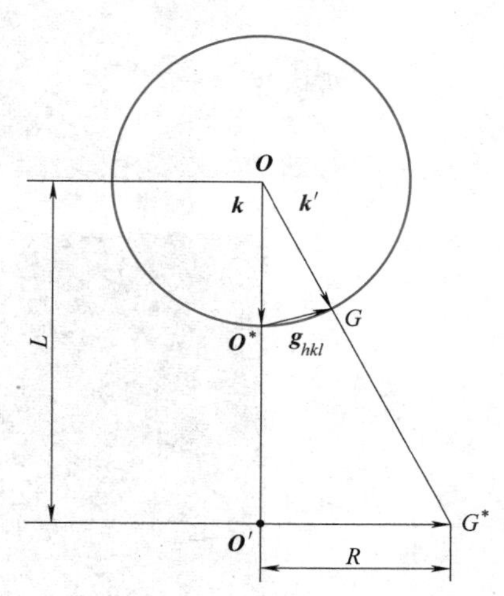

图 7.1 透射电子衍射花样形成原理示意图

$$\left.\begin{array}{l}\dfrac{R}{L}=\dfrac{g_{hkl}}{k}\\ g_{hkl}=\dfrac{1}{d_{hkl}};\ k=\dfrac{1}{\lambda}\end{array}\right\}\Rightarrow R=\frac{\lambda L}{d_{hkl}},\ d_{hkl}=\frac{\lambda L}{R},\ \frac{R}{L}=\frac{\lambda}{d_{hkl}},\ Rd_{hkl}=\lambda L \tag{7.1}$$

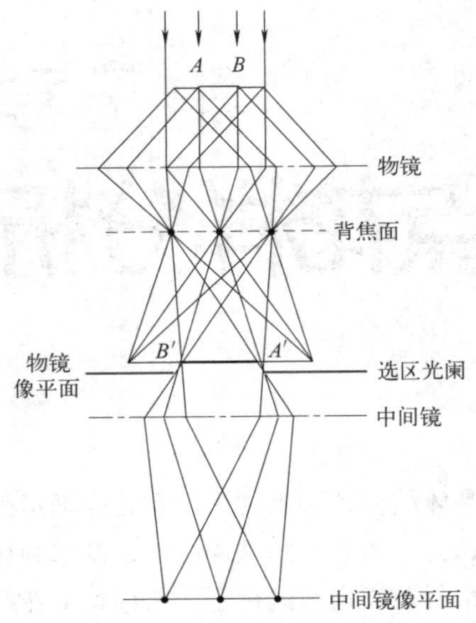

图 7.2 选区电子衍射原理示意图

通常将 $K=\lambda L=Rd$ 称为相机常数，而 L 被称为相机长度。首先需要注意的是仪器常数 $L\lambda$ 的准确性问题。通常在待测样品中引入已知的物相如金、硅等标样，根据标样的 d 值及其衍射花样上的 R 值算出 $L\lambda$，依此对待测物衍射花样进行指数标定，误差较小。其次，电镜操作正确，对衍射花样指数的准确性也非常重要。如果要对结果进行定量解释，那么在选择衍射区域（选区电子衍射）、聚焦像、衍射花样等方面都必须谨慎。选区电子衍射的原理图如图 7.2 所示。如果在物镜的像平面处加入一个选区光阑，那么只有 $A'B'$ 范围的成像电子能够通过选区光阑，并最终在荧光屏上形成衍射花样。这一部分的衍射花样实际上是由样品的 AB 范围提供的，因此利用选区光阑可以非常容易分析样品上微区的结构细节。图 7.3 是一个选区电子衍射的实例，其中图（a）是一个简单的明场像，图（b）、（c）和（d）是对图（a）中的不同区域进行选区电子衍射操作以后得到的结果。

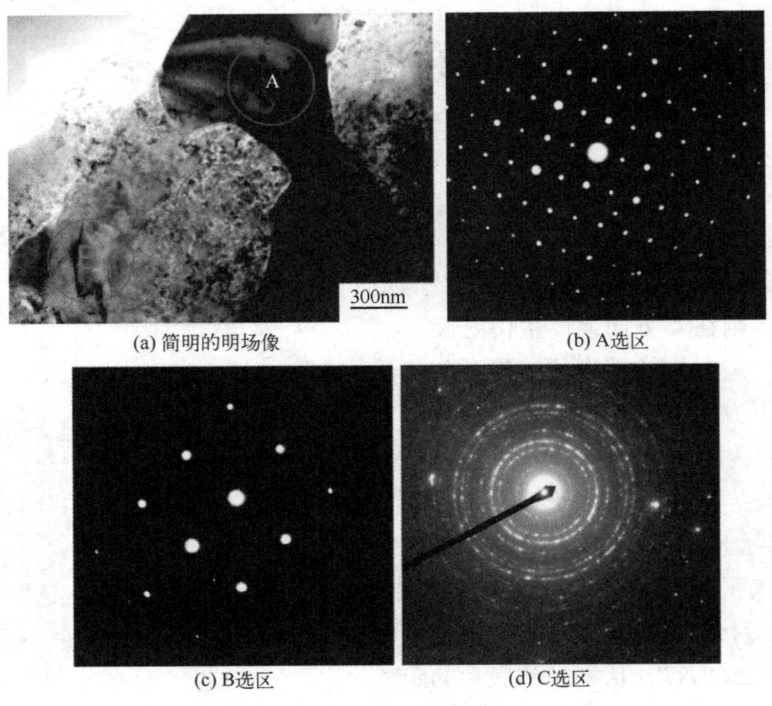

(a) 简明的明场像　(b) A选区

(c) B选区　(d) C选区

图 7.3 A、B 和 C 选区衍射实例

为了得到晶体中某一个微区的电子衍射花样，一般用选区衍射的方法，选区光阑放置在物镜像平面（中间镜成像模式时的物平面），而不是直接放在样品处的原因如下：①做选区衍射时，所要分析的微区经常是亚微米级的，这样小的光阑制备比较困难，也不容易准确地放置在待观察的视场处；②在很强的电子照射下，光阑会很快被污染而不能再使用；③现在的电镜极靴缝都非常小，放入样品台以后很难再放得下一个光阑；④现在电镜的选区光阑可以做到非常小，如 JEOL 2010 的选区光阑孔径分别为 5μm、20μm、60μm、120μm。

7.2 衍射花样特征

衍射花样是由许多强度相等或不等的斑点组成，斑点的排列相当于平行四边形网格的格点，有些斑点是同一晶带产生的，它们与透射斑组成连续的同一网格，其中的斑点常以透射斑为对称中心，即 *hkl* 和 $\overline{h}\overline{k}\overline{l}$ 同时衍射；有些斑点则是由多个晶带反射面产生，彼此组成断续的或不同的网格；有的斑点还附加有新的花样，如条纹、卫星斑、斑点分裂、斑点呈镜面对称分布等。

在透射电镜的衍射花样中，不同的试样采用不同的衍射方式时，可以观察到多种形式的衍射结果。单晶电子衍射花样、多晶电子衍射花样、非晶电子衍射花样、会聚束电子衍射花样、菊池花样等如图 7.4 所示。晶体本身的结构特点也会在电子衍射花样中体现出来，如有序相的电子衍射花样会具有其本身的特点，另外，二次衍射等会使电子衍射花样变得更加复杂。

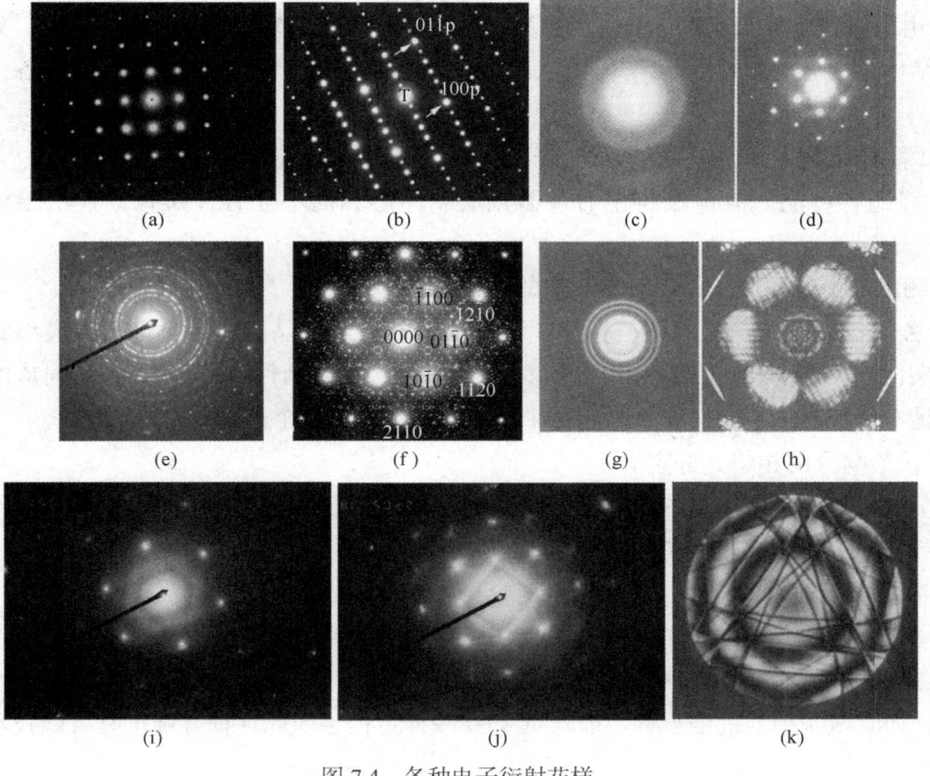

图 7.4　各种电子衍射花样

在图 7.4 中，图（a）和图（d）是简单的单晶电子衍射花样；图（b）是一种沿 [111] 方向出现了六倍周期的有序钙钛矿的单晶电子衍射花样（有序相的电子衍射花样）；图（c）是非晶的电子衍射结果；图（e）和图（g）是多晶电子的衍射花样；图（f）是二次衍射花样，由于二次衍射的存在，使得每个斑点周围都出现了大量的卫星斑；图（i）和图（j）是典型的菊池花样；图（h）和图（k）是会聚束电子衍射花样。

7.3 多晶电子衍射谱的标定

在做电子衍射时，如果试样中晶粒尺度非常小，那么即使做选区电子衍射时，参与衍射的晶粒数将会非常多，这些晶粒取向各异，与多晶 X 射线粉末衍射类似，衍射球与反射球相交会得到一系列的衍射圆环。由于电子衍射时角度很小，透射束与反射球相交的地方近似为一个平面，再加上倒易点扩展成倒易球，多晶衍射花样将会是如图 7.43（c）和图 7.43（e）所示的一个同心衍射圆环。圆环的半径可以用下式来计算：$R=L\lambda/d$。

（1）晶体结构已知的多晶电子衍射花样的标定

① 测出各衍射环的直径，算出它们的半径；

② 考虑晶体的消光规律，算出能够参与衍射的最大晶面间距，将其与最小的衍射环半径相乘即可得出相机常数和相机长度（如果相机常数已知，则直接到下一步）；

③ 由衍射环半径和相机常数，可以算出各衍射环对应的晶面间距，将其标定，如果已知晶体的结构是面心、体心或者简单立方，则可以根据衍射环的分布规律直接写出各衍射环的指数。

（2）晶体结构未知，但可以确定其范围的多晶电子衍射花样的标定

① 首先看可能的晶体结构中有没有面心、体心和简单立方，如有，看花样与之是否对应；

② 测出各衍射环的直径，算出它们的半径；

③ 考虑各晶体的消光规律，算出能够参与衍射的最大晶面间距，将其与最小的衍射环半径相乘得出可能的相机常数和相机长度，用此相机常数来计算剩下的衍射环对应的晶面间距，看是不是与所选的相对应，比较每个可能的相，看哪一个最吻合；

④ 按最吻合的相将其标定。

（3）晶体结构完全未知的多晶电子衍射花样的标定

① 首先想办法确定相机常数；

② 测出各衍射环的直径，算出它们的半径；

③ 算出各衍射环对应的晶面的面间距；

④ 根据衍射环的强度，确定三强线，查 PDF 卡片，最终标定物相，由于电子衍射的精度有限，而且电子衍射的强度并不能与 X 射线一样可信，因此这种方法很有可能找不到正确的结果。

7.4 单晶带或零阶劳厄带（zero order Laue zone）花样的指数标定

单晶电子衍射谱实际上是倒易空间中的一个零层倒易面，对它标定时，只考虑相机常数已知的情况。因为对于现代的电镜，相机长度可以直接从电镜的底片上读出来，虽然这个值与实际值会有差别，但这个差别不大。之所以要在多晶衍射时考虑相机常数未知的情况，是因为经常要用已知的粉末多晶样品（如金）去校正相机常数。相机常数未知时，单晶电子衍射花样标定后可能不好验算，因此除非是已知的相，否则标定非常容易出错。

单晶电子衍射花样是零层倒易面与反射球相交形成的，衍射斑与透射斑皆在同一套连续的平行四边形网格上。花样上的每一个衍射斑点对应一个（hkl）反射面，透射斑和衍射斑连线 $R=L\lambda/d$；各衍射斑同属于一个晶带 $r=[uvw]$，都满足晶带定律（$hu+kv+lw=0$），透射斑至两个衍射斑连线间夹角 ϕ 为相应两个反射面间的夹角。由此可见，只要在花样上较准确地测出 R 和 ϕ，进而找出它们所代表的反射面指数 hkl，就可据此推算出有关晶体学数据。尽管 R 和 ϕ 的测量有误差，仍称 R 和 ϕ 为能使花样指数化的两特征量。入射束方向定义为实际入射束的逆方向，以 B 表示之。入射束方向不同，得到的二维试样衍射形貌也不同。由于衍射角 θ 很小，可近似认为入射束方向平行于各反射面共有的晶带轴 r，因此 B 可用 r 表示。

即 $B=r=g_1\times g_2$

或 $u=k_1l_2-k_2l_1$

$v=l_1h_2-l_2h_1$

$w=h_1k_2-h_2k_1$

为了保持 B 所定义的方向不变，由 g_1（$h_1k_1l_1$）至 g_2（$h_2k_2l_2$）应围绕透射斑 000 成逆时针方向旋转。

（1）标准衍射花样对照法

标准衍射花样对照法只适用于简单立方、面心立方、体心立方和密排六方的低指数晶带轴。因为这些晶系的低指数晶带的标准花样可以在书上查到，如果得到的衍射花样跟标准花样完全一致，则基本上可以确定该花样。不过需要注意的是，通过标准花样对照法标定的花样，标定完了以后，一定要验算它的相机常数，因为标准花样给出的只是花样的比例关系，而对于有的物相，某些较高指数花样在形状上与某些低指数花样十分相似，但是由两者算出来的相机常数会相差很远。所以即使知道该晶体的结构，在对比时仍然要小心。

标准斑点花样图归纳如图 7.5 所示。实测的某面心立方的衍射花样如图 7.6 所示，与图 7.5 对照比较，发现两者完全一致。

（2）尝试 - 校核法

① 量出透射斑到各衍射斑的矢径的长度，利用相机常数算出与各衍射斑对应的晶面间距，确定其可能的晶面指数；

② 首先确定矢径最小的衍射斑的晶面指数，然后用尝试的办法选择矢径次小的衍射斑的晶面指数，两个晶面之间夹角应该自恰（用 2 个晶面指数计算得出的晶面夹角与该两

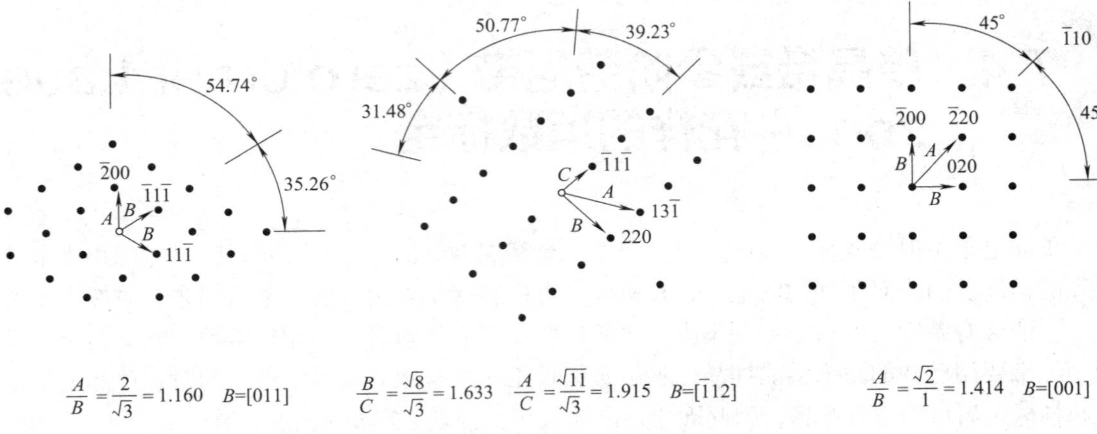

图 7.5　面心立方晶体的标准衍射斑点花样

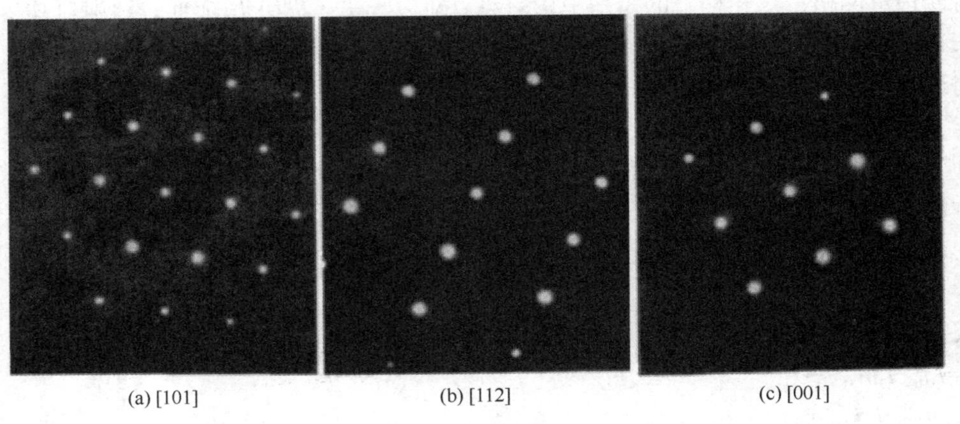

图 7.6　面心立方晶体的选区电子衍射花样

个晶面实测的夹角应相等）；

③ 然后用两个矢量相加减，得到其它衍射斑的晶面指数，看它们的晶面间距和彼此之间的夹角是否自恰，如果不能自恰，则改变第二个矢量的晶面指数，直到它们全部自恰为止；

④ 由衍射花样中任意两个不共线的晶面指数叉乘，即可得出衍射花样的晶带轴指数。

尝试 - 校核法应该注意以下问题。

对立方晶系、四方晶系和正交晶系来说，它们的晶面间距可以用其指数的平方来表示，因此对于间距一定的晶面来说，其指数的正负号可以随意。但是在标定时，只有第一个矢径是可以随意取值的，从第二个开始，就要考虑它们之间角度的自恰；同时还要考虑它们的矢量相加减以后，得到的晶面指数也要与其晶面间距自恰，同时角度也要保证自恰。另外晶系的对称性越高，h，k，l 之间互换而不会改变面间距的机会越大，选择的范围就会更大，标定时就应该更加小心。

（3）查表法

简单斑点花样指数化的两个特征量如图 7.7 所示，指标化按下述方法进行。

花样指数标定的难易取决于试样结构是否已知。如果结构是已知，就可以使用已发表的图表数据，按下述方法进行。

① 用倒易面特征值表。在任何斑点花样中，都可取不共线的三个斑点，使之距透射斑距离 R_1、R_2、R_3 依次为最短、次最短、第三短，并以 R_1、R_2 为相邻边，R_3 为短对角线，与透射斑组成平行四边形。而且此特征平行四边形的周期重复可将整个花样反映出来。按照晶系的不同和相应的点阵常数，可事先算出这种特征平行四边形表中的 G_2/G_1、G_3/G_1 和 G_2、G_1 间夹角 ϕ，人们称这种数据为倒易面特征值或基本数据，其计算可用计算机完成。进行指数标定时，按下述程序标定即可。

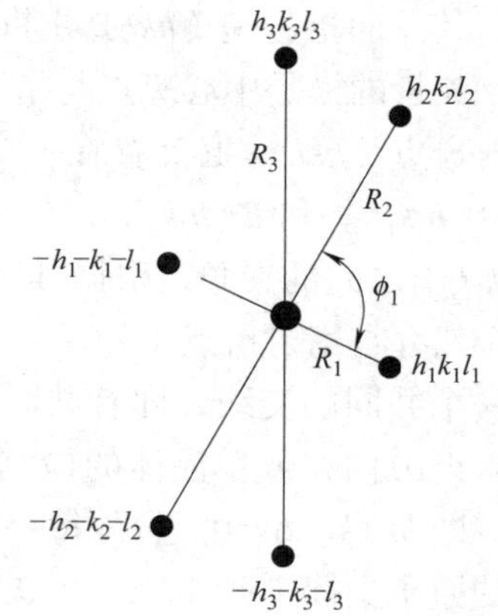

图 7.7　斑点指数化的两个特征量

a. 测量 R_1、R_2、R_3 和 R_1、R_2 之间的夹角 ϕ，后者即为倒易矢 G_2、G_1 夹角。

b. 计算 R_2/R_1、R_3/R_1 值，即 $R_2/R_1=G_2/G_1$，$R_3/R_1=G_3/G_1$。

c. 从相应晶系的倒易面特征值表中，查找与上一步计算相近的 G_2/G_1、G_3/G_1 和测得 G_2、G_1 间夹角 ϕ 值，然后找出与 R_1、R_2 相对应的 $h_1k_1l_1$、$h_2k_2l_2$ 和 B 的指数 uvw，并标在花样上。

d. 如果需要，则可按矢量加减法和指数递增、递减规律，在标出 R_1、R_2 斑点指数的基础上，标出花样中的其余斑点指数。

e. 为慎重起见，可加以验证，简单方法是利用相应晶面夹角的计算公式从中算出（$h_1k_1l_1$）和（$h_2k_2l_2$）夹角 ϕ，看是否与花样上测得的 ϕ 相符。若相符，说明正确；若不符，说明不正确，需要重新计算，直至正确。另外，也可用 $h_1k_1l_1$、$h_2k_2l_2$ 验证 B。

② 用 d 值表。主要是查阅国际粉末衍射标准数据库（powder diffraction file-PDF），具体的标定可按下述步骤。

在花样上测量 R_1、R_2、R_3 和 R_1 和 R_2 之间的夹角 ϕ。

用公式 $d=L\lambda/R$ 求出相应的 d_1、d_2、d_3。

查粉末衍射标准卡片的 d 值表，找出与相近 d_1、d_2、d_3 所对应的 $\{h_1k_1l_1\}$、$\{h_2k_2l_2\}$、$\{h_3k_3l_3\}$ 和物相。用相应晶系晶面夹角公式，调整 $\{h_1k_1l_1\}$、$\{h_2k_2l_2\}$、$\{h_3k_3l_3\}$ 中 hkl 的相对位置和符号，使其满足 $\cos\phi$ 值要求，以得出具体的（$h_1k_1l_1$）、（$h_2k_2l_2$）、（$h_3k_3l_3$）。

标出全部斑点指数，利用 $B=r=g_1\times g_2$ 求出 B。

如果试样结构是未知的，那么衍射花样的标定就变得相当困难。这时可以借助 X 射线衍射分析、试样的能谱元素成分分析等方法，采用尝试法进行指数标定，直至正确标出指数为止。当花样的对称性变得难确认时，如果条件允许，最好用电镜高倾转试样台将试样转到一个合适的位置，使产生的花样是对称性最高的简单衍射花样。

7.5　单晶标准透射电子衍射斑点图的绘制

在单晶体标准透射电子衍射斑点图中，除中心斑点外每一个斑点对应一个产生衍射的晶面，其晶面指数是（*hkl*），同时（*hkl*）代表了一个倒易矢量，矢量方向是中心斑指向衍射斑点，矢量的模是中心斑点与衍射斑点的长度，其大小等于（*hkl*）晶面距的倒数。观察到一个衍射斑点（*hkl*），必然存在一个与中心斑对称的衍射斑点（$\bar{h}\bar{k}\bar{l}$）。若观察到任意两个衍射斑点 $A(h_1k_1l_1)$ 和 $B(h_2k_2l_2)$，与中心斑点 *O* 组成三角形，夹角∠*AOB* 等于晶面（$h_1k_1l_1$）和晶面（$h_2k_2l_2$）之间的夹角，根据其所在晶系晶面夹角公式计算。根据平行四边形法则或矢量加法，也必然存在衍射斑点（$h_3k_3l_3$），其中 $h_3=h_1+h_2$、$k_3=k_1+k_2$、$l_3=l_1+l_2$。所有的衍射斑点对应的晶面，有一个共同的交线，即有共同的晶带轴，其晶向为 [*uvw*]，用符号 ***B*** 表示，也可理解成电子的入射方向，或单晶体的检测面。因此，每一个倒易矢量（*hkl*）与 ***B*** 垂直，其矢量点积为零，即 $hu+kv+lw=0$。另外每一个倒易矢量（*hkl*）与还必须除（0，0，0）坐标原点外的一个真实的原子坐标（*x*，*y*，*z*）的矢量点积等于零或整数，即 $hx+ky+lz=0$ 或 *n*，其中 *n* 为整数。产生衍射的晶面除了坐标原点上的原子外还必须有另外一个等效原子，即衍射晶面要满足所在晶系和点阵的衍射指数规律。***B*** 等于任意两个不同方向的衍射斑点对应的倒易矢量的矢量积（叉积）。利用上述规则可以绘制任意晶系、任意点阵和任意晶带轴 ***B*** 方向的单晶标准透射电子衍射斑点图。下面分别介绍立方、四方、正交和六方结构的低指数晶带轴的单晶标准透射电子衍射斑点图。在下面的计算中假定相机常数等于 1。

7.5.1 立方晶体单晶的标准电子衍射斑点花样的绘制

（1）简单立方晶体

简单立方晶体产生衍射斑点的晶面指数一定要符合简单立方晶体衍射晶面指数的规律，简单立方晶体中所有指数都能产生衍射。例如 100、110、111、200、210、211、220、221 和 222 等。

当 ***B***=[001] 时，用与 [001] 晶向垂直的 [100] 和 [010] 晶向的交点作中心斑，分别以（100）和（010）作倒易基矢，这两个倒易基矢的模等于 1/*a*，*a* 是简单立方晶系的晶胞参数。利用倒易矢量点对称法则和倒易矢量加法可以推算其它衍射斑点的位置和对应的面指数，如图 7.8 所示。

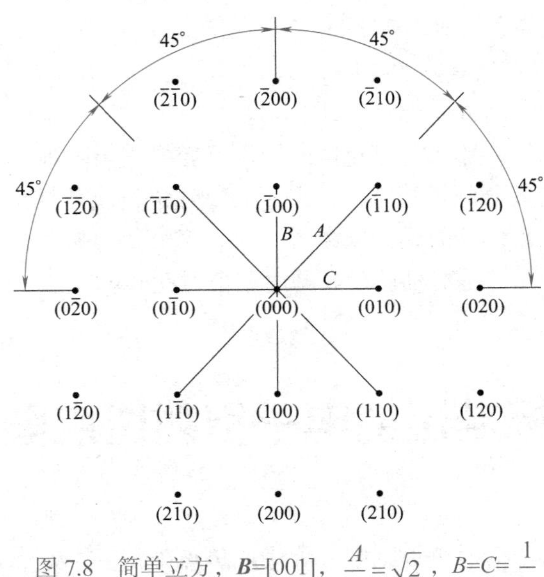

图 7.8 简单立方，***B***=[001]，$\frac{A}{C}=\sqrt{2}$，$B=C=\frac{1}{a}$

当 **B**=[011] 时，用与 [011] 晶向垂直的 [100] 和 $[01\bar{1}]$ 晶向的交点作中心斑，分别以（100）和（$01\bar{1}$）作倒易矢量，这两个倒易矢量相互垂直，并且它们的模分别为 $1/a$ 和 $\sqrt{2}/a$，a 是简单立方晶系的晶胞参数。利用倒易矢量点对称法则和倒易矢量加法可以推算其它衍射斑点的位置和对应的面指数，如图 7.9 所示。

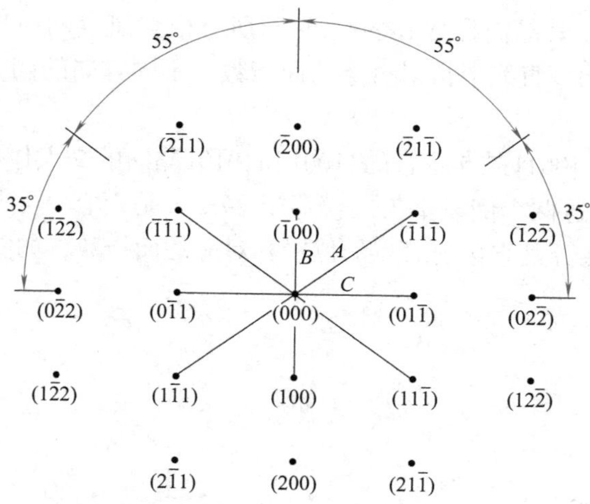

图 7.9　简单立方，**B**=[011]，$\dfrac{A}{B}=\sqrt{3}$，$\dfrac{C}{B}=\sqrt{2}$，$B=\dfrac{1}{a}$

当 **B**=$[\bar{1}11]$ 时，用与 **B** 垂直的 $[0\bar{1}1]$ 晶向和 [110] 晶向的交点为中心斑，$[01\bar{1}]$ 晶向和 [110] 晶向之间的夹角为 60°，在这两个晶向上分别取两个点（$01\bar{1}$）和（110），它们到中心斑的距离都等于 $\sqrt{2}/a$，a 是简单立方晶系的晶胞参数。根据晶体的对称法则和矢量加法，可以绘制其它晶面衍射斑点，如图 7.10 所示。

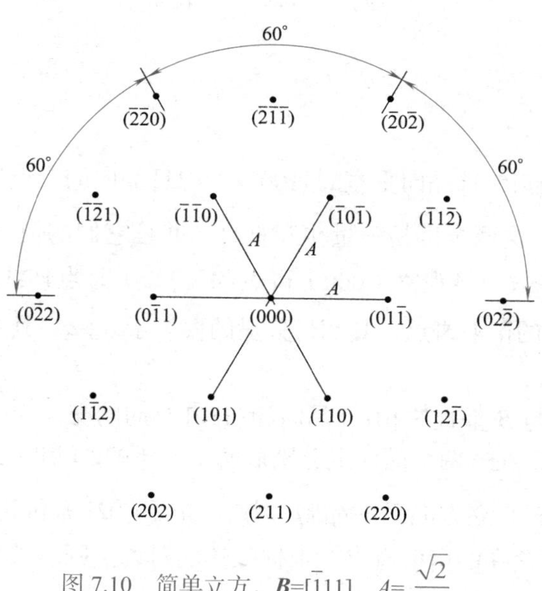

图 7.10　简单立方，**B**=$[\bar{1}11]$，$A=\dfrac{\sqrt{2}}{a}$

（2）面心立方晶体

面心立方晶体产生衍射斑点的晶面指数一定要符合面心立方晶体衍射晶面指数的规律，即晶面指数是全奇数或全偶数，例如 111、200、220、311 和 222 等。中心斑点指向衍射斑点，这两点连线构成一个倒易矢量，两点的间距等于晶面距的倒数，两个不同方向的倒易矢量，通过平行四边形法则或矢量相加法则计算获得其它衍射斑点的晶面指数。***B*** 是所有衍射斑点对应晶面共同的晶带轴，其晶向指数 [*uvw*]，它与所有衍射斑点的面指数（倒易矢量）的点积为零。任意两个不在同一直线上衍射斑点的面指数（不同方向的倒易矢量）叉积等于晶带轴指数。

当 ***B***=[001] 时，用与 [001] 晶向垂直的 [100] 和 [010] 晶向的交点作中心斑，分别以（200）和（020）作倒易基矢，这两个倒易基矢的模等于 2/*a*，*a* 是面心立方晶系的晶胞参数，利用平行四边形法则，可以推算其它衍射斑点的位置和对应的面指数，如图 7.11 所示。

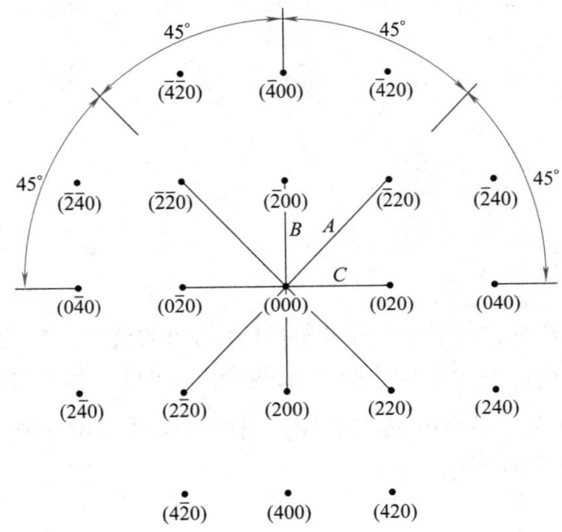

图 7.11 面心立方，***B***=[001]，$\frac{A}{B}=\frac{A}{C}=\sqrt{2}$，$B=C=\frac{2}{a}$

当 ***B***=[011] 时，用与 [011] 晶向垂直的 [100] 和 $[01\bar{1}]$ 晶向的交点作中心斑，分别以（200）和（$02\bar{2}$）作倒易矢量，这两个倒易矢量相互垂直，并且它们的模分别为 2/*a* 和 $2\sqrt{2}/a$，*a* 是面心立方晶系的晶胞参数。经观察（000）斑点和（$22\bar{2}$）斑点连线的中点（$11\bar{1}$）也满足衍射条件，也是实际存在的衍射斑点，其倒易矢量的模等于 $\sqrt{3}/a$，其余的衍射斑点利用矢量加法标出，如图 7.12 所示。

当 ***B***=$[\bar{1}11]$ 时，用与 ***B*** 垂直的 $[01\bar{1}]$ 晶向和 [110] 晶向的交点为中心斑，$[01\bar{1}]$ 晶向和 [110] 晶向之间的夹角为 60°，在这两个晶向上分别取两个点（$02\bar{2}$）和（220），它们到中心斑的距离都等于 $2\sqrt{2}/a$，*a* 是面心立方晶系的晶胞参数。晶面（$02\bar{2}$）和晶面（220）是满足面心立方的衍射条件，是实际存在的衍射斑点，根据晶体的对称法则和矢量加法，可以绘制其它衍射斑点，如图 7.13 所示。

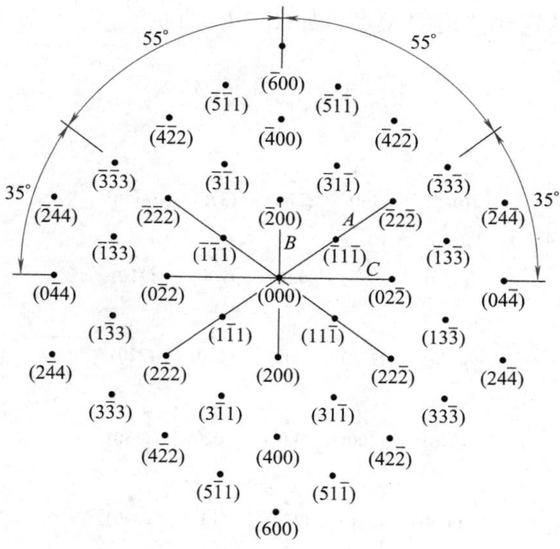

图 7.12　面心立方，$\boldsymbol{B}$=[011]，$\dfrac{A}{B}=\sqrt{3}$，$\dfrac{C}{B}=\sqrt{2}$，$B=\dfrac{2}{a}$

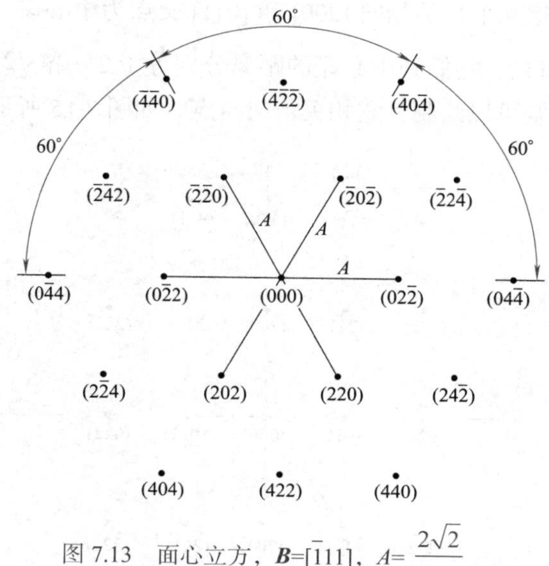

图 7.13　面心立方，$\boldsymbol{B}$=$[\bar{1}11]$，$A=\dfrac{2\sqrt{2}}{a}$

（3）体心立方晶体

体心立方晶体衍射斑点的面指数必须服从体心立方结构的指数规律，即 $\frac{1}{2}h+\frac{1}{2}k+\frac{1}{2}l=n$，式中 n 为整数。满足上述规律的面指数通常有 {110}、{200}、{211}、{220}、{310} 和 {222} 等。

当 $\boldsymbol{B}$=[001] 时，取相互垂直的晶向 [110] 和 $[1\bar{1}0]$ 交点为中心斑（000），在这两个晶向上分别标定（110）和（$1\bar{1}0$），它们到中心斑的距离都等于 $\sqrt{2}/a$, a 是体心立方晶系的晶胞参数。

根据矢量法则可以绘制其它相关衍射斑点，如图 7.14 所示。

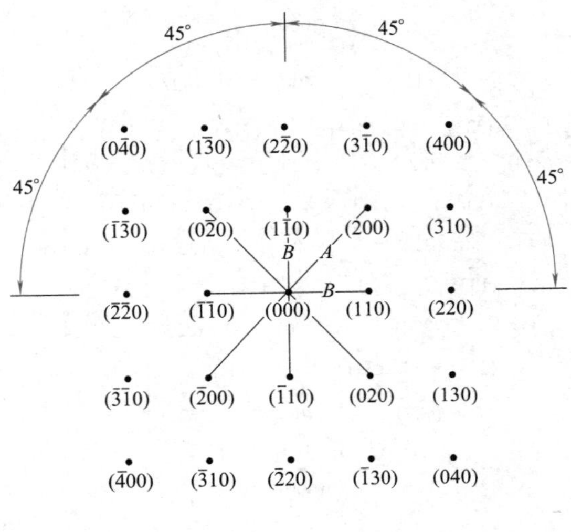

图 7.14 体心立方，$\boldsymbol{B}$=[001]，$\dfrac{A}{B}=\sqrt{2}$，$A=\dfrac{2}{a}$

当 $\boldsymbol{B}$=[011] 时，取相互垂直的晶向 [200] 和 [01$\bar{1}$] 交点为中心斑（000），在这两个晶向上分别标定（200）和（01$\bar{1}$），它们到中心斑的距离分别等于 $2/a$ 和 $\sqrt{2}/a$，a 是体心立方晶系的晶胞参数。根据矢量法则可以绘制其它相关衍射斑点，如图 7.15 所示。

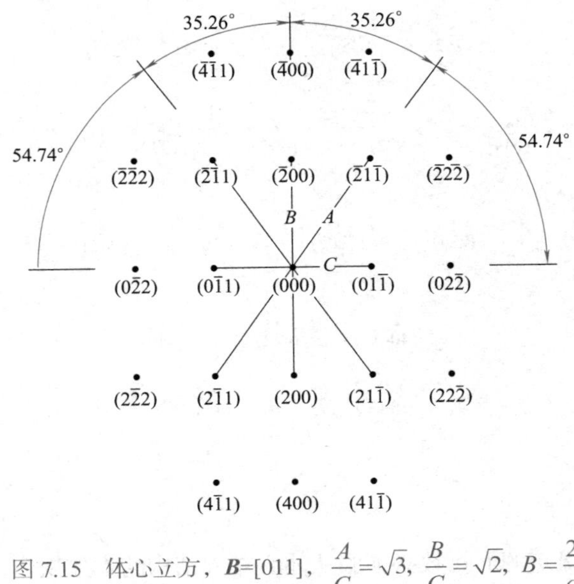

图 7.15 体心立方，$\boldsymbol{B}$=[011]，$\dfrac{A}{C}=\sqrt{3}$，$\dfrac{B}{C}=\sqrt{2}$，$B=\dfrac{2}{a}$

当 $\boldsymbol{B}$=[$\bar{1}$11] 时，取与 $\boldsymbol{B}$ 垂直的两个晶向 [110] 和 [01$\bar{1}$] 交点为中心斑（000），它们的夹角等于 60°，在这两个晶向上分别标定（110）和（01$\bar{1}$），它们到中心斑的距离都等于 $\sqrt{2}/a$，a 是体心立方晶系的晶胞参数。根据矢量法则可以绘制其它相关衍射斑点，如图 7.16 所示。

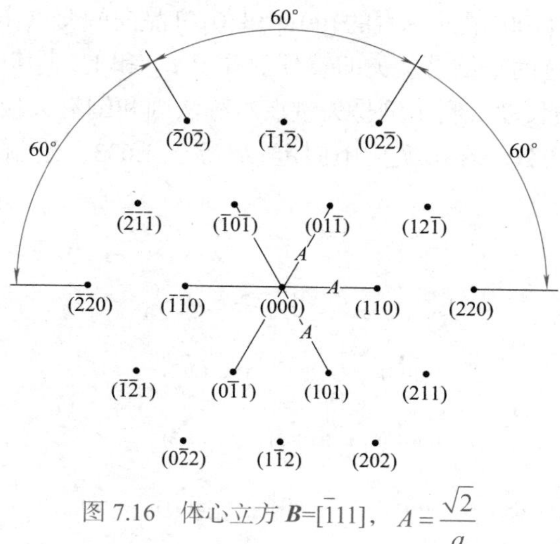

图 7.16　体心立方 **B**=[$\bar{1}$11]，$A=\dfrac{\sqrt{2}}{a}$

7.5.2　四方晶系单晶标准透射电子衍射斑点图的绘制

四方晶系晶体有简单四方点阵晶体和体心四方点阵晶体，这两种点阵的单晶的标准透射电子衍射斑点花样是有区别的，分别绘制简单点阵与体心点阵下的单晶标准衍射斑点图。

（1）简单四方晶体

简单四方产生衍射斑点的晶面指数一定要符合简单四方晶体衍射晶面指数的规律，简单四方晶系中所有晶面指数都能产生衍射。例如 100、001、101、002、110、111、102、003、112 和 200 等。

当 **B**=[001] 时，用与 [001] 晶向垂直的 [100] 和 [010] 晶向的交点作中心斑，分别以（100）和（010）作倒易基矢，这两个倒易基矢的模等于 1/*a*，*a* 是简单四方晶系的 *a* 轴的长度。利用倒易矢量点对称法则和倒易矢量加法可以推算其它衍射斑点的位置和对应的面指数，如图 7.17 所示，与简单立方晶体相似。

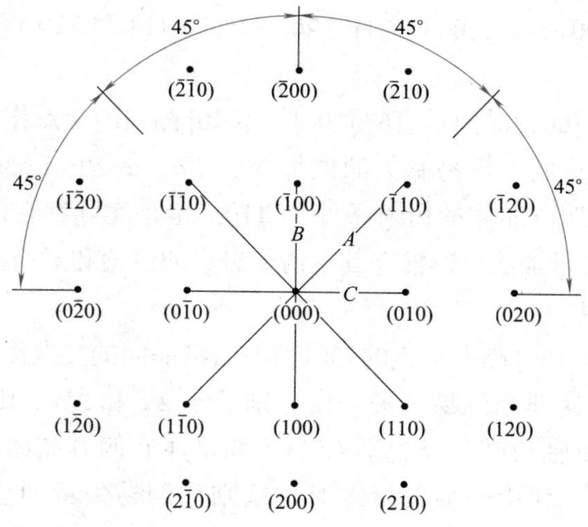

图 7.17　简单四方，**B**=[001]，$\dfrac{A}{B}=\dfrac{A}{C}=\sqrt{2}$，$B=C=\dfrac{1}{a}$

当 $\boldsymbol{B}$=[100] 时，用与 [100] 晶向垂直的 [001] 和 [010] 晶向的交点作中心斑，分别以（001）和（010）作倒易基矢，这两个倒易基矢的模分别等于 $1/c$ 和 $1/a$。其中 a、c 分别是简单四方晶系的 a 轴的长度和 c 轴长度。利用倒易矢量点对称法则和倒易矢量加法可以推算其它衍射斑点的位置和对应的面指数。在本实例中假定 c/a 等于 1.633，绘制的透射斑点图如图 7.18 所示。

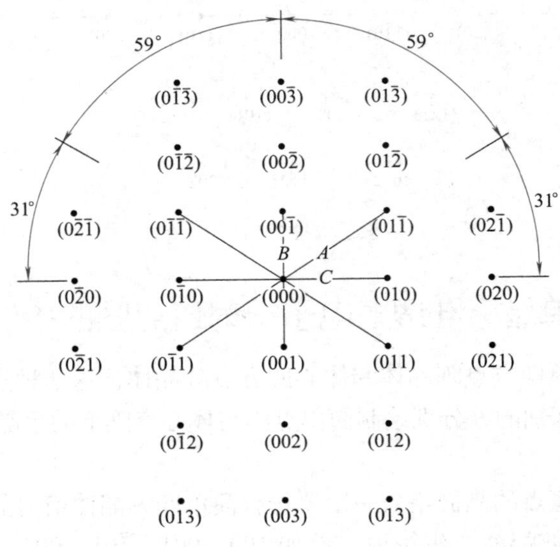

图 7.18　简单四方，$\boldsymbol{B}$=[100]，$B=\frac{1}{c}$，$C=\frac{1}{a}$

（2）体心四方晶体

体心四方产生衍射斑点的晶面指数一定要符合体心四方晶体衍射晶面指数的规律，例如 101、002、110、112、200、103、003、211、202、004、114 和 220 等晶面指数满足体心四方晶体的指数规律。

当 $\boldsymbol{B}$=[001] 时，用与 [001] 晶向垂直的 [100] 和 [010] 晶向的交点作中心斑，分别以（200）和（020）作倒易基矢，这两个倒易基矢的模都等于 $2/a$，a 是体心四方晶体的 a 轴的长度。经观察（110）满足体心四方晶体的衍射条件，（110）也是实际存在的衍射斑点。利用倒易矢量点对称法则和倒易矢量加法可以推算其它衍射斑点的位置和对应的面指数，如图 7.19 所示，与体心立方晶体相似。

当 $\boldsymbol{B}$=[100] 时，用与 [100] 晶向垂直的 [001] 和 [010] 晶向的交点作中心斑，分别以（002）和（020）作倒易基矢，这两个倒易基矢的模分别等于 $2/c$ 和 $2/a$。其中 a、c 分别是体心四方晶体的 a 轴的长度和 c 轴长度。经观察（011）满足体心四方晶体的衍射条件，（011）也是实际存在的衍射斑点。利用倒易矢量点对称法则和倒易矢量加法可以推算其它衍射斑点的位置和对应的面指数。在本实例中假定 c/a 等于 1.633，绘制的透射斑点图如图 7.20 所示。

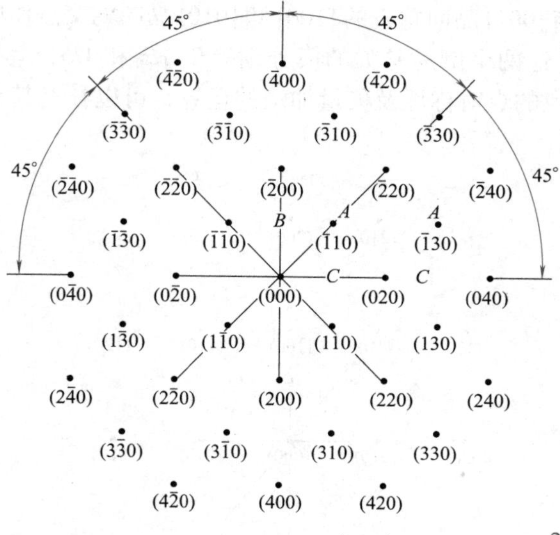

图 7.19　体心四方，**B**=[001]，$\dfrac{A}{B}=\dfrac{A}{C}=\sqrt{2}$，$B=C=\dfrac{2}{a}$

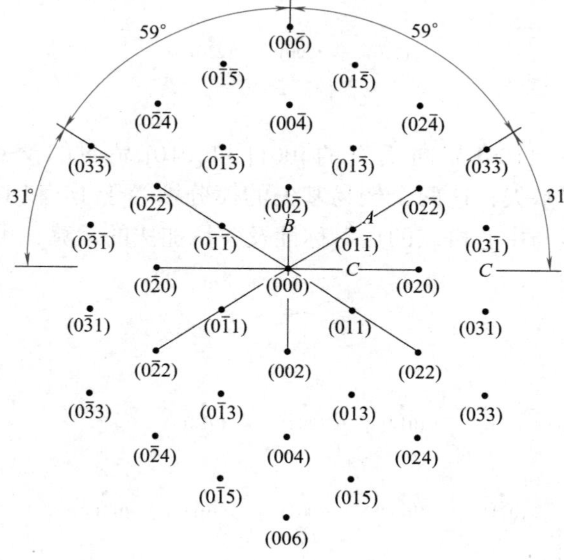

图 7.20　体心四方，**B**=[100]，$B=\dfrac{2}{c}$，$C=\dfrac{2}{a}$

7.5.3　正交晶体单晶标准透射电子衍射斑点花样的绘制

正交晶体分为简单、体心、面心和体心四种结构，底心又分为 *A* 面、*B* 面和 *C* 面 3 种类型。下面以晶胞参数为 a=0.4nm、b=0.5nm、c=0.6532nm、$\alpha=\beta=\gamma=90°$ 的正交晶体为实例，分别绘制在各种点阵下的单晶标准透射电子衍射斑点花样。

（1）简单正交晶体

简单正交点阵晶体能实际产生衍射的晶面指数包含了 001、010、100、011、101、002、110、111、012、102、020 等。

当 ***B***=[001] 时，用与 [001] 晶向垂直的 [100] 和 [010] 晶向的交点作中心斑，分别以（100）和（010）作倒易基矢，这两个倒易基矢的模分别等于 1/*a* 和 1/*b*，其中 *a*=0.4nm、*b*=0.5nm。根据倒易矢量与中心斑点的点对称性及矢量加法的运算，可以补充其它相关的衍射斑点，如图 7.21 所示。

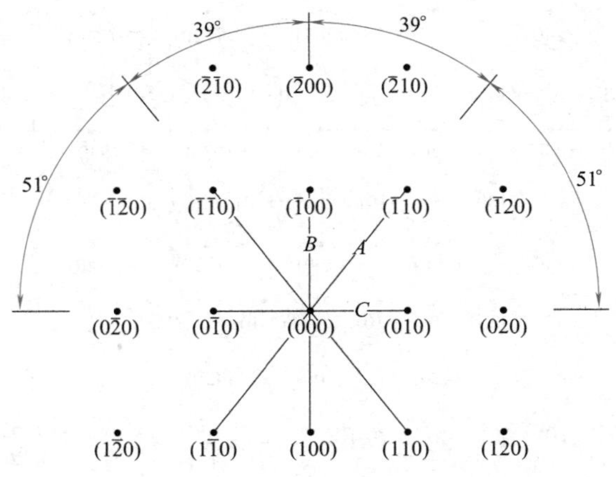

图 7.21 简单正交晶体，***B***=[001]，*B*=1/*a*，*C*=1/*b*

当 ***B***=[100] 时，用与 [100] 晶向垂直的 [001] 和 [010] 晶向的交点作中心斑，分别以（001）和（010）作倒易基矢，这两个倒易基矢的模分别等于 1/*c* 和 1/*b*，其中 *c*=0.6532nm、*b*=0.5nm。根据倒易矢量与中心斑点的点对称性及矢量加法的运算，可以补充其它相关的衍射斑点，如图 7.22 所示。

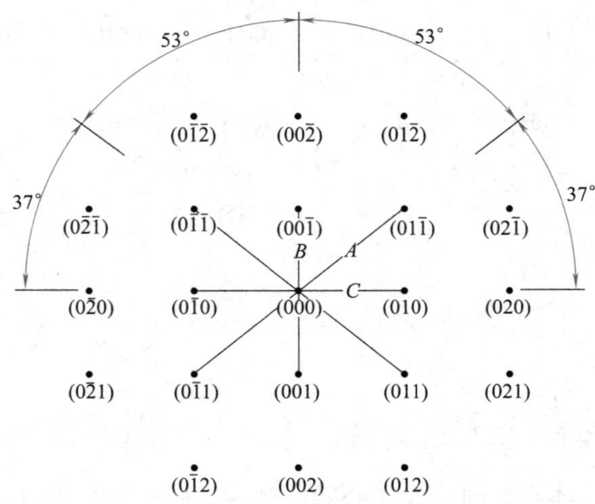

图 7.22 简单正交晶体，***B***=[100]，*B*=1/*c*，*C*=1/*b*

当 ***B***=[010] 时，用与 [010] 晶向垂直的 [100] 和 [001] 晶向的交点作中心斑，分别以（100）和（001）作倒易基矢，这两个倒易基矢的模分别等于 1/*a* 和 1/*c*，其中 *a*=0.4nm、*c*=0.6532nm。根据倒易矢量与中心斑点的点对称性及矢量加法的运算，可以补充其它相关的衍射斑点，如图 7.23 所示。

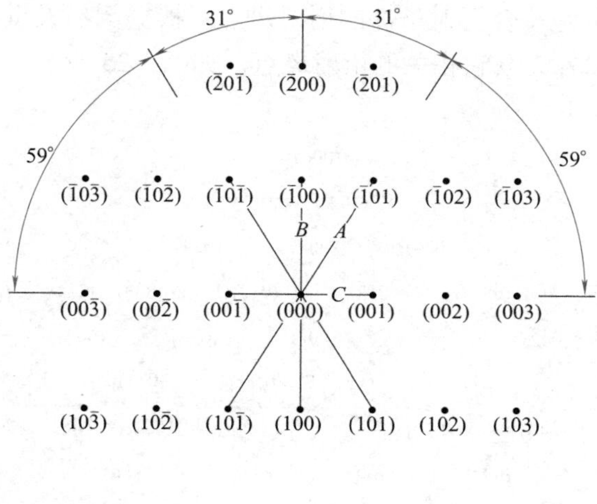

图 7.23　简单正交晶体，***B***=[010]，*B*=1/*a*，*C*=1/*c*

（2）体心正交晶体

体心正交点阵晶体能产生衍射的晶面指数包含了 011、101、002、110、020、112、121、200、013 和 022 等。

当 ***B***=[001] 时，用与 [001] 晶向垂直的 [100] 和 [010] 晶向的交点作中心斑点，分别以（200）和（020）作倒易基矢，这两个倒易基矢的模分别等于 2/*a* 和 2/*b*，其中 *a*=0.4nm、*b*=0.5nm。经观察（110）是符合衍射条件的衍射斑点。根据倒易矢量与中心斑点的点对称性及矢量加法的运算，可以补充其它相关的衍射斑点，如图 7.24 所示。

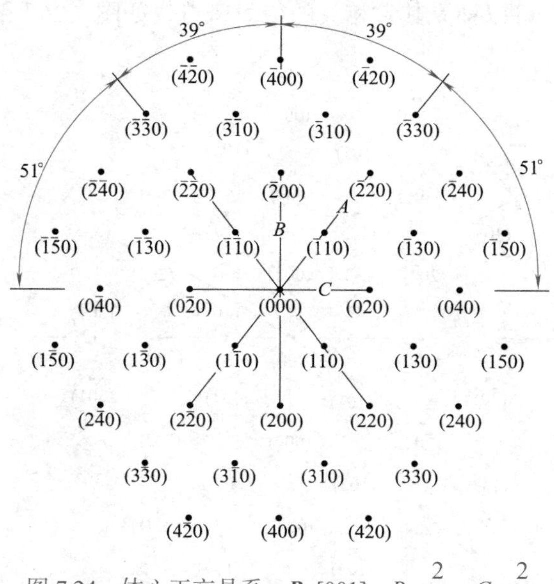

图 7.24　体心正交晶系，***B***=[001]，$B=\dfrac{2}{a}$，$C=\dfrac{2}{b}$

当 ***B***=[100] 时，用与 [100] 晶向垂直的 [001] 和 [010] 晶向的交点作中心斑，分别以（002）和（020）作倒易基矢，这两个倒易基矢的模分别等于 2/*c* 和 2/*b*，其中 *c*=0.6532nm、

b=0.5nm。经观察（011）是符合衍射条件的衍射斑点。根据倒易矢量与中心斑点的点对称性及矢量加法的运算，可以补充其它相关的衍射斑点，如图 7.25 所示。

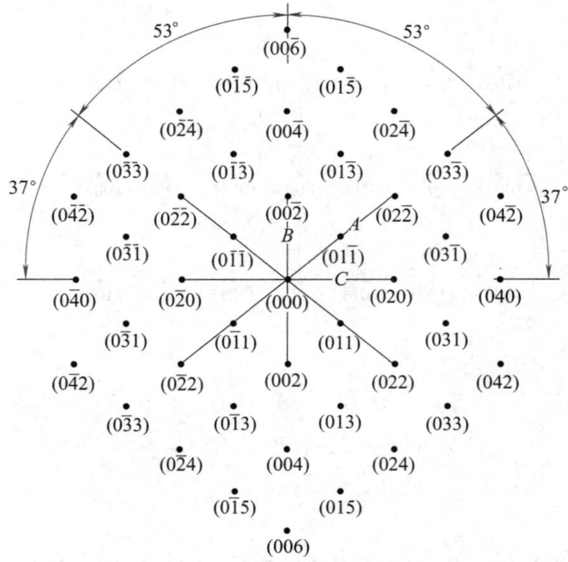

图 7.25 体心正交晶系，$\boldsymbol{B}$=[100]，$B=\dfrac{2}{c}$，$C=\dfrac{2}{b}$

当 $\boldsymbol{B}$=[010] 时，用与 [010] 晶向垂直的 [100] 和 [001] 晶向的交点作中心斑，分别以（200）和（002）作倒易基矢，这两个倒易基矢的模分别等于 2/a 和 2/c，其中 a=0.4nm、c=0.6532nm。经观察（101）是符合衍射条件的衍射斑点。根据倒易矢量与中心斑点的点对称性及矢量加法的运算，可以补充其它相关的衍射斑点，如图 7.26 所示。

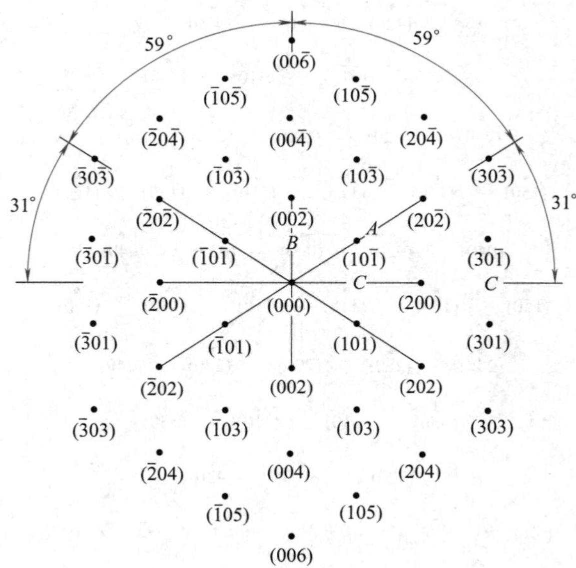

图 7.26 体心正交晶系，$\boldsymbol{B}$=[010]，$B=\dfrac{2}{c}$，$C=\dfrac{2}{a}$

（3）面心正交晶体

面心正交点阵晶体能产生衍射的晶面指数包含了 002、111、020、200、022、113、202、004、220、131 和 222 等。

当 ***B***=[001] 时，用与 [001] 晶向垂直的 [100] 晶向和 [010] 晶向的交点作中心斑点，分别以（200）和（020）作倒易基矢，这两个倒易基矢的模分别等于 2/*a* 和 2/*b*，其中 *a*=0.4nm、*b*=0.5nm。根据倒易矢量与中心斑点的点对称性及矢量加法的运算，可以补充其它相关的衍射斑点，如图 7.27 所示。

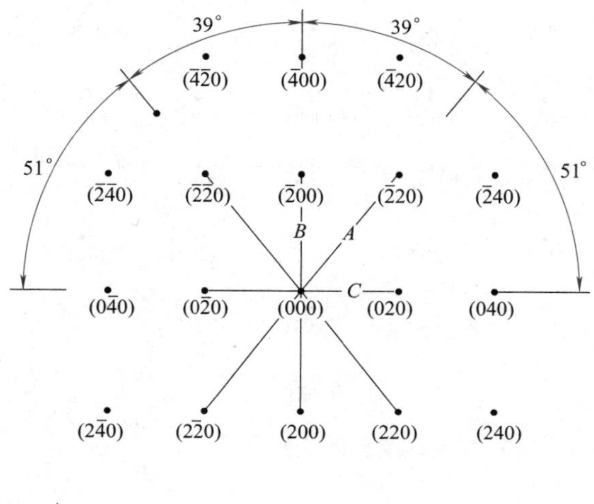

图 7.27　面心正交晶体，***B***=[001]，$B=\dfrac{2}{a}$，$C=\dfrac{2}{b}$

当 ***B***=[100] 时，用与 [100] 晶向垂直的 [001] 和 [010] 晶向的交点作中心斑，分别以（002）和（020）作倒易基矢，这两个倒易基矢的模分别等于 2/*c* 和 2/*b*，其中 *c*=0.6532nm、*b*=0.5nm。根据倒易矢量与中心斑点的点对称性及矢量加法的运算，可以补充其它相关的衍射斑点，如图 7.28 所示。

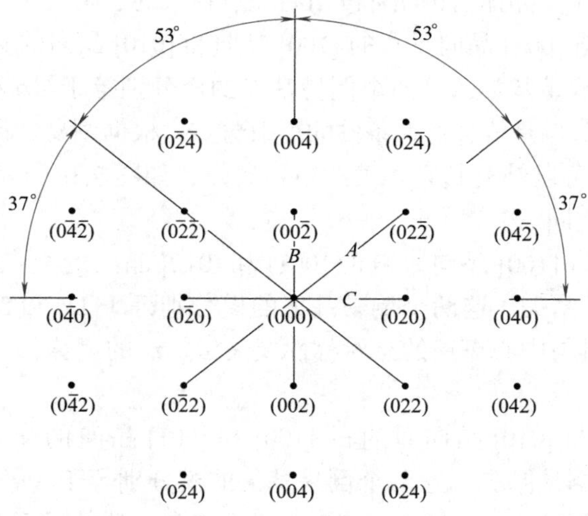

图 7.28　面心正交晶体，***B***=[100]，$B=\dfrac{2}{c}$，$C=\dfrac{2}{b}$

当 **B**=[010] 时，用与 [010] 晶向垂直的 [100] 和 [001] 晶向的交点作中心斑，分别以（200）和（002）作倒易基矢，这两个倒易基矢的模分别等于 2/*a* 和 2/*c*，其中 *a*=0.4nm、*c*=0.6532nm。根据倒易矢量与中心斑点的点对称性及矢量加法的运算，可以补充其它相关的衍射斑点，如图 7.29 所示。

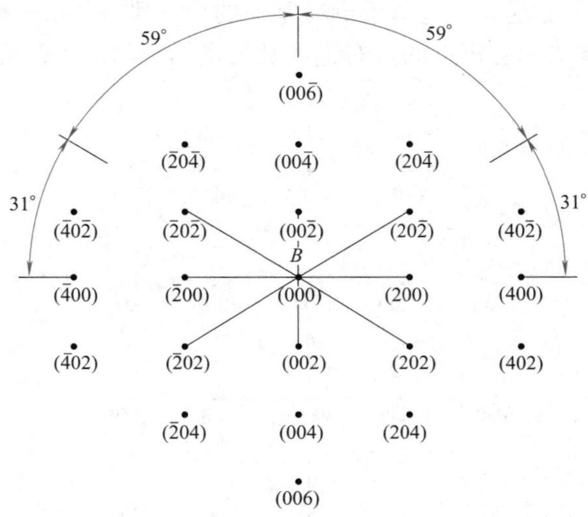

图 7.29　面心正交晶体，**B**=[010]，$B=\dfrac{2}{c}$，$C=\dfrac{2}{a}$

（4）底心正交晶体

底心正交晶体有 *A* 面、*B* 面和 *C* 面底心 3 种类型，每种底心类型的晶体产生衍射的晶面指数又有区别。*A* 面底心正交晶体产生衍射的晶面指数有 100、011、002、111、102、020、120、200、013、022 和 113 等。*B* 面底心正交晶体产生衍射的晶面指数有 010、101、002、111、012、020、121、200、022、103 和 210 等。*C* 面底心正交晶体产生衍射的晶面指数有 001、002、110、111、020、021、112、003、200、022 和 201 等。（注：本书中的各种点阵对应的晶面指数是利用中国科学院物理研究所董成研究员编制的 PowderX 软件计算得出的。）

下面介绍 *C* 面底心正交晶体的单晶标准衍射斑点花样的绘制。

当 **B**=[001] 时，用与 [001] 晶向垂直的 [100] 晶向和 [010] 晶向的交点作中心斑点，分别以（200）和（020）作倒易基矢，这两个倒易基矢的模分别等于 2/*a* 和 2/*b*，其中 *a*=0.4nm、*b*=0.5nm。经观察（110）也是符合衍射条件的衍射斑点。根据倒易矢量与中心斑点的点对称性及矢量加法的运算，可以补充其它相关的衍射斑点，如图 7.30 所示。这与体心正交晶体 **B**=[001] 的图 7.24 完全相同。

当 **B**=[100] 时，用与 [100] 晶向垂直的 [001] 和 [010] 晶向的交点作中心斑点，分别以（001）和（020）作倒易基矢，这两个倒易基矢的模分别等于 1/*c* 和 2/*b*，其中 *c*=0.6532nm、*b*=0.5nm。根据倒易矢量与中心斑点的点对称性及矢量加法的运算，可以补充其它相关的衍射斑点，如图 7.31 所示。

当 **B**=[010] 时，用与 [010] 晶向垂直的 [100] 和 [001] 晶向的交点作中心斑点，分别以（200）和（001）作倒易基矢，这两个倒易基矢的模分别等于 2/*a* 和 1/*c*，其中 *a*=0.4nm、*c*=0.6532nm。根据倒易矢量与中心斑点的点对称性及矢量加法的运算，可以补充其它相关的衍射斑点，如图 7.32 所示。

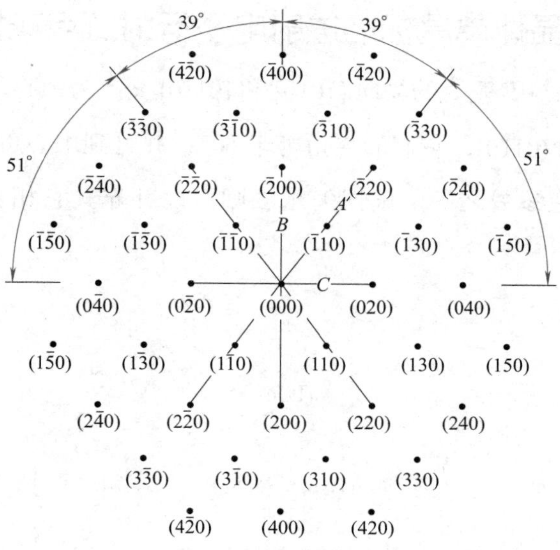

图 7.30　*C* 面底心正交晶体，***B***=[001]，$B=\dfrac{2}{a}$，$C=\dfrac{2}{b}$

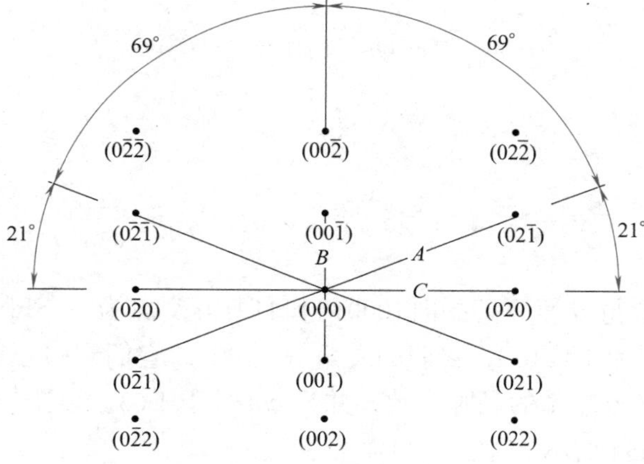

图 7.31　*C* 面底心正交晶体，***B***=[100]，$B=\dfrac{1}{c}$，$C=\dfrac{2}{b}$

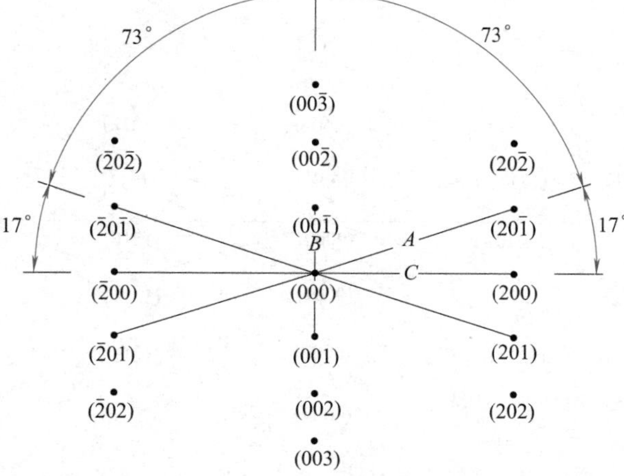

图 7.32　*C* 面底心正交晶体，***B***=[010]，$B=\dfrac{1}{c}$，$C=\dfrac{2}{a}$

7.5.4 密排六方晶体单晶标准透射电子衍射斑点花样的绘制

当 $\boldsymbol{B}$=[0001] 时，取与 $\boldsymbol{B}$ 垂直的晶向 $[10\bar{1}0]$ 和 $[01\bar{1}0]$ 交点为中心斑（0000），在这两个晶向上分别标定 $(10\bar{1}0)$ 和 $(01\bar{1}0)$，它们的夹角等于 60°，并且到中心斑的距离都等于 $\frac{2}{\sqrt{3}a}$，a 是密排六方晶系的晶胞参数之一。根据矢量法则可以补充其它相关衍射斑点，如图 7.33 所示。

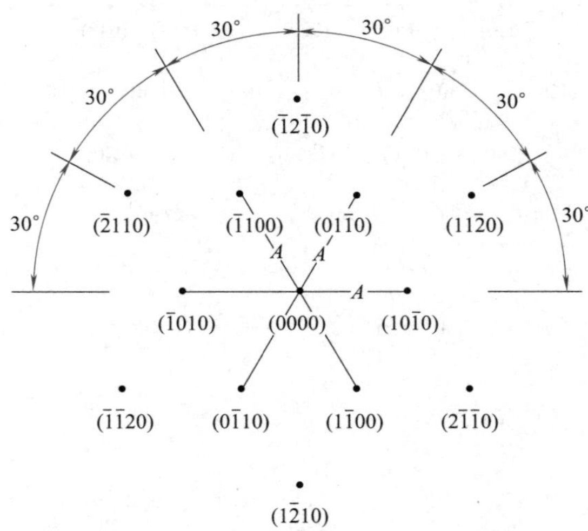

图 7.33 密排六方晶体，$\boldsymbol{B}$=[0001]，$A=\frac{2}{\sqrt{3}a}$

当 $\boldsymbol{B}=[10\bar{1}0]$ 时，取与 $\boldsymbol{B}$ 垂直的晶向 [0001] 和 $[1\bar{2}10]$ 交点为中心斑（0000），在这两个晶向上分别标定（0001）和（$1\bar{2}10$），它们的夹角等于 90°，它们到中心斑的距离分别等于 $1/c$ 和 $2/a$，a 和 c 是密排六方晶系的晶胞参数，并且 c/a 等于 1.63。根据矢量法则可以补充其它相关衍射斑点，如图 7.34 所示。

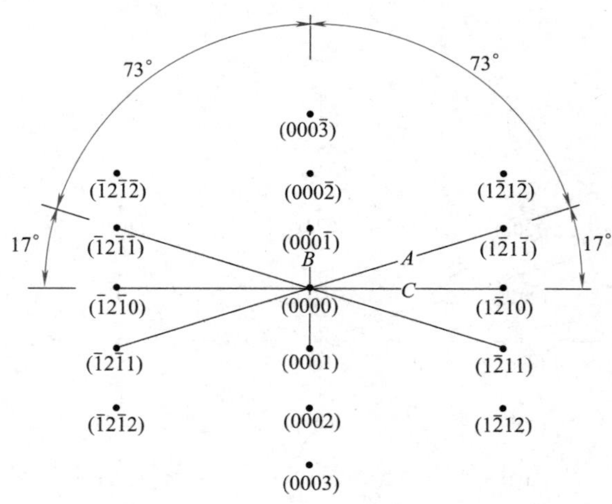

图 7.34 密排六方晶体，$\boldsymbol{B}=[10\bar{1}0]$，$B=\frac{1}{c}$，$C=\frac{2}{a}$

当 $\boldsymbol{B}$=[1$\bar{2}$10] 时，取与 $\boldsymbol{B}$ 垂直的晶向 [0001] 和 [10$\bar{1}$0] 交点为中心斑（0000），在这两个晶向上分别标定（0001）和（10$\bar{1}$0），它们的夹角等于 90°，它们到中心斑的距离分别等于 1/c 和 $\dfrac{2}{\sqrt{3}a}$，a 和 c 是密排六方晶系的晶胞参数，并且 c/a 等于 1.63。根据矢量法则可以补充其它相关衍射斑点，如图 7.35 所示。

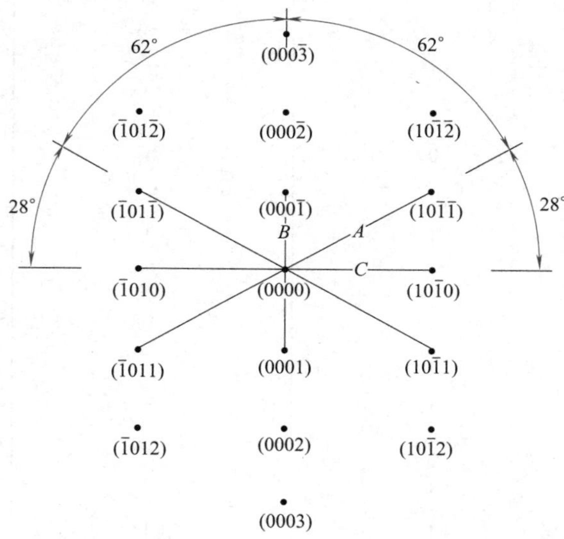

图 7.35　密排六方晶体，$\boldsymbol{B}$=[1$\bar{2}$10]，$B=\dfrac{1}{c}$，$C=\dfrac{2}{\sqrt{3}a}$

7.5.5　菱方晶体单晶标准透射电子衍射斑点花样的绘制

菱方晶体只有简单点阵结构。由下面的公式，可以计算出晶面距，取其倒数可以计算倒易矢量。

$$\frac{1}{d^2}=\frac{\left(h^2+k^2+l^2\right)\sin^2\alpha+2\left(hk+kl+hl\right)\left(\cos^2\alpha-\cos\alpha\right)}{a^2\left(1-3\cos^2\alpha+2\cos^3 a\right)}$$

由晶面夹角公式可以计算任意两个晶面的夹角。

$$\cos\phi=\frac{a^4 d_1 d_2}{v^2}[\sin^2\alpha\left(h_1h_2+k_1k_2+l_1l_2\right)+\left(\cos^2\alpha-\cos\alpha\right)\left(h_1k_2+h_2k_1+h_1l_2+h_2l_1+k_1l_2+k_2l_1\right)]$$

其中单胞的体积为：

$$v=abc\sqrt{1-\cos^2\alpha-\cos^2\beta-\cos^2\gamma+2\cos\alpha\cos\beta\cos\gamma}$$

假定一个菱方晶体的晶格点阵参数为 $a=b=c$=0.6nm，$\alpha=\beta=\gamma$=60°，它们的晶面指数与晶面距的关系如表 7.1 所示。

表 7.1　菱方晶体的晶面指数与晶面距的关系

H	K	L	d/0.1nm
0	0	1	4.89898
0	1	0	4.89898

续表

H	K	L	d/0.1nm
1	0	0	4.89898
1	1	1	4.89898
0	1	1	4.24264
1	0	1	4.24264
1	1	0	4.24264
0	1	1	4.24264
1	0	−1	3.00000
−1	1	0	3.00000
0	1	−1	3.00000
1	1	2	3.00000
1	2	1	3.00000
2	1	1	3.00000
0	1	2	2.55841
0	2	1	2.55841
−1	1	1	2.55841
1	1	−1	2.55841
0	2	1	2.55841
1	2	0	2.55841
1	0	2	2.55841
1	2	2	2.55841
2	0	1	2.55841
2	0	1	2.55841
2	1	0	2.55841
1	0	2	2.55841
2	1	2	2.55841
2	2	1	2.55841

当 ***B***=[001] 晶向时，利用上面的晶面夹角公式计算与 [001] 晶向垂直的晶向特征是 $w=\frac{1}{3}(u+v)$，因此有 [121]、[211]、[$\bar{1}\bar{2}\bar{1}$]、[$\bar{2}\bar{1}\bar{1}$]、[$\bar{1}$10] 和 [1$\bar{1}$0] 等晶向都垂直于 [001] 晶向，并且它们的夹角为 60°。(121)、(211)、($\bar{1}\bar{2}\bar{1}$)、($\bar{2}\bar{1}\bar{1}$)、($\bar{1}$10) 和 (1$\bar{1}$0) 等晶面距都等于 a/2。取 [121] 和 [211] 晶向的交点为透射中心斑点，这两个晶向的夹角等于 60°，在 [121] 和 [211] 晶向分别标定 (121) 和 (211) 两个点，它们到中心斑点的距离都等于 2/a。根据已知一个衍射斑点，就必然有与中心点对称的衍射斑点，以及矢量加法就可以绘制其余衍射斑点，如图 7.36 所示。如果 ***B***=[100] 或 [010]，由于对称性可知，得到的单晶标准透射电子衍射斑点图与图 7.36 完全相同，只是各斑点对应的晶面指数不同。用晶面夹角公式计算，[001]、[100] 和 [010] 晶向之间的夹角都等于 60°。

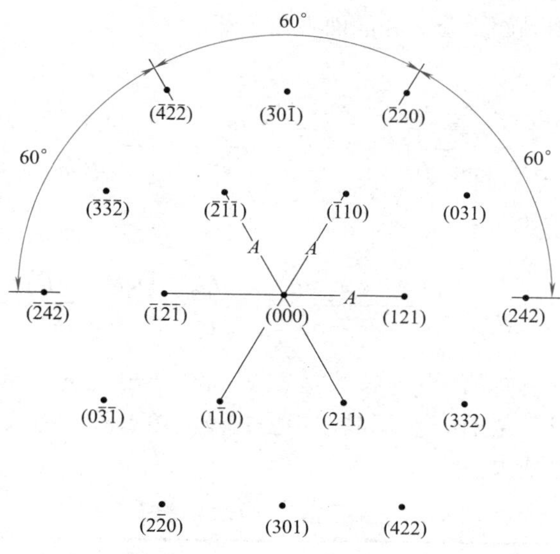

图 7.36　菱方晶体，$\alpha=\beta=\gamma=60°$，$\boldsymbol{B}$=[001]，$A=2/a$

当 $\boldsymbol{B}$=[111] 时，利用晶面夹角公式计算得出满足 $u+v+w=0$ 条件的晶向都垂直于 [111] 晶向，取指数最小的，如 $[10\bar{1}]$、$[1\bar{1}0]$ 和 $[01\bar{1}]$ 等晶向都垂直于 [111] 晶向。取 $[10\bar{1}]$ 和 $[1\bar{1}0]$ 晶向的交点为透射中心斑点，它们的夹角是 60°，在这两个晶向上分别标定（$10\bar{1}$）和 $(1\bar{1}0)$，它们到中心斑点的距离都等于 $2/a$，如图 7.37 所示。与 $\boldsymbol{B}$=[001]、[100] 和 [010] 晶向的标准衍射斑点花样完全相同，只是晶面指数不同。

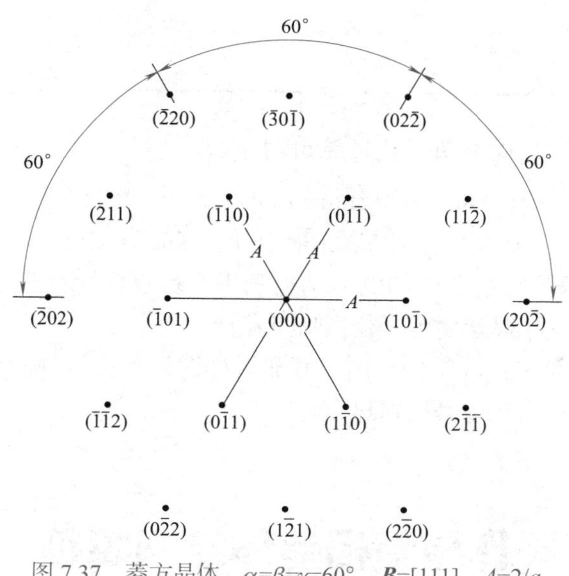

图 7.37　菱方晶体，$\alpha=\beta=\gamma=60°$，$\boldsymbol{B}$=[111]，$A=2/a$

7.5.6　单斜晶系和三斜晶系单晶标准透射电子衍射斑点花样的绘制

单斜晶系晶体有简单单斜点阵和底心单斜点阵两种类型。绘制单斜晶体单晶的标准透射电子衍射斑点花样就必须确定检测面即 $\boldsymbol{B}$ 的方向及与 $\boldsymbol{B}$ 垂直的所有晶面指数与晶面距的信息。

因此在计算中要反复运用晶面距公式和晶面夹角公式。

单斜晶系晶面距公式：

$$\frac{1}{d^2}=\frac{1}{\sin^2\beta}\left(\frac{h^2}{a^2}+\frac{k^2\sin^2\beta}{b^2}+\frac{l^2}{c^2}-\frac{2hl\cos\beta}{ac}\right)$$

单斜晶系晶面夹角公式：

$$\cos\phi=\frac{d_1d_2}{\sin^2\beta}\left[\frac{h_1h_2}{a^2}+\frac{k_1k_2\sin^2\beta}{b^2}+\frac{l_1l_2}{c^2}-\frac{(h_1l_2+h_2l_1)\cos\beta}{ac}\right]$$

假定一个单斜晶系晶体晶格点阵参数是 a=0.4nm、b=0.5nm、c=0.6nm、β=75°，以此为例绘制其标准单晶衍射斑点花样。利用晶面距公式及简单点阵面指数的规律可以计算出晶面指数与晶面距的关系，如表 7.2 所示。

表 7.2 晶面指数与晶面距的关系

H	K	L	d/ 0.1nm
0	0	1	5.79555
0	1	0	5.00000
−1	0	0	3.86370
1	0	0	3.86370
0	1	1	3.78581
1	0	1	3.68498
−1	1	0	3.05727
1	1	0	3.05727
1	1	1	2.96640
0	0	2	2.89778

当 ***B***=[001] 时，利用晶面夹角公式计算可得指数满足 $\frac{l}{h}=\frac{c\cos\beta}{a}$，$k$ 为任意整数的晶向都与 [001] 晶向垂直。若 a=0.4nm、b=0.5nm、c=0.6nm、β=75°，代入上式得出最相近的一个晶面指数是 h=18、k=0、l=7。把这晶面指数代入晶面距公式得出 d=0.0108nm，则 1/d=92.4nm^{-1}。可见能满足衍射条件的倒易基矢到中心斑点的距离较远，衍射强度很弱。在实际应用中较难观察到其单晶透射电子衍射斑点花样。

三斜晶系晶体只有简单点阵结构，由于其非对称性，不管检测面是哪个晶面，很难有与其垂直的晶面，因此很难出现单晶衍射斑点。

7.6 电镜操作与新相晶体结构表征

未知新相的单晶衍射结构表征方法主要有四元衍射法和透射电子衍射法。用透射电子衍射法表征未知新相的晶体结构时若与电镜操作配合可获取透射衍射花样，电镜操作，如选区和样品的旋转操作非常重要，可以极大地降低表征难度。

获取衍射花样时透射电镜操作原则：

① 调整选区范围，只允许出现单一物相单一晶体的类似平行四边形的一套衍射斑花样。

② 旋转样品台，改变检测面（B 晶带轴），获得的衍射斑点网格尽量呈正方形、长方形和等边六边形等高对称性分布。

③ 在同一选区内，旋转样品台至少 2 ～ 3 次，拍下 2 ～ 3 套衍射花样，并记下前次拍照与后次拍照样品旋转的角度。

如果选区不当，恰好选区内有两颗以上的单晶，获得的衍射花样就是两套以上的单晶衍射花样的叠加，这类衍射花样完全不适用于新相结构分析，因此通过调整选区，只获得一颗完整单晶的衍射花样至关重要。不管是哪类晶系哪种点阵的新相晶体，当检测面是（001）、（100）、（010）和（110）等低指数的晶面时，或晶带轴 $\boldsymbol{B}$ 是 [001]、[100]、[010] 和 [110] 等对称性最高的方向时，衍射斑点形成的网格对称性最高。在实践中是边旋转样品台，边观察衍射花样的网格，当出现对称性最高的衍射花样时拍照并记下样品台的位置，这个过程就是寻找（001）、（100）、（010）和（110）等低指数检测面的衍射花样。获得低指数检测面的衍射花样，能极大地简化新相晶体结构的表征过程，甚至可以直接获得晶格点阵常数的信息。一个检测面的衍射花样不能揭示立体的三维信息，即不能解析出三维的晶体结构信息。因此要旋转样品 2 ～ 3 次，获得 2 ～ 3 套衍射花样，在晶系和点阵类型确定的情况下，旋转角度与衍射花样有对应关系，这个旋转角度也揭示了重要的晶体结构信息。

三斜晶系和单斜晶系的单晶几乎不产生透射衍射花样，若产生衍射花样肯定是非对称性，其它 13 种点阵的晶体单晶产生透射电子衍射花样都有高度的对称性，其基本晶带轴或低指数检测面的标准衍射花样非常有限，并且很有规律，对上一节绘制的标准衍射花样进行归纳总结，就可以发现除三斜晶系和单斜晶系外，其它晶系新物相晶体结构的表征变得非常简单。立方、四方、正交、六方和菱方晶系单晶衍射花样特征如表 7.3 ～表 7.7 所示。在下表中 a、b、c 和 γ 是表示对应晶胞的晶格点阵常数，$\boldsymbol{B}$ 表示检测面的法线方向。

表 7.3　立方晶系单晶衍射花样特征

类型	B[001]	B[011]	B[$\bar{1}$11]
简单点阵	正方形，边长 =1/a	长方形，长 = $\sqrt{2}/a$，宽 =1/a	等边三角形，边长 = $\sqrt{2}/a$
面心点阵	正方形，边长 =2/a	长方形①，长 =2 $\sqrt{2}/a$，宽 =2/a	等边三角形，边长 =2 $\sqrt{2}/a$
体心点阵	正方形，边长 = $\sqrt{2}/a$	长方形，长 =2/a，宽 = $\sqrt{2}\,a$	等边三角形，边长 = $\sqrt{2}/a$

① 长方形的面心有衍射斑点。

表 7.4　四方晶系单晶衍射花样特征

类型	B[001]	B[010]
简单点阵	正方形，边长 =1/a	长方形，边长 =1/a 和 1/c
体心点阵	正方形①，边长 =2/a	长方形①，边长 =2/a 和 2/c

① 正方形或长方形的面心有衍射斑点。

表 7.5　正交晶系单晶衍射花样特征

类型	B[001]	B[100]	B[010]
简单点阵	长方形，边长 =1/a 和 1/b	长方形，边长 =1/b 和 1/c	长方形，边长 =1/a 和 1/c
体心点阵	长方形①，边长 =2/a 和 2/b	长方形①，边长 =2/b 和 2/c	长方形，边长 =2/a 和 2/c

续表

类型	B[001]	B[100]	B[010]
面心点阵	长方形，边长 =2/a 和 2/b	长方形，边长 =2/b 和 2/c	长方形，边长 =2/a 和 2/c
C 面底心点阵	长方形①，边长 =2/a 和 2/b	长方形，边长 =2/b 和 1/c	长方形，边长 =2/a 和 1/c

① 长方形的面心有衍射斑点。

表 7.6　六方晶系单晶衍射花样特征

类型	B[0001]	B[$10\bar{1}0$]	B[$1\bar{2}10$]
简单点阵	等边三角形，边长 = $\frac{2}{\sqrt{3}a}$	长方形，边长 =1/c 和 2/a	长方形，边长 =1/c 和 $\frac{2}{\sqrt{3}a}$

表 7.7　菱方晶系单晶衍射花样特征（γ =60°）

类型	B[001]	B[100]	B[010]	B[111]
简单点阵	等边三角形，边长 =2/a	等边三角形，边长 =2/a	等边三角形，边长 =2/a	等边三角形，2/a

实例 1　单晶衍射花样是正方形网格斑点的晶体结构标定

假若某单晶体在透射衍射观察时出现了正方形网格的斑点，拍下此时的花样，记下此时样品台的位置。小心地把样品台旋转 45°，若出现长宽比是 $\sqrt{2}$ 的长方形网格，并且其中心也有斑点的衍射花样，该晶体就是面心立方结构，如果其中心没有出现衍射斑点，该晶体就是简单立方结构或体心立方结构。

实例 2　单晶衍射花样是长方形网格花样，并且长方形的中心也有衍射斑点的晶体结构标定

假若单晶样品衍射花样是长方形网格，其长宽比是 $\sqrt{2}$ ，并且长方形的中心也有衍射斑点的，若把该样品台旋转 45°，可以观察到以长方形的宽为边长的正方形网格衍射花样，据此可以确定该晶体是面心立方晶体结构，可以测出其晶格点阵参数。

实例 3　单晶衍射花样是长方形网格花样，并且长方形的中心没有衍射斑点的晶体结构标定

假若某单晶体在透射衍射观察时出现了长方形网格衍射斑点，并且长方形的长宽比是 $\sqrt{2}$ ，其中心没有衍射斑点，若把样品旋转 45°，可以观察到以长方形的宽为边长的正方形网格衍射花样，可以确定该晶体是简单立方或体心立方结构。

实例 4　单晶衍射花样是等边三角形或等边六角形网格状花样的晶体结构标定

假若某单晶体在透射衍射观察时出现了等边三角形或等边六角形网格状衍射斑点，若把样品台旋转 54.7° 时，观察到正方形网格衍射花样，如果该正方形的边长等于前面的等边六边形的边长，该晶体就是体心立方结构，如果前面的等边六边形的边长与该正方形的边长的比值是 $\sqrt{2}$ ，该晶体是简单立方结构或面心立方结构，若此时再把样品旋转 45°，观察到长方形网格状衍射花样，长方形的长边与前面的等边六角形的边长相等，短边与前面的正方形边长相等，若该长方形的中心也有衍射斑点，该晶体是面心立方结构，若该长方形的中心没有衍射斑点，该晶体就是简单立方晶体结构，并且可以进一步测定其晶胞参数。

若把样品台旋转 60° 时，仍观察到全等的等边六角形网格状衍射花样，此时该晶体结构就是夹角等于 60° 的菱方晶体。

7.7 多晶带、高阶劳厄带（higher order Laue zone）衍射花样的标定

经常看到有些衍射花样的斑点虽然排在同一网格上，但其中亮斑点与暗斑点有规律地排列。前面介绍的是单晶带的衍射斑点花样，实际观察中会出现多晶带的衍射斑点花样。前面只介绍第一级衍射，实际中有二次衍射，甚至多级衍射。这些都会使衍射斑点花样复杂化，下面所分析的就是这些复杂衍射花样。

双晶带引起的斑点花样：在单晶衍射花样内常常发现所含有的斑点分别属于不同晶带的零阶劳厄带，双晶带引起的斑点花样是由两套斑点组成，两个晶带的衍射斑点用同一个物相的晶面指数标定，这两个晶带轴的夹角很小，因此它们的指数应相差不大。双晶带衍射埃瓦尔德球构图如图 7.38 所示。图 7.38 中 r_1 和 r_2 两个晶带的衍射斑点出现在透射斑点 O 的两侧，$\boldsymbol{g}_1$ 属于晶带 $\boldsymbol{r}_1$，$\boldsymbol{g}_2$ 属于晶带 $\boldsymbol{r}_2$，$\boldsymbol{g}_3$ 同属于晶带 r_1 和 r_2。两个晶带轴的夹角很小，因此它们的指数应相差不大。因远离 O 点处的埃瓦尔德球凹向入射束方向，故属于晶带 $\boldsymbol{r}_1$ 的倒易矢量 $\boldsymbol{g}_1$ 与晶带轴 $\boldsymbol{r}_2$ 的夹角应该稍小于 90°，即点积 $\boldsymbol{g}_1 \cdot \boldsymbol{r}_2$ 为不大的正整数；同理，$\boldsymbol{g}_2 \cdot \boldsymbol{r}_1$ 也应为不大的正整数。双晶带电子衍射实例如图 7.39 所示。在图 7.39 中，能测出各斑点到中心透射点 O 的距离 R，已知相机常数 $L\lambda$=1.70mm × nm，计算出各斑点对应的晶面间距，可能对应的晶面指数和晶带轴如表 7.8 所示。

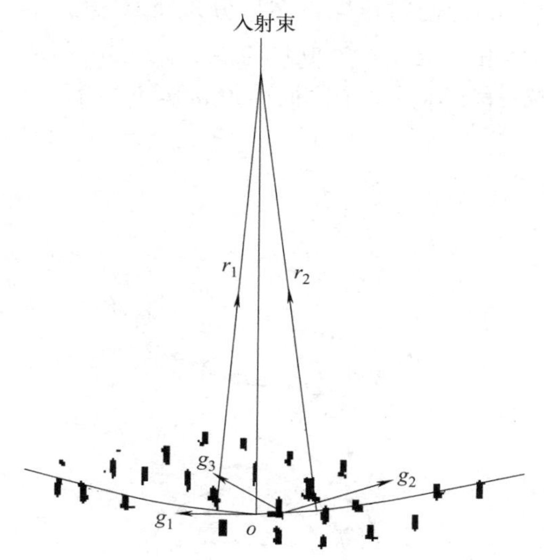

图 7.38　双晶带衍射埃瓦尔德球构图

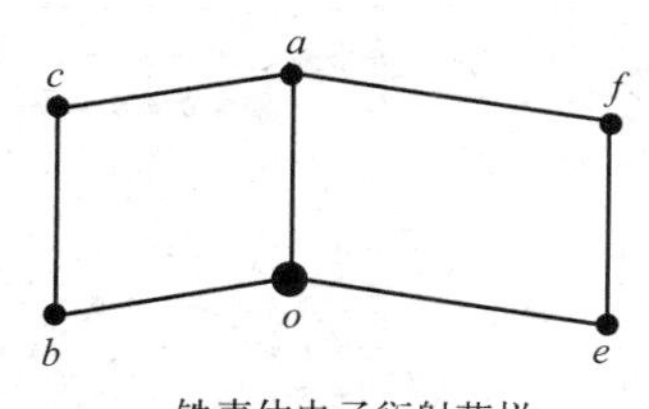

图 7.39　铁素体电子衍射花样

表 7.8　图 7.39 中的斑点指数标定

斑点	距离 R/mm	晶面间距 d/nm	{hkl}	(hkl) p_1	(hkl) p_2	晶带轴
a	14.2	0.119	1 1 2	1 1 2	−1 −1 −2	
b	18.2	0.093	3 1 0	−3 1 0	3 −1 0	r_1[−1 −3 2]

续表

斑点	距离 R/mm	晶面间距 d/nm	$\{hkl\}$	$(hkl)p_1$	$(hkl)p_2$	晶带轴
c	20.0	0.085	2 2 2	−2 2 2	2 −2 −2	
e	21.7	0.078	3 1 2	3 −2 −1	−3 2 1	
f	24.6	0.069	4 1 1	4 −1 1	−4 1 −1	r_2[−3 −7 5]
a	14.2	0.119	1 1 2	1 1 2	−1 −1 −2	

利用点积 $\boldsymbol{g}_1 \cdot \boldsymbol{r}_2$ 和 $\boldsymbol{g}_2 \cdot \boldsymbol{r}_1$ 为不大的正整数对表 7.8 的数据进行计算发现第一种可能的指数（hkl）p_1 标定是正确的，第二种可能的指数（hkl）p_2 标定是错误的。

高阶劳厄带或多晶带引起的斑点花样：当晶体点阵常数较大，晶体试样较薄，或入射束不严格平行于低指数晶带轴时，加之埃瓦尔德球有一定的曲率，可能同时与几层相互平行的倒易面上的倒易杆相截，产生与之相应的几套衍射斑点重叠的衍射花样，这时其指数满足它的广义表达式：$hu+kv+lw=N$，其中 N 是整数。高层倒易面中的倒易点阵由于某些原因也有可能与倒易球相交而形成附加的电子衍射斑点，这就是高阶劳厄斑，如图 7.40 和图 7.41 所示。高阶劳厄斑产生的原因主要有以下 4 点：①薄膜试样的形状效应，使倒易阵点变长，这种伸长的倒易杆增加了高层倒易面上倒易点与反射球相交的机会；②晶格常数很大的晶体，其倒易阵点排列更密，倒易面间距更小，使得上下两层倒易面与零层倒易面同时与反射球相交的机会增加；③当电子衍射花样不正，使得零层倒易面倾斜时，增加了高层倒易阵点与反射球的相交机会；④电子波的波长越长，则反射球的半径会越小，这样也会增加高层倒易面上的倒易点与反射球相交后仍然能在底片处成像的机会。

把含有高阶劳厄带斑点的花样视成多个双晶带衍射花样，然后分别将其按零阶劳厄带斑点指数化的方法加以处理。因此，无论是双晶带还是高阶劳厄带斑点，均可按零阶劳厄带斑点指数化方法处理。含有高阶劳厄带斑点的花样实际是多个零阶劳厄带斑点的集合。

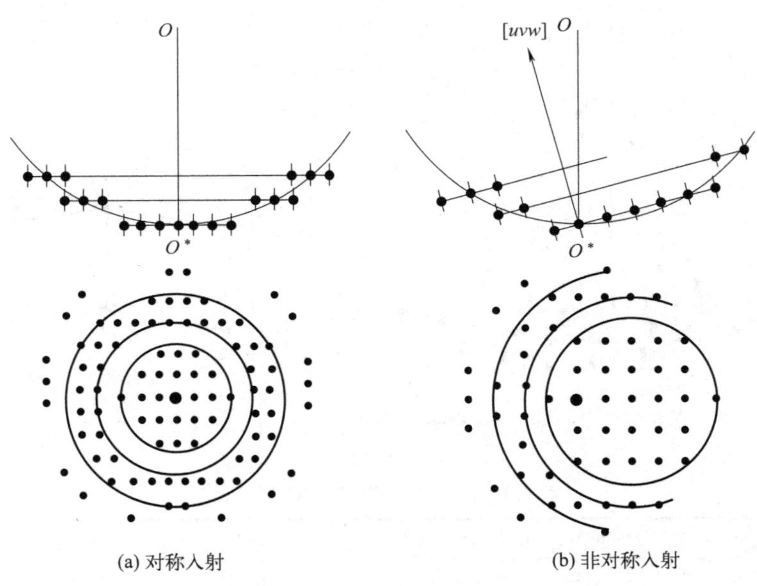

(a) 对称入射　　(b) 非对称入射

图 7.40　高阶劳厄带形成的示意图

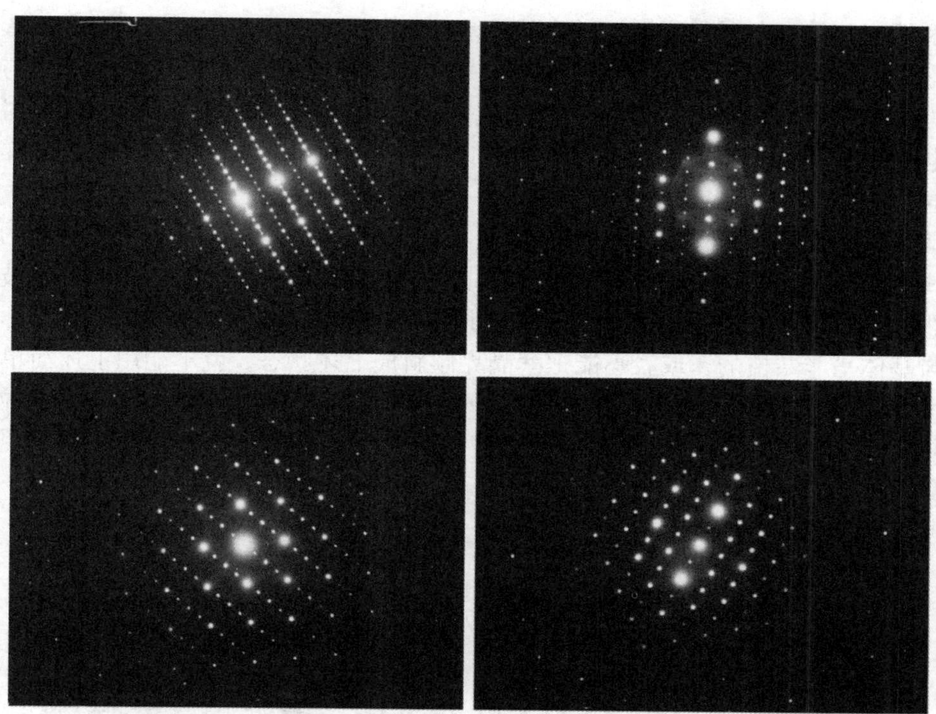

图 7.41　高阶劳厄带斑点的花样实例

在指数标定过程中，常常会遇到指数标定的不唯一性。这种不唯一性一般有两种情形，一种是电子衍射花样显示二次对称轴引起的 180° 重复导致的不唯一性。这时对某一 {*hkl*} 斑点可以用（*hkl*）标定，也可以用（$\bar{h}\bar{k}\bar{l}$）来标定。如果晶带轴 [*uvw*] 本身就是二次旋转轴，我们无须区别它们，任选其中一套指数都不改变晶体取向。但是在晶带轴 [*uvw*] 不是二次旋转轴的情况下，*hkl* 和 $\bar{h}\bar{k}\bar{l}$ 这两套指数是有区别的，两种标法代表两种不同的取向。另一种不唯一性是偶合不唯一性，常常出现在立方晶体结构中高指数反射面的情形中，多个反射面有可能具有相同的面间距。

7.8　透射电镜电子衍射花样的应用

透射电镜电子衍射花样分析有许多应用，下面仅就材料研究中遇到的较难分析的孪晶、二次衍射、有序化、调幅结构和取向关系等做些讨论。

（1）孪晶

孪晶是指按一定取向规律并排排列的两个或多个晶体。其中的一个通过一定的对称操作，如以孪晶面为反映面做镜面反映，或绕孪晶轴旋转 60°、90°、120° 或 180°，多数为 180°，可与另一晶体重复。按晶体学特点可分为反映孪晶和旋转孪晶；按形成方式可分为生长孪晶和形变孪晶；按孪晶形态可分为二次孪晶和高次孪晶。孪晶电子衍射花样实例如

图 7.42 和图 7.43 所示。晶体中的这种孪晶关系自然也反映在相应的倒易点阵中，从而由相应衍射花样反映出来。孪晶花样鉴定的目的在于找出孪晶与基体孪晶的关系。孪晶与基体共同产生的复合花样多以孪晶面为镜面对称，或以孪晶面法线，即孪晶轴为二次旋转对称。由于多数电镜试样倾转台至少可倾斜 ±45°，所以分析孪晶时最为简单的方法是把试样适当倾斜直至电子照射方向与孪晶界面平行，即 B 平行于界面，且垂直于切变方向或孪生方向。如果界面是共格孪晶界，衍射花样就会直接显示相应的孪晶关系。这时孪晶面所对应的衍射矢量将与其垂直。标定孪晶花样指数时，一般都是先把孪晶和基体两类斑点通过暗场技术识别出来，然后按常规方法把基体斑点指数标定出来，根据对称关系把其余斑点全部标定。如果孪晶与基体是非共格的，或者不能把孪晶界倾斜成上述状态，就不能用上述简单方法分析。这时为了确定孪晶与基体间的取向关系，可在孪晶界两侧分别取花样，每个晶粒至少取两个不同 B 方向花样，按常规方法定出孪晶晶系和孪晶接合面，然后标出孪晶界两侧的晶体取向。

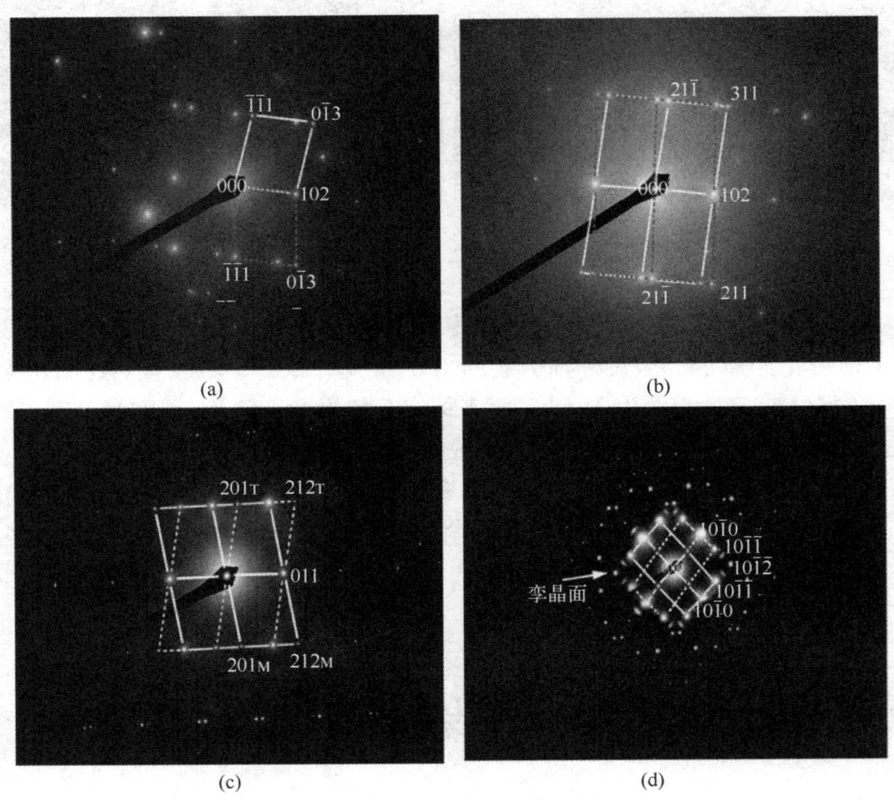

图 7.42　孪晶电子衍射花样实例 1

图 7.42 中的图（a）和图（b）是 CaMgSi 相中的（102）孪晶在不同位向下的孪晶花样，图（c）是 CaMgSi 相中另外一种孪晶的电子衍射花样，其孪晶面是（011）面，图（d）是镁中常见的（$10\bar{1}2$）孪晶花样。

图 7.43 是 CaMgSi 相中（102）孪晶中二重孪晶和三重孪晶的形貌和与其对应的电子衍射花样。图 7.43 中的图（a）是二重孪晶的形貌（暗场像），图（b）是与之对应的二重孪晶花样，图（c）是三重孪晶的形貌像（暗场），图（d）是与之对应的三重孪晶花样。

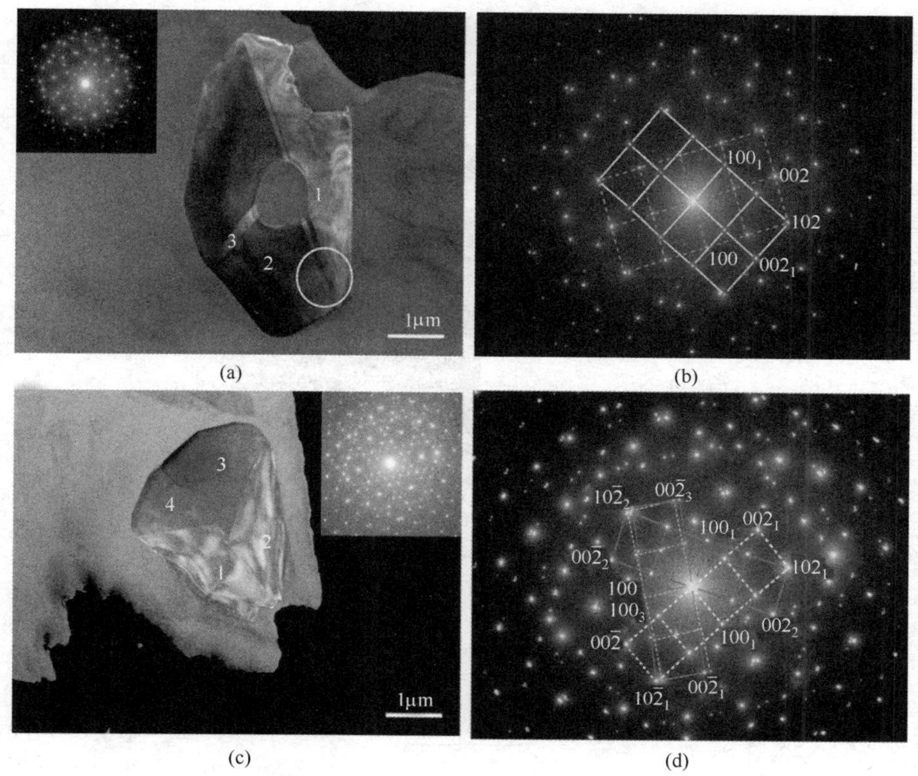

图 7.43　孪晶电子衍射花样实例 2

（2）面心立方晶体孪晶的透射衍射花样

面心立方晶体的孪生面是（111），孪生方向是 $[11\bar{2}]$，当电子从 [110] 方向入射，即晶带轴是 [110] 时，孪晶的透射衍射花样沿孪生面（$\bar{1}11$）对称，因此，在绘制理论的孪晶衍射花样时，只需以面心立方晶体的晶带轴为 [110] 的理论透射衍射花样在 000 至（$\bar{1}11$）线一侧的花样为蓝本，另一侧的花样则完全与该线对称。下标 b 表示基体晶面衍射指数，下标 r 表示孪晶体的晶面衍射指数，a 为晶胞参数，假设相机常数为 1，如图 7.44（a）所示。图 7.44（a）为面心立方晶体孪晶透射衍射理论花样，图 7.44（b）为面心立方晶体实测透射衍射花样及其解析指数标定，图 7.44（b）为两套孪晶衍射斑点叠加在一起，图 7.44（a）和图 7.44（b）的指数标定实质上是等效的，在图 7.44（a）的标定中假定晶带轴是 [110]，在图 7.44（b）的标定中假定晶带轴是 [101]，图 7.44（a）和图 7.44（b）相互验证。

（3）体心立方晶体孪晶透射衍射花样

体心立方晶体的孪生面是（112），孪生方向是 $[11\bar{1}]$，如图 7.45 所示，图 7.45（a）是体心立方孪晶正空间（$1\bar{1}0$）晶面点阵示意图，图 7.45（b）是孪生方向 $[11\bar{1}]$ 与孪生面的示意图。当电子从 $[1\bar{1}0]$ 方向入射，即晶带轴是 $[1\bar{1}0]$ 时，孪晶的透射衍射花样沿孪生面（112）对称，因此，在绘制理论的孪晶衍射花样时，只需以体心立方晶体的晶带轴为 $[1\bar{1}0]$ 的理论透射衍射花样在 000 至（112）线一侧的花样为蓝本，另一侧的花样则完全与该线对称。下标 T 表示孪晶体的衍射晶面指数，如图 7.45 所示。

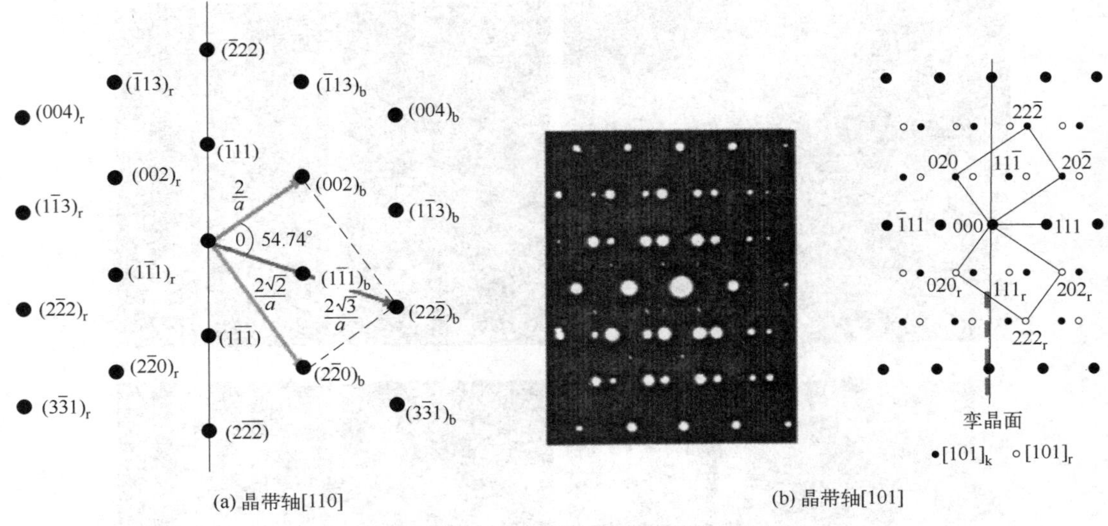

(a) 晶带轴[110]　　(b) 晶带轴[101]

图 7.44　面心立方晶体的孪晶透射衍射花样

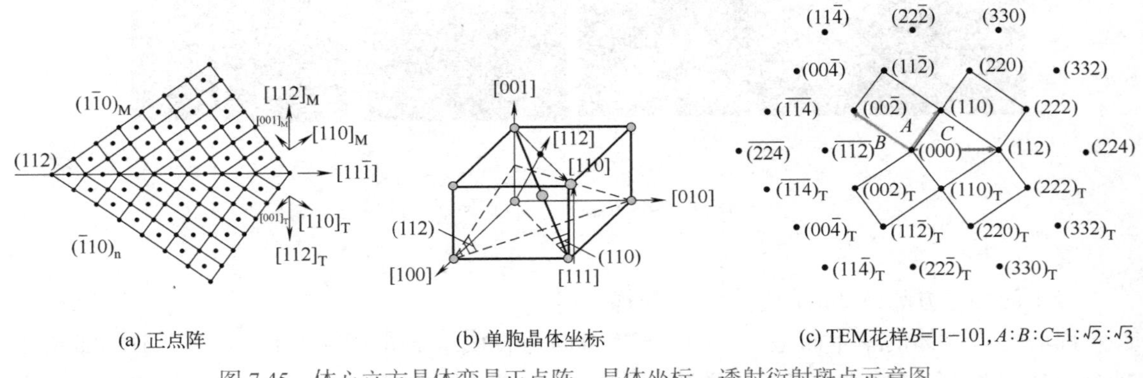

(a) 正点阵　　(b) 单胞晶体坐标　　(c) TEM花样B=[1−10], $A:B:C$=1 : $\sqrt{2}$: $\sqrt{3}$

图 7.45　体心立方晶体孪晶正点阵、晶体坐标、透射衍射斑点示意图

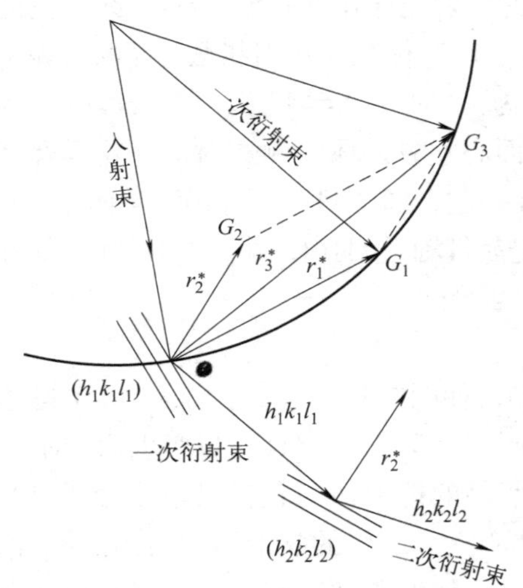

图 7.46　二次衍射花样形成的示意图

（4）二次衍射

在电子束穿行晶体的过程中，会产生较强的衍射束，它又可以作为入射束，在晶体中产生再次衍射，称为二次衍射。二次衍射花样形成示意图如图 7.46 所示。二次衍射形成的新的附加斑点称作二次衍射斑。二次衍射很强时，还可以再行衍射，产生多次衍射。这种再次衍射有的可能和一次衍射束重合，使一次衍射斑点强度出现反常，有的则不重合，而是给出多于正常数目的衍射斑点，或者使结构因子为零的“禁止衍射”位置出现衍射斑点。多余斑点现象多发生在两相合金衍射花样内，单晶衍射花样内较为常见的是“禁止衍射”位置出现衍射斑点。二次衍射常常使衍射花样复杂化，为花样分析带来困难。因此往往需要确定哪些斑点是二次

衍射引起的。由于二次衍射起因于花样的对称性，所以可通过将试样绕强衍射斑倾斜 10° 左右以产生双束条件，即透射束和一支强衍射束。如果所研究的衍射斑起因于二次衍射，在双束条件下斑点就会消失；若部分强度起因于这种作用，强度就会减弱。但是如果是（*hkl*）、（$h_2k_2l_2$）、（$h_3k_3l_3$）等系列反射，则二次衍射不会消失。常见的二次衍射类型如图 7.47 所示。如果沉淀相厚度与试样相同，则二次衍射作用将局限于两者的界面上。这时用二次衍射斑形成中心暗场相，界面将呈亮像，据此也可将二次衍射斑区别开来。产生二次衍射的条件：①晶体足够厚；②衍射束要有足够的强度。

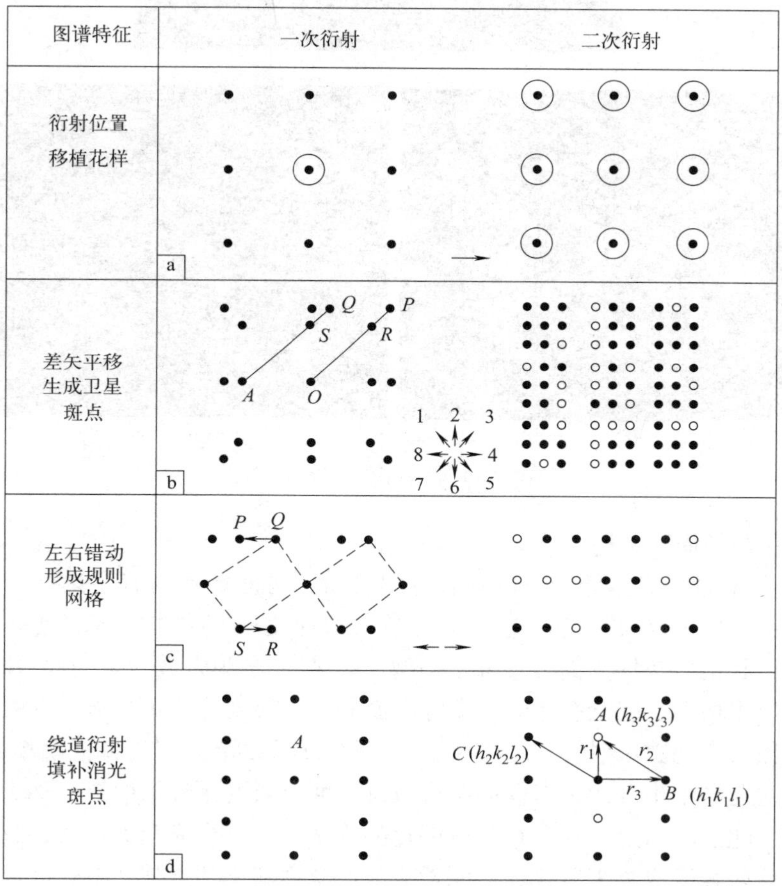

图谱特征	一次衍射	二次衍射
衍射位置移植花样	a	
差矢平移生成卫星斑点	Q P S R A O 1 2 3 8 4 7 6 5 b	
左右错动形成规则网格	P Q S R c	
绕道衍射填补消光斑点	A d	A ($h_3k_3l_3$) C ($h_2k_2l_2$) r_1 r_2 r_3 B ($h_1k_1l_1$)

图 7.47 常见的二次衍射类型

图 7.48 是二次衍射中出现多余衍射斑点的两种不同情况，其中图（a）是在镁钙合金中得到的电子衍射花样，图中本来只存在两套花样，分别是镁的 $[\bar{1}100]$ 晶带轴电子衍射花样和 Mg_2Ca 相的 $[3\bar{3}02]$ 晶带轴花样。而花样中出现的很多卫星斑是由二次衍射，通过 Mg_2Ca 相的（$1\bar{1}03$）斑点与 Mg 的（$000\bar{2}$）斑点之间存在的矢量平移造成的；图（b）和图（c）是一种有序钙钛矿相中沿 $[010]_p$ 方向得到的电子衍射花样，其中图（b）是在较厚的地方得到的，而图（c）则是在很薄的地方得到的。在较薄的地方，由于不存在动力学效应，可以清楚地看到花样中存在相当多消光的斑点，但在较厚的地方，由于动力学效应，出现二次衍射的矢量平移，本来应该消光的斑点变得看起来不消光了。

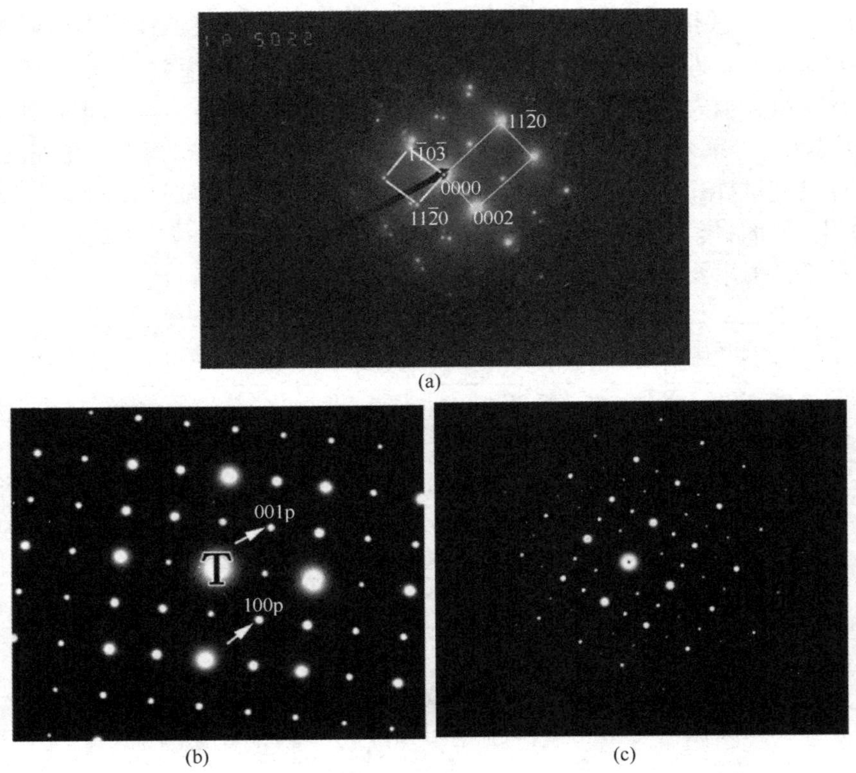

(a)

(b)

(c)

图 7.48　二次电子衍射实例

（5）有序化与长周期结构

呈现短程有序的固溶体低于一定的临界温度时，可能转变为有序排列，其点阵类型也随之发生变化，自然也反映在衍射花样上。例如，以面心立方结构为基的点阵，有序化之前即完全无序时，其衍射花样为面心立方结构型。h、k、l 全为奇数或全为偶数时才出现衍射，奇偶混合时不出现衍射。完全有序时，点阵由面心立方转变为简单立方。这时，除了继续保持 h、k、l 全奇数或全偶数衍射外，原来属于 fcc 系统消光的 h、k、l 奇偶混合指数也出现衍射。有序合金的衍射花样中出现的由奇偶混杂指数反射面反射的额外衍射斑，称为超点阵（或超结构）衍射斑。超点阵衍射斑的存在是有序化的确凿证据。当完全无序时，超点阵衍射斑消失。由于基体反射强度取决于所含异类原子散射振幅之和，超点阵反射强度取决于异类原子散射振幅之差，所以超点阵衍射斑强度远较基体衍射弱。有些晶体在一定温度范围内出现有序畴有规律平行排列导致晶体成为长周期结构。通过测算这些长周期衍射斑点间距与基体衍射斑点间距之比值，可得出长周期结构的周期长度。

当晶体是由两种或者两种以上的原子或者离子构成时，对于晶体中的任何一种原子或者离子，如果它能够随机地占据点阵中的任何一个阵点，则我们称该晶体是无序的；如果晶体中不同的原子或者离子只能占据特定的阵点，则该晶体是有序的。

晶体从无序相向有序相转变以后，在产生有序的方向会出现平移周期的加倍，从而引起平移群的改变。由此引发的最显著的特点是在某些方向出现与平移对称对应的超点阵斑点。

图 7.49 是 $CuAu_3$ 无序和有序的模型和对应的电子衍射花样。其中图 7.49（a）是 $CuAu_3$ 无序时的晶体结构模型，而图 7.49（b）是有序时的晶体结构模型；图 7.49（c）是与无序对

应的电子衍射花样，而图 7.49（d）则是与有序对应的超点阵电子衍射花样。图 7.50 是 CsCl 无序和有序的模型和对应的电子衍射花样。其中图 7.50（a）是 CsCl 无序时的晶体结构模型，而图 7.50（b）是有序时的晶体结构模型；图 7.50（c）是与无序对应的电子衍射花样示意图，而图 7.50（d）则是与有序对应的超点阵电子衍射花样示意图。

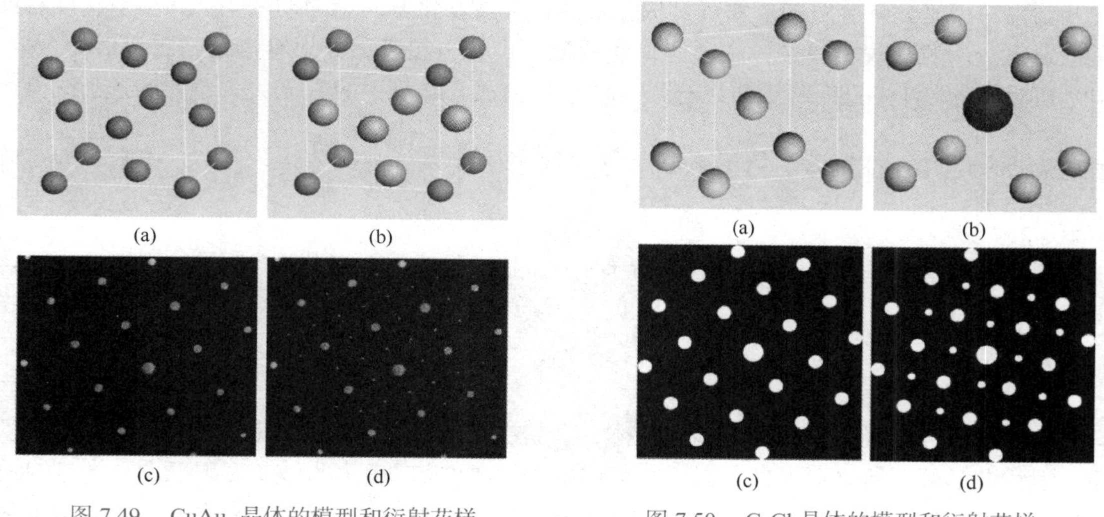

图 7.49　$CuAu_3$ 晶体的模型和衍射花样

图 7.50　CsCl 晶体的模型和衍射花样

图 7.51 是超点阵花样的一些实例，这些花样是从一种沿 [111] 方向具有六倍周期的复杂有序钙钛矿相中得到的。图 7.51（a）是沿 [010] 方向 2 倍周期有序的超点阵电子衍射花样，

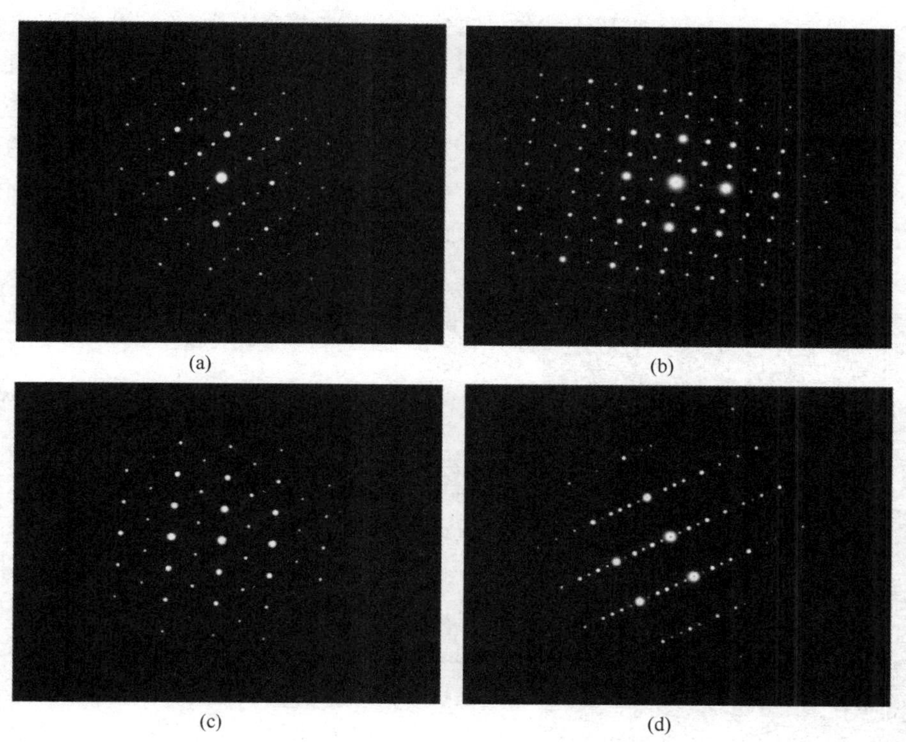

图 7.51　某钙钛矿相超点阵电子衍射花样

图 7.51（b）是沿 [101] 方向 2 倍周期有序的超点阵电子衍射花样，图 7.51（c）是沿 $[11\bar{1}]$ 方向 2 倍周期有序的超点阵电子衍射花样，而图 7.51（d）则是沿 [111] 方向 6 倍周期有序的电子衍射花样。

（6）调幅结构

调幅结构是调幅分解的产物，其成分沿晶体弹性软化方向呈周期调幅。其衍射花样特征是衍射斑点两侧出现卫星斑，在透射斑点两侧不产生卫星斑，如果有也是二次衍射的缘故。卫星斑对 *hkl* 衍射斑的距离 ΔR 只与调幅波长 λ_p 有关，与反射级数无关。令 R 为透射斑至衍射斑 *hkl* 的距离，对立方晶体沿 <*h*00> 方向调幅，其 $\lambda_p=\dfrac{ah}{h^2+k^2+l^2}\times\dfrac{R}{\Delta R}$，式中 a 为点阵常数。

卫星斑可分辨程度与入射束方向 B 有关。因此通过倾斜试样使 B 严格地平行 <100> 或 <110>，让｛*hkl*｝的卫星斑具有相等强度。卫星斑间距不随 *hkl* 的变化而变化，这是断定试样为调幅结构的依据。

（7）晶体取向关系测定

在材料研究中经常涉及沉淀相和基体、孪晶或亚晶与基体之间的取向关系。这些取向关系一般用两晶体平行晶面上的一对平行取向来表示。例如马氏体相变时的奥氏体（γ）和马氏体（M）的晶体取向关系：$(111)_\gamma//(110)_M$，$[1\bar{1}0]_\gamma//[1\bar{1}1]_M$。测定晶体的取向关系就是利用电子衍射花样找出两部分晶体之间相互平行的晶面和该两晶面上相互平行的结晶学方向。用选区电子衍射技术从薄晶试样上获取两晶体（如基体和沉淀相）的两套叠加在一起的衍射花样。为了确定哪一个斑点来自哪一个晶体，可依次使各衍射斑点成暗场像，当所选晶体在荧光屏上呈亮像时，其它晶体或基体就会呈暗像。这样将两个重叠在一起的衍射斑点区分开来。操作时仔细旋转试样倾转台，使基体斑点具有均匀的强度，也就是说使入射束方向尽可能与晶带轴平行。选择不同的晶带轴的电子衍射花样，反复对比分析，然后将那些多次重复出现的晶面平行关系定为两相间的取向关系。最简单的方法是让同一薄晶试样上的两相分别形成两个单独衍射花样，然后标出花样指数，确定每个花样的晶带轴。那么两相间的取向关系就可以用所确定的两个彼此平行的晶带轴，以及两花样中彼此平行的斑点指数来确定，即两套花样中重叠的斑点所对应晶面指数就是要寻找的平行晶面。注意上面所示的取向关系不是唯一的，它们可用 <*uvw*> 或 {*hkl*} 的不同组合来表示。

图 7.52　某新型碳材的透射电子衍射花样

（8）未知结构透射电子衍射花样实例分析

用某种含碳源的试剂经化学气相沉积的方法在石墨基底上制备一种新型碳材，其透射电子衍射花样如图 7.52 所示，由此探索其晶体结构信息。

首先，从宏观角度观察该斑点花样的形状特征，可以说成是菱形、等边三角形或等边六边形。晶带轴 B[111] 的简单立方结构、体心立方结构、面心立方结构和金刚石结构等的透射电子衍射花样都有上述等边六边形特征，此外，晶带轴 B[001] 的六方晶体和菱方晶体的透射电子衍射花样也有等边六边形特征。其次，从图左下方获得比例尺信息，14 mm 长对应 $5nm^{-1}$，按同比例的方法计算，量出衍射花样的边长是 4.5mm，对应 $1.607nm^{-1}$。最后利用衍射花样形状特征的边长与晶胞常数的关系，计算其晶胞常数 a。具体计算过程如下：

简单立方：B=[111]，$\dfrac{\sqrt{2}}{a}=1.6701$，$a=0.88nm$，$hkl=\{110\}$；

体心立方：B=[111]，$\dfrac{\sqrt{2}}{a}=1.6701$，$a=0.88nm$，$hkl=\{110\}$；

面心立方：B=[111]，$\dfrac{2\sqrt{2}}{a}=1.6701$，$a=1.76nm$，$hkl=\{220\}$；

金刚石结构：B=[111]，$\dfrac{2\sqrt{2}}{a}=1.6701$，$a=1.76nm$，$hkl=\{220\}$；

菱方晶体：B=[011]，$\dfrac{2}{a}=1.6701$，$a=1.24nm$，$hkl=\{100\}$；

六方晶体：B=[0001]，$\dfrac{2}{\sqrt{3}a}=1.6701$，$a=0.718nm$，$hkil=\{10\bar{1}0\}$。

从图 7.52 的衍射花样可以获得上述六种晶体结构及晶胞常数，与现有的单质碳结构相比较，没有一种相匹配的，能谱元素分析表明只能是碳元素，这可能是一种未知结构的新型碳单质材料。然而，材料制备者当时没有做粉末衍射检测，做透射电子衍射检测时没有转动样品台换一个晶带轴测新的透射电子衍射花样，导致不能完整表征结构。因此，建议做新材料工艺研发者掌握一定的晶体结构表征理论知识，就不会错过发现新材料的机会。

参考文献

[1] 霍广鹏，陈亮维，胡一丁，等 . 正交晶系单晶标准透射电子衍射斑点图及绘制原理 [J]. 人工晶体学报，2020，49（7）：1281-1285，1293.

[2] 叶恒强，王元明 . 透射电子显微学进展 [M]. 北京：科学出版社，2003.

[3] 史庆南，陈亮维，王效琪 . 大塑性变形及材料微结构表征 [M]. 北京：科学出版社，2016.

[4] 周玉，武高辉 . 材料分析测试技术 [M]. 哈尔滨：哈尔滨工业大学出版社，1997.

第 8 章

晶体衍射数据分析总结与展望

8.1 各种晶体衍射的共同理论基础

不管是晶体粉末衍射、四元单晶衍射、电子背散衍射和透射衍射，也不管发生衍射的光源是 X 射线、高速电子或高速中子，在表征晶体结构时都是应用相同的布拉格衍射方程、相同的晶体学公式。晶体学公式包括晶面距与晶格点阵参数、晶面指数的关系式，晶面或晶向夹角公式和结构因子公式。晶体的各种衍射现象发生时都要满足相同的衍射条件。在前面的章节中详细阐述了布拉格衍射方程、晶体学公式及发生衍射现象的充分必要条件，本节不再重述。这些数学公式是设计晶体衍射数据智能化分析软件的理论基础。

8.2 粉末晶体衍射指标化软件的设计

目前各种商业粉末衍射指标化软件和各种免费共享的指标化软件比较多，其中中国科学院物理所董成研究员设计和编制的 PowderX 软件特别实用，该软件在第 2 章有专门的介绍。在此主要是鼓励和启发读者根据粉末衍射理论设计属于自己的分析软件。下面介绍作者根据粉末衍射实验求解晶体结构的思路。

① 根据实测的一组 2θ 值，运用布拉格衍射方程 $2d\sin\theta=\lambda$，已知波长，就可以求出一组晶面距 d。

② 根据晶系对称性由高到低的顺序，应用晶面距与晶胞参数、晶面指数的公式，其中晶面指数是按 14 种布拉维点阵中的某一点阵规律选取，例如立方晶系有简单点阵、面心点阵

和体心点阵等，每一种点阵有相应晶面指数规律，实测晶面距，晶面指数是已知的，就可以求解一组晶胞参数。

③ 根据求解的晶胞参数，把按前述相同点阵的一组晶面指数代入相同的晶面距与晶胞参数、晶面指数的公式，计算出一组晶面距。

④ 把上述一组计算的晶面距与实测晶面距比较，如果完全吻合，则指标化工作结束，当前的晶系和当前的点阵就是要求解的晶系和点阵。

⑤ 上述比较对照，如果不吻合，要换下一种点阵的晶面指数继续验算，如果吻合，就停止。如果不吻合就再换一种。

⑥ 如果该晶系下所有点阵晶面指数都不吻合，就换下一种晶系对应的一种点阵重新计算，如此反复验算。

当晶体衍射指标化工作完成后，可以在新物相中添加内标物相，在相同的衍射条件下重新获得粉末衍射数据，内标物相的晶胞参数是已知，运用内标法校正新物相的 2θ 和晶面距，由此可以重新获得校正的新物相的晶胞参数。

把新物相与标准的刚玉型 Al_2O_3 粉末按质量比 1 ∶ 1 均匀混合，然后按通用的衍射条件，实验获得新物相最强的衍射峰积分强度与刚玉型 Al_2O_3 的最强衍射峰的积分强度之比，这个比值就是标准衍射卡片上的 I/I_c 值，也叫 RIR 因子，供粉末衍射物相定量分析参考。

最后做晶体结构精修，如果晶体结构精修的结果比较合理，这样新物相的标定工作就圆满完成了。

8.3　EBSD 实验数据分析软件的设计

目前 EBSD 附件通常配置在扫描电镜上，EBSD 的核心硬件是获得菊池花样的探头，对菊池花样拍照的摄像头，在 EBSD 附件的售价里 EBSD 实验数据的分析软件占了至少 70%。在平时 EBSD 教学中往往只强调现有软件的应用和功能，用户只得相信软件给出结果，一般不会向用户提供原始的 EBSD 实验数据，即使提供了，用户也打不开，用户无法获得与某点对应的原始菊池花样。本节试图提供一种 EBSD 实验数据处理新的编程思路，让读者获得对 EBSD 原始实验数据的解析能力和相关智能化软件的设计能力。

EBSD 的应用对象主要是金属材料，金属材料通常是面心立方晶体结构，如铜、铝和镍等；体心立方晶体，如钢铁；六方晶体结构，如钛、锆、镁和锌等。在 6.2 节中详细阐述背散射电子衍射菊池花样与晶体结构的数理关系，阐述了面心立方、体心立方和六方晶体的菊池花样特征和面心立方晶体的立方织构和剪切织构对应的理论菊池线花样的绘制方法。这些内容是设计 EBSD 实验数据智能分析软件的理论基础。

EBSD 样品通常与入射电子成 20° 角，在拍微观形貌照片时，只有中间部分最清晰，在 EBSD 选区时，通常只选取图像的中间部分。用金相方法可以清楚观察到 20 ～ 100μm 之间金属材料的金相组织，金属的定向凝固铸态组织肉眼可见，通常在毫米级以上。应用扫描电镜放大 10 万倍，可以分辨 20 个 nm，当做能谱元素分析时，电子束与被测物质的作用区域达到微米级，很难获得微米级以下物质的元素成分信息。理论上两个平行的晶面（结构因子不为 0）就能产生衍射现象。在背散射电子衍射时入射电子与被测物质的作用范围达到亚微米级，同样较难测出亚微米级以下晶粒的精细结构。现在由于场发射扫描的出现，电子的会聚能力和强度得到大幅提高，扫描步幅缩短至 50nm，可以分辨出尺寸约 500nm 的晶粒。

在 EBSD 实验数据分析软件中，设置实验材料所属晶系的下拉菜单，当选择六方晶系时，又弹出菜单要求输入 *c*/*a* 的比值。每一个测量点的坐标与一幅菊池花样对应，菊池花样中的图案中心点 PC 由实验测定，金属材料的基本晶带轴，如 [111]、[110] 和 [001] 的特征菊池花样很容易识别，可以应用图像识别技术进行识别，并标出它们在菊池花样中的坐标，以 PC 点为坐标原点，通过数学计算，可以获得该晶粒的取向参数，如 ND 和 RD 的晶面指数，与欧拉空间对应的一组欧拉角，然后对所测区域全部点的菊池花样进行大数据分析。如果某一相邻区域各点的菊池花样完全相同，该区域就代表一颗单晶，即一个晶粒，它具有某一确定的取向，相邻的两个晶粒有时取向完全不同；如果相邻两个晶粒取向的 ND 指数完全相同，只有 RD 指数不同，这是出现孪晶的必要条件，允许用户调出该两个晶粒的分界线各点的原始菊池花样，用户自己分析它们是不是孪晶，具体某一个孪晶的理论菊池花样是可以计算的，它们有共格的衍射线，让孪晶分析建立在更准确和可靠的基础上。这与透射电子衍射观察孪晶的花样一样，孪晶的晶带轴 *B* 必须相同，找出共格的衍射斑点。在表述微观取向时，推荐最多列出主要的 3 至 4 种取向，相同的取向用相同的颜色表示，用面积的百分比近似地表示取向的含量。除了用传统的极图、反极图和 ODF 图表示晶粒织构取向外，作者更倾向于用实测原始的菊池花样表示晶粒取向或织构，这更客观真实，同时促进用户对实测菊池花样的认识和理解。

用 EBSD 可以半定量地分析位错，商用软件已经很好地解决了这些问题。本节仅是从 EBSD 的原理出发，从用户的角度，对 EBSD 实验数据的处理提出了十分粗略的设想。

8.4 四元单晶衍射数据分析方法

未知新相的单晶衍射结构表征方法主要为四元衍射法和透射电子衍射法。在四元单晶衍射仪中样品处于大气环境中，在透射电镜中样品处于高真空环境中，探头都是面探，两者的衍射花样性质和特征完全相同。但这两个仪器对样品的要求完全不同，四元单晶衍射仪要求样品是亚毫米级就可以了，样品观察自由度高，然而透射电镜样品要求样品厚度不超过 0.2μm，样品观察自由度低。用四元单晶衍射仪表征未知新相的晶体结构时，获得的实验数据有很多，但真正用于晶体结构解析的数据却不多。四元单晶衍射实验数据的分析完全可以借鉴透射电镜电子衍射的数据分析，其方法完全相同。样品的旋转操作非常重要，可以极大地降低表征难度。

获取衍射花样时四元单晶衍射仪操作原则与透射电镜操作原则一致。

实例 1　单晶衍射花样是正方形网格斑点的晶体结构标定

假若某单晶体在透射衍射观察时出现了正方形网格的斑点，拍下此时的花样，记下此时的样品台位置。小心地把样品台旋转 45°，若出现长宽比是 $\sqrt{2}$ 的长方形网格，并且其中心也有斑点的衍射花样，该晶体就是面心立方结构，如果其中心没有出现衍射斑点，该晶体就是简单立方结构或体心立方结构；若把样品旋转 90°，出现长方形网格状的衍射花样，其中长方形的一条边与正方形的边长相等，由此可以确定该晶体是简单四方结构，可以测定其晶格点阵参数。

实例 2　单晶衍射花样是长方形网格花样，并且长方形的中心也有衍射斑点的晶体结构标定

假若某单晶体在透射衍射观察时出现了长方形网格衍射斑点，并且长方形的中心也有衍射斑点，若把样品旋转 90°，就可以观察到正方形网格衍射花样，并且正方形网格的中心也有衍射斑点，该正方形的边长等于长方形的长或宽，据此可以确定该晶体是体心四方结构，可以测定其晶格点阵参数；若把样品旋转 90°，仍可以观察到长方形网格衍射花样，只是长宽比有变化，并且长方形网格的中心也有衍射斑点，据此可以确定该晶体是体心正交晶体结构，很容易测定其晶格点阵参数；若把样品旋转 90°，仍可以观察到长方形网格衍射花样，只是长宽比有变化，但是长方形网格的中心没有衍射斑点，据此可以确定该晶体是底心正交晶体结构，很容易测出其晶格点阵参数。

假若单晶样品衍射花样是长方形网格，其长宽比是 $\sqrt{2}$，并且长方形的中心也有衍射斑点的，若把该样品台旋转 45°，可以观察到以长方形的宽为边长的正方形网格衍射花样，据此可以确定该晶体是面心立方晶体结构，可以测出其晶格点阵参数。

实例 3　单晶衍射花样是长方形网格花样，并且长方形的中心没有衍射斑点的晶体结构标定

假若某单晶体在透射衍射观察时出现了长方形网格衍射斑点，并且长方形的长宽比是 $\sqrt{2}$，其中心没有衍射斑点，若把样品旋转 45°，可以观察到以长方形的宽为边长的正方形网格衍射花样，可以确定该晶体是简单立方或体心立方结构。

假若某单晶体在透射衍射观察时出现了长方形网格衍射斑点，其中心没有衍射斑点，若把样品旋转 90°，可以观察到正方形网格衍射花样，该正方形的边长等于长方形的长或宽，据此可以确定该晶体是简单四方结构，可以测定其晶格点阵参数。

若把样品旋转 90°，仍观察到长方形网格衍射花样，该长方形与前面的长方形一定有一条边相等，并且另两条不相等的边比值不等于 $\sqrt{3}$，据此可以确定该晶体是简单或面心正交晶系结构，如果另两条不相等的边比值等于 $\sqrt{3}$，并且把样品沿另一个轴旋转 90°，获得了等边六边形网格花样，据此可以确定该晶体是密排六方晶系结构，可以测定其晶格点阵参数。

实例 4　单晶衍射花样是等边三角形或等边六角形网格状花样的晶体结构标定

假若某单晶体在透射衍射观察时出现了等边三角形或等边六角形网格状衍射斑点，此时若把样品台旋转 90°时，观察到长方形网格衍射花样，由此可以确定该晶体是简单六方晶体结构，并测定其晶胞参数。

若把样品台旋转 54.7°，观察到正方形网格衍射花样，如果该正方形的边长等于前面的等边六边形的边长，该晶体就是体心立方结构，如果前面的等边六边形的边长与该正方形的边长的比值是 $\sqrt{2}$，该晶体是简单立方结构或面心立方结构，若此时再把样品旋转 45°，观察到长方形网格状衍射花样，长方形的长边与前面的等边六角形的边长相等，短边与前面的正方形边长相等，若该长方形的中心也有衍射斑点，该晶体是面心立方结构，若该长方形的中心没有衍射斑点，该晶体就是简单立方晶体结构，并且可以进一步测定其晶胞参数。

若把样品台旋转 60°时，仍观察到全等的等边六角形网格状衍射花样，此时该晶体结构就是夹角等于 60°的菱方晶体。

读者根据上述方法，自己调出四元单晶衍射原始数据，及各原始衍射数据与样品的位向关系，就能很容易地解析出其晶体结构，同时根据这个思路，也能设计出四元单晶衍射智能分析软件。

8.5 透射电镜电子衍射应用的新展望

（1）用透射电镜可以实现背散射电子衍射（EBSD）的全部功能

用透射电镜电子衍射的方法对选区逐点进行扫描，把每个坐标点对应的衍射斑点图进行保存，然后运用机器学习新方法进行人工智能大数据分析，设计相关的图像分析软件，去实现微观晶粒取向分析、晶粒大小分析和晶界特征分析等功能。透射电子衍射表征功能可以轻松突破普通 EBSD 难以表征纳米级晶粒的技术瓶颈问题，如果要表征的新材料平均晶粒尺寸在 100nm，扫描步幅可以设定为 10nm。透射电镜样品在观察时可以旋转，在区域扫描前，可以对其进行多角度衍射斑点数据采集，可以准确获得被检材料的晶体结构信息，完全可以消除普通 EBSD 表征结果有系统性误差的技术瓶颈问题（EBSD 样品在观察时不能转动），可以轻松实现表征各个织构组分的定量分析和三维晶体取向重构和三维衍射像重构。一个晶粒取向对应了一个具体的单晶衍射花样，标定单晶衍射花样时，解析出的晶带轴 B，其实就是织构组分的 ND 方向指数，根据衍射花样的旋转角可以很容易解出 RD 的轴向指数。在整个扫描区域内根据大数据分析，可以计算出某个取向的面积占整个扫描面积的百分比（这是微观织构的定量表征）。有了这个定量结果，就可以与某些性能的张量值结合，理论计算出材料的性能。这显然比传统 EBSD 分析结果给出的极图、反极图和 ODF 图上的强度级数更有意义。透射电子衍射样品制备困难，在样品厚度方向不能同时有两个以上的单晶粒，只能有一个单晶粒，否则严重影响分析结果的精度，这对样品制备提出了更高的要求。

（2）透射电镜可以实现四元单晶衍射仪的功能

表征新材料的晶体结构，制备单晶样品是非常艰难的工作，目前表征单晶结构最好的手段是用单晶衍射仪。单晶衍射仪要求样品形状规则，单晶颗粒大小在 0.3 ～ 0.5mm 之间。因此，表征微米级或亚微米级的单晶体新材料对单晶衍射仪来说就是一个技术瓶颈问题。

透射电镜样品台可以实现三个维度的运动，观察屏固定不动，这足以表征单晶体的结构。尽管电子波长不准确，可以通过标样金或硅来校对，同样可以获得精度很高的晶体结构参数。结合 7.6 节的介绍，可以设计出智能化分析软件，有望在半个小时内完成微米级或亚微米级新材料单晶样品的数据采集，自动计算出所属晶系、点阵类型和晶胞参数。另外单晶衍射仪要求样品必须是一颗单晶，而透射电镜只要求样品中包含有要检测的单晶。

第 9 章 X 射线衍射仪

国产衍射现代分析仪器的发展突飞猛进，产品升级换代较快。国产衍射仪的性能完全可以和进口的同类产品相媲美，但价格不到进口产品的一半，国产衍射仪的售后维修和维护费用非常低。操作界面全是中文，特别适合于高校教学和工厂物相检测，深得用户的喜爱。

9.1 衍射仪产品的介绍

衍射仪的产品型号有很多，生产厂家有很多，但衍射仪都由 X 射线发生器、测角仪、探测器、操作控制系统软件和衍射数据处理软件等构成。下面以丹东通达科技公司生产的衍射仪为例进行介绍。

① X 射线发生器：

采用进口 PLC 控制线路代替单片机控制线路，使仪器故障率大大降低，仪器性能更加稳定可靠。进口 PLC 的使用，可大大提高仪器 X 射线发生器的使用功率，满足部分特殊用户大功率测试特殊样品的需要。而其它公司采取单片机控制线路，线路复杂，元器件繁多、故障率高，最大的缺点是无法使仪器长时间稳定地运行在大功率范围内（1.6kW 以上）。高压控制单元与管理系统实现了真正的电气隔离，隔离电压 >2500V，由 PLC 模块对高压控制单元进行可靠管理及实时监控，并由触摸屏实时显示监测信息，各 I/O 接口模块均采用光电隔离措施，使高压发生器外电路与控制之间真正实现了电气隔离，各模块均采用屏蔽措施，以防止辐射干扰。

② 记录控制系统（衍射仪的核心部分）：

在原飞利浦衍射仪技术的基础上，采用进口 PLC（可编程序控制器）控制线路代替原仪器的单片机控制线路，使得该仪器的记录控制系统计数更加稳定，控制更加简单，结构更加紧凑，由于采用大规模高精度自动化程度极高的进口西门子 PLC 控制线路，该系统可长时间无故障地、稳定地运行。该系统较其他公司采用的单片机线路有以下几方面的优势：

a. 线路控制简单，便于调试、安装，只由一套西门子 PLC 系统与两块集成度极高的线路板组成。大部分功能如控制测角仪转动、微机接口、控制 X 射线发生器工作及采集计数信号等都由软件来实现，这样就大大简化了硬件系统，从而大大降低了该系统的故障率。而其它公司的衍射仪记录控制系统，仍然采用线路复杂的单片机线路，该线路调试复杂、维修困难，只能由厂家的专业技术人员维修。且故障率极高，硬件方面相当繁琐，由十六块极其复杂单片机线路板组成，且所采用的集成块等元器件仍然是 20 世纪 70 年代引进飞利浦技术时的型号，且大多已经被淘汰。

b. 由于采用模块化设计，该系统维修非常简单，用户无需厂家技术人员在场的情况下可自行维修与调试。

c. 采用先进的真彩色触摸屏实现人机交互，保护功能齐全，操作非常方便，立体感极强的动画设计更加人性化，更加直观，便于操作者的使用及判断故障信息等。

d. 大大提高了该系统的计数的稳定性，从而提高整机的综合稳定度。

e. PLC 扩展能力强，可方便地扩展多种功能附件，而无需另外增加任何硬件线路。

f. 独特的高压安全装置，高压在开的过程中，可以自动升降高压，如用户在测样品时开 40kV、40mA 高压，样品测试完成后自动降到 30kV、20mA，铅门打开后高压自动降到 10kV、5mA 位置，铅门关上后，高压自动升到 30kV、20mA 位置，光闸窗口与铅门联动，如在数据采集过程中铅门不小心打开，则光闸自动关闭，同时高压自动降到 10kV、5mA 位置，数据停止采集，铅门关上后，高压自动升到设定数值后，数据继续进行采集。

③ 采用高分辨率的一维阵列探测器，该计数器性能稳定，计数能力强且分辨率高，从而提高对样品测量的重复性及准确性。

④ 测角仪采用进口极高精度轴承传动，提高仪器的测量精度，增加测角仪的使用寿命。测角仪运动控制由一套高精度全闭环矢量驱动伺服系统来完成，智能驱动器包含的 32 位 RISC 微处理，高分辨磁性编码器能将极小的运动位置误差自动修正，精度高，角度重现性达 0.0001°，最小步进角达到 0.0001°。

⑤ 有多种功能的衍射仪附件（比如集成测量附件、高低温测量附件、织构应力附件等）可供选择，拓宽了衍射仪应用领域。

⑥ TD 系列衍射仪输出的衍射数据文件符合国际标准，通用性强，既可在本公司提供的具有自主知识产权的软件上处理，也可在进口软件上进行处理。

⑦ 引进国际先进的数据处理软件，功能十分强大，该软件为目前国际上先进的版本。

⑧ 配备大功率分体式制冷循环水冷却装置，降低室内噪声，可延长 X 射线衍射管的使用寿命。

⑨ 立式测角仪结构可方便用户对测量样品的制作，更便于用户的操作。θ-θ 测角仪的研制成功可满足部分特殊用户测试特殊样品的要求，如液体样品、溶胶态样品、黏稠型样品、松散粉末、大块固体样品等。丹东通达科技有限公司是由原丹东射线仪器（集团）股份有限公司设计开发部所有技术人员组成的，是 X 射线产品专业生产企业，主导产品为 X 射线分析仪器和 X 射线无损检测仪器两大系列。X 射线分析仪器包括 X 射线衍射仪、X 射线晶体分析仪、X 射线晶体定向仪。其中 TD 系列 X 射线衍射仪（如图 9.1 所示）、TDF 系列 X 射线晶体分析仪均采用世界上先进的可编程序控制器技术和模块化设计理念，使得该系列产品自

动化程度高，抗干扰性好，故障率极低，并延长整机使用寿命。TD 系列 X 射线衍射仪以其先进的控制功能、完善的数据处理软件以及高精度的测试结果，在国内同类仪器中居于领先水平。

9.1.1　TD-3500 型衍射仪

TD-3500 型 X 射线衍射仪（图 9.1）的主要配置和技术指标如表 9.1 所示。

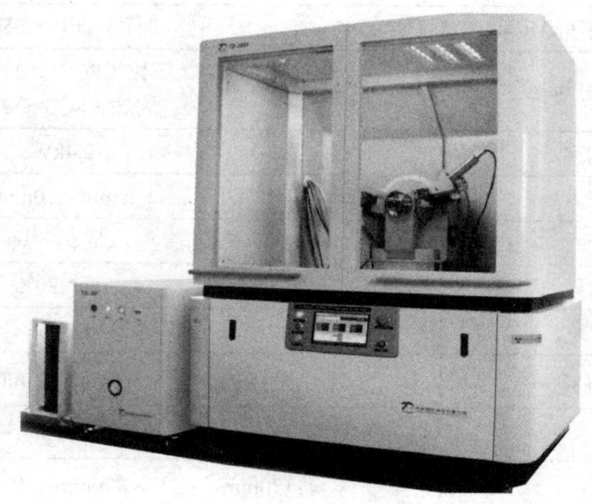

图 9.1　TD-3500 型 X 射线衍射仪

表 9.1　TD-3500 型 X 射线衍射仪的主要配置和技术指标

配置名称		主要技术指标
高功率和高稳定 X 射线发生器系统	电源电压（单相）	交流 220V ± 10%
	额定功率	5kW
	管电压	10 ～ 60kV，1kV /Step
	管电流	2 ～ 80mA，1mA /Step
	稳定度	≤ 0.01%（电网波动 10%）
	高压电缆	介电电压 100kV，长 2m
高精度和高角度测角仪系统	测样形式	TD-3500（立式结构）
	衍射圆半径	标准 225mm（150 ～ 285mm 连续可调）
	2θ 角扫描范围	联动：-10° ～ 170°，单动：θ_s，-5° ～ 85°，θ_d，-5° ～ 85°
	扫描速度	0.006° ～ 120° /min
	2θ 角重复精度	≤ 0.0001°
	最小步进角度	0.0001°
	测量准确度	优于≤ 0.0002°
	扫描方式	连续，步进，定时步进，omg
	回转速度	1500° /min
	狭缝系统	可变狭缝系统

续表

配置名称		主要技术指标
记录控制单元系统	计数器	正比（PC）或闪烁（SC）计数器
	计数线性范围	≥ 1000，000cps
	最大背景噪声	≤ 1cps
	计数器高压	0 ～ 2200V 连续可调
	计数方式	微分或是积分
	探测器高压稳定度	优于 ± 0.0005%
	能谱分辨率	正比（PC）≤ 20% 或 闪烁（SC）≤ 50%
陶瓷 X 射线管（Cu 靶）	功率	2.4kW
	焦点	1mm × 10mm
	靶材	Cu 靶一只
TSM-2 石墨弯晶单色器	反射效率	η ≥ 30%
	嵌镶度	≤ 0.55
	窗口	20mm × 15mm
整机综合稳定度		0.3%
外形尺寸		1170mm（长）× 870mm（宽）× 1800mm（高）

9.1.2 TD-3700 型 X 射线衍射仪

TD-3700 型 X 射线衍射仪的主要配置和技术指标如表 9.2 所示。

表 9.2 TD-3700 型 X 射线衍射仪的主要配置和技术指标

配置名称		主要技术指标	特点
高功率和高稳定 X 射线发生器系统	电源电压（单相）	交流 220V ± 10%	采用进口 PLC（可编程控制器）的控制技术，自动化程度高、故障率低、抗干扰能力强、系统稳定性好、可延长整机使用寿命。PLC 与计算机接口自动控制光闸的开关，自动控制管压、管流的升降，具有自动训练 X 光管的功能
	额定功率	5kW	
	管电压	10 ～ 60kV，1kV/Step	
	管电流	2 ～ 80mA，1mA/Step	
	稳定度	≤ 0.005%	
	高压电缆	介电电压 100kV，长 2m	
高精度和高角度测角仪系统	测样形式	TD-3700（立式结构）	样品水平：θ_s-θ_d 立式测角仪
	衍射圆半径	标准 225mm（150 ～ 285mm 可调）	θ_s-θ_d 立式测角仪，样品水平放置，测量时样品静止不动，方便制样，可测试液体样品、溶胶态样品、黏稠型样品、松散粉末、大块固体样品等。样品不会掉入测角仪轴承中，从而避免对测角仪轴系的腐蚀，提高测角仪的使用寿命，采用极高精度进口轴承传动，精度高，测量重复性好
	测量方式	常规衍射和透射方式	
	2θ 角扫描范围	-105° ～ 150°	
	θ 角扫描范围	-15° ～ 200°	
	扫描速度	0.0012° ～ 120° /min	
	2θ 角重复精度	0.0001°	

续表

配置名称		主要技术指标	特　点
高精度和高角度测角仪系统	最小步进角度	0.0001°	
	测量准确度	≤ 0.001°	
	2θ 角度线性度	≤ ± 0.01°	
	滤光片	Ni（用于 Cu 靶）	
	回转速度	1500° /min	
	狭缝系统	可变狭缝系统	
记录控制单元系统	探测器	一维阵列探测器	一维阵列探测器充分运用了混合光子计数技术，无噪声，快速数据采集，超过闪烁探测器 100 倍的速度，优异的能量分辨率，能有效地去除荧光效应。640 通道的探测器具有最快的读出时间，形成最优的信噪比。带有电子门控和外部触发的探测器控制系统，有效地完成系统的同步
	动态范围 /bit	24	
	通道数	640	
	通道宽 /μm	50	
	能量分辨率 /eV	687 ± 5	
	读出时间 /μs	89	
	能谱范围 /keV	4 ～ 40	
	冷却模式	空气风冷	
	2θ 覆盖角度	>4.5°	
	准直器	多层（高通量下使用）	
	操作使用环境	0 ～ +50℃	
循环制冷系统	结构	分体式或一体式	采用带制冷功能的循环水装置。该装置自动控制水温并显示 X 射线管温度，温度范围可自动选择。自带制冷系统，无需外接循环水冷却装置，并且采用不锈钢水泵，使噪声降低并且消除了水锈的产生，避免 X 射线管的堵塞
	工作温度	0 ～ 50℃	
	工作电压	220V	
	保护功能	1. 水流量压力检测 2. 制冷剂压力检测 3. 温度过高和过低等各种保护	
微机系统	主机	双核 CPU RAM4G 硬盘 500G	品牌机（联想或戴尔）
	显示器	液晶显示器	
	打印机	激光打印机	惠普打印机
保护功能	报警装置	有 kV 过高、kV 过低、mA 过高、mA 过低、无水、X 射线管超温、整机过流保护、X 射线管过功率保护等功能	功率保护有：0.8kW、1.2kW、1.8kW、2.0kW、2.2kW、2.4kW、2.7kW 等七档
	安全装置	防护系统为双重防护，光闸窗口与铅门联动，铅门打开光闸自动关闭	
	X 射线泄漏	按 GBZ 115—2002《X 射线衍射仪和荧光分析仪卫生防护标准》进行检测，防护罩外射线计量≤ 0.1μSv/h	观察窗采用高密度、高透明的铅玻璃做防护
	辐射安全许可证	辽环辐证：[00150]	

续表

<table>
<tr><th colspan="2">配置名称</th><th>主要技术指标</th><th>特　点</th></tr>
<tr><td rowspan="2">软件</td><td>控制软件</td><td>1. 可在 WindowsXP 系统下运行的全中文界面，可自动控制 X 射线发生器的管电压、管电流的升降及光闸和 X 射线管的老化训练等
2. 自动控制衍射仪系统作连续扫描或阶梯扫描，同时进行数据采集，可控制测角仪步进和步退，对测角仪进行调整和对 2θ 进行校准等功能</td><td rowspan="2">1.TD-3700 控制软件 1 套
2. PDF4 卡片 1 套
3. 定量 Maud 软件 1 套
4. 中文数据处理软件 1 套
5. 晶体模型库 1 套
6. Jade 中英文软件 1 套</td></tr>
<tr><td>应用软件
（1 ～ 59 组卡片）</td><td>1. 平滑，扣除背底，$K\alpha_2$ 剥离
2. 寻峰（标 d 值，2θ 强度；半高宽，标 2θ 值，显示全部参数等多种衍射峰表示方法）
3. 改变采样步长，去除杂峰、干扰峰，d 值、峰位修正
4. 求积分面积、积分宽度、半高宽、谱图对比、谱图合并等
5. 在谱图任意位置插入文字；两种游标方式（小游标、大游标）
6. 多种缩放功能，多种坐标方式（线性坐标、对数坐标、平方根坐标）
7. 图片放入剪贴板，直接在 Word 或 Excel 中粘贴
8. 分峰程序、结晶度计算、晶胞参数精修、指标化、黏土定量分析等</td></tr>
<tr><td rowspan="3">X 射线管
（Cu 靶）</td><td>功率</td><td>2.4kW</td><td rowspan="3">质保一年，靶材能与欧洲和国内厂家互换</td></tr>
<tr><td>焦点</td><td>1mm × 10mm</td></tr>
<tr><td>靶材</td><td>Cu 靶一只</td></tr>
</table>

9.1.3 TD-5000 X 射线单晶衍射仪

丹东通达科技有限公司是专业的 X 射线产品生产商，积累了多年的 X 射线产品的设计、制造和研发的经验技术，承担开发的国家重大科学仪器开发专项“X 射线单晶衍射仪开发和应用”，研发出了 TD-5000 单晶衍射仪产品，填补了国内该类产品空白。

（1）四元单晶衍射仪主要用途及特点

四元单晶衍射仪主要用于测定新化合物（晶态）分子的准确三维空间（包括键长、键角、构型、构象乃至成键电子密度）及分子在晶格中的实际排列状况，可以提供晶体的晶胞参数、所属空间群、晶体分子结构、分子间氢键和弱作用的信息以及分子的构型及构象等结构信息。它广泛用于化学晶体学、分子生物学、药物学、矿物学和材料科学等方面的分析研究。其能精确测定无机物、有机物和金属配合物等结晶物质的三维空间结构和电子云密度，分析孪晶、无公度晶体、准晶等特殊材料结构；可精确测定无机分子、有机分子、矿质材料以及大生物分子的结构，提供全面的结构数据，并可按不同要求提供各种结构图、动态图。

（2）四元单晶衍射仪系统构成

四元单晶衍射仪系统由下面的单元组成：

① 高性能混合像素光子直读探测器；
② kappa 四圆测角仪；
③ X 射线金属陶瓷管（Mo 和 Cu）；
④ 高频 X 射线发生器；
⑤ 多毛细管光学器件；
⑥ 晶体样品液氮低温系统；
⑦ X 射线管的循环冷却水装置；
⑧ 计算机控制系统；
⑨ 系统控制和数据收集及分析软件；
⑩ 结构解析软件。

（3）四元单晶衍射仪的有主要技术参数

① X 射线发生器和光路系统：

a. X 射线发生器最大输出功率：3000W。

b. 最大管电压 / 通道：60kV。

c. 最大管电流 / 通道：50mA。

d. 电流电压稳定度：8 小时内变化不超过 ±0.1%。

e. X 射线管保护：过电压、过电流、冷却水异常保护。

② 测角仪：

a. 类型：kappa 四元测角仪（图 9.2），步进马达定位，四个角度均可自由转动，满足常规晶体结构分析和专业晶体学研究需要。

图 9.2　四元测角仪

b. 角度分辨率：

Omega 和 Theta：0.0001°。

Kappa：0.001°。

Phi：0.001°。

c. 扫描速度范围：0.005 ～ 3.0° /s。

d. theta 臂：具有通用性，与公司所提供的其它探测器兼容。

③ 晶体对中监视系统：

CCD 摄像头加放大镜头，安装在仪器内部用于样品对心与调整。

④ 探测器：

DECTRIS Pilatus 探测器。

⑤ 高性能计算机实现仪器控制及数据采集。

⑥ 系统控制和数据处理软件。包括控制、维护、数据收集、数据还原和数据分析程序（图 9.3），以及处理孪晶和晶面吸收校正等功能。收集数据和还原数据同步进行，有远程诊断及控制功能。

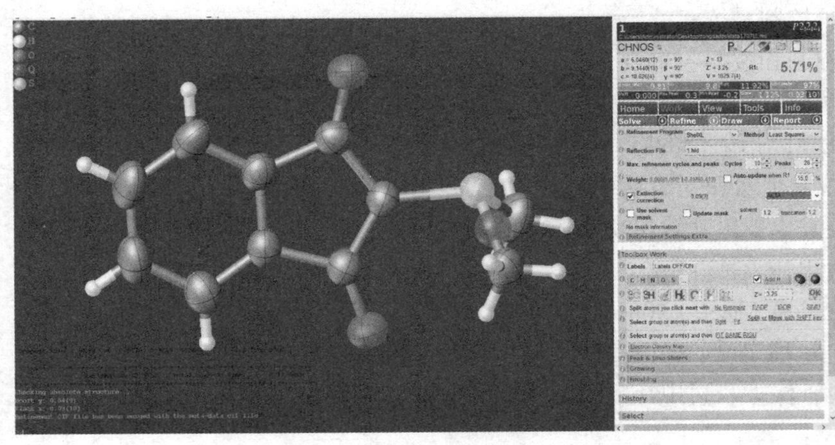

图 9.3　实验数据分析界面

⑦ 液氮低温系统：

a. 温度范围：120 ～ 400K。

b. 控温精度：± 0.1K。

9.2　衍射仪常用的附件

9.2.1　高低温附件

衍射仪高低温附件用来研究晶体结构高温时的相变。采用铂丝加热，通过 PLC 调节控制加热量，使样品室内的样品稳定在设定温度。工作时一种方法是通过机械泵对密封的容器进行抽真空，使容器内的真空度达到 10^{-2}mbar（1bar=10^5Pa）；另一种方法是用惰性气体保护样品。两种方法的目的都是保证样品不被氧化。TGW-1 高温附件的实物图如图 9.4 所示，其技术指标如下所示。

图 9.4　TGW-1 高温附件的实物图

① 温度范围：−192 ～ +1600℃。

② 温度控制速度：从温加热到 +1600℃需要大约

22min，从 +1600℃冷却室温需要 50min。

③ 温度控制精度：设定值 ± 0.5℃。

④ 温度设定方式：PLC 软件和电脑控制，连续设定。

⑤ 温度测量装置：双 K 型热电偶铂铑铂测温。

⑥ 加热器件：铂丝加热。

⑦ 窗口：耐温 400℃、0.04mm 进口聚酯膜。

⑧ 冷却方式：蒸馏水循环冷却。

9.2.2　织构和应力测试附件

TZG-5 多功能测量附件（织构和应力测试）的技术指标如表 9.3 所示，实物图如图 9.5 所示。

表 9.3　TZG-5 多功能测量附件的技术指标

项目	范围	步距
α 轴（倾斜）	动作范围：-45° ～ 90°	最小步距：0.001° / 步
β 轴（面内旋转）	动作范围：0° ～ 360°	最小转动步距：0.005° / 步
z 轴（前后）	动作范围：10mm	最小步距：0.001mm/ 步
γ 轴	动作范围：± 10mm	水平方向摆动
样品尺寸	最大 ϕ 40mm，厚度 10mm	

图 9.5　TZG-5 多功能测量附实物图

9.3　衍射实验数据采集系统和分析系统

TD 系列 X 射线衍射仪软件系统由数据采集软件包和应用软件包两部分组成，其中数据采集软件包主要对数据进行采集，而应用软件包用来对衍射数据系统进行分析，从而达到分析的目的。

9.3.1 数据采集软件

数据采集软件包含如下功能：

① 对 X 射线衍射仪进行自动控制，包括 X 射线发生器、测角仪的转动。

② 计算机与 PLC 相结合，使采集结果更快、更准确。

③ 对衍射数据进行采集，形成 ASC 码数据文件保存。

（1）常规样品采集衍射数据

扫描模式：在此功能中用户可以设置扫描方式，分为步进扫描和连续扫描。

① 连续扫描：探测器以一定的角速度进行连续扫描。

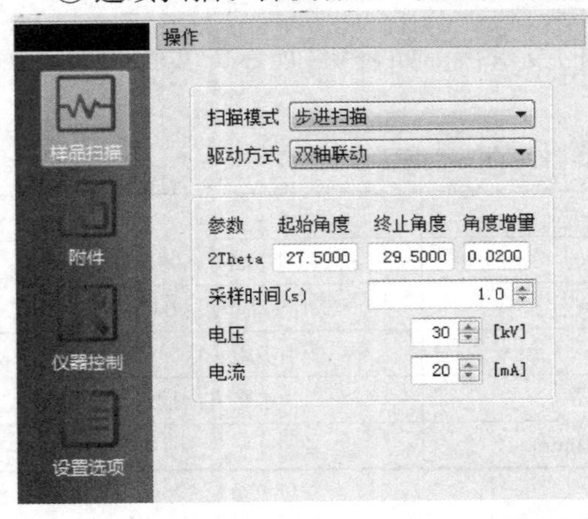

图 9.6 样品扫描界面

优点：速度快，使用方便。

缺点：峰位滞后，分辨率降低，线性畸变。

② 步进扫描：探测器以一定的角度间隔逐步移动，角度增量是每一次步进移动所进行偏转的角度值，见图 9.6。

优点：无滞后效应，峰位准，分辨率高。

缺点：速度慢，时间长。

用户可以根据需求选择扫描模式，如果需要获得清晰的图谱和高强度建议使用步进扫描，如果需要节省时间或者获得大概的数据可以使用连续扫描。其中共有的属性有：

参数 2Theta：起始角度、终止角度、角度增量；

采样时间（单位以秒来计算）；

电压电流（单位分别为 kV 和 mA）。

用户可以根据自己的需求来设定参数以满足自己的条件。

其中 2Theta 单臂转动要求设定独特 Theta 属性。

驱动方式：软件可实现双轴联动、2Theta 单臂转动、Omega 扫描，每一个方式都需要设置不同的参数属性。

2Theta 单臂转动的方式，是通过固定右臂（计数管），旋转左臂的方式来对样品进行分析，起始角度为 2Theta 的一半，是较多使用的一种驱动方式，见图 9.7。

Omega 扫描要求设定 Theta、Detector 属性，这种扫描方式为双臂之间的角度不变，同步并且以相同方向移动角度的一种驱动方式，其中 Detector 参数为 2Theta 减去起始角度或者终止角度的对应值，如图 9.8 所示。想要修改 Detector 的值必须修改其它对应的参数值。

仪器控制是最主要的功能之一，拥有相比其它功能来说较多的功能，对仪器的控制数据要求精度也是非常之高，见图 9.9。仪器控制功能分为 4 个功能模块：①高压控制；②光闸开关；③测角仪数据调整；④特殊功能。

如图 9.10 所示，点击箭头来改变电压和电流的大小（注意单位为 kV 和 mA），点击按钮来控制开关高压。

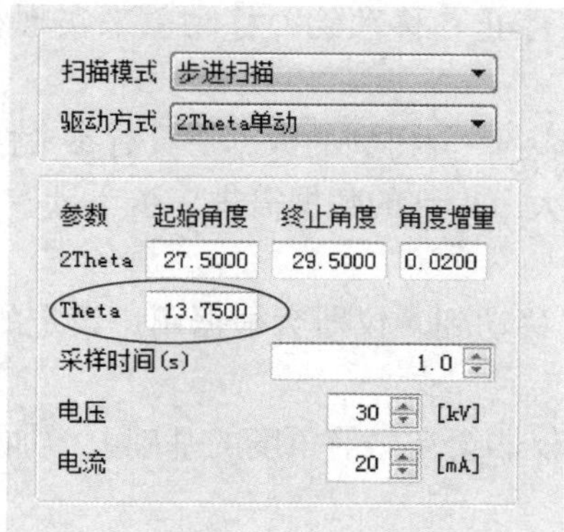

图 9.7　2Theta 单臂转动驱动方式

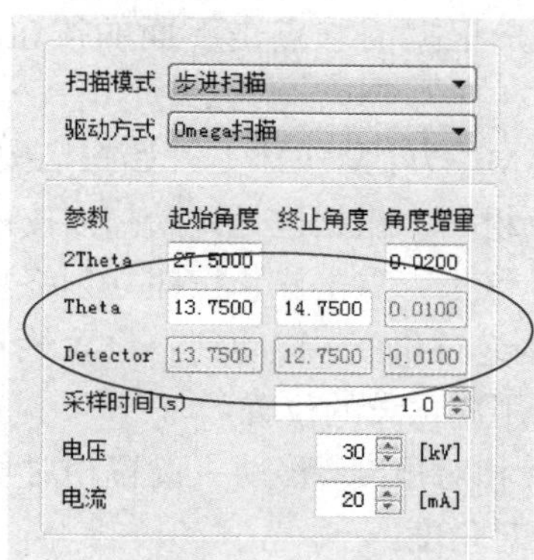

图 9.8　Omega 扫描驱动方式

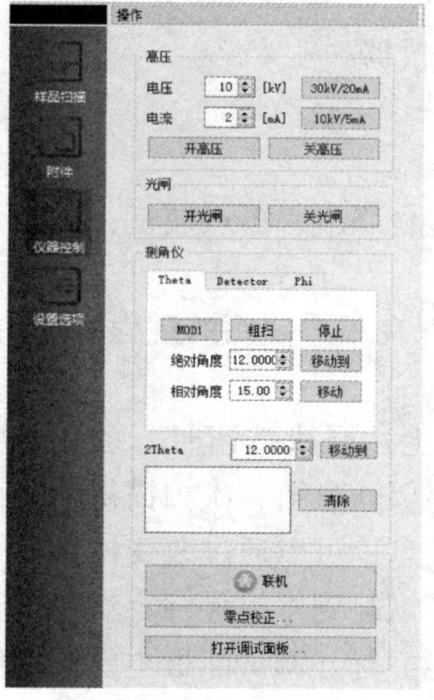

图 9.9　仪器控制界面

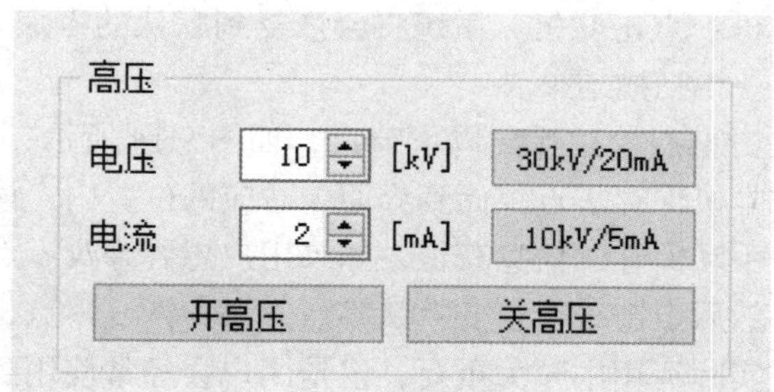

图 9.10　高压控制界面

在进行扫描的时候必须先行控制光闸开关，其实现方式主要通过点击开光闸和关光闸，扫描时打开光闸并检查仪器玻璃是否关闭，扫描完成关闭光闸。

测角仪控制有三个界面，如图 9.11 和图 9.12 所示。

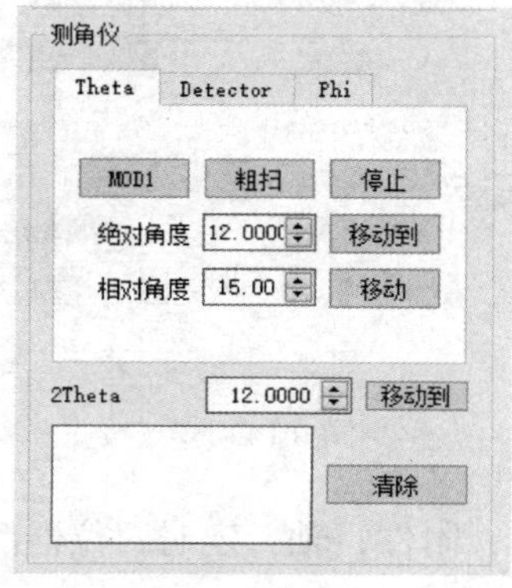

图 9.11　Theta 控制界面

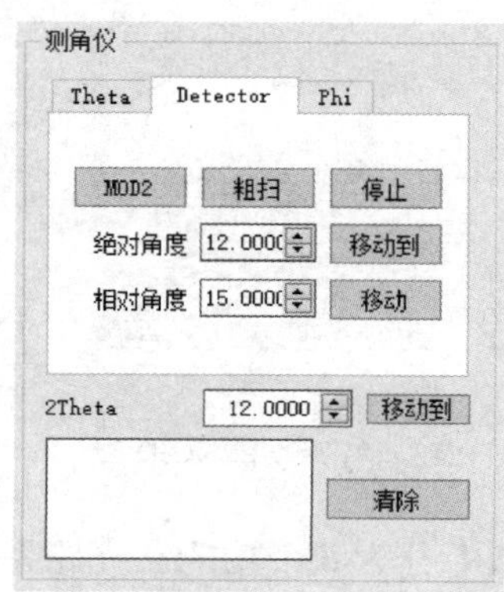

图 9.12　Detector 控制界面

用户根据需求点击下面的按钮（MOD1，粗扫，停止，移动到，移动）来实现相应的功能。

① MOD1：MOD1 是开始扫描按钮，其扫描的范围小，但得到的数据更具有参考性。

② 粗扫：粗扫也是开始扫描按钮，其扫描的范围大，得到的数据需进一步考量。

③ 停止：点击停止按钮立刻终止扫描。

④ 绝对角度 / 移动到：设置绝对角度之后，点击移动到，仪器会根据用户设定的角度，移动到用户预设的位置。

⑤ 相对角度 / 移动：设置相对角度，点击移动，仪器会在之前角度的基础上增加用户设定的相对角度。

注意：一般开始扫描的时候，先采取粗扫获取大致的数据，再根据数据具体的值重新设置角度进行 MOD 类型扫描，这样的方式更容易获得有价值的数据。

Detector 界面和 Theta 界面功能类似，如图 9.12 所示。

其操作方法与之前类似，用户需要采取正确的方式操作仪器。

注意：在操作前需要先连接仪器，否则无法运行。

（2）零点校验功能

特殊功能是作为仪器控制界面中不可缺少的部分，它包含联机、零点校正、打开调试面板，见图 9.13。

联机：点击联机，系统将会恢复到默认的零点，以确保在用户使用的过程中更精准地、有效地获得扫描结果。

点击零点校正弹出以下窗口，如图 9.14 所示，在点击上述联机按钮时，系统会将 PLC 零点和本机保存零点存储到界面中对应的位置内，该数据主要通过第一次扫描得出的结果或者用户手动保存的信息获得，如果用户想要修改零点位置信息，可以通过改变校正值栏中的数据，然后点击校正改变默认零点，点击恢复零点，仪器会恢复到本机保存零点的位置，该功能在实际运用中颇为重要，也是用户会经常使用到的功能。打开调试面板主要设置仪器信息，大多情况由软件开发者使用，用户不需要使用该功能。

图 9.13　特殊功能模块

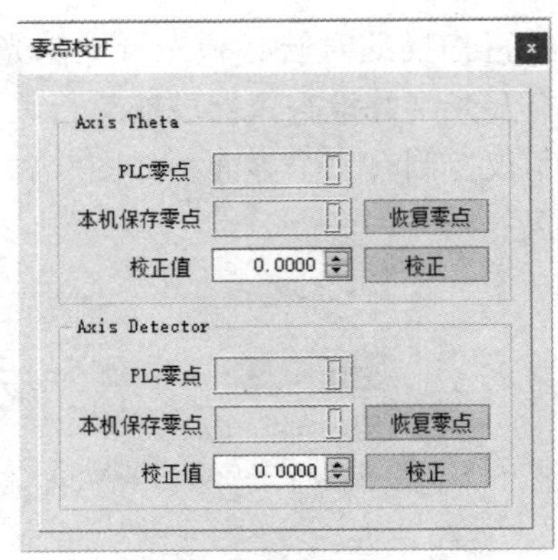

图 9.14　零点校正

设置选项中分为 6 个功能：光路系统，扫描结果，附件，轴，定时，仪器配置。每个功能都有独立的模块，见图 9.15。

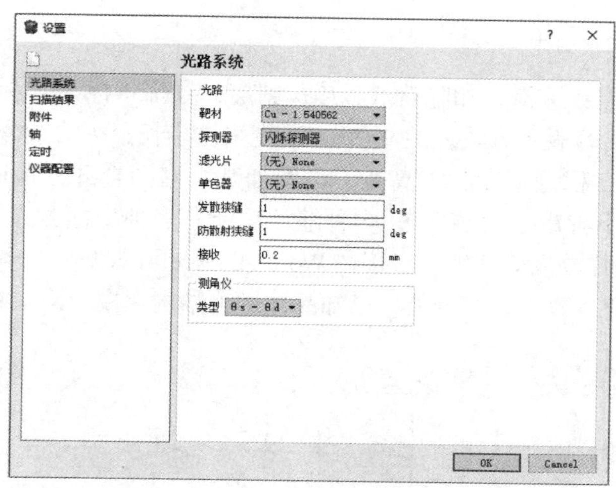

图 9.15　光路系统

光路系统分为靶材，探测器，滤光片，单色器，发散狭缝，防散射狭缝，接收，测角仪类型。

① 靶材：靶材作为目标材料，在高压的作用下，阴极发射电子轰击靶材，放出 X 射线。可见靶材在仪器中的重要地位，用户可以通过点击靶材下拉栏，选择使用的靶材，默认使用的靶材材质为 Cu-1.540562。

② 探测器：作为主要的观察记录装置，探测器可供选择的有闪烁探测器、正比探测器、阵列探测器。用户可以通过点击探测器下拉栏进行设置。

③ 滤光片：不同材质的滤光片作用往往也不大相同，主要作用是光路校正或者过滤荧光，可以通过图 9.15 中滤光片的下拉菜单来选择不同的滤光片。

④ 单色器：将光源发出的光分离成所需要的单色光的器件，可以不设置或者使用石墨单色器。

在扫描结果中主要是设置扫描结果文件的保存路径和文件格式，Mdi 类型可以使用该软件打开，txt 文件用记事本打开，推荐使用 Mdi 类型。用户可以在此设置自动保存结果或者追加日期时间，见图 9.16。

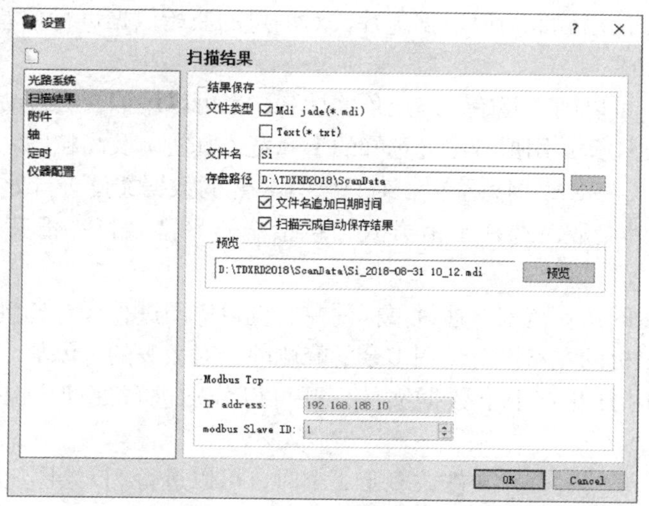

图 9.16　路径保存

9.3.2 数据处理软件

基本数据处理功能：平滑，扣除背底，Kα_2剥离，寻峰（标 d、2θ、强度、半高宽，显示全部参数等多种衍射峰表示方法，图 9.17），改变采样步长，去除杂峰、干扰峰，d 值、峰位修正，求积分面积、积分宽度、半高宽，谱图加减、谱图合并，在谱图任意位置插入文字，两种游标方式（小游标、大游标），多种缩放功能，多种坐标方式（线性坐标、对数坐标、平方根坐标），图片放入剪贴板，直接在 Word 或 Excel 中粘贴，分峰程序、结晶度计算、晶胞参数精修、指标化、黏土定量分析，已知晶体理论结构，模拟出 XRD 衍射谱图等。

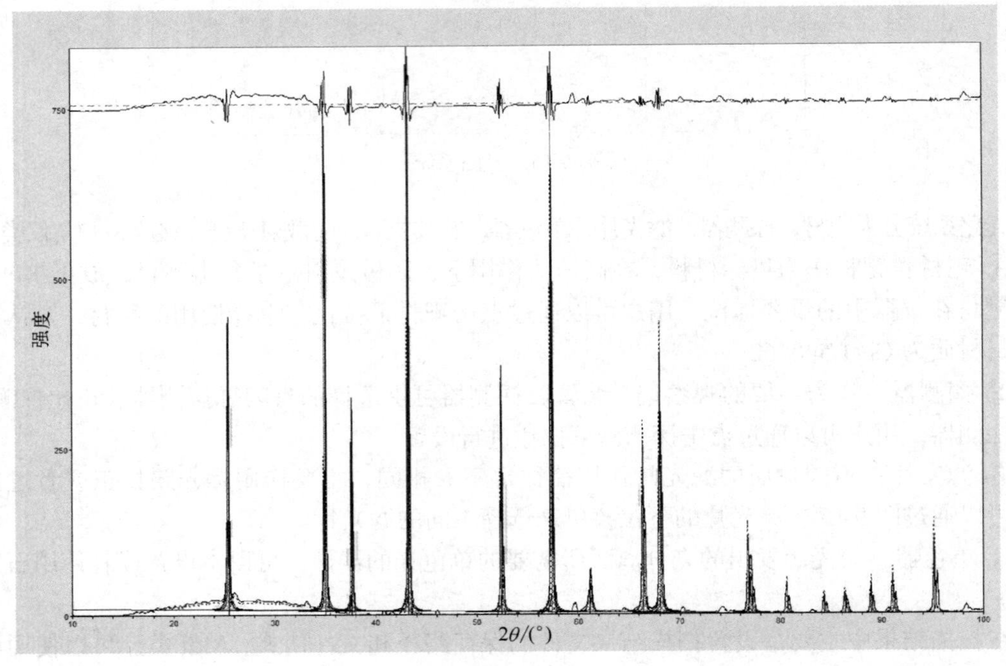

图 9.17 衍射峰形分析

衍射数据校准：使用标准衍射数据卡片，对测量的原始数据进行偏差校正，消除仪器测量误差。

积分面积计算：可以确定起始、终止角度计算，也可以用拟合法自动计算。

半高宽和晶粒度计算：用拟合法计算峰的半峰宽（真实）及晶粒度。

Kα_1、Kα_2 剥离：将 Kα_2 剥离干净，对只含有 Kα_1 的数据文件进行处理。

平滑：设定平滑点数，选择平滑方式，包括全谱平滑、仅平滑背景、平滑背景调整峰等。

峰形放大：谱图的任一范围，通过鼠标的左右键对谱图进行任意比例放大和缩小。

图修正：通过鼠标的左右键对谱图多余的峰删除、对丢失的峰添加。

多重绘图：同时打开若干个数据文件，既可以分别进行处理，也可以同时进行比较（图 9.18）。

3D 绘图功能：当同时打开文件数多于 3 个时，可以进行 3D 绘图（图 9.19）。一般用于同一个样品在不同条件下的衍射数据或在不同条件下同一个样品产生的衍射数据直观比较。

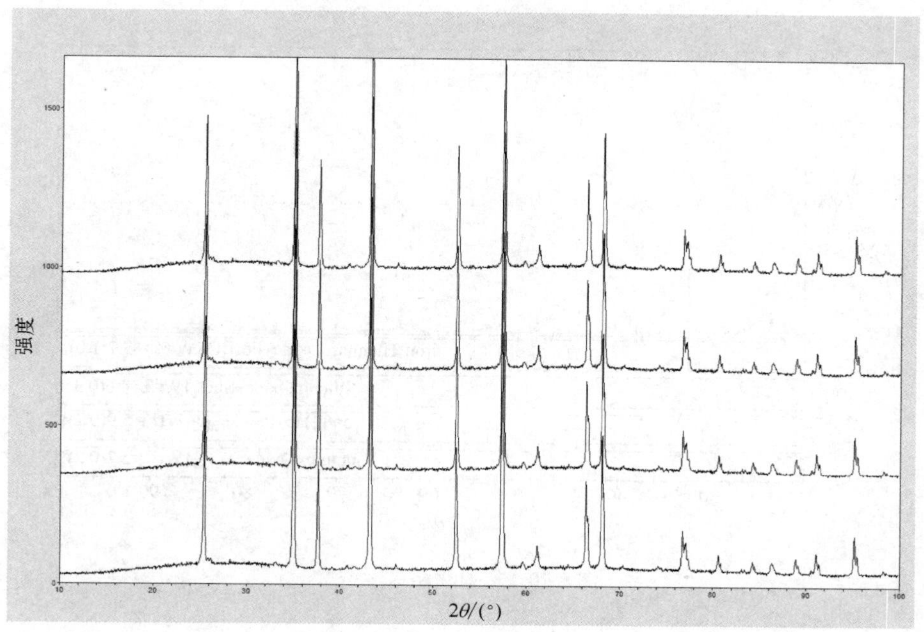

图 9.18　多重衍射图对比方式

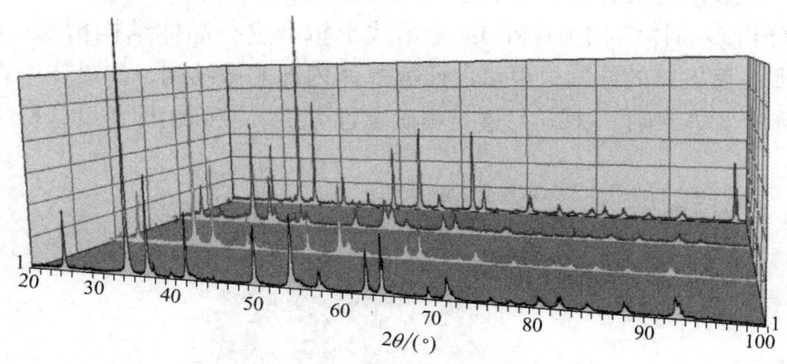

图 9.19　衍射图谱对比方式

图谱对比功能：最多可以打开十个图谱，可以进行三维对比、图谱平铺对比等多种功能比较，用以显示同一样品在不同温度下的变化。数据处理软件与 Windows 相连接，对将要输出的图谱进行标注、粘贴、放大、缩小等功能，也可以将图片放入剪贴板，直接在 Word 或 Excel 中粘贴。

其余功能：包括线性分析、晶胞测定、二类应力计算、衍射线条指标化等。

数据处理结果打印：所有的数据处理后都可以打印输出，打印前可以进行预览和修改，如将峰形局部再开窗口放大、弱小峰拉高、添加文本标注、选择打印格式等。

定性分析：采用国际通用数据库（1 ～ 57）组，既可以进行卡片查询，又可以进行自动检索和手工检索，自动检索结果包括卡片号、分子式（或矿物名）、匹配峰数、标准峰数、*K* 值、可靠性因子、检索的准确度。根据检索的结果（图 9.20）可以进行半定量分析及 *K* 值法定量分析。

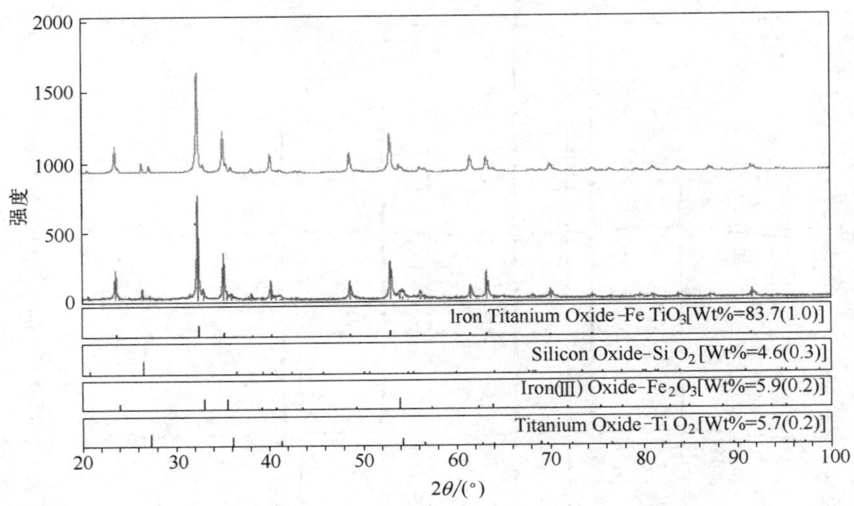

图 9.20 衍射物相检索结果

定量分析：采用无标样定量分析（图 9.21），采用全谱拟合方法，晶体结构数据库 ICSD 计算出主要相、少量相、微量相的质量分数，模拟出晶体结构。

全谱拟合分析多晶体结构（WPF）：全谱线形拟合进行晶体结构精修、解析晶体结构，不仅可以研究多晶聚集体的结构，更可以研究晶体内部的微结构，如晶体中存在着杂质、位错、晶界、点阵畸变等缺陷。对样品进行精确定性分析、准确无标定量分析。

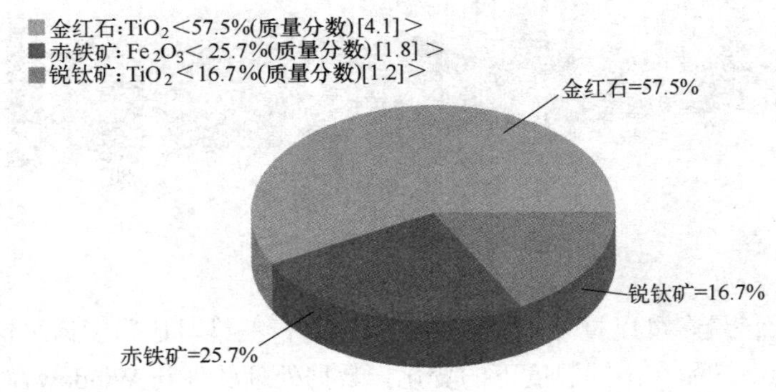

图 9.21 定量分析示意图

9.4 特殊应用实例——外延生长晶体的结构表征

外延薄膜作为一种具有择优取向的低维材料拥有诸多优良的物理、化学特性，在热光电探测器、半导体电子器件等领域具有重要的研究意义和应用价值。与各向同性样品不同，外延薄膜样品由于存在晶体学择优取向，其 θ-2θ 扫描结果会出现某些特定衍射峰的加强或消失。常用以下方法对其进行 XRD 表征和分析。

9.4.1 简易的织构因子测量

对于面间择优取向排列的样品，常用织构因子（texture factor）即择优取向晶面的衍射峰强度占所有衍射峰强度的比值作为判定其择优程度的半定量分析方法，仍属 θ-2θ 联动扫描的范畴。假设有一（$h'k'l'$）晶面择优取向的样品，其择优晶面的衍射峰和所有衍射峰强度分别为 $I_s(h'k'l')$、$I_s(hkl)$，而各向同性 PDF 卡片中（$h'k'l'$）和所有晶面衍射峰强度分别为 $I_0(h'k'l')$、$I_0(hkl)$，令 $P_s=\sum I_s(h'k'l')/I_s(hkl)$，$P_0=\sum I_0(h'k'l')/I_0(hkl)$，则织构因子可表示为：

$$F=\frac{P_s-P_0}{1-P_0} \tag{9.1}$$

式中，$0 \leqslant F \leqslant 1$，$F=0$ 表示样品为完全各向同性，$F=1$ 为（$h'k'l'$）完全单一取向生长。做织构因子表征时一般要求对样品进行慢扫。

9.4.2 薄膜倾斜角测定

对于特定取向的平直外延薄膜可直接进行其 θ-2θ 联动扫描，而在斜切衬底上生长的外延薄膜，则需预先将样品的宏观表面绕 ω 旋转一倾斜角度 α，使倾斜后晶面满足布拉格方程（入射角 = 反射角），测量空间几何示意图如图 9.22 和图 9.23 所示。在图 9.23 中晶面 AB 与晶面 MN 之间夹角为 α，ON_1 和 ON_2 分别是晶面 AB 与晶面 MN 的法线，R_1、R_2 分别是 X 线入射线，F_1、F_2 分别是对应的 X 线的反射线；其中：

$$\angle AOM=\angle BON=\angle F_1OF_2=\angle R_1OR_2=\angle N_1ON_2=\alpha$$

$$\angle AOR_1=\angle BOF_1=\theta$$

$$\angle AOR_2=\theta+\alpha=\theta_s$$

$$\angle BOF_2=\theta-\alpha=\theta_d$$

所以：

$$a=\frac{1}{2}\left|\theta_s-\theta_d\right|$$

运用 TD-3500 型衍射仪测量步骤如下：

① 查外延生长晶体的标准衍射卡片，找出（$00l$）面最强衍射峰的理论 θ 角。

② 把 θ_d 轴（即带探测器的轴，有的也叫 2θ 轴）固定在 θ- 预估的倾斜角 α 位置，θ_s 轴（即带光源的轴）单动，θ_s 轴单动范围是 $\theta\pm15°$，测出衍射峰最强位置 θ_{s1}（假定倾斜角在 15°以内）。

③ 把 θ_s 轴固定在 θ_{s1} 位置，θ_d 轴单动，θ_d 轴单动范围是 $\theta\pm3°$，测出衍射峰最强位置 θ_{d1}。

④ 把 θ_s 轴固定在 θ_{s1} 位置，θ_d 轴单动，θ_d 轴单动范围是 $\theta_{d1}\pm3°$（因为已找到 θ_d 的具体位置），测出衍射峰最强位置 θ_{d2}。

⑤ 把 θ_d 轴固定在 θ_{d2} 位置，θ_s 轴单动，θ_s 轴单动范围是 $\theta_{s1}\pm3°$，测出衍射峰最强位置 θ_{s2}。

⑥ 如此多次反复测量，直到前后测量的两个 θ_s 或前后测量的两个 θ_d 值相差小于 0.02°。

⑦ 计算倾斜角 $a=\frac{1}{2}|\theta_s-\theta_d|$。

另一种描述如下：2θ 轴固定、薄膜 / 衬底的某衍射强度较高、衍射角适中的晶面的 2θ 角处，发射器沿倾斜方向作 θ 扫描（θ 轴单动），发射器固定在刚才测得 θ 角的位置，探测器作 2θ 扫描（2θ 单动），测得一个 2θ 的实验值，经多次重复逼近使 θ、2θ 扫描的峰值位置和衍射强度不变，此时根据几何关系求解薄膜 / 衬底晶面相对样品宏观表面的实际倾角 α，由此可获得薄膜、衬底的实际倾斜角差以评价其外延性。之后可将偏差角设置为薄膜 / 衬底的实际倾角 α 进行 θ-2θ 联动扫描。

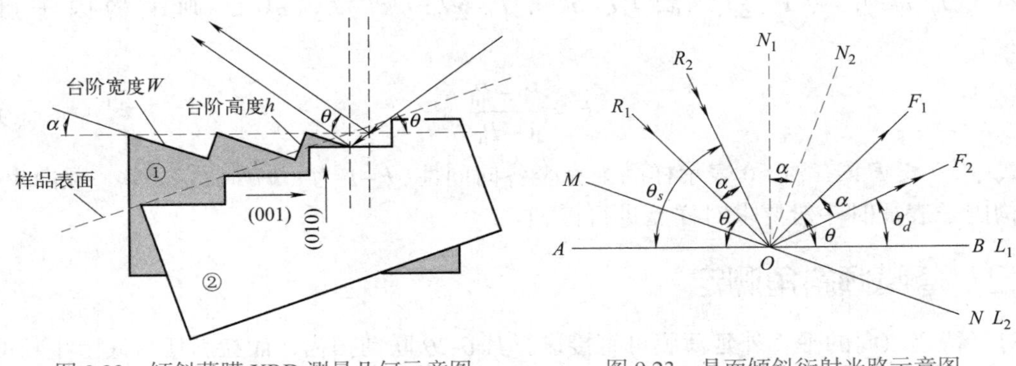

图 9.22　倾斜薄膜 XRD 测量几何示意图　　　图 9.23　晶面倾斜衍射光路示意图

$YBa_2Cu_3O_{7-\delta}$ /$SrTiO_3$（YBCO/STO）(001）在没有倾斜时的正常衍射花样如图 9.24 所示。正常 $SrTiO_3$（STO）衬底的（002）晶面的衍射花样如图 9.25 所示。

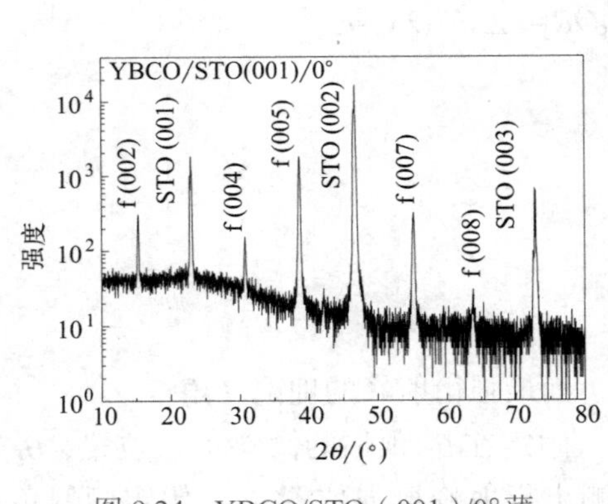

图 9.24　YBCO/STO（001）/0° 薄膜的 XRD θ-2θ 扫描图谱

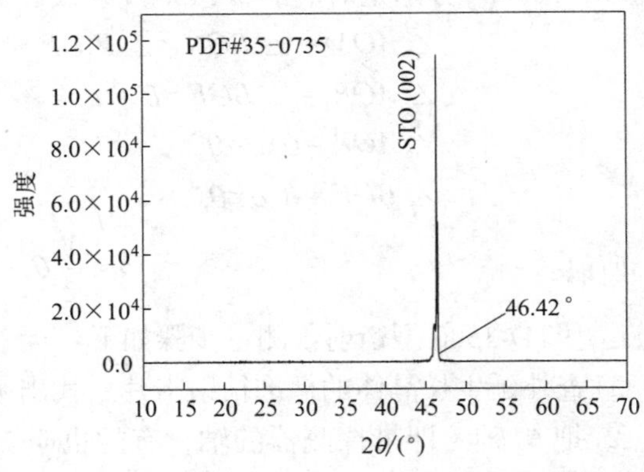

图 9.25　STO（002）/0° 衬底的 XRD θ-2θ 扫描图谱

以 $SrTiO_3$（002）/5° 倾斜衬底为例，由图 9.25 可知 $SrTiO_3$(002）晶面衍射角 2θ 为 46.42°，固定 θ_d 轴（带探测器的轴），即 θ_d=2θ/2−α=18.21°，首先进行 θ_s 扫描，获得衍射峰最强时的 θ_s 值，然后固定 θ_s 轴，进行 θ_d 扫描，衍射结果见图 9.26。经反复测量逼近，$SrTiO_3$(002）晶面的 θ_s 扫描和 θ_d 扫描的峰值位置分别为 28.12° 和 18.20°。根据 TD-3500 型衍射仪几何关系得倾斜角 α=（θ_s-θ_d）/2=4.96°。

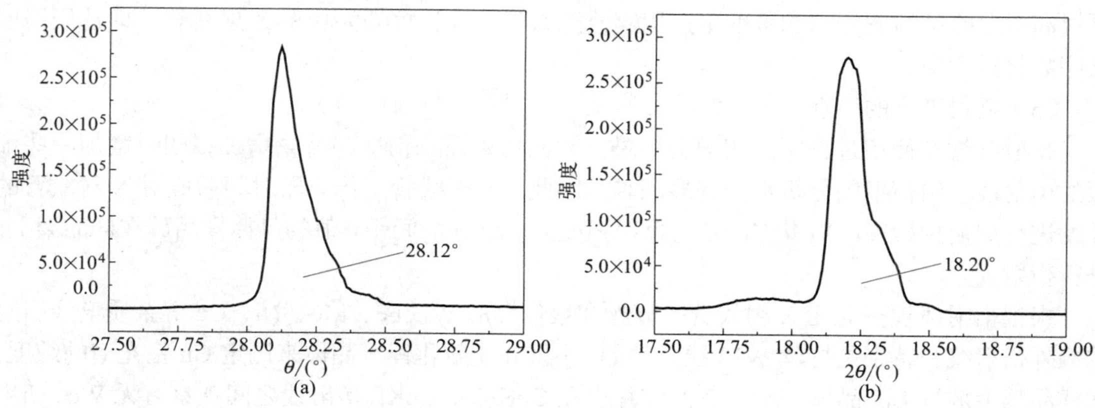

图 9.26 STO（002）/5°衬底（002）晶面的 θ 扫描（a）和 2θ 扫描（b）

θ 扫描又叫 θ_s 扫描，2θ 扫描实际上是 θ_d 扫描

9.5 X 射线衍射仪的关键硬件

9.5.1 射线管靶材

选择靶材应根据样品的性质和分析目的来进行，由于靶材的金属性能的限制，如导热性、熔点和力学性能限制，目前常用的有铜（Cu）、钴（Co）、钼（Mo）、铁（Fe）、铬（Cr）、钨（W）和银（Ag）等。

（1）根据样品的性质选择靶材

选靶时最好预先知道样品的元素组成，使原级 X 射线不能激发样品发生荧光辐射，以免增加背景而降低峰背比，选择的靶的特征谱线 Kα 波长应比组成样品主要元素的 K 吸收限波长长，也就是说，靶元素的原子序数必须大于样品中的主要元素的原子序数，如果符合条件的靶不易得到，可以用比试样吸收限短得多的波长的靶，也就是说选择能量大的靶材料。

（2）根据样品结构选择靶材

在相同的实验条件下，用能量大的短波辐射得到的衍射图，衍射线在低角度范围密集存在；用能量小的长波辐射时，衍射线条向高角度挪动，且角度散开，长波获得的衍射图，线条不密集，分辨率高，其角度测量精确。因此对于结构复杂、对称性低、大晶胞物质，衍射线条多的样品需用较长波长的靶。在大多数工作中，一般采用中等波长的铜靶，这样既照顾到射线强度又考虑到分辨率。

（3）根据衍射分析目的选择靶材

根据布拉格公式：$2d\sin\theta=n\lambda$（$n=1$）

式中，$\sin\theta \leqslant 1$，所以在 d 值测量范围宽的分析中，选择靶材的波长应大于 λ。

（4）根据强度选择靶材

高原子序数的元素具有较强的吸收能力，再加上空气的吸收，全波衍射线变得很低，为了提高对弱峰的检测能力和强度，选用穿透能力强、波长短的大功率 X 射线管，即选用高原子序数材料为靶。

（5）靶材纯度的检查

X 射线管在使用过程中，靶面会污染。靶面污染后，衍射图背景增加，同时增加一些虚假的衍射线，给衍射图分析带来许多困难。因此，X 射线管工作一段时间后应对 X 射线管的纯度进行周期性检查。检查方法是将反射强度大、已知面间距 d 值的晶体样品放在样品架上，进行衍射。

根据衍射线检查有无 X 射线管的灯丝和聚焦套的 W、Fe、Mo、Ni、Co 等杂质谱线引起的额外衍射线，特别是灯丝 W22 线。例如，用 LiF（氟化锂）晶体来测定 Cu 靶光谱的纯度，在样品架上放置 LiF 晶体，不用 β 滤波片。在 CuKα 和 CuKβ 衍射线之间观察有无 $W\alpha_1$ 衍射线。如果有 $W\alpha_1$ 衍射线，其强度为 CuKα 衍射线强度的 1.0% 左右，证明其已经污染报废。

9.5.2 X 射线发生器

X 射线发生器是 TD-3500 型 X 射线衍射仪的重要组成部分。

X 射线发生装置由 X 射线管、管套、高压变压器、高压控制单元、高压电缆等组成。

X 射线发生器由进口 PLC（可编程序控制器）来实现控制。高压控制单元采用可控硅闭环调压调流技术来稳定管电压及管电流，得到强度稳定的 X 射线，提高整机的稳定性。

X 射线发生器采用次级取样与基准电压比较初级控制的闭环反馈控制系统。

工作原理如图 9.27 所示。

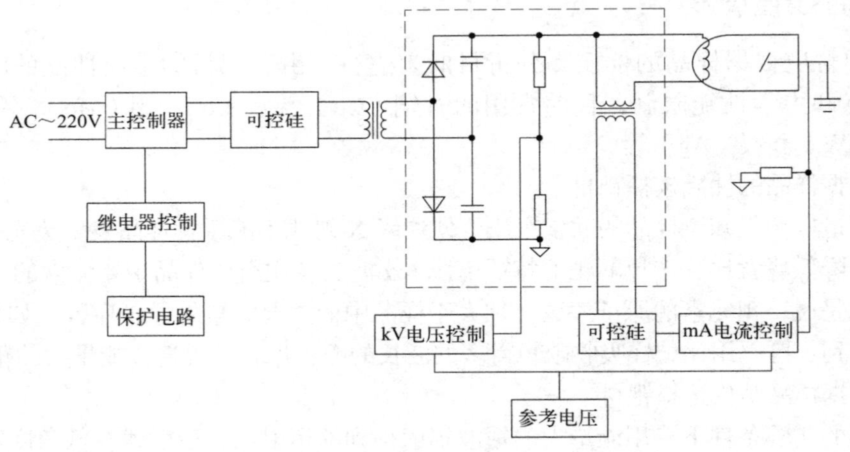

图 9.27　X 射线发射器

经过高压变压器产生的高压经 200MΩ 和 33kΩ 电阻的分压值，作为 kV 取样电压值送给高压控制单元，在高压控制单元内与设定的参考电压相比较，其差值由 PID 调节放大器放大，经增益调节回路改变三极管 T103 的内阻，即改变单结管的 RC 时间常数，从而改变触发脉冲时间，使三端双向可控硅 V101 有不同的导通角，V101 的输出在正负半周内分别触发主可控硅 V01 和 V02，改变了变压器初级的输入电压，从而使高压变压器次级的高压改变，达到了控制和稳定管电压的目的。

管电流的控制原理类似于管电压控制，它改变灯丝变压器的初级电压，得到所需要的稳定的管电流。

9.5.3　测角仪

（1）测角仪的用途

测角仪是衍射仪的重要组成部分。它的用途是在稳定的 X 射线源和记录控制单元控制下，将待分析的样品放在样品架上进行 X 射线衍射。测角仪将很精确地测出样品的衍射角度，记录控制单元通过探测器记录衍射强度及测角仪转动角度，然后根据布拉格公式 $2d\sin\theta=n\lambda$ 求出样品的面间距 d 值，从而提示出物质内部的精细结构，达到我们分析样品的目的。测角仪配备上如织构、弯晶石墨单色器、应力等各种附件后，还可以进一步扩大应用范围。

（2）测角仪的原理

测角仪的制造原理不同于一般粉末照相机，主要是根据一种经常变化的聚焦圆原理设计而成的。其聚焦圆半径 r 是入射角 θ 的函数：

$$r=f(\theta)=R/2\sin\theta$$

式中，R 为测角圆半径，取 R=185mm。

根据聚焦原理，测角仪必须满足下列条件，才能工作。

① X 射线管的焦点、样品表面、接收狭缝必须在同一衍射聚焦圆上，样品表面必须与测角仪主轴中心线共面。

② 探测器和光源必须严格地按 1 ∶ 1 的转动关系。

③ 样品表面应该保持水平，必须始终和聚焦圆相切。

测角仪的聚焦衍射光路如图 9.28 所示。

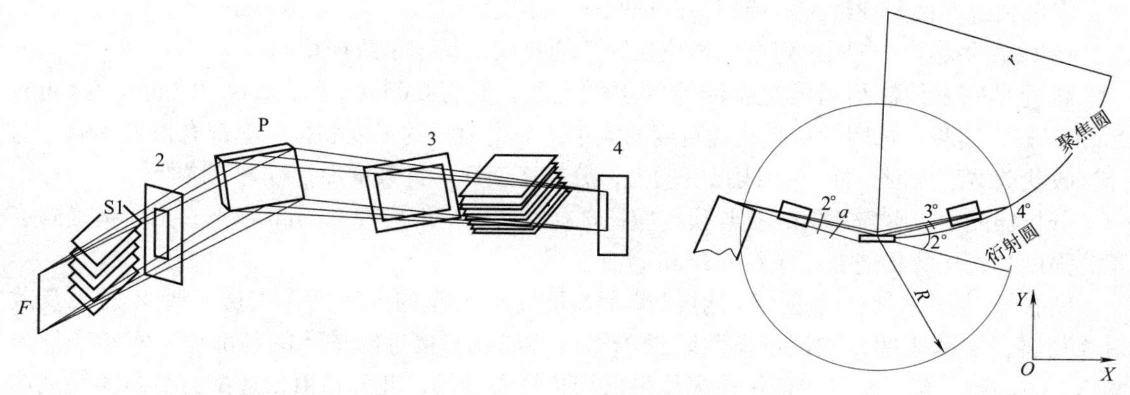

图 9.28　测角仪的结构

F—焦点；2—发散狭缝；P—样品；3—散射狭缝；4—接收狭缝；R—衍射圆半径；S1—梭拉狭缝

（3）测角仪的结构

测角仪由 X 射线光路系统、主体部分、底座部分和各种附件组成。

① X 射线光路系统

光路系统是由 X 射线光束狭缝、样品架、衍射光束狭缝、探测器及防护罩五部分组成。

X 射线光束狭缝由防护环、梭拉狭缝、发射狭缝组成。防护环的圆环与 X 射线管套窗口紧密相连，起着防止 X 射线散射作用。

梭拉狭缝是用来限制 X 射线垂直发散度的，入射端的梭拉狭缝放在管套上。梭拉狭缝是

一组长度 L 为 10 ～ 30mm，厚度 h 为 0.05mm 原子序数较高的金属箔片，以间隔 S 为 0.75mm 左右叠成。

X 射线照射样品表面面积随 θ_s 角度的变化而变化，计算表明，发散狭缝的大小与照射样品表面的最小 θ_d 角度值的对应如表 9.4 所示。

表 9.4　发散狭缝与照射样品表面的最小 θ_d 角度值的对应关系

狭缝值	1/6°	1/2°	1°	2°	4°
θ_d	3° 14′	9° 42′	19° 36′	50° 60′	84° 28′

从上表看出，衍射仪测角仪的盲区为 3°。即样品测量时，当靶材一定，d 值一定，其 θ_d 角低于 3°时，即不能正常工作。

发散狭缝的选择条件是：在选定整个 θ_d 扫描范围内，比较各条衍射线的相对强度时，必须选用同一角度的发散狭缝。发散狭缝的大小应该使所有角度下的 X 射线截面积都要比样品的宽度窄。

衍射仪测角仪的样品台，用锥度 1 ∶ 20 锥孔与测角仪主轴联接。共备有 15 块样品板（其中 10 块通孔，5 块为深度 0.2 ～ 0.3mm 的盲孔板），这些样品板开有 20mm × 16mm 大小的口供压装样品用。每块样品板的基面都经过人工的精研磨加工，其基面不平误差不大于 0.005mm，保证了压装样品后使样品表面与测角仪主轴共面，工作时保证了衍射的聚焦条件。

衍射光束狭缝由散射狭缝、梭拉狭缝和接收狭缝组成。散射狭缝用来控制样品衍射线的水平发散度，共备有 1/6°、1/2°、1°、2°、4°五种。散射狭缝用来减少非相干散射及本底等因素造成的背景，使探测器只接收样品表面的辐射，提高峰背比。

发散狭缝和散射狭缝配对使用，即选同样的角度数值。

衍射端的梭位狭缝同入射端的梭位狭缝功能相同，其技术数据相同。

狭缝是用来控制衍射线进探测器的水平宽度，共有 0.05mm、0.1mm、0.2mm、0.4mm、2mm 五种，实验中选用的接收狭缝宽度的大小，对衍射线的强度和分辨率都有很大影响。选择接收狭缝宽度大时，使 X 射线强度增大，分辨率变坏，背景增加，峰背比降低。

分析样品要求分辨率时，接收狭缝应该选择窄些，一般应在 0.2mm 以下，当要精确测定积分强度时，接收狭缝宽度应在 0.2mm 以上。

防护罩是用来保证 X 射线衍射仪操作人员安全工作的，使操作人员不受 X 射线及散射线伤害。实测表明，测试仪器距防护罩 1cm、0.5m 和接近防护罩的各部位，实验条件为 40kV、20mA 铜靶，X 射线剂量检测仪最低挡指针不动作，此外衍射仪还配有全封闭铅玻璃防护罩。

② 测角仪主体

测角仪采用高精度轴承内外套结构，中心轴为样品轴，中间固定套固定在壳体上，外层为带动计数管架旋转的套。高精度轴承内外套结构是保证测角仪几何精度的重要组成单元，高精度轴承本身的优点是高置中性、高旋转精度，使用寿命长。高精度轴承内外套结构在加工中遵循严格的加工工艺，各组成件均配对加工，使实测精度超过设计要求。经钳工精研磨与装配，主轴的径向跳动可达 0.002mm。

测角仪的分度蜗轮副是保证测角仪测角精度最关键部件，TD-3500 型衍射仪测角仪的分度蜗轮副是采用两个蜗轮杆及两个蜗轮组成的，它们由两台步进电机分别驱动。上蜗轮副带动计数管架转动，下蜗轮副带动管套转动。在测量范围内，测角精度不大于 36″，相邻误差每 10°不大于 10″。

分度蜗轮副的所有零件，在加工过程中遵守严格的加工工艺，使每套蜗轮副的运动精度都高于设计要求，由控制单元控制步进电机转动而带动其运动，严格保证了光源与探测器架的 1 ∶ 1 联动关系，同时也可以由控制单元选择分别进行单动。

9.5.4　X 射线单色化

在许多 X 射线衍射分析中，都要求有接近于单色的辐射，X 射线单色化越高，其峰背比越高，分辨率越高，但强度却降低。

TD-3500X 射线衍射仪使 X 射线单色化的方法有两种。

（1）滤波片法

β 滤波片的原理为 β 滤波片的材料的 K 吸收限刚好位于靶的特征谱线 Kα 和 Kβ 之间，并能将大部分 Kβ 谱线吸收掉，突出 Kα 谱线成分来达到 X 射线单色化的目的。

β 滤波片的原子序数应比靶材料的原子序数低 1 ～ 2。TD-3500 衍射仪备有七种滤波片，其中最常用的有三种，使用 β 滤波片使 Kα 强度比滤波前低 30% ～ 50%，过滤后的 Kα 与 Kβ 强度比约为 600 ∶ 1。

滤波片的安装方法是将滤波片装在滤波架上，使用时将滤波片架插在发散狭缝或者散射狭缝板上。

一般情况下，滤波片插在衍射狭缝端。只有当初级 X 射线引起样品荧光和滤波片放置对背景有明显影响时，才将滤波片放在入射狭缝端。当滤波片放置在入射 X 射线狭缝端时，滤波片可能衰减靶光谱中波长低于样品吸收限的那些成分，控制了样品荧光辐射的产生。而放置在衍射端则能吸收样品已经产生的某些荧光辐射。

滤波片的安放位置，主要取决于样品的性质、靶材和滤波片的种类。如果安放滤波片前，没有把握放在什么位置最优越，可以在两种位置试放一下，看一看哪个位置峰背比好。

（2）单色器法

石墨单色器是衍射仪上的重要附件，应用石墨单色器可以大大地提高峰背比，提高弱峰的分辨能力。

石墨单色器可以代替滤波片，石墨单色器优于氟化锂、石英等晶体材料的单色器。其突出优点是石墨晶体的反射强度高于氟化锂晶体近 10 倍。

单色器的原理是，经样品衍射的 X 射线照到一个衍射能力很强的石墨晶体上，只有符合布拉格公式的辐射才能得到衍射，而得到单一波长的 X 射线。单一波长的 X 射线使衍射图样清晰，峰背比大大提高，许多弱峰得到显示。

9.5.5　探测器

探测器是一种将 X 射线能量转换为可供记录的电信号的装置。它接收到射线照射，然后产生与辐射强度成正比的电信号，是 CT 成像的核心，将肉眼看不到的 X 射线转换为最终能转变为图像的数字化信号。探测器可供选择的有闪烁探测器、正比探测器、阵列探测器，是主要的观察记录装置。

正比计数管是利用入射的 X 射线粒子与管内所充的惰性气体分子发生碰撞，使气体分子发生电离而产生电子和正离子的。在外加电场的作用下，电子与正离子分别向正极和负极做定向运动，且在电场的加速下，电子向中央阳极运动，正离子向周围的阴极运动。电子在运动过程中，从电场得到能量，当它与原子或分子做弹性碰撞时，则又损耗一部分能量。假如它在两次碰撞之间得到足够大的能量，则在与气体分子碰撞时就能引起分子电离。电离后，次级电子再得到能量，便再引起分子电离……。这样便将发生增殖现象，即所谓“气体放大”。正比管的阳极收集正离子，在管子中形成了电流。阳极金属丝上的电流通过负载电阻时，形成了电压脉冲信号，此时脉冲信号经耦合电容输入到前置放大器。

探测器的优点是：管子的气体放大倍数与初级电离无关，而输出脉冲与初级电离成正比，所以探测器可以在很宽的能量范围内测定入射粒子的能量。探测器灵敏度高，分辨时间短，可做快速计数，能量分辨率好，电噪声小。其缺点是对高压电源的稳定性及脉冲放大器的线形度要求严格。

9.6 TD 系列衍射仪常见故障诊断方法

衍射仪在使用过程中，需要进行维修保养。一般情况下，使用 1 ～ 3 个月需检查和清洗 X 射线管的水过滤器，使用 1 年要检查清洗水管和水箱，防止由于水垢而降低冷却效果。

一旦发生故障，可以根据现场按表 9.5 所示方法进行排除。

表 9.5　常见故障现象、原因及排除方法

故障现象	故障原因	排除方法
欠压报警	1. 保险丝烧断（F1，F2，F3，F4，F59） 2. 主控板（TD-3500ZK.PCB 2008.11）故障 3. 固态继电器（YHD3100ZF）故障 4. 小可控硅（BCR50GM）故障	1. 更换保险丝 2. 更换主控板（TD-3500ZK.PCB 2008.11） 3. 更换固态继电器（YHD3150ZF） 4. 更换小可控硅（BCR50GM）
过压报警	1. 主控板（TD-3500ZK.PCB 2008.11）故障 2. 高压变压器故障 3. 可控硅（TM90DZ-2H）故障 4. 隔离板（TD-GL.PCB 0908）故障	1. 更换主控板（TD-3500ZK.PCB 2008.11） 2. 更换高压变压器 3. 更换可控硅（TM90DZ-2H） 4. 更换隔离板（TD-GL.PCB 0908）
欠流报警	1. X 射线管灯丝断路 2. 高压电缆和 X 射线管接触不良 3. 主控板（TD-3500ZK.PCB 2008.11）故障 4. 小可控硅（BCR50GM）故障	1. 更换 X 射线管 2. 重新安装高压电缆 3. 更换主控板（TD-3500ZK.PCB 2008.11） 4. 更换小可控硅（BCR50GM）
过流报警	1. 高压电缆击穿 2. X 射线管严重漏气 3. 主控板（TD-3500ZK.PCB 2008.11）故障	1. 更换高压电缆 2. 更换 X 射线管 3. 更换主控板（TD-3500ZK.PCB 2008.11）

续表

故障现象	故障原因	排除方法
无水报警	1. 水流量开关损坏 2. X 射线管喷水嘴内有异物 3. 制冷装置内水泵电机没工作	1. 更换水流量开关 2. 清理 X 射线管喷水嘴 3. 检查制冷装置内水泵电机及启动电容
超温报警	1. 制冷装置内压缩机（分体为室外机）未工作 2. 制冷装置空调制冷剂缺失	1. 更换制冷装置内部固态继电器（YHD3100ZF） 2. 添加 R22 制冷剂
触摸屏无水温显示	制冷装置内部 PT100 传感器断路	更换 PT100 传感器
管套上光闸打不开	1. 管套上自动光闸拉板活动不顺畅 2. 电源控制板（TD I/OCont 1806）故障	1. 打开自动光闸外罩调整拉板 2. 更换电源控制板（TD I/OCont 1806）
扫描过程中图谱有尖峰	1. 计数板（JF-02 1206）故障 2. 探测器电缆故障 3. 探测器电缆位置不恰当 4. 探测器故障	1. 更换计数板（JF-02 1206） 2. 检查电缆两端是否有虚焊或更换电缆 3. 调整电缆位置 4. 更换探测器
扫描时没有衍射峰	1. 计数板（JF-02 1206）故障 2. 探测器电缆故障 3. 探测器故障	1. 更换计数板（JF-02 1206） 2. 检查电缆两端是否有虚焊或更换电缆 3. 更换探测器
开机后触摸屏无显示	1. F6 保险丝烧断 2. 总电源故障	1. 更换保险丝 2. 用万用表检查是否有交流 220V 输入
联机时测角仪不动作	1. 转换器（P-581）故障 2. 通信电缆故障	1. 更换转换器（P-581） 2. 检查通信电缆连接情况或更换电缆
扫描时，电脑扫描界面不动（手动控制可以联机）	急停开关被按下	顺时针旋转仪器面板上急停开关，急停开关弹起
扫描时，角度偏差过大	测角仪零点丢失	找到原始零点数据重新输入

当然，若发生问题的原因不清楚或没有把握排除的故障，请与生产厂家联系，以免造成损失。

参考文献

[1]　虞澜 . 层状 Na_xCoO_2 薄膜和相关氧化物薄膜的激光感生电压和输运各向异性的研究［D］. 昆明：昆明理工大学，2012.

[2]　宋世金 . 错层 $Ca_3Co_4O_9$ 的光热感生横向电压和热电输运各向异性研究［D］. 昆明：昆明理工大学，2018.

附录

附录 1 在 Roe 系统中立方晶系的织构与欧拉角的对应关系表

(hkl)	[uvw]	ψ	θ	φ	(hkl)	[uvw]	ψ	θ	φ
-1 0 0	0 -5 1	79	90	0	-1 0 0	0 -1 5	11	90	0
-1 0 0	0 -5 2	68	90	0	-1 0 0	0 0 1	0	90	0
-1 0 0	0 -5 3	59	90	0	-5 0 1	0 -1 0	90	79	0
-1 0 0	0 -5 4	51	90	0	-5 0 1	1 -5 5	44	79	0
-1 0 0	0 -4 1	76	90	0	-5 0 1	1 -4 5	38	79	0
-1 0 0	0 -4 3	53	90	0	-5 0 1	1 -3 5	30	79	0
-1 0 0	0 -4 5	39	90	0	-5 0 1	1 -2 5	21	79	0
-1 0 0	0 -3 1	72	90	0	-5 0 1	1 -1 5	11	79	0
-1 0 0	0 -3 2	56	90	0	-5 0 1	1 0 5	0	79	0
-1 0 0	0 -3 4	37	90	0	-5 0 2	0 -1 0	90	68	0
-1 0 0	0 -3 5	31	90	0	-5 0 2	1 -5 5	43	68	0
-1 0 0	0 -2 1	63	90	0	-5 0 2	1 -4 5	37	68	0
-1 0 0	0 -2 3	34	90	0	-5 0 2	1 -3 5	29	68	0
-1 0 0	0 -2 5	22	90	0	-5 0 2	1 -2 5	20	68	0
-1 0 0	0 -1 0	90	90	0	-5 0 2	1 -1 5	11	68	0
-1 0 0	0 -1 1	45	90	0	-5 0 2	1 0 5	0	68	0
-1 0 0	0 -1 2	27	90	0	-5 0 3	0 -1 0	90	59	0
-1 0 0	0 -1 3	18	90	0	-5 0 3	3 -5 5	41	59	0
-1 0 0	0 -1 4	14	90	0	-5 0 3	3 -4 5	34	59	0

续表

(hkl)	[uvw]	ψ	θ	ϕ	(hkl)	[uvw]	ψ	θ	ϕ
−5 0 3	3 −3 5	27	59	0	−3 0 1	1 0 3	0	71	0
−5 0 3	3 −2 5	19	59	0	−3 0 2	0 −1 0	90	56	0
−5 0 3	3 −1 5	10	59	0	−3 0 2	4 −5 3	54	56	0
−5 0 3	3 0 5	0	59	0	−3 0 2	4 −4 3	48	56	0
−5 0 4	0 −1 0	90	51	0	−3 0 2	4 −3 3	40	56	0
−5 0 4	4 −5 5	38	51	0	−3 0 2	4 −2 3	29	56	0
−5 0 4	4 −4 5	32	51	0	−3 0 2	4 −1 3	16	56	0
−5 0 4	4 −3 5	25	51	0	−3 0 2	4 0 3	0	56	0
−5 0 4	4 −2 5	17	51	0	−3 0 4	0 −1 0	45	37	0
−5 0 4	4 −1 5	9	51	0	−3 0 4	4 −5 3	39	37	0
−5 0 4	4 0 5	0	51	0	−3 0 4	4 −4 3	31	37	0
−4 0 1	0 −1 0	90	76	0	−3 0 4	4 −3 3	22	37	0
−4 0 1	1 −5 4	50	76	0	−3 0 4	4 −2 3	11	37	0
−4 0 1	1 −4 4	44	76	0	−3 0 4	4 −1 3	0	37	0
−4 0 1	1 −3 4	36	76	0	−3 0 4	4 0 3	90	37	0
−4 0 1	1 −2 4	26	76	0	−3 0 4	0 −1 0	41	37	0
−4 0 1	1 −1 4	14	76	0	−3 0 4	5 −5 3	34	37	0
−4 0 1	1 0 4	0	76	0	−3 0 4	5 −4 3	27	37	0
−4 0 3	0 −1 0	90	53	0	−3 0 5	5 −3 3	19	31	0
−4 0 3	3 −5 4	45	53	0	−3 0 5	5 −2 3	10	31	0
−4 0 3	3 −4 4	39	53	0	−3 0 5	5 −1 3	0	31	0
−4 0 3	3 −3 4	31	53	0	−3 0 5	5 0 3	90	31	0
−4 0 3	3 −2 4	22	53	0	−2 0 1	0 −1 0	90	63	0
−4 0 3	3 −1 4	11	53	0	−2 0 1	1 −5 2	66	63	0
−4 0 3	3 0 4	0	53	0	−2 0 1	1 −4 2	61	63	0
−4 0 5	0 −1 0	90	39	0	−2 0 1	1 −3 2	53	63	0
−4 0 5	5 −5 4	38	39	0	−2 0 1	1 −2 2	42	63	0
−4 0 5	5 −4 4	32	39	0	−2 0 1	1 −1 2	24	63	0
−4 0 5	5 −3 4	25	39	0	−2 0 1	1 0 2	0	63	0
−4 0 5	5 −2 4	17	39	0	−2 0 1	2 −5 4	48	63	0
−4 0 5	5 −1 4	9	39	0	−2 0 1	2 −3 4	34	63	0
−4 0 5	5 0 4	0	39	0	−2 0 1	2 −1 4	13	63	0
−3 0 1	0 −1 0	90	71	0	−2 0 3	0 −1 0	90	34	0
−3 0 1	1 −5 3	58	71	0	−2 0 3	3 −5 2	54	34	0
−3 0 1	1 −4 3	52	71	0	−2 0 3	3 −4 2	48	34	0
−3 0 1	1 −3 3	43	71	0	−2 0 3	3 −3 2	40	34	0
−3 0 1	1 −2 3	32	71	0	−2 0 3	3 −2 2	29	34	0
−3 0 1	1 −1 3	18	71	0	−2 0 3	3 −1 2	16	34	0

续表

(hkl)	[uvw]	ψ	θ	φ	(hkl)	[uvw]	ψ	θ	φ
−2 0 3	3 0 2	0	34	0	−1 0 2	0 −1 0	13	27	0
−2 0 5	0 −1 0	90	22	0	−1 0 3	0 −1 0	90	18	0
−2 0 5	5 −5 2	43	22	0	−1 0 3	3 −5 1	58	18	0
−2 0 5	5 −4 2	37	22	0	−1 0 3	3 −4 1	52	18	0
−2 0 5	5 −3 2	29	22	0	−1 0 3	3 −3 1	43	18	0
−2 0 5	5 −2 2	20	22	0	−1 0 3	3 −2 1	32	18	0
−2 0 5	5 −1 2	11	22	0	−1 0 3	3 −1 1	18	18	0
−2 0 5	5 0 2	0	22	0	−1 0 3	3 0 1	0	18	0
−1 0 1	1 −5 1	90	45	0	−1 0 4	0 −1 0	90	14	0
−1 0 1	1 −4 1	71	45	0	−1 0 4	4 −5 1	50	14	0
−1 0 1	1 −3 1	74	45	0	−1 0 4	4 −4 1	44	14	0
−1 0 1	1 −2 1	65	45	0	−1 0 4	4 −3 1	36	14	0
−1 0 1	1 −1 1	55	45	0	−1 0 4	4 −2 1	26	14	0
−1 0 1	1 0 1	35	45	0	−1 0 4	4 −1 1	14	14	0
−1 0 1	1 0 1	0	45	0	−1 0 4	4 0 1	0	14	0
−1 0 1	2 −5 2	61	45	0	−1 0 5	0 −1 0	90	11	0
−1 0 1	2 −3 2	47	45	0	−1 0 5	5 −5 1	44	11	0
−1 0 1	2 −1 2	19	45	0	−1 0 5	5 −4 1	38	11	0
−1 0 1	3 −5 3	50	45	0	−1 0 5	5 −3 1	30	11	0
−1 0 1	3 −4 3	43	45	0	−1 0 5	5 −2 1	21	11	0
−1 0 1	3 −2 3	25	45	0	−1 0 5	5 −1 1	11	11	0
−1 0 1	3 −1 3	13	45	0	−1 0 5	5 0 1	0	11	0
−1 0 1	4 −5 4	41	45	0	−5 1 0	−1 −5 0	90	90	11
−1 0 1	4 −3 4	28	45	0	−5 1 0	−1 −5 1	79	90	11
−1 0 1	4 −1 4	10	45	0	−5 1 0	−1 −5 2	69	90	11
−1 0 1	5 −4 5	29	45	0	−5 1 0	−1 −5 3	60	90	11
−1 0 1	5 −3 5	23	45	0	−5 1 0	−1 −5 4	52	90	11
−1 0 1	5 −2 5	16	45	0	−5 1 0	−1 −5 5	46	90	11
−1 0 1	5 −1 5	8	45	0	−5 1 0	0 0 1	0	90	11
−1 0 2	2 −5 1	90	27	0	−5 1 1	−1 −5 0	90	79	11
−1 0 2	2 −4 1	66	27	0	−5 1 1	0 −2 1	44	79	11
−1 0 2	2 −3 1	61	27	0	−5 1 2	−1 −5 0	61	69	11
−1 0 2	2 −2 1	53	27	0	−5 1 2	0 −3 1	41	69	11
−1 0 2	2 −1 1	42	27	0	−5 1 2	1 −4 3	33	69	11
−1 0 2	2 0 1	24	27	0	−5 1 2	1 −1 2	14	69	11
−1 0 2	4 −5 2	0	27	0	−5 1 2	2 −5 5	14	69	11
−1 0 2	4 −3 2	48	27	0	−5 1 3	−1 −5 0	90	60	11
−1 0 2	4 −1 2	34	27	0	−5 1 3	0 −3 1	68	60	11

续表

(*hkl*)	[*uvw*]	ψ	θ	ϕ	(*hkl*)	[*uvw*]	ψ	θ	ϕ
−5 1 3	1 −4 3	47	60	11	−4 1 4	0 −4 1	70	46	14
−5 1 3	1 −1 2	19	60	11	−4 1 4	1−4 2	53	46	14
−5 1 3	2 −5 5	38	52	11	−4 1 4	2 −4 3	39	46	14
−5 1 4	−1 −5 0	90	52	11	−4 1 4	3 −4 4	29	46	14
−5 1 4	0 −4 1	72	52	11	−4 1 4	4 −4 5	23	46	14
−5 1 4	1 −3 2	47	52	11	−4 1 5	−1 −4 0	90	40	14
−5 1 4	2 −2 3	22	52	11	−4 1 5	0 −5 1	72	40	14
−5 1 4	3 −5 5	34	52	11	−4 1 5	1 −1 1	25	40	14
−5 1 4	3 −1 4	4	52	11	−5 2 0	−2 −5 0	90	90	22
−5 1 5	−1 −5 0	90	46	11	−5 2 0	−2 −5 1	79	90	22
−5 1 5	0 −5 1	74	46	11	−5 2 0	−2 −5 2	70	90	22
−5 1 5	1 −5 2	59	46	11	−5 2 0	−2 −5 3	61	90	22
−5 1 5	2 −5 3	47	46	11	−5 2 0	−2 −5 4	53	90	22
−5 1 5	3 −5 4	38	46	11	−5 2 0	−2 −5 5	47	90	22
−5 1 5	4 −5 5	30	46	11	−5 2 0	0 0 1	0	90	22
−4 1 0	−1 −4 0	90	90	14	−3 1 0	−1 −3 0	90	90	18
−4 1 0	−1 −4 1	76	90	14	−3 1 0	−1 −3 1	72	90	18
−4 1 0	−1 −4 2	64	90	14	−3 1 0	−1 −3 2	58	90	18
−4 1 0	−1 −4 3	54	90	14	−3 1 0	−1 −3 3	47	90	18
−4 1 0	−1 −4 4	46	90	14	−3 1 0	−1 −3 4	38	90	18
−4 1 0	−1 −4 5	40	90	14	−3 1 0	−1 −3 5	32	90	18
−4 1 0	0 0 1	0	90	14	−3 1 0	0 0 1	0	90	18
−4 1 1	−1 −5 1	79	76	14	−5 2 1	−2 −5 0	90	79	22
−4 1 1	−1 −4 0	90	76	14	−5 2 1	−1 −5 5	45	79	22
−4 1 1	0 −1 1	43	76	14	−5 2 1	−1 −4 3	53	79	22
−4 1 1	1 −1 5	8	76	14	−5 2 1	−1 −3 1	72	79	22
−4 1 2	−1 −4 0	90	64	14	−5 2 1	0 −1 2	25	79	22
−4 1 2	0 −2 1	60	64	14	−5 2 2	−2 −5 0	90	70	22
−4 1 2	1 −4 4	39	64	14	−5 2 2	0 −1 1	41	70	22
−4 1 2	1 −2 3	27	64	14	−5 2 3	−2 −5 0	90	61	22
−4 1 2	2 −2 5	15	64	14	−5 2 3	−1 −4 1	74	61	22
−4 1 3	−1 4 0	90	54	14	−5 2 3	0 −3 2	51	61	22
−4 1 3	0 −3 1	67	54	14	−5 2 3	1 −5 5	37	61	22
−4 1 3	1 −5 3	51	54	14	−5 2 3	1 −2 3	23	61	22
−4 1 3	1 −2 2	34	54	14	−5 2 3	2 −1 4	2	61	22
−4 1 3	2 −1 3	7	54	14	−5 2 4	−2 −5 0	90	53	22
−4 1 3	3 −3 5	19	54	14	−5 2 4	0 −2 1	56	53	22
−4 1 3	−1 −4 0	90	54	14	−5 2 4	2 −5 5	32	53	22

续表

(hkl)	[uvw]	ψ	θ	ϕ	(hkl)	[uvw]	ψ	θ	ϕ
−5 2 4	2 −3 4	22	53	22	−2 1 0	−2 −4 3	56	90	27
−5 2 4	2 −1 3	3	53	22	−2 1 0	−2 −4 5	42	90	27
−5 2 5	−2 −5 0	90	47	22	−2 1 0	−1 −2 0	90	90	27
−5 2 5	−1 −5 1	75	47	22	−2 1 0	−1 −2 1	66	90	27
−5 2 5	0 −5 2	60	47	22	−2 1 0	−1 −2 2	48	90	27
−5 2 5	1 −5 3	46	47	22	−2 1 0	−1 −2 3	37	90	27
−5 2 5	2 −5 4	36	47	22	−2 1 0	−1 −2 4	29	90	27
−5 2 5	3 −5 5	27	47	22	−2 1 0	−1 −2 5	24	90	27
−3 1 1	−1 −5 2	67	72	18	−2 1 0	0 0 1	0	90	27
−3 1 1	−1 −4 1	76	72	18	−4 2 1	−2 −5 2	69	77	27
−3 1 1	−1 −3 0	90	72	18	−4 2 1	−1 −4 4	44	77	27
−3 1 1	0 −1 1	42	72	18	−4 2 1	−1 −3 2	57	77	27
−3 1 1	1 −2 5	17	72	18	−4 2 1	−1 −2 0	90	77	27
−3 1 1	1 −1 4	9	72	18	−4 2 1	0 −1 2	24	77	27
−3 1 2	−1 −5 1	77	58	18	−4 2 3	−1 −5 2	64	56	27
−3 1 2	−1 −3 0	90	58	18	−4 2 3	−1 −2 0	90	56	27
−3 1 2	0 −2 1	58	58	18	−4 2 3	0 −1 2	48	56	27
−3 1 2	1 −5 4	43	58	18	−4 2 3	−1 −5 2	33	56	27
−3 1 2	1 −3 3	35	58	18	−4 2 3	−1 −2 0	11	56	27
−3 1 2	1 −1 2	15	58	18	−4 2 5	−1 −2 0	90	42	27
−3 1 2	2 −4 5	28	58	18	−4 2 5	0 −5 2	56	42	27
−3 1 3	−1 −3 0	90	47	18	−4 2 5	1 −3 2	37	42	27
−3 1 3	0 −3 1	64	47	18	−4 2 5	3 −4 4	20	42	27
−3 1 3	1 −3 2	43	47	18	−2 1 1	−2 −5 1	78	66	27
−3 1 3	2 −3 3	28	47	18	−2 1 1	−1 −5 3	56	66	27
−3 1 3	3 −3 4	19	47	18	−2 1 1	−1 −4 2	61	66	27
−3 1 3	4 −3 5	13	47	18	−2 1 1	−1 −3 1	71	66	27
−3 1 4	−1 −3 0	90	38	18	−2 1 1	−1 −2 0	90	66	27
−3 1 4	0 −4 1	67	38	18	−2 1 1	0 −1 −1	39	66	27
−3 1 4	1 −5 2	54	38	18	−2 1 1	1 −3 5	22	66	27
−3 1 4	1 −1 1	21	38	18	−2 1 1	1 −2 4	17	66	27
−3 1 5	−1 −3 0	90	32	18	−2 1 1	1 −1 3	8	66	27
−3 1 5	0 −5 1	68	32	18	−2 1 1	−1 −4 1	72	66	27
−3 1 5	1 −2 1	40	32	18	−2 1 2	−1 −4 1	72	48	27
−3 1 5	3 −1 2	0	32	18	−2 1 2	−1 −2 0	90	48	27
−3 1 5	4 −3 3	16	32	18	−2 1 2	0 −2 1	53	48	27
−3 1 5	5 −5 4	23	32	18	−2 1 2	1 −4 3	38	48	27
−2 1 0	−2 −4 1	77	90	27	−2 1 2	1 −2 2	27	48	27

续表

(hkl)	[uvw]	ψ	θ	φ	(hkl)	[uvw]	ψ	θ	φ
−2 1 2	2 −2 3	13	48	27	−5 3 3	−3 −5 0	90	63	31
−2 1 2	3 −4 5	18	48	27	−5 3 3	−1 −3 1	37	63	31
−2 1 2	3 −2 4	5	48	27	−5 3 4	−3 −5 0	90	56	31
−2 1 3	−1 5 1	71	37	27	−5 3 4	−1 −3 1	69	56	31
−2 1 3	−1 −2 0	90	37	27	−5 3 4	0 −4 3	43	56	31
−2 1 3	0 −3 1	58	37	27	−5 3 4	1 −5 5	32	56	31
−2 1 3	1 −4 2	43	37	27	−5 3 4	1 −1 2	8	56	31
−2 1 3	1 −1 1	15	37	27	−5 3 5	−3 −5 0	90	49	31
−2 1 3	2 −5 3	35	37	27	−5 3 5	−2 −5 1	76	49	31
−2 1 4	−1 −2 0	90	29	27	−5 3 5	−1 −5 2	61	49	31
−2 1 4	0 −4 1	60	29	27	−5 3 5	0 −5 3	47	49	31
−2 1 4	1 −2 1	33	29	27	−5 3 5	1 −5 4	36	49	31
−2 1 4	3 −2 −2	6	29	27	−5 3 5	2 −5 −5	26	49	31
−2 1 4	4 −4 3	16	29	27	−4 3 0	−3 −4 0	90	90	37
−2 1 5	−1 −2 0	90	24	27	−4 3 0	−3 −4 1	79	90	37
−2 1 5	0 −5 1	61	24	27	−4 3 0	−3 −4 2	68	90	37
−2 1 5	1 −3 1	42	24	27	−4 3 0	−3 −4 3	59	90	37
−2 1 5	2 −1 1	0	24	27	−4 3 0	−3 −4 4	51	90	37
−2 1 5	3 −4 2	25	24	27	−4 3 0	−3 −4 5	45	90	37
−2 1 5	5 −5 3	17	24	27	−4 3 0	0 0 1	0	90	37
−5 3 0	−3 −5 0	90	90	31	−3 2 0	−2 −3 0	90	90	34
−5 3 0	−3 −5 1	80	90	31	−3 2 0	−2 −3 1	74	90	34
−5 3 0	−3 −5 2	71	90	31	−3 2 0	−2 −3 2	61	90	34
−5 3 0	−3 −5 3	63	90	31	−3 2 0	−2 −3 3	50	90	34
−5 3 0	−3 −5 4	56	90	31	−3 2 0	−2 −3 4	42	90	34
−5 3 0	−3 −5 5	49	90	31	−3 2 0	−2 −3 5	36	90	34
−5 3 0	0 0 1	0	90	31	−3 2 0	0 0 1	0	90	34
−5 3 1	−3 −5 0	0	80	31	−4 3 1	−3 −5 3	62	79	37
−5 3 1	−2 −5 5	90	80	31	−4 3 1	−3 −4 0	90	79	37
−5 3 1	−1 −3 4	46	80	31	−4 3 1	−2 −3 1	74	79	37
−5 3 1	−1 −2 1	37	80	31	−4 3 1	−1 −3 5	30	79	37
−5 3 1	0 −1 3	66	80	31	−4 3 1	−1 −2 2	47	79	37
−5 3 2	−3 −5 0	16	71	31	−4 3 1	0 −1 3	15	79	37
−5 3 2	−2 −4 1	90	71	31	−4 3 2	−3 −4 0	90	68	37
−5 3 2	−1 −5 5	77	71	31	−4 3 2	−1 −4 4	41	68	37
−5 3 2	−1 −3 2	42	71	31	−4 3 2	−1 −2 1	64	68	37
−5 3 2	0 −2 3	56	71	31	−4 3 2	0 −2 3	26	68	37
−5 3 2	1 −1 4	28	71	31	−4 3 2	1 −2 5	11	68	37

续表

(hkl)	[uvw]	ψ	θ	ϕ	(hkl)	[uvw]	ψ	θ	ϕ
−4 3 3	−3 −5 1	79	59	37	−3 2 4	4 −4 5	8	42	34
−4 3 3	−3 −4 0	90	59	37	−3 2 5	−2 −3 0	90	36	34
−4 3 3	0 −1 1	34	59	37	−3 2 5	−1 −4 1	66	36	34
−4 3 4	−3 −4 0	90	51	37	−3 2 5	0 −5 2	51	36	34
−4 3 4	−2 −4 1	74	51	37	−3 2 5	1 −1 1	9	36	34
−4 3 4	−1 −4 −2	56	51	37	−5 4 0	−4 −5 0	90	90	39
−4 3 4	0 −4 3	40	51	37	−5 4 0	−4 −5 1	81	90	39
−4 3 4	1 −4 4	27	51	37	−5 4 0	−4 −5 2	73	90	39
−4 3 4	2 −4 5	17	51	37	−5 4 0	−4 −5 3	65	90	39
−4 3 5	−3 −4 0	90	45	37	−5 4 0	−4 −5 4	58	90	39
−4 3 5	−1 −3 1	65	45	37	−5 4 0	−4 −5 5	52	90	39
−4 3 5	0 −5 −3	43	45	37	−5 4 0	0 0 1	0	90	39
−4 3 5	1 −2 −2	19	45	37	−5 4 1	−4 −5 0	90	81	39
−4 3 5	4 −3 5	0	45	37	−5 4 1	−3 −5 5	49	81	39
−3 2 1	−3 −5 1	80	74	34	−5 4 1	−3 −4 1	79	81	39
−3 2 1	−2 −5 4	52	74	34	−5 4 1	−2 −3 2	61	81	39
−3 2 1	−2 −3 0	90	74	34	−5 4 1	−1 −2 3	36	81	39
−3 2 1	−1 −4 5	37	74	34	−5 4 1	−2 −5 5	11	81	39
−3 2 1	−1 −3 3	44	74	34	−5 4 2	−2 −4 3	90	73	39
−3 2 1	−1 −2 1	65	74	34	−5 4 2	−2 −3 1	45	73	39
−3 2 1	0 −1 2	22	74	34	−5 4 2	0 −1 2	54	73	39
−3 2 1	1 −1 5	3	74	34	−5 4 2	−2 −3 1	74	73	39
−3 2 2	−2 −5 2	67	61	34	−5 4 2	0 −1 2	20	73	39
−3 2 2	−2 −4 1	76	61	34	−5 4 3	−4 −5 0	90	65	39
−3 2 2	−2 −3 0	90	61	34	−5 4 3	−1 −5 5	39	65	39
−3 2 2	0 −1 1	36	61	34	−5 4 3	−1 −2 1	63	65	39
−3 2 2	2 −2 5	6	61	34	−5 4 3	0 −3 4	28	65	39
−3 2 3	−2 −3 0	90	50	34	−5 4 3	1 −1 3	3	65	39
−3 2 3	−1 −3 1	67	50	34	−5 4 4	−4 −5 0	90	58	39
−3 2 3	0 −3 2	44	50	34	−5 4 4	−3 −5 1	34	58	39
−3 2 3	1 −3 3	26	50	34	−5 4 5	−4 −5 0	90	52	39
−3 2 3	2 −3 4	15	50	34	−5 4 5	−3 −5 1	78	52	39
−3 2 3	3 −3 5	7	50	34	−5 4 5	−2 −5 2	64	52	39
−3 2 4	−2 −5 1	74	42	34	−5 4 5	−1 −5 3	50	52	39
−3 2 4	−2 −3 0	90	42	34	−5 4 5	0 −5 4	38	52	39
−3 2 4	0 −2 1	48	42	34	−5 4 5	1 −5 5	27	52	39
−3 2 4	2 −5 4	27	42	34	−1 1 0	−5 −5 1	82	90	45
−3 2 4	2 −3 3	17	42	34	−1 1 0	−5 −5 2	74	90	45

续表

(hkl)	[uvw]	ψ	θ	ϕ	(hkl)	[uvw]	ψ	θ	ϕ
−1 1 0	−5 −5 3	67	90	45	−5 5 4	0 −4 5	26	61	45
−1 1 0	−5 −5 4	61	90	45	−5 5 4	1 −3 5	14	61	45
−1 1 0	−4 −4 1	80	90	45	−5 5 4	2 −2 5	0	61	45
−1 1 0	−4 −4 3	62	90	45	−4 4 1	−4 −5 4	57	80	45
−1 1 0	−4 −4 5	49	90	45	−4 4 1	−3 −4 4	51	80	45
−1 1 0	−3 −3 1	77	90	45	−4 4 1	−2 −3 4	41	80	45
−1 1 0	−3 −3 2	65	90	45	−4 4 1	−1 −2 4	28	80	45
−1 1 0	−3 −3 4	47	90	45	−4 4 1	−1 −1 0	90	80	45
−1 1 0	−3 −3 5	40	90	45	−4 4 1	0 −1 4	10	80	45
−1 1 0	−2 −2 1	71	90	45	−4 4 3	−2 −5 4	48	62	45
−1 1 0	−2 −2 3	43	90	45	−4 4 3	−1 −4 4	38	62	45
−1 1 0	−2 −2 5	29	90	45	−4 4 3	−1 −1 0	90	62	45
−1 1 0	−1 −1 0	90	90	45	−4 4 3	0 −3 4	25	62	45
−1 1 0	−1 −1 1	55	90	45	−4 4 3	1 −2 4	9	62	45
−1 1 0	−1 −1 2	35	90	45	−4 4 5	−1 −1 0	90	49	45
−1 1 0	−1 −1 3	25	90	45	−4 4 5	0 −5 4	34	49	45
−1 1 0	−1 −1 4	19	90	45	−4 4 5	1 −4 4	22	49	45
−1 1 0	−1 −1 5	16	90	45	−4 4 5	2 −3 4	8	49	45
−1 1 0	0 0 1	0	90	45	−3 3 1	−4 −5 3	64	77	45
−5 5 1	−4 −5 5	52	82	45	−3 3 1	−3 −4 3	58	77	45
−5 5 1	−3 −4 5	44	82	45	−3 3 1	−2 −3 3	49	77	45
−5 5 1	−2 −3 5	35	82	45	−3 3 1	−1 −2 3	35	77	45
−5 5 1	−1 −2 5	23	82	45	−3 3 1	−1 −1 0	90	77	45
−5 5 1	−1 −1 0	90	82	45	−3 3 1	0 −1 3	13	77	45
−5 5 1	0 −1 5	8	82	45	−3 3 2	−3 −5 3	60	65	45
−5 5 2	−3 −5 5	47	74	45	−3 3 2	−2 −4 3	52	65	45
−5 5 2	−2 −4 5	39	74	45	−3 3 2	−1 −3 3	40	65	45
−5 5 2	−1 −3 5	29	74	45	−3 3 2	−1 −1 0	90	65	45
−5 5 2	−1 −1 0	90	74	45	−3 3 2	0 −2 3	23	65	45
−5 5 2	0 −2 5	15	74	45	−3 3 4	−1 −5 3	46	47	45
−5 5 2	1 −1 5	0	74	45	−3 3 4	−1 −1 0	90	47	45
−5 5 3	−2 −5 5	42	67	45	−3 3 4	0 −4 3	34	47	45
−5 5 3	−1 −4 5	33	67	45	−3 3 4	1 −3 3	19	47	45
−5 5 3	−1 −1 0	90	67	45	−3 3 5	−1 −1 0	90	40	45
−5 5 3	0 −3 5	21	67	45	−3 3 5	0 −5 3	37	40	45
−5 5 3	1 −2 5	7	67	45	−3 3 5	1 −4 3	25	40	45
−5 5 4	−1 −5 5	36	61	45	−3 3 5	2 −3 3	9	40	45
−5 5 4	−1 −1 0	90	61	45	−2 2 1	−4 −5 2	72	71	45

续表

(hkl)	[uvw]	ψ	θ	φ	(hkl)	[uvw]	ψ	θ	φ
-2 2 1	-3 -5 4	53	71	45	-1 1 2	-1 -1 0	90	35	45
-2 2 1	-3 -4 2	67	71	45	-1 1 2	0 -2 1	39	35	45
-2 2 1	-2 -3 2	59	71	45	-1 1 2	1 -5 3	29	35	45
-2 2 1	-1 -3 4	34	71	45	-1 1 2	1 -3 2	22	35	45
-2 2 1	-1 -2 2	45	71	45	-1 1 2	1 -1 1	0	35	45
-2 2 1	-1 -1 0	90	71	45	-1 1 2	2 -4 3	15	35	45
-2 2 1	0 -1 2	18	71	45	-1 1 2	3 -5 4	12	35	45
-2 2 1	1 -1 4	0	71	45	-1 1 3	-2 -5 1	65	25	45
-2 2 3	-2 -5 2	60	43	45	-1 1 3	-1 -4 1	56	25	45
-2 2 3	-1 -4 2	50	43	45	-1 1 3	-1 -1 0	90	25	45
-2 2 3	-1 -1 0	90	43	45	-1 1 3	0 -4 1	42	25	45
-2 2 3	0 -3 2	36	43	45	-1 1 3	1 -3 1	31	25	45
-2 2 3	1 -5 4	26	43	45	-1 1 3	2 -2 1	17	25	45
-2 2 3	1 -2 2	14	43	45	-1 1 3	3 -5 2	6	25	45
-2 2 5	-1 -1 0	90	29	45	-1 1 4	-1 -5 1	55	19	45
-2 2 5	0 -5 2	41	29	45	-1 1 4	-1 -1 0	90	19	45
-2 2 5	1 -4 2	28	29	45	-1 1 4	0 -4 1	43	19	45
-2 2 5	2 -3 2	10	29	45	-1 1 4	1 -3 1	25	19	45
-1 1 1	-4 -5 1	79	55	45	-1 1 4	2 -2 1	0	19	45
-1 1 1	-3 -5 2	67	55	45	-1 1 4	3 -5 2	13	19	45
-1 1 1	-3 -4 1	76	55	45	-1 1 5	-1 -1 0	90	16	45
-1 1 1	-2 -5 3	53	55	45	-1 1 5	0 -5 1	44	16	45
-1 1 1	-2 -3 1	71	55	45	-1 1 5	1 -4 1	30	16	45
-1 1 1	-1 -5 4	41	55	45	-1 1 5	2 -3 1	11	16	45
-1 1 1	-1 -4 3	44	55	45	-1 1 5	5 -5 2	0	16	45
-1 1 1	-1 -3 2	49	55	45	-4 5 0	-5 -4 0	90	90	51
-1 1 1	-1 -2 1	60	55	45	-4 5 0	-5 -4 1	81	90	51
-1 1 1	-1 -1 0	90	55	45	-4 5 0	-5 -4 2	73	90	51
-1 1 1	0 -1 1	30	55	45	-4 5 0	-5 -4 3	65	90	51
-1 1 1	1 -4 5	19	55	45	-4 5 0	-5 -4 4	58	90	51
-1 1 1	1 -3 4	16	55	45	-4 5 0	-5 -4 5	52	90	51
-1 1 1	1 -2 3	11	55	45	-4 5 0	0 0 1	0	90	51
-1 1 1	1 -1 2	0	55	45	-4 5 1	-5 -4 0	90	81	51
-1 1 2	2 -3 5	7	35	45	-4 5 1	-1 -1 1	54	81	51
-1 1 2	-3 -5 1	73	35	45	-4 5 1	0 -1 5	70	81	51
-1 1 2	-2 -4 1	68	35	45	-4 5 2	-5 -4 0	90	73	51
-1 1 2	-1 -5 2	51	35	45	-4 5 2	-3 -4 4	49	73	51
-1 1 2	-1 -3 1	59	35	45	-4 5 2	-2 -2 1	70	73	51

续表

(hkl)	[uvw]	ψ	θ	φ	(hkl)	[uvw]	ψ	θ	φ
−4 5 2	−1 −23	33	73	51	−3 4 2	−2 −3 3	46	68	53
−4 5 2	0 −2 5	13	73	51	−3 4 2	−2 −2 1	69	68	53
−4 5 3	−5 −4 0	90	65	51	−3 4 2	0 −1 2	16	68	53
−4 5 3	−4 −5 3	62	65	51	−3 4 3	−4 −3 0	90	59	53
−4 5 3	−3 −3 1	75	65	51	−3 4 3	−3 −3 1	74	59	53
−4 5 3	−1 −2 2	43	65	51	−3 4 3	−2 −3 2	56	59	53
−4 5 3	0 −3 5	19	65	51	−3 4 3	−1 −3 3	37	59	53
−4 5 4	−5 −4 0	90	58	51	−3 4 3	0 −3 4	21	59	53
−4 5 4	−4 −4 1	78	58	51	−3 4 3	1 −3 5	10	59	53
−4 5 4	−3 −4 2	64	58	51	−3 4 4	−4 −5 2	68	51	53
−4 5 4	−2 −4 3	49	58	51	−3 4 4	−4 −4 1	77	51	53
−4 5 4	−1 −4 4	35	58	51	−3 4 4	−4 −3 0	90	51	53
−4 5 4	0 −4 5	23	58	51	−3 4 4	0 −1 1	25	51	53
−4 5 5	−5 −5 1	80	52	51	−3 4 5	−5 −5 1	79	45	53
−4 5 5	−5 −4 0	90	52	51	−3 4 5	−4 −3 0	90	45	53
−4 5 5	0 −1 1	26	52	51	−3 4 5	−1 −2 1	55	45	53
−3 4 0	−4 −3 0	90	90	53	−3 4 5	0 −5 4	28	45	53
−3 4 0	−4 −3 1	79	90	53	−3 4 5	1 −3 3	13	45	53
−3 4 0	−4 −3 2	68	90	53	−3 4 5	3 −4 5	0	45	53
−3 4 0	−4 −3 3	59	90	53	−2 3 1	−5 −4 2	72	74	56
−3 4 0	−4 −3 4	51	90	53	−2 3 1	−4 −3 1	78	74	56
−3 4 0	−4 −3 5	45	90	53	−2 3 1	−3 −2 0	90	74	56
−3 4 0	0 0 1	0	90	53	−2 3 1	−2 −3 5	33	74	56
−3 4 0	−3 −2 0	90	90	56	−2 3 1	−1 −2 4	25	74	56
−3 4 0	−3 −2 1	74	90	56	−2 3 1	−1 −1 1	53	74	56
−3 4 0	−3 −2 2	61	90	56	−2 3 1	0 −1 3	10	74	56
−3 4 0	−3 −2 3	50	90	56	−2 3 2	−5 −4 1	80	61	56
−3 4 0	−3 −2 4	42	90	56	−2 3 2	−3 −4 3	54	61	56
−3 4 0	−3 −2 5	36	90	56	−2 3 2	−3 −2 0	90	61	56
−3 4 0	0 0 1	0	90	56	−2 3 2	−2 −2 1	68	61	56
−3 4 1	−5 −4 1	81	79	53	−2 3 2	−1 −4 5	28	61	56
−3 4 1	−4 −3 0	90	79	53	−2 3 2	−1 −2 2	20	61	56
−3 4 1	−1 −2 5	21	79	53	−2 3 2	0 −2 3	18	61	56
−3 4 1	−1 −1 1	54	79	53	−2 3 2	1 −2 4	3	61	56
−3 4 1	0 −1 4	8	79	53	−2 3 3	−3 −5 3	53	50	56
−3 4 2	−4 −5 4	55	68	53	−2 3 3	−3 −4 2	61	50	56
−3 4 2	−4 −3 0	90	68	53	−2 3 3	−3 −3 1	73	50	56
−3 4 2	−2 −4 5	37	68	53	−2 3 3	−3 −2 0	90	50	56

续表

(hkl)	[uvw]	ψ	θ	ϕ	(hkl)	[uvw]	ψ	θ	ϕ
−2 3 3	0 −1 1	23	50	56	−3 5 5	−5 −5 2	69	49	59
−2 3 4	−4 −4 1	75	42	56	−3 5 5	−5 −4 1	78	49	59
−2 3 4	−3 −2 0	90	42	56	−3 5 5	−5 −3 0	90	49	59
−2 3 4	−1 −2 1	52	42	56	−3 5 5	0 −1 1	21	49	59
−2 3 4	0 −4 3	26	42	56	−1 2 0	−4 −2 1	77	90	63
−2 3 4	1 −2 2	5	42	56	−1 2 0	−4 −2 3	56	90	63
−2 3 5	−5 −5 1	76	36	56	−1 2 0	−4 −2 5	42	90	63
−2 3 5	−3 −2 0	90	36	56	−1 2 0	−2 −1 0	90	90	63
−2 3 5	−2 −3 1	63	36	56	−1 2 0	−2 −1 1	66	90	63
−2 3 5	−1 −4 2	42	36	56	−1 2 0	−2 −1 2	48	90	63
−2 3 5	0 −5 3	28	36	56	−1 2 0	−2 −1 3	37	90	63
−3 5 0	−5 −3 0	90	90	59	−1 2 0	−2 −1 4	29	90	63
−3 5 0	−5 −3 1	80	90	59	−1 2 0	−2 −1 5	24	90	63
−3 5 0	−5 −3 2	71	90	59	−1 2 0	0 0 1	0	90	63
−3 5 0	−5 −3 3	63	90	59	−2 4 1	−5 −3 2	71	77	63
−3 5 0	−5 −3 4	56	90	59	−2 4 1	−4 −3 4	50	77	63
−3 5 0	−5 −3 5	49	90	59	−2 4 1	−3 −2 2	60	77	63
−3 5 0	0 0 1	0	90	59	−2 4 1	−2 −1 0	90	77	63
−3 5 1	−5 −4 5	51	80	59	−2 4 1	−1 −1 2	33	77	63
−3 5 1	−5 −3 0	90	80	59	−2 4 1	0 −1 4	6	77	63
−3 5 1	−4 −3 3	59	80	59	−2 4 3	−5 −4 2	69	56	63
−3 5 1	−3 −2 1	74	80	59	−2 4 3	−4 −5 4	50	56	63
−3 5 1	−1 −1 2	34	80	59	−2 4 3	−3 −3 2	59	56	63
−3 5 1	0 −1 5	6	80	59	−2 4 3	−2 −1 0	90	56	63
−3 5 2	−5 −3 0	90	71	59	−2 4 3	−1 −2 2	37	56	63
−3 5 2	−4 −3 1	52	71	59	−2 4 3	0 −3 4	16	56	63
−3 5 2	−3 −3 2	11	71	59	−2 4 5	−5 −5 2	66	42	63
−3 5 3	−5 −3 0	90	63	59	−2 4 5	−3 −4 2	56	42	63
−3 5 3	−4 −3 1	77	63	59	−2 4 5	−2 −1 0	90	42	63
−3 5 3	−3 −3 2	61	63	59	−2 4 5	−1 −3 2	37	42	63
−3 5 3	−2 −3 3	44	63	59	−2 4 5	0 −5 4	20	42	63
−3 5 3	−1 −3 4	28	63	59	−2 4 5	1 −2 2	0	42	63
−3 5 3	0 −3 5	15	63	59	−1 2 1	−5 −4 3	62	66	63
−3 5 4	−5 −3 0	90	56	59	−1 2 1	−5 −3 1	79	66	63
−3 5 4	−3 −5 4	47	56	59	−1 2 1	−4 −3 2	66	66	63
−3 5 4	−2 −2 1	66	56	59	−1 2 1	−3 −4 5	39	66	63
−3 5 4	−1 −3 3	33	56	59	−1 2 1	−3 −21	73	66	63
−3 5 4	0 −4 5	19	56	59	−1 2 1	−2−3 4	36	66	63

续表

(hkl)	[uvw]	ψ	θ	φ	(hkl)	[uvw]	ψ	θ	φ
−1 2 1	−2 −1 0	90	66	63	−2 5 0	−5 −2 2	70	90	68
−1 2 1	−1 −3 5	22	66	63	−2 5 0	−5 −2 3	61	90	68
−1 2 1	−1 −2 3	29	66	63	−2 5 0	−5 −2 4	53	90	68
−1 2 1	−1 −1 1	51	66	63	−2 5 0	−5 −2 5	47	90	68
−1 2 1	0 −1 2	12	66	63	−2 5 0	0 0 1	0	90	68
−1 2 1	1 −2 5	0	66	63	−1 3 0	−3 −1 0	90	90	72
−1 2 2	−4 −5 3	55	48	63	−1 3 0	−3 −1 1	72	90	72
−1 2 2	−4 −3 1	75	48	63	−1 3 0	−3 −1 2	58	90	72
−1 2 2	−2 −5 4	37	48	63	−1 3 0	−3 −1 3	47	90	72
−1 2 2	−2 −4 3	42	48	63	−1 3 0	−3 −1 4	38	90	72
−1 2 2	−2 −3 2	49	48	63	−1 3 0	−3 −1 5	32	90	72
−1 2 2	−2 −2 1	63	48	63	−1 3 0	0 0 1	0	90	72
−1 2 2	−2 −1 0	90	48	63	−2 5 1	−5 −3 5	49	79	68
−1 2 2	0 −1 1	18	48	63	−2 5 1	−5 −2 0	90	79	68
−1 2 2	2 −4 5	0	48	63	−2 5 1	−3 −2 4	41	79	68
−1 2 3	−5 −4 1	75	37	63	−2 5 1	−2 −1 1	65	79	68
−1 2 3	−4 −5 2	60	37	63	−2 5 1	−1 −1 3	23	79	68
−1 2 3	−3 −3 1	67	37	63	−2 5 1	0 −1 5	4	79	68
−1 2 3	−2 −1 0	90	37	63	−2 5 2	−5 −4 5	49	70	68
−1 2 3	−1 −5 3	32	37	63	−2 5 2	−5 −2 0	90	70	68
−1 2 3	−1 −2 1	47	37	63	−2 5 2	−4 −2 1	77	70	68
−1 2 3	0 −3 2	22	37	63	−2 5 2	−3 −2 2	59	70	68
−1 2 3	1 −4 3	10	37	63	−2 5 2	−2 −2 3	39	70	68
−1 2 3	2 −5 4	4	37	63	−2 5 2	−1 −2 4	21	70	68
−1 2 4	−4 −4 1	69	29	63	−2 5 2	0 −2 5	8	70	68
−1 2 4	−2 −5 2	44	29	63	−2 5 3	−5 −2 0	90	61	68
−1 2 4	−2 −3 1	57	29	63	−2 5 3	−1 −1 1	49	61	68
−1 2 4	−2 −1 0	90	29	63	−2 5 3	0 −3 5	11	61	68
−1 2 4	0 −2 1	24	29	63	−2 5 4	−5 −2 0	90	53	68
−1 2 4	2 −5 3	4	29	63	−2 5 4	−4 −4 3	54	53	68
−1 2 5	−5 −5 1	70	24	63	−2 5 4	−3 −2 1	71	53	68
−1 2 5	−3 −4 1	61	24	63	−2 5 4	−1 −1 2	34	53	68
−1 2 5	−2 −1 0	90	24	63	−2 5 4	0 −4 5	13	53	68
−1 2 5	−1 −3 1	42	24	63	−2 5 5	−5 −5 3	58	47	68
−1 2 5	0 −5 2	25	24	63	−2 5 5	−5 −4 2	66	47	68
−1 2 5	1 −2 1	0	24	63	−2 5 5	−5 −3 1	77	47	68
−2 5 0	−5 −2 0	90	90	68	−2 5 5	−5 −2 0	90	47	68
−2 5 0	−5 −2 1	79	90	68	−2 5 5	0 −1 1	15	47	68

续表

(*hkl*)	[*uvw*]	ψ	θ	ϕ	(*hkl*)	[*uvw*]	ψ	θ	ϕ
−1 3 1	−5 −3 4	54	72	72	−1 4 0	−4 −1 4	46	90	76
−1 3 1	−5 −2 1	79	72	72	−1 4 0	−4 −1 5	40	90	76
−1 3 1	−4 −3 5	42	72	72	−1 4 0	0 0 1	0	90	76
−1 3 1	−3 −2 3	48	72	72	−1 4 1	−5 −2 3	60	76	76
−1 3 1	−3 −1 0	90	72	72	−1 4 1	−4 −1 0	90	76	76
−1 3 1	−2 −1 1	65	72	72	−1 4 1	−3 −2 5	33	76	76
−1 3 1	−1 −2 5	17	72	72	−1 4 1	−3 −1 1	72	76	76
−1 3 1	−1 −1 2	31	72	72	−1 4 1	−2 −1 2	47	76	76
−1 3 1	0 −1 3	6	72	72	−1 4 1	−1 −1 3	21	76	76
−1 3 2	−5 −3 2	67	58	72	−1 4 1	0 −1 4	3	76	76
−1 3 2	−4 −2 1	75	58	72	−1 4 2	−4 −3 4	46	64	76
−1 3 2	−3 −1 0	90	58	72	−1 4 2	−4 −1 0	90	64	76
−1 3 2	−2 −4 5	28	58	72	−1 4 2	−2 −3 5	26	64	76
−1 3 2	−1 −3 4	22	58	72	−1 4 2	−2 −2 3	36	64	76
−1 3 2	−1 −1 1	47	58	72	−1 4 2	−2 −1 1	63	64	76
−1 3 2	0 −2 3	10	58	72	−1 4 2	0 −1 2	6	64	76
−1 3 3	−3 −5 4	39	47	72	−1 4 3	−5 −2 1	77	54	76
−1 3 3	−3 −4 3	45	47	72	−1 4 3	−4 −1 0	90	54	76
−1 3 3	−3 −3 2	54	47	72	−1 4 3	−1 −4 5	17	54	76
−1 3 3	−3 −2 1	68	47	72	−1 4 3	−1 −1 1	44	54	76
−1 3 3	−3 −1 0	90	47	72	−1 4 3	0 −3 4	8	54	76
−1 3 3	0 −1 1	13	47	72	−1 4 4	−4 −5 4	42	46	76
−1 3 4	−5 −3 1	74	38	72	−1 4 4	−4 −4 3	49	46	76
−1 3 4	−3 −5 3	42	38	72	−1 4 4	−4 −3 2	59	46	76
−1 3 4	−3 −1 0	90	38	72	−1 4 4	−4 −2 1	72	46	76
−1 3 4	−2 −2 1	57	38	72	−1 4 4	−4 −1 0	90	46	76
−1 3 4	−1 −3 2	30	38	72	−1 4 4	0 −1 1	10	46	76
−1 3 4	0 −4 3	15	38	72	−1 4 5	−5 −5 3	52	40	76
−1 3 4	1 −5 4	6	38	72	−1 4 5	−4 −1 0	90	40	76
−1 3 5	−5 −5 2	59	32	72	−1 4 5	−3 −2 1	65	40	76
−1 3 5	−4 −3 1	68	32	72	−1 4 5	−2 −3 2	40	40	76
−1 3 5	−3 −1 0	90	32	72	−1 4 5	−1 −4 3	22	40	76
−1 3 5	−1 −2 1	40	32	72	−1 4 5	0 −5 4	11	40	76
−1 3 5	0 −5 3	16	32	72	−1 5 0	−5 −1 0	90	90	79
−1 4 0	−4 −1 0	90	90	76	−1 5 0	−5 −1 1	79	90	79
−1 4 0	−4 −1 1	76	90	76	−1 5 0	−5 −1 2	69	90	79
−1 4 0	−4 −1 2	64	90	76	−1 5 0	−5 −1 3	60	90	79
−1 4 0	−4 −1 3	54	90	76	−1 5 0	−5 −1 4	52	90	79

续表

(hkl)	[uvw]	ψ	θ	φ	(hkl)	[uvw]	ψ	θ	φ
−1 5 0	−5 −1 5	46	90	79	0 1 0	−3 0 2	56	90	90
−1 5 0	0 0 1	0	90	79	0 1 0	−3 0 4	37	90	90
−1 5 1	−5 −2 5	46	79	79	0 1 0	−3 0 5	31	90	90
−1 5 1	−5 −1 0	90	79	79	0 1 0	−2 0 1	63	90	90
−1 5 1	−4 −1 1	76	79	79	0 1 0	−2 0 3	34	90	90
−1 5 1	−3 −1 2	57	79	79	0 1 0	−2 0 5	22	90	90
−1 5 1	−2 −1 3	35	79	79	0 1 0	−1 0 0	90	90	90
−1 5 1	−1 −1 4	16	79	79	0 1 0	−1 0 1	45	90	90
−1 5 1	0 −1 5	2	79	79	0 1 0	−1 0 2	27	90	90
−1 5 2	−5 −3 5	46	69	79	0 1 0	−1 0 3	18	90	90
−1 5 2	−5 −1 0	90	69	79	0 1 0	−1 0 4	14	90	90
−1 5 2	−4 −2 3	53	69	79	0 1 0	−1 0 5	11	90	90
−1 5 2	−3 −1 1	71	69	79	0 1 0	0 0 1	0	90	90
−1 5 2	−1 −1 2	29	69	79	0 1 1	−5 −1 1	82	45	90
−1 5 2	0 −2 5	4	69	79	0 1 1	−4 −1 1	80	45	90
−1 5 3	−5 −4 5	44	60	79	0 1 1	−3 −1 1	77	45	90
−1 5 3	−5 −1 0	90	60	79	0 1 1	−2 −1 1	71	45	90
−1 5 3	−3 −3 4	37	60	79	0 1 1	−1 −1 1	55	45	90
−1 5 3	−2 −1 1	62	60	79	0 1 1	0 −1 1	0	45	90
−1 5 3	−1 −2 3	22	60	79	0 1 2	−5 −2 1	84	27	90
−1 5 3	0 −3 5	6	60	79	0 1 2	−4 −2 1	84	27	90
−1 5 4	−5 −1 0	90	52	69	0 1 2	−3 −2 1	82	27	90
−1 5 4	−3 −3 4	73	52	69	0 1 2	−2 −2 1	77	27	90
−1 5 4	0 −4 5	7	52	69	0 1 2	−1 −2 1	66	27	90
−1 5 5	−5 −5 4	46	46	79	0 1 2	0 −1 1	0	27	90
−1 5 5	−5 −4 3	54	46	79	0 1 3	−5 −3 1	86	18	90
−1 5 5	−5 −3 2	63	46	79	0 1 3	−4 −3 1	85	18	90
−1 5 5	−5 −2 1	75	46	79	0 1 3	−3 −3 1	84	18	90
−1 5 5	−5 −1 0	90	46	79	0 1 3	−2 −3 1	81	18	90
−1 5 5	0 −1 1	8	46	79	0 1 3	−1 −3 1	72	18	90
0 1 0	−5 0 1	79	90	90	0 1 3	0 −3 1	0	18	90
0 1 0	−5 0 2	68	90	90	0 1 4	−5 −4 1	87	14	90
0 1 0	−5 0 3	59	90	90	0 1 4	−4 −4 1	87	14	90
0 1 0	−5 0 4	51	90	90	0 1 4	−3 −4 1	85	14	90
0 1 0	−4 0 1	76	90	90	0 1 4	−2 −4 1	83	14	90
0 1 0	−4 0 3	53	90	90	0 1 4	−1 −4 1	76	14	90
0 1 0	−4 0 5	39	90	90	0 1 4	0 −4 1	0	14	90
0 1 0	−3 0 1	72	90	90	0 1 5	−5 −5 1	88	11	90

续表

（hkl）	[uvw]	ψ	θ	φ	（hkl）	[uvw]	ψ	θ	φ
0 1 5	−4 −5 1	87	11	90	0 3 4	−2 −4 3	48	37	90
0 1 5	−3 −5 1	86	11	90	0 3 4	−1 −4 3	29	37	90
0 1 5	−2 −5 1	84	11	90	0 3 4	0 −4 3	0	37	90
0 1 5	−1 −5 1	79	11	90	0 3 5	−5 −5 3	73	31	90
0 1 5	0 −5 1	0	11	90	0 3 5	−4 −5 3	69	31	90
0 2 1	−5 −1 2	70	63	90	0 3 5	−3 −5 3	63	31	90
0 2 1	−4 −1 2	66	63	90	0 3 5	−2 −5 3	52	31	90
0 2 1	−3 −1 2	59	63	90	0 3 5	−1 −5 3	33	31	90
0 2 1	−2 −1 2	48	63	90	0 3 5	0 −5 3	0	31	90
0 2 1	−1 −1 2	29	63	90	0 4 1	−5 −1 4	52	76	90
0 2 1	0 −1 2	0	63	90	0 4 1	−4 −1 4	46	76	90
0 2 3	−5 −3 2	77	34	90	0 4 1	−3 −1 4	38	76	90
0 2 3	−4 −3 2	74	34	90	0 4 1	−2 −1 4	27	76	90
0 2 3	−3 −3 2	70	34	90	0 4 1	−1 −1 4	14	76	90
0 2 3	−2 −3 2	61	34	90	0 4 1	0 −1 4	0	76	90
0 2 3	−1 −3 2	42	34	90	0 4 3	−5 −3 4	57	53	90
0 2 3	0 −3 2	0	34	90	0 4 3	−4 −3 4	51	53	90
0 2 5	−5 −5 2	82	22	90	0 4 3	−3 −3 4	43	53	90
0 2 5	−4 −5 2	79	22	90	0 4 3	−2 −3 4	32	53	90
0 2 5	−3 −5 2	76	22	90	0 4 3	−1 −3 4	17	53	90
0 2 5	−2 −5 2	70	22	90	0 4 3	0 −3 4	0	53	90
0 2 5	−1 −5 2	53	22	90	0 4 5	−5 −5 4	63	39	90
0 2 5	0 −5 2	0	22	90	0 4 5	−4 −5 4	58	39	90
0 3 1	−5 −1 3	60	72	90	0 4 5	−3 −5 4	50	39	90
0 3 1	−4 −1 3	55	72	90	0 4 5	−2 −5 4	39	39	90
0 3 1	−3 −1 3	47	72	90	0 4 5	−1 −5 4	22	39	90
0 3 1	−2 −1 3	35	72	90	0 4 5	0 −5 4	0	39	90
0 3 1	−1 −1 3	19	72	90	0 5 1	−5 −1 5	46	79	90
0 3 1	0 −1 3	0	72	90	0 5 1	−4 −1 5	39	79	90
0 3 2	−5 −2 3	63	56	90	0 5 1	−3 −1 5	31	79	90
0 3 2	−4 −2 3	58	56	90	0 5 1	−2 −1 5	22	79	90
0 3 2	−3 −2 3	50	56	90	0 5 1	−1 −1 5	12	79	90
0 3 2	−2 −2 3	39	56	90	0 5 1	0 −1 5	0	79	90
0 3 2	−1 −2 3	22	56	90	0 5 2	−5 −2 5	47	68	90
0 3 2	0 −2 3	0	56	90	0 5 2	−4 −2 5	41	68	90
0 3 4	−5 −4 3	70	37	90	0 5 2	−3 −2 5	33	68	90
0 3 4	−4 −4 3	66	37	90	0 5 2	−2 −2 5	23	68	90
0 3 4	−3 −4 3	59	37	90	0 5 2	−1 −2 5	12	68	90

续表

(*hkl*)	[*uvw*]	ψ	θ	ϕ	(*hkl*)	[*uvw*]	ψ	θ	ϕ
0 5 2	0 −2 5	0	68	90	0 5 4	−5 −4 5	52	51	90
0 5 3	−5 −3 5	49	59	90	0 5 4	−4 −4 5	46	51	90
0 5 3	−4 −3 5	43	59	90	0 5 4	−3 −4 5	48	51	90
0 5 3	−3 −3 5	35	59	90	0 5 4	−2 −4 5	27	51	90
0 5 3	−2 −3 5	25	59	90	0 5 4	−1 −4 5	14	51	90
0 5 3	−1 −3 5	13	59	90	0 5 4	0 −4 5	0	51	90
0 5 3	0 −3 5	0	59	90					

附录2 体心立方点阵的倒易点阵平面基本数据

序号	$G_2:G_1$	$G_3:G_1$	ϕ	u	v	w	h_1	k_1	l_1	h_2	k_2	l_2	h	k	l	$G_X:G_1$	$G_Y:G_2$	$G_Y:G_1$
1	1.000	1.000	120.0	1	1	1	1	0	−1	−1	1	0	1	1	0	0.666	0.333	0.333
2	1.000	1.195	73.40	2	4	5	3	1	−2	−1	3	−2	2	3	−3	0.878	0.677	0.677
3	1.000	1.291	80.41	1	3	5	2	1	−1	−1	2	−1	1	2	−1	0.743	0.542	0.542
4	1.000	1.414	90.00	0	0	1	1	1	0	−1	1	0	0	1	1	0.500	0.500	0.500
5	1.048	1.140	67.58	3	6	7	4	−2	0	3	2	−3	3	1	−2	0.223	0.692	0.725
6	1.080	1.224	72.02	2	3	5	2	2	−2	−2	3	−1	1	3	−2	0.869	0.394	0.426
7	1.080	1.471	90.00	1	4	5	2	2	−2	−3	2	−1	−1	3	−2	0.667	0.785	0.848
8	1.095	1.183	68.58	1	3	4	3	−1	0	2	2	−2	2	1	−1	0.269	0.577	0.632
9	1.134	1.195	67.80	1	2	7	3	2	−1	−1	4	−1	2	3	−1	0.778	0.351	0.399
10	1.195	1.253	68.98	3	4	6	−2	3	−1	−4	0	2	−1	1	0	0.312	0.106	0.127
11	1.195	1.558	90.03	3	5	6	−1	3	−2	−4	0	2	−1	2	−1	0.642	0.100	0.120
12	1.195	1.463	83.11	2	4	7	1	3	−2	−4	2	0	−2	3	−1	0.551	0.644	0.770
13	1.224	1.224	65.91	0	1	2	2	0	0	1	2	−1	1	1	0	0.300	0.400	0.489
14	1.290	1.414	75.03	1	2	3	−1	2	−1	−3	0	1	−1	1	0	0.429	0.214	0.276
15	1.291	1.527	97.41	1	3	7	1	2	−1	−3	1	0	−1	1	0	0.237	0.423	0.546
16	1.341	1.414	107.34	1	2	6	0	3	−1	−4	−1	1	−1	1	0	0.402	0.256	0.343
17	1.354	1.472	75.75	1	5	6	−2	−2	2	3	−3	2	0	−1	1	0.274	0.177	0.240
18	1.362	1.603	83.98	4	5	7	−2	3	−1	−4	−1	3	−1	1	0	0.344	0.088	0.121
19	1.414	1.732	90.00	0	1	1	0	1	−1	−2	0	0	−1	1	0	0.500	0.500	0.707
20	1.414	1.483	106.43	1	3	6	3	−1	0	0	4	−2	1	2	−1	0.326	0.565	0.799
21	1.414	1.612	81.87	2	3	6	3	0	−1	0	4	−2	2	1	−1	0.653	0.234	0.331
22	1.463	1.603	78.76	4	6	7	−1	3	−2	−5	1	2	−1	2	−1	0.619	0.084	0.123
23	1.472	1.581	76.91	3	4	7	2	2	−2	−3	4	−1	1	3	−2	0.905	0.283	0.417
24	1.472	1.779	90.00	2	5	7	2	2	−2	−4	3	−1	−1	2	−1	0.333	0.423	0.622

续表

序号	$G_2:G_1$	$G_3:G_1$	ϕ	u	v	w	h_1	k_1	l_1	h_2	k_2	l_2	h	k	l	$G_X:G_1$	$G_Y:G_2$	$G_Y:G_1$
25	1.527	1.527	109.10	1	5	7	2	1	−1	−3	2	−1	−1	2	−1	0.507	0.680	0.038
26	1.527	1.732	96.26	3	5	7	−1	2	−1	−3	−1	2	−1	1	0	0.530	0.180	0.276
27	1.527	1.825	90.00	1	2	4	2	1	−1	−2	3	−1	1	2	−1	0.833	0.357	0.545
28	1.581	1.870	90.00	0	1	3	2	0	0	0	3	−1	1	2	−1	0.500	0.300	0.474
29	1.583	1.685	102.15	1	6	7	2	2	−2	−5	2	−1	1	1	0	0.618	0.848	1.343
30	1.612	1.897	90.00	2	5	6	−3	0	1	1	−4	3	−3	3	−2	0.100	0.269	0.434
31	1.732	1.732	73.22	1	1	3	−1	1	0	−2	−1	1	−1	0	1	0.273	0.454	0.787
32	1.825	1.914	79.48	2	3	4	−1	2	−1	−4	0	2	−1	1	0	0.448	0.155	0.283
33	1.825	2.081	90.00	1	2	5	1	2	−1	−4	2	0	−1	1	0	0.167	0.300	0.547
34	1.870	1.871	74.50	0	2	3	2	0	0	1	3	−2	1	2	−1	0.192	0.615	0.151
35	1.895	2.048	83.99	2	6	7	3	−1	0	2	4	−4	2	3	−3	0.146	0.769	0.458
36	2.121	2.121	76.37	0	1	4	2	0	0	1	4	−1	1	1	0	0.382	0.235	0.499
37	2.235	2.235	77.07	1	3	3	0	1	−1	−3	1	0	−1	1	0	0.316	0.368	0.823
38	2.380	2.449	81.95	3	4	5	−1	2	−1	−5	0	3	−1	1	0	0.460	0.120	0.285
39	2.449	2.645	90.00	1	1	2	−1	1	0	−2	−2	2	−1	0	1	0.500	0.333	0.816
40	2.449	2.516	97.82	1	4	6	2	1	−1	−4	4	−2	−1	2	−1	0.302	0.405	0.993
41	2.549	2.738	90.00	0	1	5	2	0	0	0	5	−1	1	1	0	0.500	0.192	0.490
42	2.549	2.549	101.30	0	3	4	2	0	0	−1	4	−3	1	3	−2	0.860	0.720	1.835
43	2.645	2.645	79.11	1	1	5	−1	1	0	−3	2	1	−2	−1	1	0.185	0.629	1.665
44	2.645	2.708	97.23	2	3	7	2	1	−1	−4	−5	−1	1	2	−1	0.903	0.209	0.554
45	2.707	2.886	90.00	1	4	7	−1	2	−1	−6	−2	2	−3	1	0	0.833	0.363	0.984
46	2.738	2.738	79.48	0	2	5	2	0	0	1	5	−2	2	3	−1	0.707	0.586	1.605
47	2.915	3.082	90.00	0	3	5	2	0	0	0	5	−3	1	2	−1	0.500	0.382	1.114
48	2.943	2.999	83.49	4	5	6	−1	2	−1	−6	0	4	−1	1	0	0.467	0.097	0.286
49	3.000	1.162	90.00	1	2	2	0	1	−1	−4	1	1	−1	1	0	0.500	0.277	0.833
50	3.082	1.082	80.67	0	1	6	2	0	0	1	6	−1	1	1	0	0.419	0.162	0.499
51	3.240	3.240	98.87	0	4	5	2	0	0	−1	5	−4	1	4	−3	0.890	0.780	2.259
52	3.316	3.316	81.33	3	3	5	−1	1	0	−3	−2	−3	−1	0	1	0.372	0.255	0.848
53	3.511	3.558	84.55	5	6	7	−1	2	−1	−7	0	5	−1	1	0	0.473	0.081	0.287
54	3.535	3.674	90.00	0	1	7	2	0	0	0	7	−1	1	1	0	0.500	0.140	0.495
55	3.605	3.605	82.03	1	1	7	−1	1	0	−4	−3	1	−3	−2	1	0.137	0.725	2.615
56	3.605	3.605	97.96	1	5	5	0	1	−1	−5	0	1	−3	1	0	0.804	0.607	2.191
57	3.674	3.674	82.19	0	2	7	2	0	0	1	7	−2	1	4	−1	0.217	0.566	2.079
58	3.808	3.937	90.00	0	3	7	2	0	0	0	7	−3	1	5	−2	0.500	0.706	2.191
59	3.872	3.872	82.58	3	5	5	0	1	−1	−5	2	−1	−1	1	0	0.390	0.220	0.853
60	3.936	3.937	82.72	0	5	6	2	0	0	1	6	−5	0	5	−4	0.090	0.819	3.227
61	4.062	4.062	82.93	0	4	7	2	0	0	1	7	−4	1	2	−1	0.362	0.277	1.125
62	4.122	4.242	90.00	2	2	3	−1	1	0	−3	−3	4	−1	0	1	0.500	0.205	0.848
63	4.123	4.123	83.03	3	3	7	−1	1	0	−4	−3	3	−3	−1	2	0.701	0.597	2.461
64	4.242	4.358	90.00	1	1	4	−1	1	0	−4	−4	2	−2	−1	1	0.500	0.388	1.649

续表

序号	$G_2:G_1$	$G_3:G_1$	ϕ	u	v	w	h_1	k_1	l_1	h_2	k_2	l_2	h	k	l	$G_X:G_1$	$G_Y:G_2$	$G_Y:G_1$
65	4.301	4.416	90.00	0	5	7	2	0	0	0	7	−5	1	3	−2	0.500	0.418	1.801
66	4.638	4.640	96.10	0	6	7	2	0	0	−1	7	−6	1	6	−5	0.923	0.846	3.927
67	4.690	4.795	90.00	2	3	3	0	1	−1	−6	2	2	−1	1	0	0.500	0.181	0.852
68	4.999	4.999	95.73	1	7	7	0	1	−1	−7	0	1	−5	1	0	0.859	0.717	3.585
69	5.000	5.000	84.26	5	5	7	−1	1	0	−4	−3	5	−1	0	1	0.414	0.171	0.858
70	5.196	5.196	95.50	3	7	7	0	1	−1	−7	1	2	−4	1	1	0.291	0.579	3.010
71	5.567	5.567	95.15	5	7	7	0	1	−1	−7	2	3	−1	1	0	0.577	0.154	0.860
72	5.744	5.830	90.00	2	2	5	−1	1	0	−5	−5	4	−4	−3	3	0.500	0.712	4.090
73	5.744	5.830	90.00	1	4	4	0	1	−1	−8	1	1	−3	1	0	0.500	0.378	2.175
74	5.830	5.916	90.00	3	3	4	−1	1	0	−4	−4	6	−1	0	1	0.500	0.147	0.857
75	6.163	6.244	90.00	1	1	6	−1	1	0	−6	−6	2	−3	−2	1	0.500	0.421	2.595
76	6.403	6.480	90.00	3	4	4	0	1	−1	−8	3	3	−1	1	0	0.500	0.134	0.858
77	7.346	7.413	90.00	2	5	5	0	1	−1	−10	2	2	−7	2	1	0.498	0.703	5.171
78	7.549	7.615	90.00	2	2	7	−1	1	0	−7	−7	4	−2	−1	1	0.500	0.219	1.655
79	7.549	7.615	90.00	4	4	5	−1	1	0	−5	−5	8	−1	0	1	0.500	0.114	0.860
80	8.124	8.185	90.00	4	5	5	0	1	−1	−10	4	4	−1	1	0	0.501	0.106	0.861
81	8.543	8.601	90.00	1	6	6	0	1	−1	−12	1	1	−5	1	0	0.500	0.417	3.569
82	8.999	9.055	90.00	4	4	7	−1	1	0	−7	−7	8	−3	−2	3	0.500	0.364	3.277
83	9.273	9.327	90.00	5	5	6	−1	1	0	−6	−6	10	−1	0	1	0.500	0.093	0.862
84	9.849	9.899	90.00	5	6	6	0	1	−1	−12	5	5	−1	1	0	0.500	0.087	0.863
85	10.100	10.149	90.00	2	7	7	0	1	−1	−14	2	2	−3	1	0	0.500	0.215	2.178
86	10.674	10.720	90.03	4	7	7	0	1	−1	−14	4	4	−5	2	1	0.500	0.359	3.839
87	11.000	11.045	90.00	6	6	7	−1	1	0	−7	−7	12	−1	0	1	0.500	0.078	0.863
88	11.576	11.619	90.00	6	7	7	0	1	−1	−14	6	6	−1	1	0	0.500	0.074	0.863

附录 3　面心立方点阵的倒易点阵平面的基本数据

序号	$G_2:G_1$	$G_3:G_1$	ϕ	u	v	w	h_1	k_1	l_1	h_2	k_2	l_2	h	k	l	$G_X:G_1$	$G_Y:G_2$	$G_Y:G_1$
1	1.000	1.000	120.00	1	1	1	2	0	−2	−2	2	0	1	1	−1	0.666	0.333	0.333
2	1.000	1.026	118.27	3	5	6	−3	3	−1	−1	−3	3	−3	1	1	0.843	0.557	0.557
3	1.000	1.054	116.38	2	5	6	−4	4	−2	−2	−4	4	−5	1	1	0.915	0.684	0.684
4	1.000	1.095	66.42	1	2	4	0	−4	2	4	−2	0	3	−3	1	0.405	0.738	0.738
5	1.000	1.154	109.47	0	1	1	−1	1	−1	−1	−1	1	−1	1	1	0.500	0.500	0.500
6	1.000	1.291	80.41	1	3	5	−4	−2	2	2	−4	2	−1	−1	1	0.314	0.114	0.114
7	1.000	1.348	84.78	1	2	5	−3	−1	1	1	−3	1	−1	−1	1	0.433	0.223	0.233

续表

序号	$G_2:G_1$	$G_3:G_1$	ϕ	u	v	w	h_1	k_1	l_1	h_2	k_2	l_2	h	k	l	$G_X:G_1$	$G_Y:G_2$	$G_Y:G_1$
8	1.000	1.414	90.00	0	0	1	0	2	0	−2	0	0	−1	1	1	0.500	0.500	0.500
9	1.026	1.357	84.11	3	6	7	1	3	−3	−4	2	0	−3	3	−1	0.383	0.861	0.884
10	1.054	1.374	96.04	2	6	7	−2	−4	4	6	−2	0	−1	−3	3	0.730	0.073	0.077
11	1.095	1.341	100.51	2	3	4	4	0	−2	−2	4	−2	1	1	−1	0.345	0.224	0.245
12	1.123	1.357	79.20	5	6	7	3	1	−3	−2	4	−2	1	3	−3	0.673	0.554	0.623
13	1.172	1.172	115.24	1	1	4	−2	2	0	−1	−3	1	−1	−1	1	0.278	0.555	0.651
14	1.172	1.541	90.00	2	3	3	0	2	−2	−3	1	1	−2	2	0	0.500	0.727	0.852
15	1.201	1.247	111.70	4	6	7	4	2	−4	−6	4	0	1	3	−3	0.767	0.351	0.422
16	1.224	1.472	97.82	1	4	6	4	2	−2	−4	4	−2	−1	5	−3	0.651	0.905	1.109
17	1.291	1.527	97.41	1	3	7	−2	−4	2	6	−2	0	3	−3	1	0.441	0.644	0.831
18	1.314	1.348	110.23	1	3	6	3	1	−1	−3	3	−1	−1	3	−1	0.457	0.804	1.057
19	1.314	1.477	78.02	3	4	5	3	−1	−1	1	3	−3	1	1	−1	0.180	0.340	0.446
20	1.341	1.414	72.65	1	2	6	4	−2	0	4	4	−2	5	1	−1	0.671	0.573	0.768
21	1.341	1.673	90.00	2	4	5	4	−2	0	2	4	−4	1	1	−1	0.100	0.277	0.372
22	1.348	1.566	82.24	1	2	7	−1	−3	1	4	−2	0	1	−3	1	0.741	0.426	0.574
23	1.414	1.612	98.13	2	3	6	0	−4	2	6	0	−2	5	−1	−1	0.265	0.826	1.168
24	1.471	1.683	83.49	4	5	6	−2	4	−2	−6	0	4	−5	3	1	0.734	0.597	0.879
25	1.477	1.566	104.25	2	3	7	−1	3	−1	−4	−2	2	−2	2	0	0.839	0.306	0.452
26	1.477	1.783	90.00	1	4	7	−3	−1	1	2	−4	2	−1	−1	1	0.455	0.166	0.246
27	1.527	1.527	109.10	1	5	7	−4	−2	2	6	−4	2	−1	−1	1	0.373	0.080	0.122
28	1.527	1.732	96.26	3	5	7	−2	4	−2	−6	−2	4	−5	−1	3	0.133	0.795	1.214
29	1.541	1.837	90.00	1	1	6	−2	2	0	−3	−3	1	−3	−1	1	0.500	0.684	1.054
30	1.541	1.541	71.07	3	3	4	−2	2	0	−3	−1	3	−2	0	2	0.206	0.588	0.906
31	1.581	1.581	108.43	1	2	2	0	2	−2	−4	0	2	−3	1	1	0.389	0.777	1.229
32	1.612	1.673	75.64	3	4	6	4	0	−2	0	6	−4	1	1	−1	0.238	0.155	0.251
33	1.633	1.914	90.00	1	1	2	1	1	−1	−2	2	0	0	2	0	0.667	0.500	0.816
34	1.658	1.658	72.46	0	1	3	−2	0	0	−1	−3	1	−1	−1	1	0.300	0.400	0.663
35	1.673	1.843	96.86	2	4	7	−4	2	0	−2	−6	4	−1	−1	1	0.145	0.224	0.375
36	1.732	1.732	106.78	1	1	3	−2	2	0	−2	−4	2	−1	−1	1	0.182	0.363	0.629
37	1.783	1.809	104.76	4	5	7	3	−1	−1	−1	5	−3	1	1	−1	0.389	0.255	0.455
38	1.837	2.091	90.00	2	5	5	0	2	−2	−5	1	1	−4	2	0	0.500	0.814	1.496
39	2.091	2.091	76.17	4	5	5	0	2	−2	−5	3	1	−2	2	0	0.288	0.424	0.887
40	2.121	2.121	76.37	2	2	3	−2	2	0	−4	−2	4	−3	−1	3	0.147	0.705	1.197
41	2.235	2.235	102.92	1	3	3	0	2	−2	−6	0	2	−5	1	1	0.421	0.842	1.882
42	2.236	2.449	90.00	0	1	2	−2	0	0	0	−4	2	−1	−1	1	0.500	0.300	0.670
43	2.318	2.524	90.00	5	5	6	−2	2	0	−3	−3	5	−2	0	2	0.500	0.372	0.862
44	2.516	2.582	82.39	1	2	3	1	1	−1	−3	3	−1	−1	3	−1	0.786	0.642	1.617

续表

序号	$G_2:G_1$	$G_3:G_1$	ϕ	u	v	w	h_1	k_1	l_1	h_2	k_2	l_2	h	k	l	$G_X:G_1$	$G_Y:G_2$	$G_Y:G_1$
45	2.524	2.715	90.00	2	7	7	0	2	−2	−7	1	1	−6	2	0	0.500	0.862	2.178
46	2.598	2.598	78.91	0	1	5	−2	0	0	−1	−5	1	−1	−3	1	0.192	0.615	1.598
47	2.645	2.645	100.89	1	1	5	−2	2	0	−4	−6	2	−3	−1	1	0.704	0.407	1.077
48	2.715	2.715	79.39	4	7	7	0	2	−2	−7	3	1	−3	3	−1	0.781	0.438	1.191
49	2.894	3.061	90.00	6	7	7	0	2	−2	−7	3	3	−2	2	0	0.500	0.298	0.863
50	2.915	2.915	80.13	2	2	5	−2	2	0	−6	−4	4	−3	1	1	0.894	0.212	0.618
51	2.915	2.915	80.13	1	4	4	0	2	−2	−8	2	0	−7	3	−1	0.561	0.878	2.562
52	2.958	2.958	80.27	0	3	5	−2	0	0	−1	−5	3	−1	−1	1	0.382	0.235	0.696
53	3.240	3.240	98.87	3	4	4	0	2	−2	−8	2	4	−5	3	1	0.817	0.634	2.054
54	3.316	3.316	81.33	3	3	5	−2	2	0	−6	−4	6	−5	−3	5	0.093	0.813	0.699
55	3.415	3.464	95.59	1	3	4	1	1	−1	−5	3	−1	−3	3	−1	0.577	0.730	2.496
56	3.570	3.570	81.96	0	1	7	−2	0	0	−1	−7	1	−1	−5	1	0.140	0.720	2.570
57	3.605	3.605	97.97	1	1	7	−2	2	0	−6	−8	2	−3	−3	1	0.216	0.431	1.555
58	3.605	3.605	97.97	1	5	5	0	2	−2	−10	0	2	−9	1	1	0.451	0.901	3.251
59	3.605	3.741	90.00	0	2	3	−2	0	0	0	−6	4	−1	−1	1	0.500	0.192	0.693
60	3.807	3.807	97.54	2	2	7	−2	2	0	−6	−8	4	−5	−5	3	0.360	0.719	2.738
61	3.807	3.807	82.46	4	4	5	−2	2	0	−6	−4	8	−5	−1	5	0.693	0.614	2.338
62	3.840	3.840	82.52	0	3	7	−2	0	0	−1	−7	3	−2	−4	2	0.707	0.586	2.251
63	3.873	3.873	97.41	3	5	5	0	2	−2	−10	2	4	−3	1	1	0.153	0.305	1.181
64	4.123	4.123	83.03	3	3	7	−2	2	0	−8	−6	6	−3	1	1	0.925	0.149	0.615
65	4.123	4.163	85.36	2	3	5	1	1	−1	−5	5	−1	−1	3	−1	0.868	0.394	1.627
66	4.123	4.242	90.00	0	1	4	2	0	0	0	8	−2	1	5	−1	0.500	0.617	2.546
67	4.300	4.301	96.67	1	6	6	0	2	−2	−12	0	2	−11	1	1	0.459	0.917	3.947
68	4.320	4.434	90.00	1	4	5	1	1	−1	−6	4	−2	−4	4	−2	0.667	0.785	3.394
69	4.330	4.330	83.37	0	5	7	−2	0	0	−1	−7	5	−1	−1	1	0.419	0.162	0.702
70	4.527	4.527	83.66	4	4	7	−2	2	0	−8	−6	8	−7	−5	7	0.068	0.864	3.912
71	4.948	4.949	84.22	5	6	6	0	2	−2	−12	6	4	−7	5	1	0.704	0.587	2.909
72	4.999	4.999	84.26	1	7	7	0	2	−2	−14	2	0	−13	3	−1	0.536	0.929	4.646
73	5.000	5.000	84.26	5	5	7	−2	2	0	−8	−6	10	−3	−1	3	0.354	0.292	1.464
74	5.000	5.099	90.00	0	3	4	−2	0	0	0	−8	6	−1	−1	1	0.500	0.140	0.700
75	5.196	5.196	84.48	3	7	7	0	2	−2	−14	4	2	−9	3	1	0.177	0.644	3.350
76	5.259	5.291	86.36	1	5	6	1	1	−1	−7	5	−3	−5	5	−3	0.726	0.822	4.326
77	5.385	5.477	90.00	0	2	5	−2	0	0	0	−10	4	−1	−7	3	0.500	0.706	3.807
78	5.522	5.522	84.81	6	6	7	−2	2	0	−8	−6	12	−5	−3	7	0.211	0.578	3.194
79	5.567	5.568	95.14	5	7	7	0	2	−2	−14	4	6	−11	5	3	0.895	0.788	4.390
80	5.744	5.773	86.67	3	4	7	1	1	−1	−7	7	−1	−1	3	−1	0.905	0.283	1.630
81	5.887	5.972	90.00	2	5	7	1	1	−1	−8	6	−2	−3	3	−1	0.333	0.423	2.491

续表

序号	$G_2:G_1$	$G_3:G_1$	ϕ	u	v	w	h_1	k_1	l_1	h_2	k_2	l_2	h	k	l	$G_X:G_1$	$G_Y:G_2$	$G_Y:G_1$
82	6.082	6.163	90.00	0	1	6	2	0	0	0	12	−2	1	7	−1	0.503	0.581	3.536
83	6.191	6.218	93.08	1	6	7	1	1	−1	−9	5	−3	−7	5	−3	0.616	0.848	5.255
84	6.403	6.481	90.00	0	4	5	−2	0	0	0	−10	8	−1	−1	1	0.500	0.109	0.702
85	7.280	7.348	90.03	0	2	7	2	0	0	0	14	−4	1	11	−3	0.498	0.782	5.699
86	7.810	7.874	90.00	0	5	6	−2	0	0	0	−12	10	−1	−1	1	0.500	0.090	0.704
87	8.062	8.124	90.00	0	4	7	2	0	0	0	14	−8	1	9	−5	0.499	0.638	5.147
88	9.220	9.274	90.00	0	6	7	−2	0	0	0	−14	12	−1	−1	1	0.500	0.076	0.704

附录4 六方密堆晶体（轴比 c/a=1.63）倒易点阵平面的基本数据

序号	$G_2:G_1$	$G_3:G_1$	ϕ	u	v	w	h_1	k_1	l_1	h_2	k_2	l_2	h	k	l	$G_X:G_1$	$G_Y:G_2$	$G_Y:G_1$
1	1.000	1.000	60.00	0	0	1	0	1	0	−1	1	0	−1	1	1	0.001	0.998	0.998
2	1.000	1.188	107.11	2	4	1	1	−1	2	1	0	−2	1	0	−1	0.205	0.795	0.795
3	1.000	1.288	99.82	1	2	1	−1	0	1	1	−1	1	0	0	1	0.265	0.264	0.264
4	1.018	1.328	97.69	2	5	4	1	−2	2	2	0	−1	1	−1	1	0.532	0.237	0.242
5	1.037	1.294	101.11	3	−4	1	1	1	1	−1	0	3	0	0	1	0.138	0.264	0.274
6	1.045	1.045	61.44	1	2	3	2	−1	0	1	1	−1	1	0	0	0.352	0.296	0.309
7	1.080	1.100	116.23	1	−5	2	1	−1	−3	1	1	2	1	0	0	0.392	0.524	0.566
8	1.080	1.435	92.82	3	−5	1	1	0	−3	1	1	2	1	0	−2	0.768	0.125	0.135
9	1.085	1.085	62.58	3	−3	1	−1	−1	0	0	−1	−3	0	−1	−2	0.152	0.696	0.755
10	1.085	1.475	90.00	3	−3	2	−1	−1	0	1	−1	−3	0	−1	−1	0.500	0.380	0.412
11	1.121	1.298	75.25	1	5	3	2	−1	1	1	1	−2	1	0	0	0.378	0.277	0.311
12	1.132	1.132	63.79	0	−1	1	−1	0	0	0	−1	1	−1	0	1	0.864	0.272	0.308
13	1.136	1.377	100.00	2	−5	4	−2	0	1	1	−2	−3	0	−1	−1	0.259	0.463	0.526
14	1.142	1.460	85.69	1	3	4	−1	−1	1	2	−2	1	0	−1	1	0.520	0.265	0.302
15	1.172	1.172	64.77	2	4	3	2	−1	0	1	1	−2	2	0	−1	0.694	0.611	0.716
16	1.194	1.557	90.00	1	2	4	2	−1	0	0	2	−1	1	0	0	0.500	0.233	0.278
17	1.242	1.289	110.79	2	5	1	−1	0	2	2	−1	1	0	0	1	0.346	0.184	0.229
18	1.242	1.419	77.69	1	4	2	0	−1	2	2	−1	1	1	−1	2	0.627	0.521	0.647
19	1.287	1.600	87.81	1	3	1	−1	0	1	1	−1	2	0	0	1	0.207	0.258	0.333
20	1.295	1.411	74.66	3	−5	2	1	1	1	−1	1	4	0	1	3	0.508	0.600	0.777
21	1.295	1.564	95.06	4	−5	1	1	1	1	−1	0	4	0	0	1	0.110	0.212	0.274

续表

序号	$G_2:G_1$	$G_3:G_1$	ϕ	u	v	w	h_1	k_1	l_1	h_2	k_2	l_2	h	k	l	$G_X:G_1$	$G_Y:G_2$	$G_Y:G_1$
22	1.298	1.512	98.86	2	−5	3	1	1	1	−2	1	3	0	1	2	0.706	0.388	0.505
23	1.302	1.403	106.19	2	−4	5	−1	2	2	−2	−1	0	−2	0	1	0.430	0.806	1.050
24	1.328	1.519	80.15	3	−4	5	−2	1	2	−1	−2	−1	−1	−1	0	0.230	0.588	0.781
25	1.354	1.354	68.35	4	−4	1	−1	−1	0	0	−1	−4	0	−1	−3	0.118	0.763	1.033
26	1.392	1.608	82.73	2	−4	1	−1	0	2	−1	−1	−2	−1	−1	−1	0.293	0.836	1.165
27	1.411	1.574	79.50	1	−5	4	−1	−1	−1	2	−2	−3	0	−1	−1	0.486	0.219	0.309
28	1.419	1.613	81.67	1	5	2	1	−1	2	2	0	−1	1	0	0	0.142	0.452	0.642
29	1.435	1.516	74.62	4	−5	3	−1	1	3	−2	−1	1	−2	0	3	0.747	0.664	0.954
30	1.458	1.458	69.95	0	2	1	−1	0	0	0	−1	2	−1	0	1	0.850	0.300	0.438
31	1.460	1.489	71.75	1	3	5	1	−2	1	3	−1	0	2	−2	1	0.819	0.396	0.578
32	1.475	1.782	90.00	3	−3	4	−1	−1	0	2	−2	−3	1	−2	−2	0.500	0.717	1.059
33	1.489	1.573	104.42	1	4	5	−1	−1	1	3	−2	1	0	−1	1	0.621	0.211	0.314
34	1.530	1.827	90.00	1	2	2	0	−1	1	2	−1	0	1	−1	1	0.610	0.499	0.764
35	1.557	1.557	71.28	1	2	5	2	−1	0	1	2	−1	1	0	0	0.404	0.191	0.298
36	1.581	1.581	71.58	4	−4	3	−1	−1	0	1	−2	−4	0	−1	−1	0.361	0.277	0.439
37	1.612	1.850	93.15	2	−5	1	−1	0	2	−1	−1	−3	−1	−1	−2	0.252	0.856	1.380
38	1.636	1.636	72.23	5	−5	1	−1	−1	0	0	−1	−5	0	−1	−4	0.097	0.806	1.320
39	1.636	1.917	90.00	5	−5	2	−1	−1	0	1	−1	−5	0	−1	−2	0.500	0.412	0.674
40	1.645	1.645	72.32	2	4	5	2	−1	0	1	2	−2	1	1	−1	0.208	0.584	0.962
41	1.660	1.794	80.68	1	4	1	−1	0	1	1	−1	3	0	0	1	0.160	0.223	0.370
42	1.753	1.851	79.35	3	−4	2	0	1	2	−2	0	3	−1	0	2	0.115	0.552	0.968
43	1.782	1.782	73.72	3	−3	5	−1	−1	0	2	−3	−3	0	−2	−1	0.810	0.380	0.678
44	1.794	1.827	104.17	1	3	2	1	−1	1	1	1	−2	1	0	0	0.585	0.443	0.795
45	1.811	2.069	90.00	0	1	2	−1	0	0	1	−2	1	0	−1	1	0.500	0.542	0.983
46	1.814	1.954	82.54	2	−4	3	−1	1	2	−2	−1	0	−1	0	1	0.423	0.327	0.593
47	1.829	1.829	74.15	5	−5	3	−1	−1	0	1	−2	−5	0	−2	−3	0.692	0.616	1.126
48	1.850	2.089	90.00	1	−5	3	1	−1	−2	2	1	1	1	0	0	0.245	0.345	0.638
49	1.879	1.879	74.58	0	3	1	−1	0	0	0	−1	3	−1	0	1	0.871	0.257	0.484
50	1.885	2.133	90.00	0	1	0	0	0	−1	−1	0	0	−1	1	0	0.000	0.500	0.942
51	1.918	2.162	90.00	5	−5	4	−1	−1	0	2	−2	−5	0	−1	−1	0.500	0.218	0.418
52	1.958	1.958	75.21	4	−4	5	−1	−1	0	2	−3	−4	1	−3	−3	0.610	0.779	1.525
53	2.072	2.077	76.36	1	5	1	−1	0	1	1	−1	4	0	0	0	0.127	0.190	0.393
54	2.117	2.277	86.03	4	−5	2	−1	0	2	−1	−2	−3	−1	−1	1	0.640	0.451	0.955
55	2.257	2.419	93.08	2	5	2	−1	0	1	2	−2	3	1	−1	2	0.118	0.567	1.281
56	2.337	2.383	99.60	1	3	3	0	−1	1	3	−1	0	1	−1	1	0.742	0.338	0.791
57	2.345	2.346	77.70	0	4	1	−1	0	0	0	−1	4	−1	0	1	0.893	0.214	0.503
58	2.352	2.556	90.00	0	3	2	−1	0	0	1	−2	3	0	−1	2	0.500	0.576	1.355
59	2.403	2.499	96.31	3	−5	4	−1	1	2	−2	−2	−1	−1	0	1	0.565	0.247	0.594

续表

序号	$G_2:G_1$	$G_3:G_1$	ϕ	u	v	w	h_1	k_1	l_1	h_2	k_2	l_2	h	k	l	$G_X:G_1$	$G_Y:G_2$	$G_Y:G_1$
60	2.419	2.503	83.07	1	−5	1	−1	0	1	−1	−1	−4	−1	−1	−3	0.267	0.836	2.024
61	2.518	2.691	91.11	1	4	3	1	−1	1	2	1	−2	1	0	0	0.405	0.310	0.782
62	2.698	2.689	79.33	0	1	3	−1	0	0	1	−3	1	0	−2	1	0.660	0.680	1.835
63	2.727	2.811	95.65	2	5	3	1	−1	1	2	1	−3	2	0	−1	0.733	0.639	1.744
64	2.834	2.834	79.85	0	5	1	−1	0	0	0	−1	5	−1	0	1	0.910	0.181	0.513
65	2.850	2.851	79.90	0	2	3	−1	0	0	1	−3	2	0	−1	1	0.322	0.357	1.018
66	2.933	2.995	96.22	2	−5	2	−1	0	1	0	−2	−5	0	−1	−2	0.091	0.439	1.289
67	3.095	3.184	85.93	1	4	4	0	−1	1	4	−2	1	1	−1	1	0.554	0.254	0.787
68	3.168	3.322	90.00	0	5	2	−1	0	0	1	−2	5	0	−1	3	0.500	0.570	1.806
69	3.245	3.309	84.84	3	−4	3	−1	0	1	0	−3	−4	0	−1	−1	0.082	0.303	0.984
70	3.265	3.414	90.00	1	2	0	0	0	1	2	−1	0	1	0	1	1.000	0.499	1.632
71	3.319	3.367	84.11	1	5	4	1	−1	1	3	1	−2	1	0	0	0.309	0.238	0.790
72	3.392	3.392	81.52	0	4	3	−1	0	0	1	−3	4	0	−2	3	0.650	0.700	2.374
73	3.504	3.644	90.00	0	1	4	−1	0	0	2	−4	1	1	−3	1	0.500	0.755	2.648
74	3.536	3.655	88.83	3	−5	3	−1	0	1	0	−3	−5	0	−2	−3	0.075	0.637	2.252
75	3.696	3.803	88.47	3	−4	4	0	1	1	−4	1	4	−1	1	2	0.803	0.265	0.982
76	3.746	3.746	82.33	0	5	3	−1	0	0	1	−3	5	0	−1	2	0.316	0.367	1.376
77	3.812	3.941	90.00	0	3	4	−1	0	0	2	−4	3	0	−1	1	0.500	0.264	1.008
78	3.851	3.879	95.81	2	5	5	0	−1	1	5	−2	0	3	−2	1	0.845	0.601	2.315
79	3.878	3.963	92.51	1	5	5	0	−1	1	5	−2	1	1	−1	1	0.645	0.203	0.789
80	4.100	4.156	86.23	1	−5	5	0	−1	−1	5	−2	−3	1	−1	−1	0.558	0.192	0.790
81	4.238	4.247	83.74	4	−5	4	−1	0	1	0	−4	−5	0	−1	−1	0.063	0.233	0.988
82	4.283	4.286	83.45	2	−5	5	0	1	1	−5	2	4	−2	1	2	0.240	0.408	1.749
83	4.363	4.476	90.00	0	5	4	−1	0	0	2	−4	5	1	−3	4	0.500	0.768	3.353
84	4.391	4.391	83.47	0	1	5	−1	0	0	2	−5	1	1	−4	1	0.599	0.803	3.526
85	4.461	4.508	93.73	3	−5	5	0	1	1	−5	1	4	−3	1	3	0.447	0.609	2.720
86	4.486	4.486	83.61	0	2	5	−1	0	0	2	−5	2	0	−2	1	0.797	0.405	1.820
87	4.640	4.641	83.82	0	3	5	−1	0	0	2	−5	3	1	−3	2	0.196	0.607	2.821
88	4.678	4.769	90.88	4	−5	5	0	1	1	−5	1	5	−1	1	2	0.844	0.210	0.983
89	4.848	4.848	84.08	0	4	5	−1	0	0	2	−5	4	0	−1	1	0.395	0.209	1.016
90	4.987	5.086	90.00	1	3	0	0	0	1	3	−1	0	1	0	1	1.000	0.357	1.781
91	6.797	6.870	90.00	1	4	0	0	0	1	4	−1	0	1	0	1	1.000	0.269	1.829
92	8.217	8.277	90.00	2	5	0	0	0	1	5	−2	0	3	−1	1	1.000	0.605	4.973
93	8.638	8.695	90.00	1	5	0	0	0	1	5	−1	0	1	0	1	1.000	0.214	1.851
94	10.494	10.542	90.00	1	−5	0	0	0	1	−5	−1	0	−4	−1	0	0.000	0.322	8.632
95	11.465	11.509	90.00	3	−4	0	0	0	1	−4	−3	0	−1	−1	0	0.000	0.283	3.254
96	11.771	11.813	90.00	2	−5	0	0	0	1	−5	−2	0	−2	−1	0	0.000	0.423	4.980
97	13.194	13.232	90.00	3	−5	0	0	0	1	−5	−3	0	−3	−2	0	0.000	0.622	3.212
98	14.722	14.755	90.00	4	−5	0	0	0	1	−5	−4	0	−1	−1	1	1.000	0.221	3.258

附录 5 标准电子衍射花样

（1）面心立方晶体的标准电子衍射斑点花样

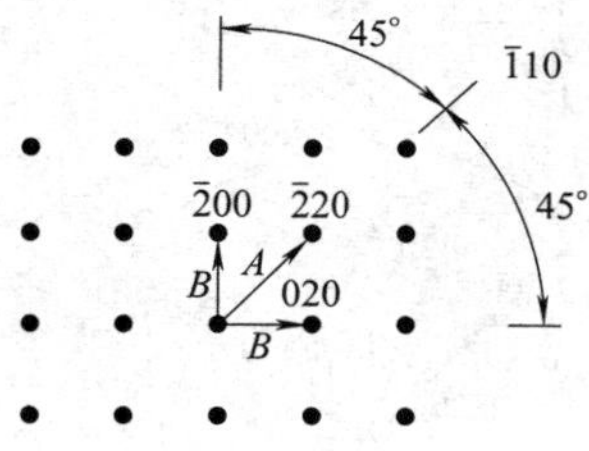

(a) $\frac{A}{B}=\frac{\sqrt{2}}{1}=1.414$ $B=[001]$

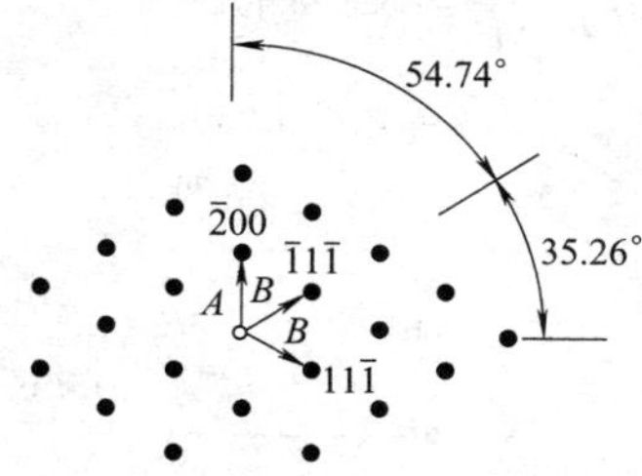

(b) $\frac{A}{B}=\frac{2}{\sqrt{3}}=1.160$ $B=[011]$

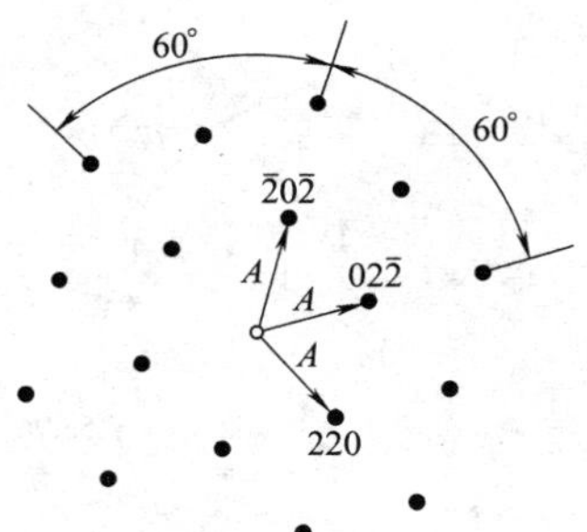

(c) $B=[\bar{1}11]$

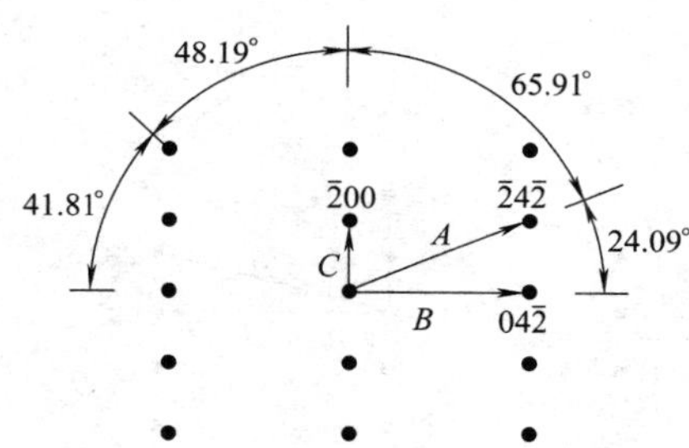

(d) $\frac{A}{C}=\frac{\sqrt{24}}{\sqrt{4}}=2.450$ $\frac{B}{C}=\frac{\sqrt{20}}{\sqrt{4}}=2.236$ $B=[012]$

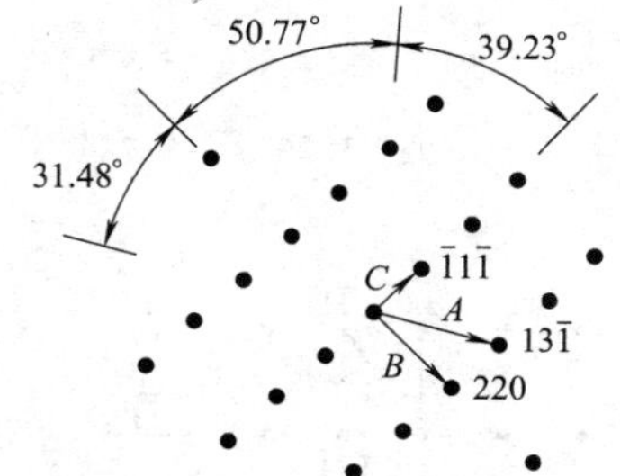

(e) $\frac{B}{C}=\frac{\sqrt{8}}{\sqrt{3}}=1.633$ $\frac{A}{C}=\frac{\sqrt{11}}{\sqrt{3}}=1.915$ $B=[\bar{1}12]$

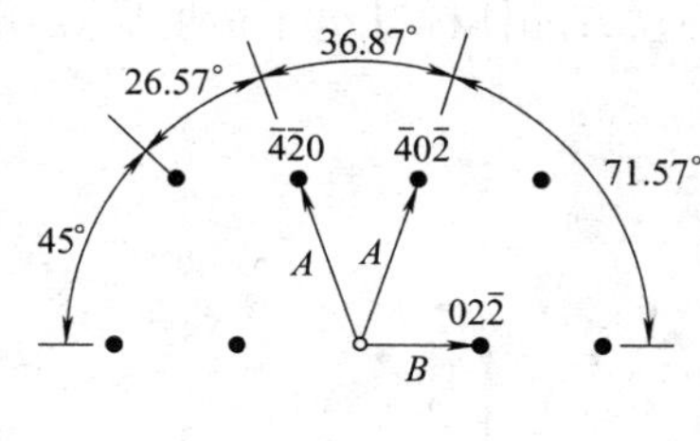

(f) $\frac{A}{B}=\frac{\sqrt{20}}{\sqrt{8}}=1.581$ $B=[\bar{1}22]$

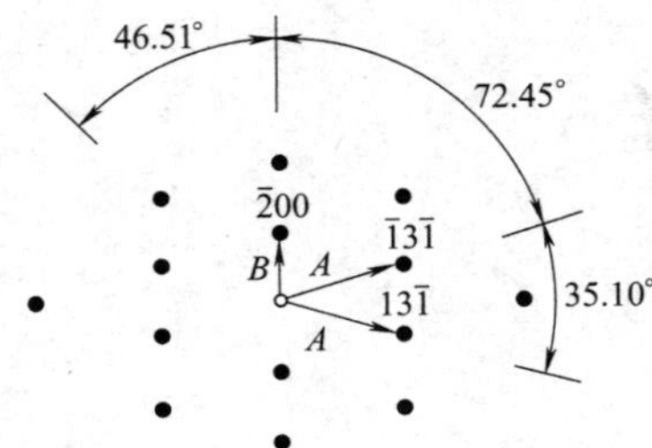

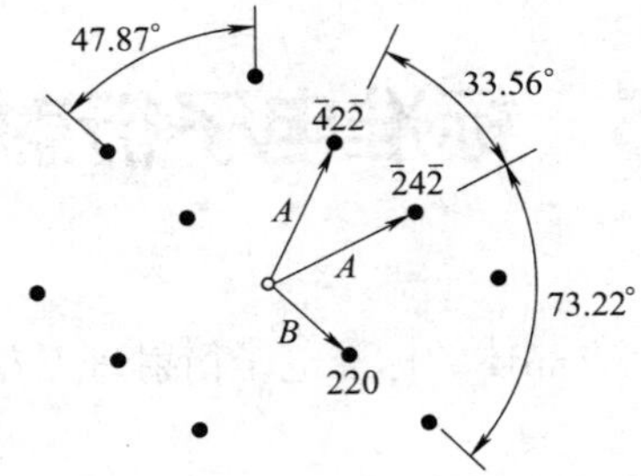

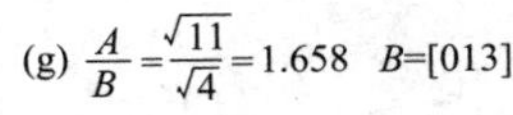

(g) $\frac{A}{B}=\frac{\sqrt{11}}{\sqrt{4}}=1.658$ $B=[013]$

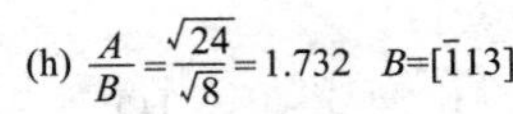

(h) $\frac{A}{B}=\frac{\sqrt{24}}{\sqrt{8}}=1.732$ $B=[\bar{1}13]$

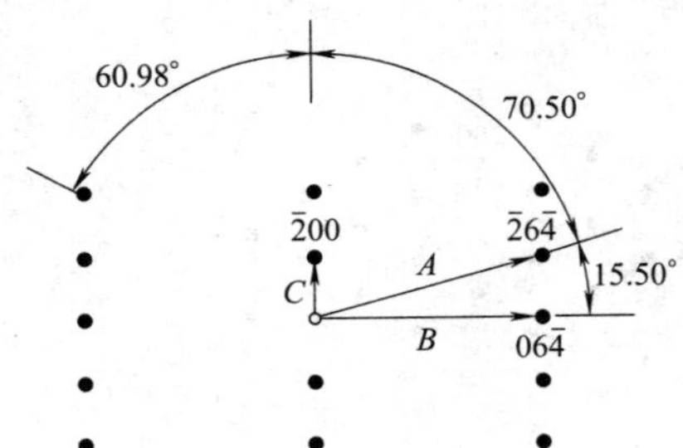

(i) $\frac{A}{C}=\frac{\sqrt{56}}{\sqrt{4}}=3.242$ $\frac{B}{C}=\frac{\sqrt{52}}{\sqrt{4}}=3.606$ $B=[023]$

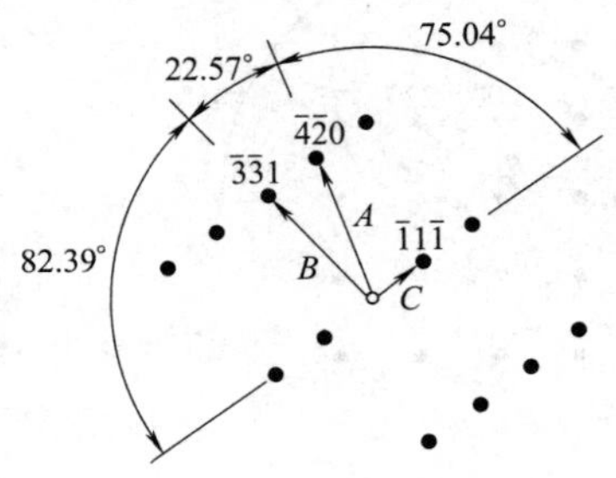

(j) $\frac{A}{C}=\frac{\sqrt{20}}{\sqrt{3}}=2.582$ $\frac{B}{C}=\frac{\sqrt{19}}{\sqrt{3}}=2.517$ $B=[\bar{1}23]$

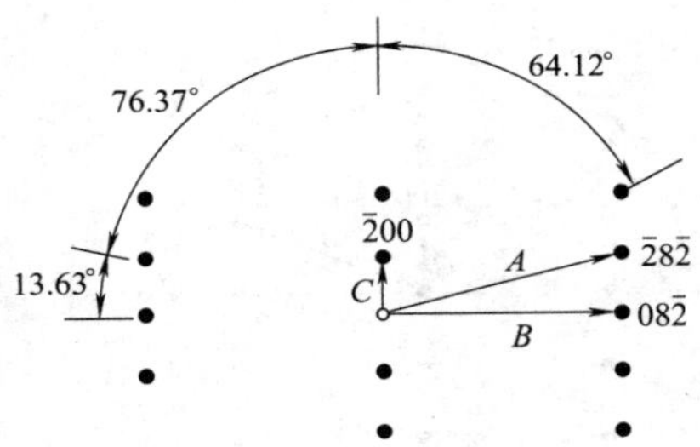

(k) $\frac{A}{C}=\frac{\sqrt{72}}{\sqrt{4}}=4.243$ $\frac{B}{C}=\frac{\sqrt{68}}{\sqrt{4}}=4.123$ $B=[014]$

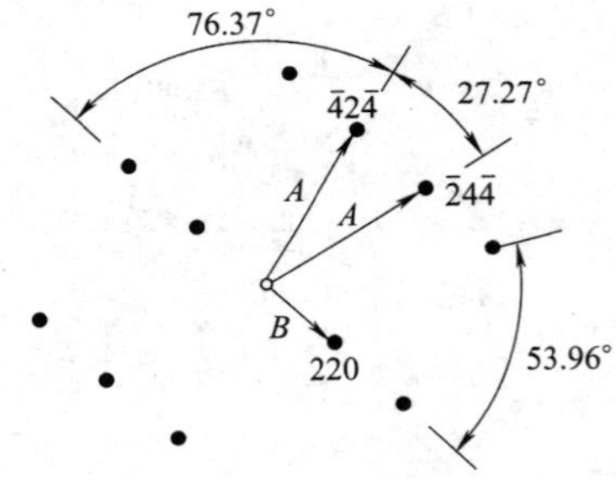

(l) $\frac{A}{B}=\frac{\sqrt{36}}{\sqrt{8}}=2.121$ $B=[\bar{2}23]$

（2）体心立方晶体标准电子衍射斑点花样

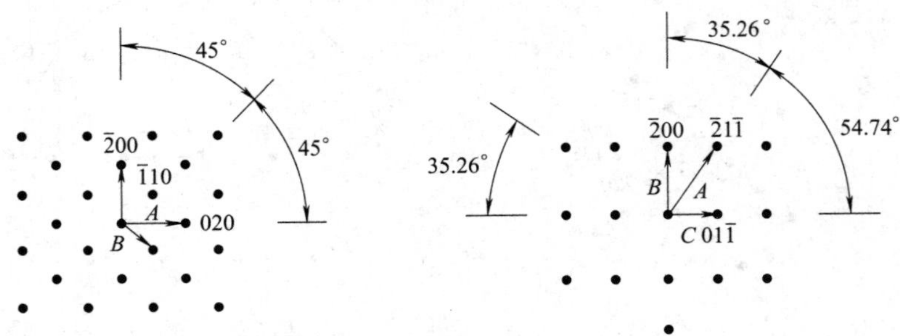

(a) $\frac{A}{B}=\frac{\sqrt{4}}{\sqrt{2}}=1.414$ $B=[001]$

(b) $\frac{A}{C}=\frac{\sqrt{6}}{\sqrt{2}}=1.732$ $\frac{B}{C}=\frac{\sqrt{4}}{\sqrt{2}}=1.414$ $B=[011]$

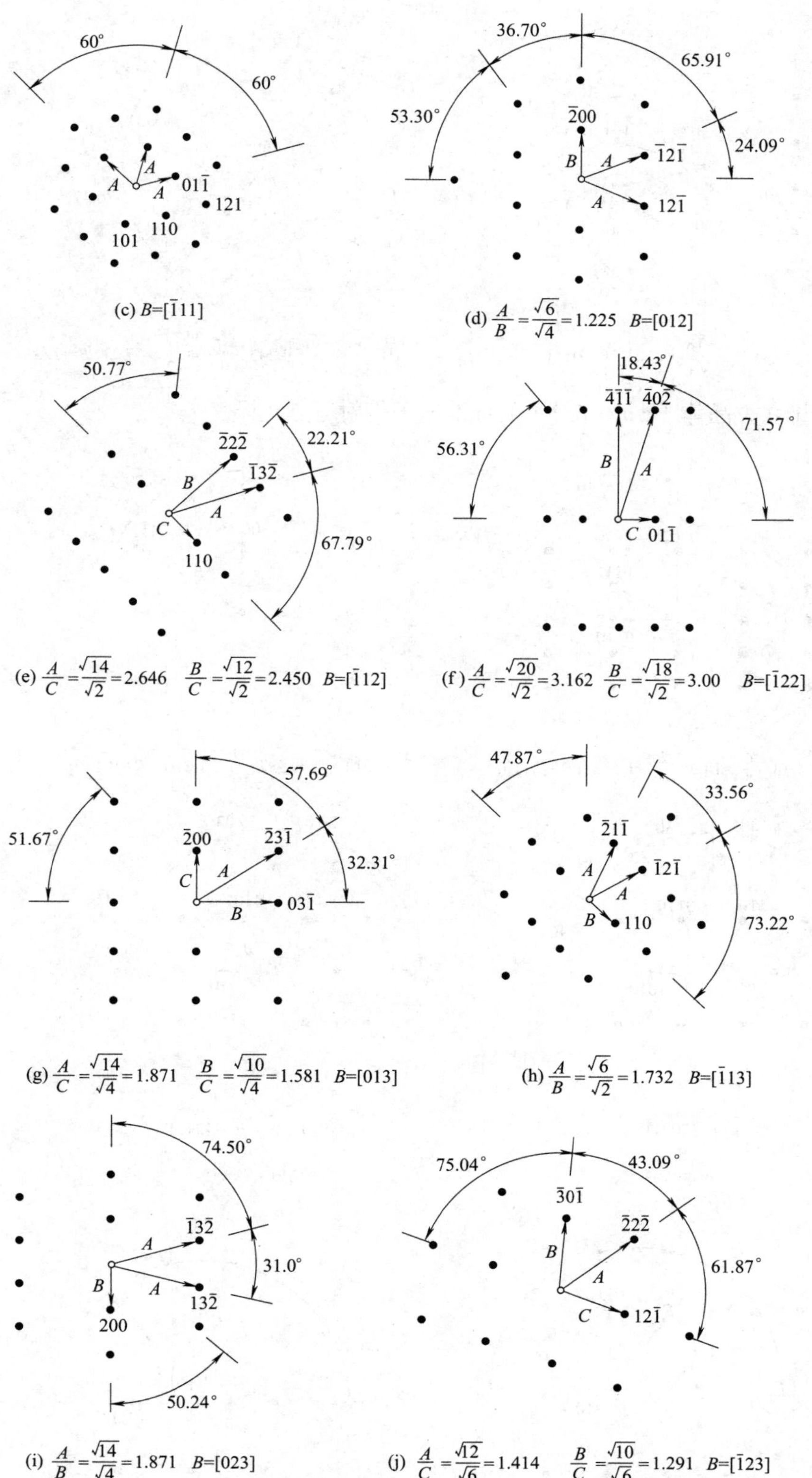

(c) $B=[\bar{1}11]$

(d) $\frac{A}{B}=\frac{\sqrt{6}}{\sqrt{4}}=1.225 \quad B=[012]$

(e) $\frac{A}{C}=\frac{\sqrt{14}}{\sqrt{2}}=2.646 \quad \frac{B}{C}=\frac{\sqrt{12}}{\sqrt{2}}=2.450 \quad B=[\bar{1}12]$

(f) $\frac{A}{C}=\frac{\sqrt{20}}{\sqrt{2}}=3.162 \quad \frac{B}{C}=\frac{\sqrt{18}}{\sqrt{2}}=3.00 \quad B=[\bar{1}22]$

(g) $\frac{A}{C}=\frac{\sqrt{14}}{\sqrt{4}}=1.871 \quad \frac{B}{C}=\frac{\sqrt{10}}{\sqrt{4}}=1.581 \quad B=[013]$

(h) $\frac{A}{B}=\frac{\sqrt{6}}{\sqrt{2}}=1.732 \quad B=[\bar{1}13]$

(i) $\frac{A}{B}=\frac{\sqrt{14}}{\sqrt{4}}=1.871 \quad B=[023]$

(j) $\frac{A}{C}=\frac{\sqrt{12}}{\sqrt{6}}=1.414 \quad \frac{B}{C}=\frac{\sqrt{10}}{\sqrt{6}}=1.291 \quad B=[\bar{1}23]$

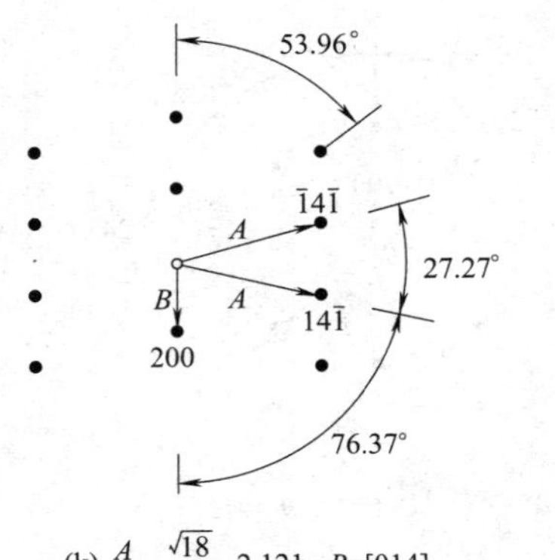

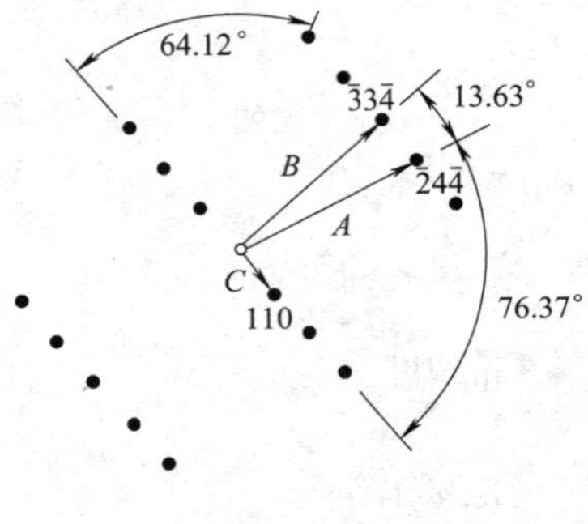

(k) $\frac{A}{B}=\frac{\sqrt{18}}{\sqrt{4}}=2.121$　$B=[014]$　　　(l) $\frac{A}{C}=\frac{\sqrt{36}}{\sqrt{2}}=4.243$　$\frac{B}{C}=\frac{\sqrt{34}}{\sqrt{2}}=4.123$　$B=[223]$

（3）密排六方晶体（c/a=1.633）的标准电子衍射斑点花样

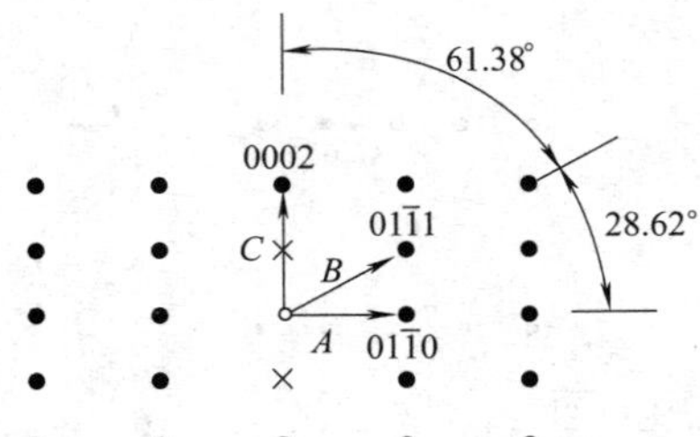

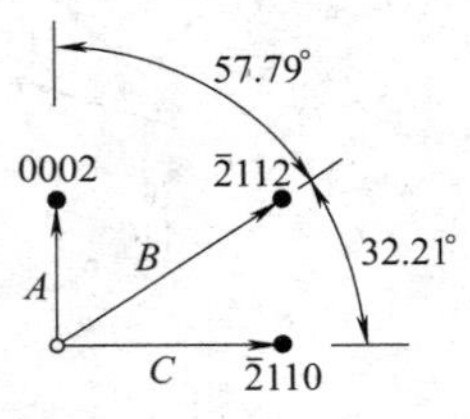

(a) $\frac{C}{A}=1.09$　$\frac{B}{A}=1.139$　$B=[2\bar{1}\bar{1}0]$

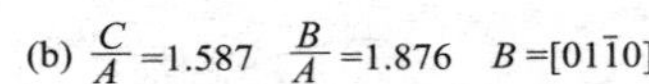

(b) $\frac{C}{A}=1.587$　$\frac{B}{A}=1.876$　$B=[01\bar{1}0]$

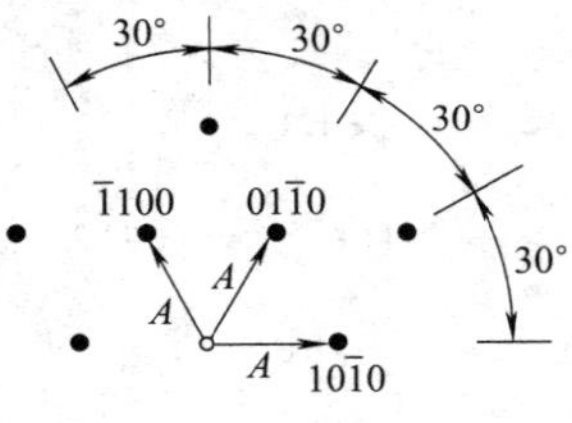

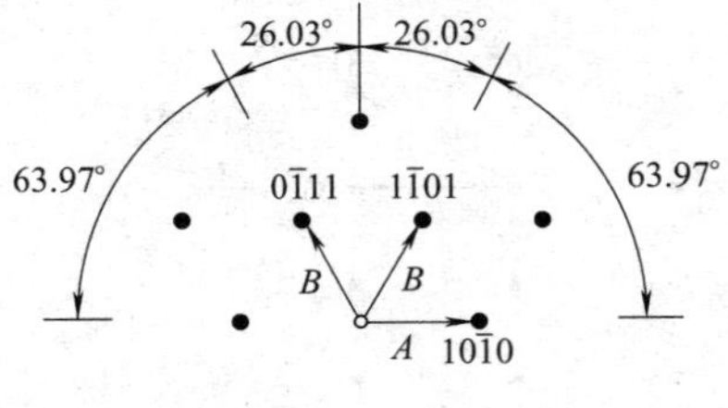

(c) $B=[0001]$　　　(d) $\frac{B}{A}=1.139$　$B=[1\bar{2}1\bar{3}]$

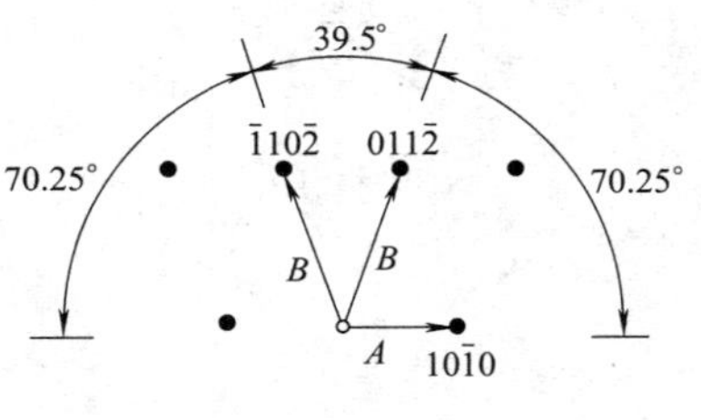

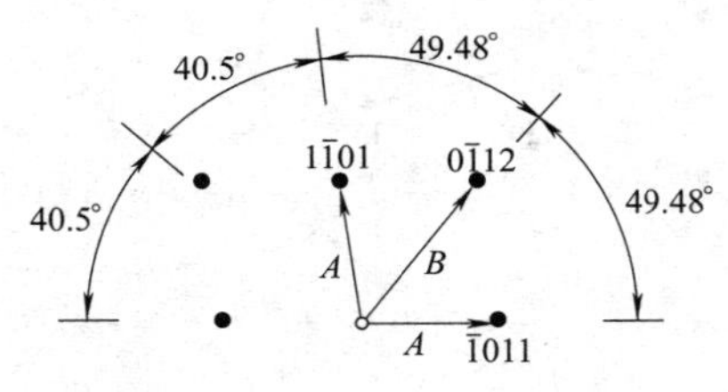

(e) $\frac{B}{A}=1.180$　$B=[\bar{2}4\bar{2}3]$　　　(f) $\frac{B}{A}=1.299$　$B=[01\bar{1}1]$

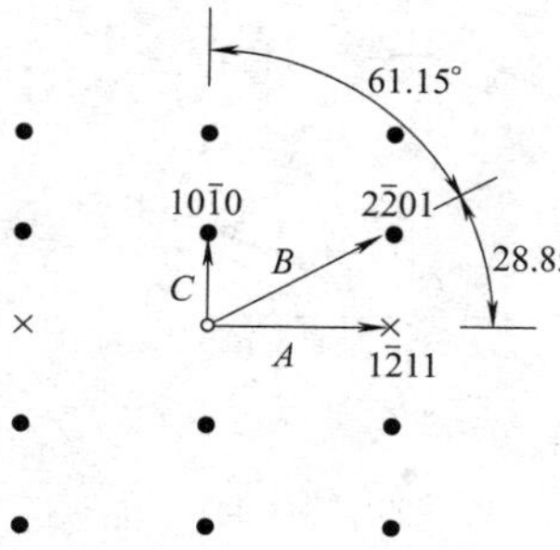

(g) $\frac{A}{C}=1.816$　$\frac{B}{C}=2.073$　$B=[\bar{1}2\bar{1}6]$

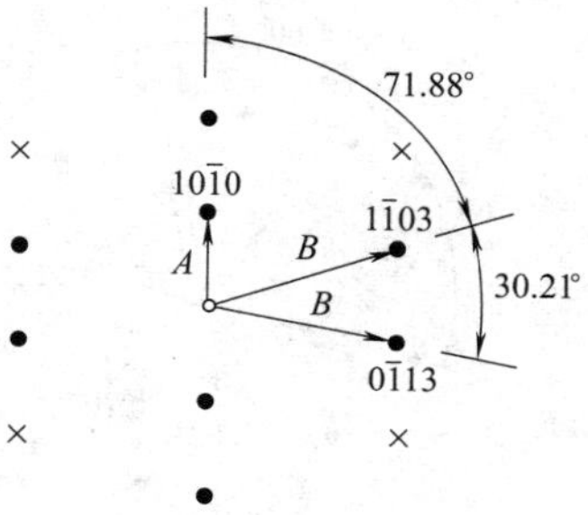

(h) $\frac{B}{A}=1.917$　$B=[\bar{1}2\bar{1}1]$

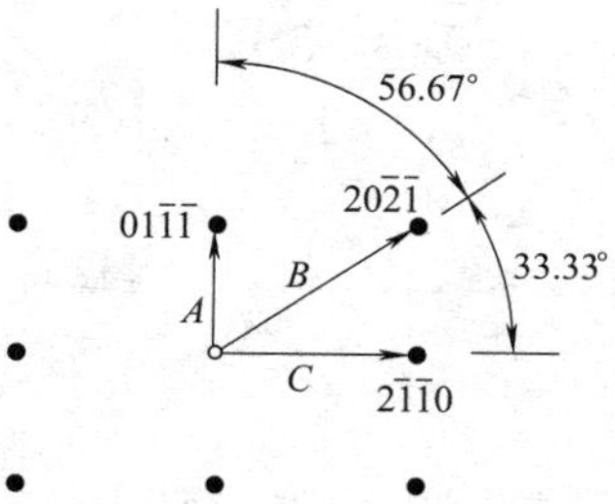

(i) $\frac{C}{A}=1.520$　$\frac{B}{A}=1.820$　$B=[01\bar{1}2]$

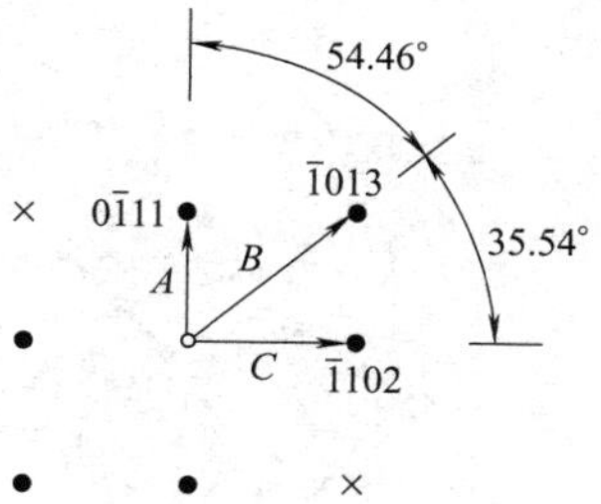

(j) $\frac{C}{A}=1.299$　$\frac{B}{A}=1.683$　$B=[5\bar{1}\bar{4}3]$

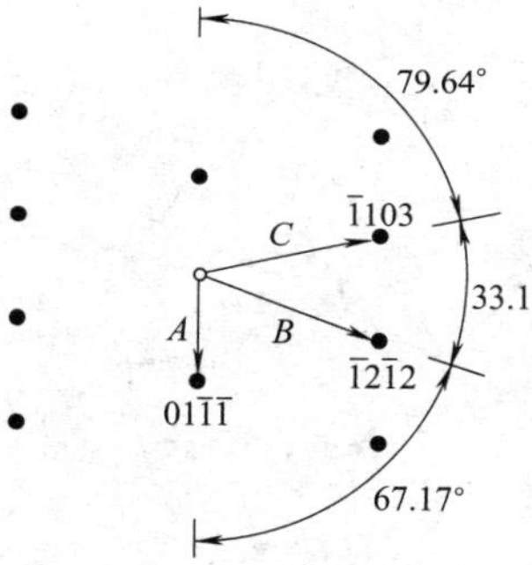

(k) $\frac{B}{A}=1.797$　$\frac{C}{A}=1.684$　$B=[7\bar{2}\bar{5}3]$

（4）金刚石立方晶体标准电子衍射斑点花样

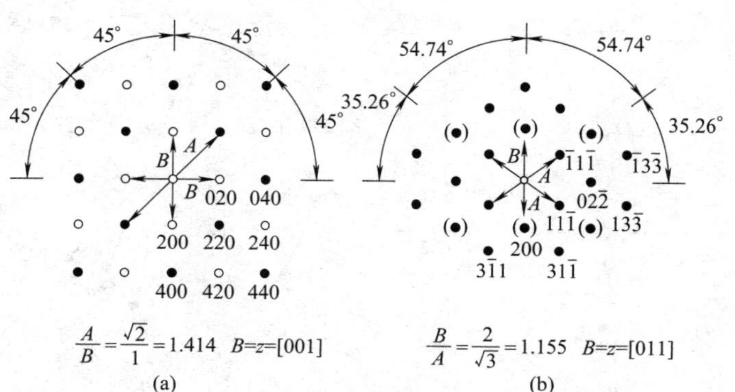

$\frac{A}{B}=\frac{\sqrt{2}}{1}=1.414$　$B=z=[001]$

(a)

$\frac{B}{A}=\frac{2}{\sqrt{3}}=1.155$　$B=z=[011]$

(b)

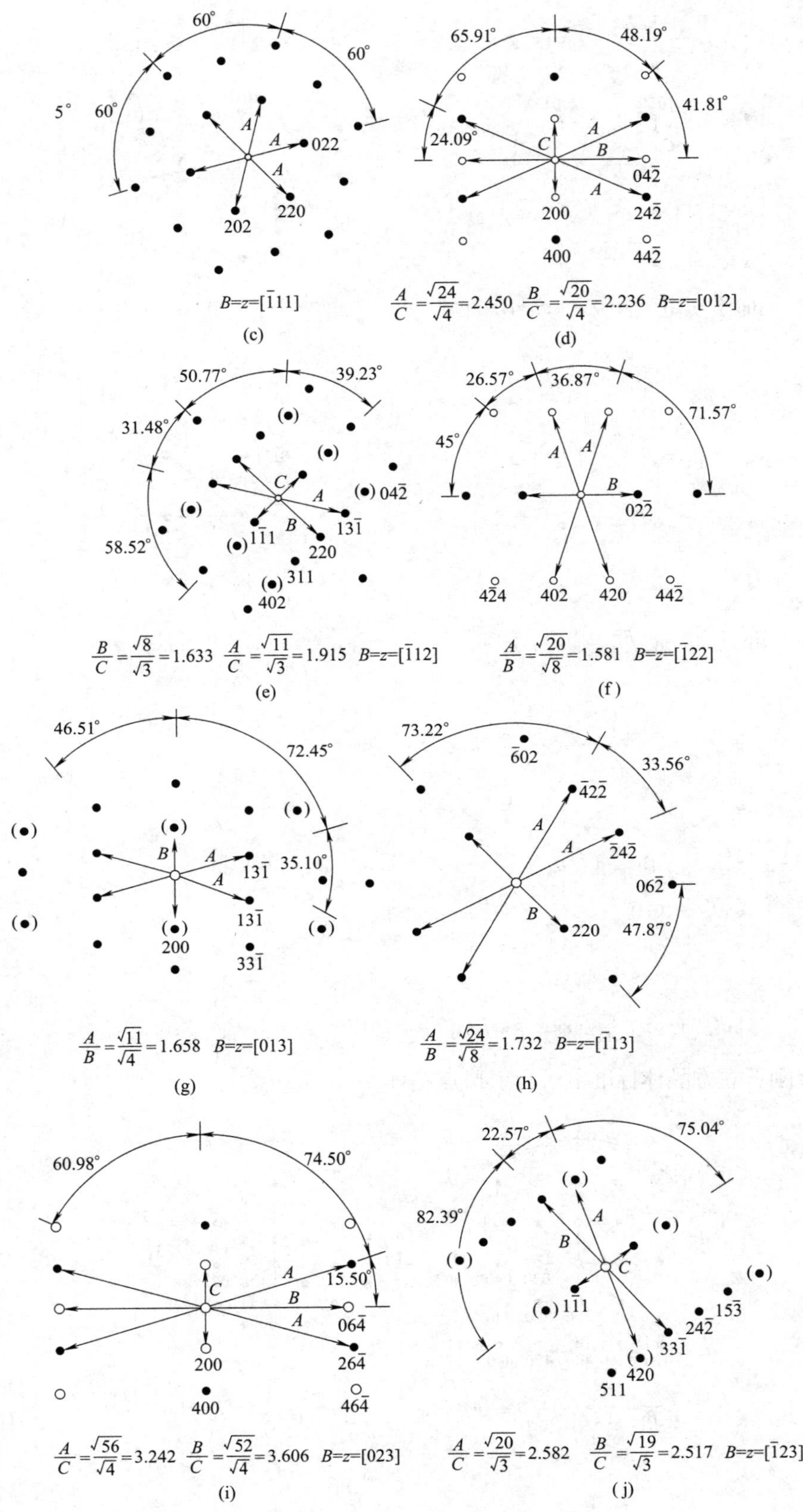
60°
60°
5°
60°
A
A
022
A
220
202
B=z=[$\bar{1}$11]
(c)
65.91°
48.19°
41.81°
24.09°
C
A
B
04$\bar{2}$
A
200
24$\bar{2}$
400
44$\bar{2}$
$\frac{A}{C}=\frac{\sqrt{24}}{\sqrt{4}}=2.450$ $\frac{B}{C}=\frac{\sqrt{20}}{\sqrt{4}}=2.236$ B=z=[012]
(d)
50.77°
39.23°
31.48°
C
A
04$\bar{2}$
B
1$\bar{1}$1
13$\bar{1}$
58.52°
220
311
402
$\frac{B}{C}=\frac{\sqrt{8}}{\sqrt{3}}=1.633$ $\frac{A}{C}=\frac{\sqrt{11}}{\sqrt{3}}=1.915$ B=z=[$\bar{1}$12]
(e)
26.57°
36.87°
71.57°
45°
A
A
B
02$\bar{2}$
4$\bar{2}$4
402
420
44$\bar{2}$
$\frac{A}{B}=\frac{\sqrt{20}}{\sqrt{8}}=1.581$ B=z=[$\bar{1}$22]
(f)
46.51°
72.45°
B
A
13$\bar{1}$
35.10°
A
13$\bar{1}$
200
33$\bar{1}$
$\frac{A}{B}=\frac{\sqrt{11}}{\sqrt{4}}=1.658$ B=z=[013]
(g)
73.22°
$\bar{6}$02
33.56°
$\bar{4}$2$\bar{2}$
A
A
$\bar{2}$4$\bar{2}$
06$\bar{2}$
B
220
47.87°
$\frac{A}{B}=\frac{\sqrt{24}}{\sqrt{8}}=1.732$ B=z=[$\bar{1}$13]
(h)
60.98°
74.50°
C
A
15.50°
B
06$\bar{4}$
A
200
26$\bar{4}$
400
46$\bar{4}$
$\frac{A}{C}=\frac{\sqrt{56}}{\sqrt{4}}=3.242$ $\frac{B}{C}=\frac{\sqrt{52}}{\sqrt{4}}=3.606$ B=z=[023]
(i)
22.57°
75.04°
82.39°
A
B
C
1$\bar{1}$1
15$\bar{3}$
24$\bar{2}$
33$\bar{1}$
420
511
$\frac{A}{C}=\frac{\sqrt{20}}{\sqrt{3}}=2.582$ $\frac{B}{C}=\frac{\sqrt{19}}{\sqrt{3}}=2.517$ B=z=[$\bar{1}$23]
(j)

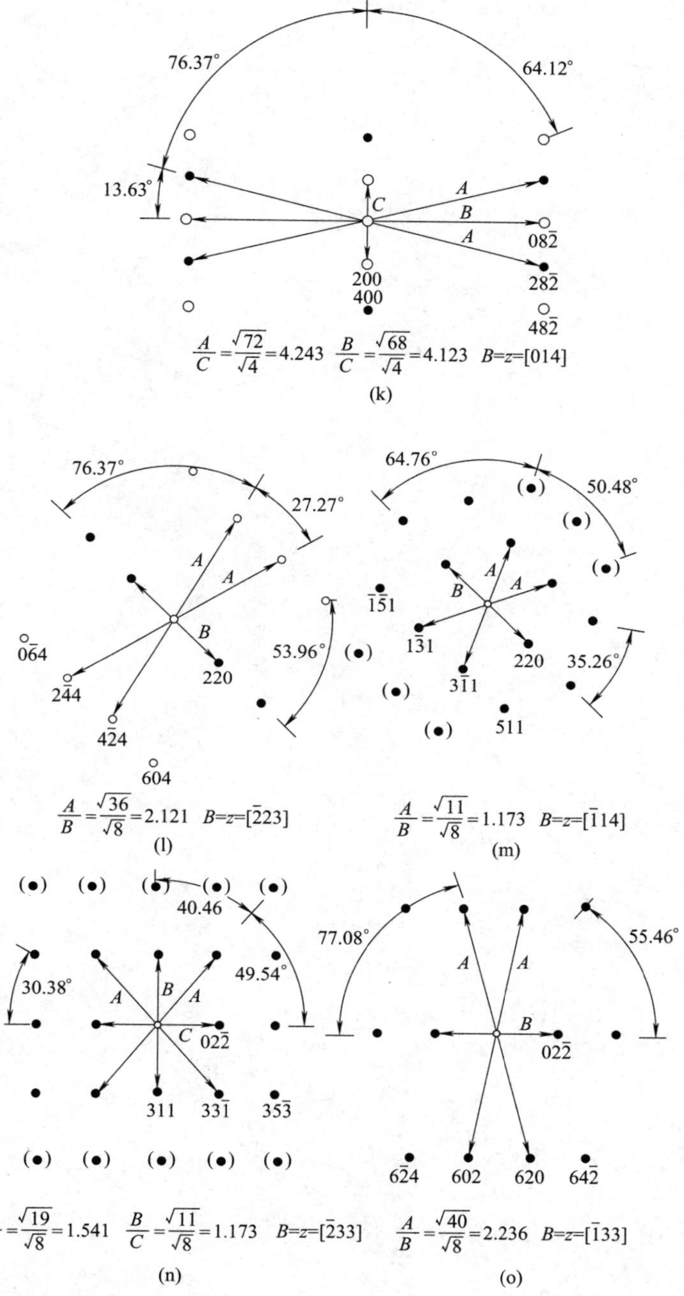
76.37°
64.12°
13.63°
A
B
C
08$\bar{2}$
28$\bar{2}$
48$\bar{2}$
200
400
$\frac{A}{C}=\frac{\sqrt{72}}{\sqrt{4}}=4.243$ $\frac{B}{C}=\frac{\sqrt{68}}{\sqrt{4}}=4.123$ B=z=[014]
(k)
76.37°
27.27°
53.96°
0$\bar{6}$4
2$\bar{4}$4
4$\bar{2}$4
604
220
$\frac{A}{B}=\frac{\sqrt{36}}{\sqrt{8}}=2.121$ B=z=[$\bar{2}$23]
(l)
64.76°
50.48°
35.26°
$\bar{1}\bar{5}$1
1$\bar{3}$1
3$\bar{1}$1
220
511
$\frac{A}{B}=\frac{\sqrt{11}}{\sqrt{8}}=1.173$ B=z=[$\bar{1}$14]
(m)
40.46
49.54°
30.38°
02$\bar{2}$
311
33$\bar{1}$
35$\bar{3}$
$\frac{A}{C}=\frac{\sqrt{19}}{\sqrt{8}}=1.541$ $\frac{B}{C}=\frac{\sqrt{11}}{\sqrt{8}}=1.173$ B=z=[$\bar{2}$33]
(n)
77.08°
55.46°
02$\bar{2}$
6$\bar{2}$4
602
620
64$\bar{2}$
$\frac{A}{B}=\frac{\sqrt{40}}{\sqrt{8}}=2.236$ B=z=[$\bar{1}$33]
(o)